建筑结构设计热点问题集萃
——混凝土结构

主　编　邹安宇　于敬海
副主编　汤　飞　朱晓楠　单书燕　陈彦峰

中国建筑工业出版社

图书在版编目（CIP）数据

建筑结构设计热点问题集萃．混凝土结构/邹安宇，
于敬海主编；汤飞等副主编．—北京：中国建筑工业
出版社，2022.12
　　ISBN 978-7-112-28011-7

　　Ⅰ.①建…　Ⅱ.①邹…②于…③汤…　Ⅲ.①建筑结
构—结构设计②混凝土结构—结构设计　Ⅳ.①TU318
②TU370.4

　　中国版本图书馆 CIP 数据核字（2022）第 178736 号

　　本书精选了土木吧创办以来发布的关于混凝土结构方面的精品文章，涉及内容
均来自一线结构工程师在实际工作中经常遇到的疑难或争议问题。通过专业和有经
验的前辈对相关问题进行剖析，提高广大结构设计从业者的学习效率。

　　全书共分五章，包括结构设计基本概念解析、结构设计疑难问题解析、结构设
计构造问题解析、结构加固设计及施工问题解析、结构设计其他常见问题解析。内
容涉及结构概念、结构荷载、结构布置、结构计算、结构构造、加固改造、人防等，
基本涵盖混凝土结构设计的各个方面。

　　本书可供建筑结构设计、审图、咨询从业者阅读，也可供高等院校师生及相关
工程技术人员参考使用。

　　责任编辑：刘瑞霞　梁瀛元
　　责任校对：李辰馨

建筑结构设计热点问题集萃——混凝土结构
主编　邹安宇　于敬海
副主编　汤　飞　朱晓楠　单书燕　陈彦峰
*
中国建筑工业出版社出版、发行（北京海淀三里河路 9 号）
各地新华书店、建筑书店经销
北京龙达新润科技有限公司制版
廊坊市海涛印刷有限公司印刷
*
开本：787 毫米×1092 毫米　1/16　印张：29　字数：703 千字
2022 年 11 月第一版　　2022 年 11 月第一次印刷
定价：**95.00** 元
ISBN 978-7-112-28011-7
（39934）

编委会

前 言

伴随着我国社会经济的强劲发展，建筑结构安全越来越受到社会各界人士的关注，它是建筑工程的核心任务。想要确保建筑工程的安全性，就必须不断规范结构设计、施工流程等。目前我国建筑结构面临着诸多问题，要避免因设计、施工、材料选择等问题导致的事故，增进对建筑结构设计等的管理与创新是解决这些问题的首要任务。本书精选土木吧微信公众号发布的原创文章和业内专业人士、机构投稿文章，内容涉及结构概念、结构荷载、结构布置、结构计算、结构构造、加固改造、人防等，涵盖混凝土结构设计的各个方面。

本书共分五章，分别为结构设计基本概念解析，结构设计疑难问题解析，结构设计构造问题解析，结构加固设计及施工问题解析，结构设计其他常见问题解析。

本书最大特点在于内容深入浅出，实用性和适用性强。简明扼要，精简复杂的推导，突出重点，力求理论性与实用性相结合，提高学习效率。本书内容来源于一线结构工程师、技术人员在实际工作中经常遇到的疑难或争议问题，通过专业和有经验的业内人士对相关问题进行剖析，贴近结构设计实际工作。可供建筑结构设计、审图、咨询从业者阅读，也可供高等院校师生及相关工程技术人员参考使用。

本书由土木吧与卡本科技集团股份有限公司共同作为主编单位。土木吧是目前建筑结构领域内具有影响力的结构交流平台之一，自创办以来，陆续发布原创文章、粉丝投稿文章数千篇，均为结构工程领域人士关注的热点问题。卡本科技集团股份有限公司是专注于结构加固等领域的国家高新技术企业，已拥有十余项高新技术产品，申请三百余项专利，是建筑结构领域内的加固材料领导品牌。

在本书编写过程中参考了大量的书籍和文献，本书能够顺利出版，有赖于各位参编专家的共同努力，许多关心此书的朋友也提供了帮助，在此一并致以衷心的谢意。由于编者水平有限，书中难免有错漏和不足之处，敬请同行专家和广大读者批评指正。

目　录

第一章　结构设计基本概念解析 ⋯⋯⋯⋯⋯⋯⋯⋯⋯⋯⋯⋯ **1**

1.1　结构设计的概念思维 ⋯⋯⋯⋯⋯⋯⋯⋯⋯⋯⋯⋯⋯⋯ 1

1.2　结构非线性概念 ⋯⋯⋯⋯⋯⋯⋯⋯⋯⋯⋯⋯⋯⋯⋯⋯ 11

1.3　浮重度和有效重度概念 ⋯⋯⋯⋯⋯⋯⋯⋯⋯⋯⋯⋯ 13

1.4　剪力滞后的概念 ⋯⋯⋯⋯⋯⋯⋯⋯⋯⋯⋯⋯⋯⋯⋯⋯ 14

1.5　反应谱的概念 ⋯⋯⋯⋯⋯⋯⋯⋯⋯⋯⋯⋯⋯⋯⋯⋯⋯ 16

1.6　商业建筑抗震设防类别 ⋯⋯⋯⋯⋯⋯⋯⋯⋯⋯⋯⋯ 24

1.7　小于 60m 的框架-核心筒如何确定抗震等级 ⋯⋯ 25

1.8　地震加速度和地震影响系数 ⋯⋯⋯⋯⋯⋯⋯⋯⋯⋯ 26

1.9　抗震性能设计 ⋯⋯⋯⋯⋯⋯⋯⋯⋯⋯⋯⋯⋯⋯⋯⋯⋯ 32

1.10　抗震措施和抗震构造措施 ⋯⋯⋯⋯⋯⋯⋯⋯⋯⋯ 38

1.11　"防冻混凝土"与"抗冻混凝土"概念解析 ⋯⋯ 42

1.12　质心偏心率的概念解析 ⋯⋯⋯⋯⋯⋯⋯⋯⋯⋯⋯⋯ 44

1.13　剪力墙稳定公式 ⋯⋯⋯⋯⋯⋯⋯⋯⋯⋯⋯⋯⋯⋯⋯ 45

1.14　顶层柱不考虑强柱弱梁的解析 ⋯⋯⋯⋯⋯⋯⋯⋯ 47

1.15　结构设计中的刚度比 ⋯⋯⋯⋯⋯⋯⋯⋯⋯⋯⋯⋯⋯ 48

1.16　框剪倾覆力矩比的概念 ⋯⋯⋯⋯⋯⋯⋯⋯⋯⋯⋯⋯ 52

1.17　山坡处风压高度变化系数的取值 ⋯⋯⋯⋯⋯⋯⋯ 58

1.18　剪力墙轴压比不考虑地震作用的解析 ⋯⋯⋯⋯ 60

1.19　结构中软弱层和薄弱层的概念 ⋯⋯⋯⋯⋯⋯⋯⋯ 62

1.20　第二振型可否是扭转振型? ⋯⋯⋯⋯⋯⋯⋯⋯⋯⋯ 63

1.21　结构须进行塑性计算的解析 ⋯⋯⋯⋯⋯⋯⋯⋯⋯ 65

1.22　梁柱节点核芯区抗剪超限问题 ⋯⋯⋯⋯⋯⋯⋯⋯ 67

1.23　层间位移角如何考虑双向地震? ⋯⋯⋯⋯⋯⋯⋯ 70

1.24　高层剪力墙结构如何增设暗梁? ⋯⋯⋯⋯⋯⋯⋯ 71

1.25　零应力区如何正确计算? ⋯⋯⋯⋯⋯⋯⋯⋯⋯⋯⋯ 73

1.26　抗震调整系数的计算 ⋯⋯⋯⋯⋯⋯⋯⋯⋯⋯⋯⋯⋯ 76

1.27　如何充分利用钢筋抗拉强度? ⋯⋯⋯⋯⋯⋯⋯⋯ 78

1.28　墙倾覆力矩影响因素 ⋯⋯⋯⋯⋯⋯⋯⋯⋯⋯⋯⋯⋯ 79

1.29　吊环选用未冷加工 HPB300 级钢筋的解析 ············· 80

1.30　柱的单偏压和双偏压 ············· 81

1.31　结构出现局部振动的解决方案 ············· 82

1.32　层间位移角限值 ············· 83

1.33　"凹角"是否为"角"？ ············· 85

第二章　结构设计疑难问题解析 ············· **87**

2.1　如何正确地使用工程勘察报告？ ············· 87

2.2　空心楼盖注意事项 ············· 94

2.3　肢厚大于 300 柱是否为异形柱？ ············· 100

2.4　细腰型高层住宅设计注意事项 ············· 101

2.5　界定局部转换比例的注意事项 ············· 104

2.6　结构设计的假定条件 ············· 105

2.7　混凝土板的设计优化 ············· 113

2.8　混凝土梁腹板高度取值 ············· 115

2.9　开洞楼板导荷的注意事项 ············· 116

2.10　加气块自重取值 ············· 117

2.11　模型中的墙、柱计算的注意事项 ············· 118

2.12　如何指定施工次序？ ············· 120

2.13　跨层柱的计算长度系数 ············· 125

2.14　悬挑梁跨度与梁高的关系 ············· 128

2.15　楼梯支座推力设计 ············· 129

2.16　剪力墙稳定性验算 ············· 131

2.17　连梁刚度何时折减？ ············· 133

2.18　上层柱子的配筋要比下层柱大的原因 ············· 134

2.19　梁、柱能否随意加大计算配筋？ ············· 135

2.20　为何要进行塑性调幅？ ············· 137

2.21　带地下室的模型中为何轴压比会突变？ ············· 138

2.22　高层建筑地下室外墙按被动土压力设计的问题 ············· 140

2.23　地下室抗浮不足时为何总是柱破坏严重？ ············· 142

2.24　水浮力作用下地库柱的巨大剪力由来 ············· 143

2.25　地下车库柱因浮力造成的破坏 ············· 147

2.26　如何确定纯地下室与主楼相连时基础设计等级？ ············· 150

2.27　高层建筑嵌固端相关范围的楼盖形式 ············· 151

2.28　地下室无梁楼盖是否可行？ ············· 153

2.29　在地下室周边设置盲沟降低抗浮水位方法的探讨 ············· 156

2.30　塔楼偏置结构位移比超限问题 ············· 165

2.31　剪重比可否作为结构侧向刚度的衡量指标？ ············· 167

2.32　在 SATWE 计算中剪力墙边缘构件配筋范围与《抗规》的差别 ········· 171

2.33 连梁剪压比超限处理 ·········· 173
2.34 弹性梁板冲切计算 ·········· 178
2.35 筏板柱下冲切公式是否适用剪力墙下冲切？ ·········· 179
2.36 中梁刚度放大系数对结构动力特性的影响 ·········· 181
2.37 如何正确选择结构设计中的刚性板 ·········· 190
2.38 为何不用计算基底平均压力？ ·········· 203
2.39 如何确定混凝土梁钢筋与钢骨柱连接钢板厚度？ ·········· 204
2.40 偶然偏心和双向地震是否需要同时考虑？ ·········· 206
2.41 轴压比计算是否考虑活荷载折减 ·········· 207
2.42 悬挑板阳角配筋方式 ·········· 209
2.43 防水混凝土控制裂缝宽度的作用 ·········· 212
2.44 如何确定特征周期插值图数据？ ·········· 214
2.45 板柱结构通过柱截面的板底连续钢筋的总面积计算 ·········· 216
2.46 第二平动周期是否考虑周期比？ ·········· 217
2.47 刚度比限值的解读与探讨 ·········· 218
2.48 柱剪跨比简化计算的问题 ·········· 220
2.49 反梁抗剪能力可能降低的 ·········· 221
2.50 特定水池内壁配筋如何考虑满水试验？ ·········· 223
2.51 轴压比限值提高后如何查最小配箍特征值？ ·········· 224
2.52 柱选筋是否可随意改变角筋面积？ ·········· 226
2.53 纵筋连接方式引起箍筋的变化 ·········· 228
2.54 防震缝宽度计算 ·········· 230
2.55 利用 AUTOCAD 准确计算复杂结构高宽比 ·········· 232

第三章 结构设计构造问题解析 ·········· **234**
3.1 悬臂梁钢筋构造的作用 ·········· 234
3.2 板负筋须在梁角筋内侧弯钩的解析 ·········· 236
3.3 板负筋须向下弯折的解析 ·········· 237
3.4 如何确定边缘构件长度？ ·········· 240
3.5 如何确定板支座负筋向跨内延伸长度？ ·········· 241
3.6 框架在顶层端节点处梁柱纵筋搭接的要求 ·········· 242
3.7 规范中对贯通中柱钢筋的要求 ·········· 243
3.8 混凝土梁箍筋活口位置设置 ·········· 245
3.9 如何确定框架梁不伸入柱内的下筋量？ ·········· 247
3.10 图集 16G101-1 对悬挑梁上筋的截断点的要求 ·········· 252
3.11 地下室底板局部降标高是否需要放坡？ ·········· 254
3.12 构造柱的由来 ·········· 259
3.13 梁顶面贯通钢筋是否需要包络底部配筋的 1/4 的探讨 ·········· 261
3.14 高层建筑地下室埋深的探讨 ·········· 262

3.15 筏板何时封边钢筋？ ……………………………………… 266

3.16 吊环直锚长度大于 30d 的解析 …………………………… 268

3.17 多跑楼梯荷载是否要乘以放大系数？ ……………………… 269

3.18 悬挑板是否需要配置底筋？ ………………………………… 270

3.19 短柱箍筋注意事项 …………………………………………… 272

3.20 腰筋注意事项 ………………………………………………… 273

3.21 剪力墙水平筋是否必须伸至端柱对边？ …………………… 274

3.22 框架柱箍筋加密区的注意事项 ……………………………… 276

3.23 为何顶层连梁在混凝土墙内要增设箍筋？ ………………… 277

3.24 板保护层厚度为什么比梁小？ ……………………………… 279

3.25 上柱配筋大时纵筋连接位置 ………………………………… 280

3.26 连梁折线筋的作用 …………………………………………… 282

3.27 混凝土梁腰筋的作用 ………………………………………… 284

3.28 如何配置抗冲切箍筋？ ……………………………………… 285

3.29 梁、柱纵筋与箍筋是否可以焊接？ ………………………… 286

3.30 墙体拉结筋是否可植筋？ …………………………………… 287

3.31 受拉植筋构造深度为何比受压小？ ………………………… 288

3.32 跃层和单边无梁框架柱箍筋加密区设置要求 ……………… 289

3.33 楼梯抗震设计需要注意的细节 ……………………………… 292

第四章 结构加固设计及施工问题解析 …………………………… **297**

4.1 锚栓及植筋有关问题 ………………………………………… 297

4.2 粘钢法和增大截面法基面处理要点 ………………………… 310

4.3 影响粘钢加固效果的因素 …………………………………… 312

4.4 如何布置粘钢加固锚栓问题 ………………………………… 316

4.5 多层粘钢加固施工要点 ……………………………………… 317

4.6 灌钢胶施工要点 ……………………………………………… 319

4.7 碳纤维布加固能否替代粘钢加固？ ………………………… 322

4.8 纤维复合材加固砌体结构和混凝土结构的区别 …………… 324

4.9 粘贴多层纤维复合材料设计及施工要点 …………………… 326

4.10 嵌入式碳板加固的问题 ……………………………………… 329

4.11 植筋后焊接施工要点 ………………………………………… 332

4.12 植筋施工及验收的若干问题 ………………………………… 334

4.13 植筋锚固深度对加固效果的影响 …………………………… 339

4.14 后锚固植筋的技术要点 ……………………………………… 342

4.15 混凝土裂缝类型及解决方法 ………………………………… 344

4.16 砌体裂缝类型及解决方法 …………………………………… 349

4.17 裂缝是如何影响结构耐久性的？ …………………………… 352

4.18 预应力碳纤维板加固施工要点 ……………………………… 354

4.19　碳纤维网格对混凝土梁抗弯性能的影响 ·············· 357

4.20　碳纤维网格对双向板抗弯性能的影响 ················· 364

4.21　碳纤维网格对砌体结构抗震性能的影响 ·············· 371

4.22　碳纤维网格对混凝土梁抗折性能的影响 ·············· 380

4.23　梁、板、柱承载力不足的加固方法 ···················· 388

4.24　楼板开洞的施工要点 ·· 399

4.25　剪力墙加固方法 ··· 403

4.26　楼梯加固方法 ··· 404

4.27　悬挑梁加固方法 ··· 406

4.28　老旧小区加固改造方法 ·· 410

第五章　结构设计其他常见问题解析 ·················· **414**

5.1　风荷载作用下是否要考虑位移比的验算？ ············ 414

5.2　如何判断人防荷载涉及的饱和土？ ······················ 416

5.3　高大出屋面架构层风荷载计算问题 ······················ 418

5.4　活荷载折减的原理 ··· 420

5.5　消防车荷载是否可按普通活荷载输入？ ··············· 421

5.6　如何进行坡屋面荷载的换算？ ································· 424

5.7　高吨位消防车等效均布荷载取值 ·························· 425

5.8　施工荷载是临时荷载还是活荷载？ ······················ 430

5.9　平面导荷和有限元导荷的区别 ································· 431

5.10　屋顶运动场地的活载更迭 ·· 432

5.11　人防楼板是否可用塑性算法？ ································ 433

5.12　门框墙设计中注意事项 ·· 435

5.13　门框墙上挡梁设置技巧 ·· 438

5.14　常爆动何时会比核爆动大？ ···································· 441

5.15　为何门框墙上的等效静荷载比临空墙大？ ··········· 443

5.16　如何确定支撑与柱的夹角关系？ ··························· 445

5.17　承台侧面土层的液化强制要求 ································· 446

5.18　人防楼梯设计时，如何考虑荷载组合？ ·············· 449

5.19　不能自动授权施工人员选择图集做法 ················· 451

5.20　人防地下室底板如何执行最小配筋率？ ·············· 453

第一章 结构设计基本概念解析

1.1 结构设计的概念思维

概念设计是运用人的思维和判断力,从宏观上解决结构设计的基本问题。概念设计是结构设计的精髓,设计思维是结构设计的分析、应用手段,概念设计与设计思维如同结构工程师的"左膀右臂",灵活运用二者将在实际工程中起到事半功倍之效。概念不是经验的简单累积,是经验,更是直觉(INSIGHT),背后是设计思维,甚至哲学。概念设计必须建立在扎实的理论基础、丰富的实践经验以及不断创新的思维的基础上。概念设计应是由点到线、由线到面、由面到空间体的整体性思维,加强局部,更应强调整体;概念设计,不论是点、线、面、空间,都强调"一",即简单,能看到复杂背后最简单本质的一面。

1. 概念设计

(1)物尽其用

力流的传递过程应"物尽其用",提高材料的利用效率。比如混凝土抗压强度远远大于抗拉强度,应尽量让混凝土构件受压,而不是受拉、受弯。当结构承受弯矩时,弯矩的本质也是拉压应力,拉应力作用下混凝土材料的利用率不高。拱的效率高于梁(比普通梁构件多了轴力),桁架结构效率高于实体结构也证实了以上观点。

设计筏板基础时,常采用"柱墩"或变厚度筏板,柱墩设置范围较小,主要用来解决柱(或强墙)根部的冲切问题,如果把整块板加厚,则会造成浪费。

(2)均匀

刚度的布置应均匀,否则会导致力流不均匀。刚度一般有 X、Y 向刚度,结构周期中某个转角的平动周期不纯,其背后的本质就是该方向两侧刚度不均匀或结构内外相对刚度不合理(产生扭转变形)。X 方向或 Y 方向两端刚度接近(均匀)位移比才会小,两端刚度大于中间刚度扭转才会小(偏心荷载作用下),周期比更容易满足。

结构转换层上下刚度比规定体现了对结构竖向刚度均匀变化的要求。在转换层结构中,如果转换梁上的剪力墙布置不均匀,则会在转换梁上产生较大的相对竖向位移,造成转换梁超筋。

(3)连续

当柱网纵横方向的长跨与短跨之比≤1.2时,在满足建筑要求等的前提下(一般填充

1

墙下布梁），次梁一般尽量沿着跨度大的方向布置，这也是为了实现力流在纵横方向的均匀分配。结构纵向刚度大，就要多承受力，纵向连续布置次梁，可以充分利用梁端负弯矩协调变形。

　　楼盖设计时，次梁的布置应连续，如果不连续布置（间断布置或交错布置且间隔很近），则较多的次梁端部弯矩会造成主梁的较大扭矩，往往造成主梁超筋或者箍筋计算值很大。

　　图1.1.1中的牛腿与钢柱刚接，牛腿根部有较大的弯矩，对钢柱不利，可以将牛腿的上下翼缘延伸至钢柱边，形成一个"刚域"，能形成更可靠的连接关系。

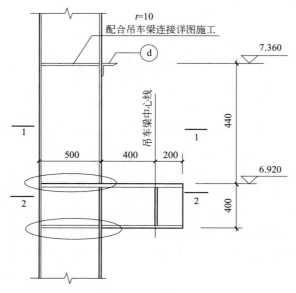

图1.1.1　牛腿做法节点

　　图1.1.2中钢梁拼接处属于不连续的地方，于是采用"端板＋加劲肋"的方式加强。

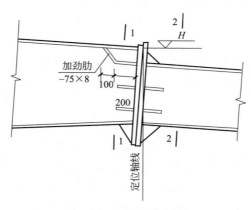

图1.1.2　钢梁拼接节点

（4）传力途径短

　　四边支座的楼板在传力时优先向短跨方向传递。当柱网长宽比大于1.5时，宜采用加强边梁的单向次梁方案。单向次梁应沿着跨度大的方向布置，落在跨度小的主梁上，主次梁合力跨越大跨度，而不是依附在主梁上跨越长距离，这样做传力路径短，比结构布置连续更重要。

在楼盖设计时，次梁在不同位置处布置会产生不同的作用效果，在满足建筑要求的前提下，次梁应尽量离支座近（≥300mm）一些，让传递路径更短，如图1.1.3所示。

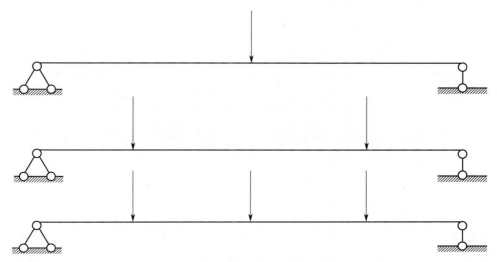

图 1.1.3　次梁在主梁上的不同作用点

在进行基础设计时，如果采用人工挖孔桩或者旋挖桩等，可以采用墙端部布置桩，让上部剪力墙（类似于深梁，向两边传）的力直接传递给桩，桩之间承台的梁一般可以按构造设置，如图1.1.4所示。

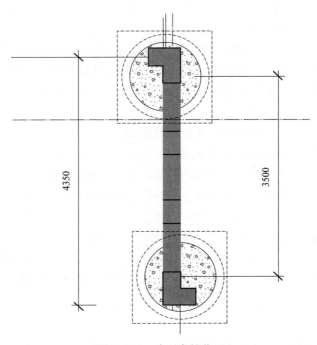

图 1.1.4　墙下布桩位置

（5）力沿着刚度大部位传递

力流总是沿着刚度大或增大的方向自发传递。如果减小门式刚架中钢梁中间段的截面，端部截面的应力比会增加；如果柱顶点铰接，钢梁应力比会增大；如果柱角点铰接，钢梁应力比也会增大；都恰好验证了这个道理。在装配式剪力墙结构中，次梁如果采用图1.1.5的节点，也可以用此道理来解释。

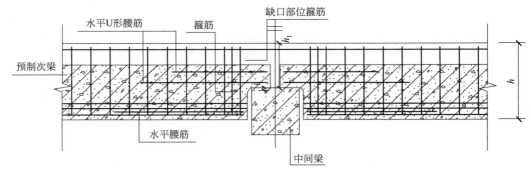

图 1.1.5 预制次梁与中间梁的连接

次梁与主梁现浇在一起，由于次梁端部高度变小，而中间段高度不变，于是次梁中间部分的刚度相比端部的刚度变大。力流沿着刚度大的方向传递，导致次梁端部弯矩变小，更趋近于铰接，这与次梁沿着梁长整段高度变小，次梁与主梁的支座（中间）更趋近于固结的道理不一样。

（6）变形协调

可以人为改变结构布置或结构刚度，付出一定的代价后，改变力流的方向。比如板的内力一般自发向板的短边传递，但可以通过设置次梁，改变力流的分布。比如柱底弯矩通过独立基础的协调后，弯矩转化为力矩作用在土上，墙底弯矩或墙肢底部轴力大小不同时对承台产生的弯矩通过承台协调后，转化为力矩，作用在桩身上便成了轴力。

箱型基础的底板、面板以及筏型基础的底板弯曲计算包括局部弯曲和整体弯曲两部分，当地基不是很均匀，板厚从小增大到一定厚度时，可以发现局部弯曲与整体弯曲协调的过程。

现浇混凝土在装配式构件拼装时通过预留空间起着"协调"的作用，从而保证结构的安全性。比如梁柱节点通过预留空间让混凝土去协调，预制板上现浇一定厚度的混凝土去协调，边缘构件部分通过现浇混凝土去协调等，把不同的构件较好地连接在一起，保证结构或构件的安全性能，有时，预留空间也能解决"钢筋打架"的问题。

减小和增大梁高。减小连梁高度使梁所受内力减小，在通常情况下对调整超筋是十分有效的，但是在结构位移接近限值的情况下，可能造成位移超限。增大连梁高度使得连梁所受内力加大，但构件抗力也加大，可能使连梁不超筋，且可以减小位移，但是这种方法可能受建筑对梁高的限制，且连梁高度加大超过一定限值，构造需加强，也造成了钢筋用量的增加。

2. 设计思维

（1）借物

钢结构设计中用牛腿，装配式设计中框梁上挑檐板（图1.1.6），楼梯梯梁上挑檐板

（图1.1.7），剪力墙竖向连接用套筒，都属于借物，形成一个支座关系或者连续关系。

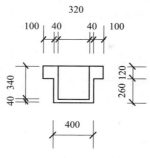

图 1.1.6 框梁上挑檐板

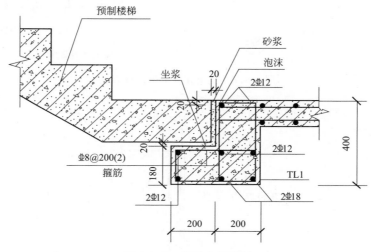

图 1.1.7 梯梁上挑檐板

钢结构节点中常常借助第三物（端板、加劲肋板、连接板或刚域），在不同位置处布置螺栓及连接焊缝以形成不同构件之间可靠的连接（刚接或铰接）。图 1.1.8 中钢柱与钢梁通过柱顶设置端板与螺栓，形成刚接。图 1.1.8 中钢梁左右两端通过 10mm 厚的节点板焊接钢梁腹板，上下翼缘与节点板通过焊接形成刚接。

图 1.1.9 中垂直相交的主次梁，通过主梁中与上下翼缘形成稳定支座关系的加劲肋板形成可靠的连接，主梁中和轴附近布置螺栓与次梁线相连承受剪力，当次梁翼缘与主梁翼缘之间焊接连接时，又形成固结连接，此节点中钢主梁平面外有楼板等保证其平面外稳定。

在布置人工挖孔桩或者灌注桩时，一般应扩底，可以减小桩间距。对于常规工程，一般剪力墙下布置 2~3 个人工挖孔桩，桩的最小中心距为：$1.5D$ 或 $D+1.5m$（当 $D>2m$），当不扩底时，桩间距应满足非挤土灌注桩的要求：$2.5d$。当人工挖孔桩端部落在岩石上、不考虑侧摩阻时，扩底后净间距不得小于 500mm，扩底属于借物。

门式刚架中柱间支撑、屋面支撑、桁架的腹杆，都是属于借物，让力流以拉压轴力的方式传递到另一端，形成力臂以平衡弯矩。

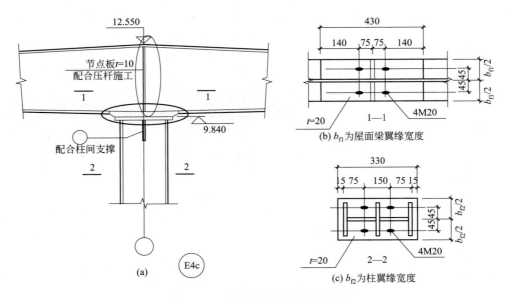

图 1.1.8　钢梁在柱上端连接节点

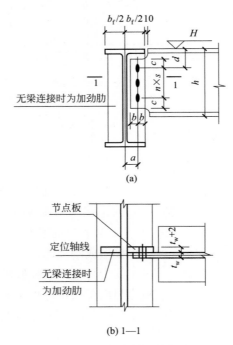

图 1.1.9　主次梁连接节点

　　设计预应力结构时，应在梁板端部与底部提前施加预应力，来平衡使用时的荷载，属于借物形成相对刚度，增大受拉区的相对"总拉力"；构件布置成拱形，也属于借物，在支座处与跨中形成力臂关系，从而平衡跨中弯矩（两端支座非固端时），去承受更大的荷载。

　　在加固设计中，如果梁高受限，可以借助钢梁来满足刚度强度要求。生活中做事说话的正确方式是引导与比喻，通过一个第三方（参照物）去把事情完成，在做结构设计时，常常参考别人做过的同类型的工程项目、参考图集等，都是借物。

（2）类比

钢结构设计与混凝土结构设计类比，比如钢梁与混凝土梁（翼缘与腹板受力分析）类比、加钢梁翼缘厚度的效果类比于多放一排面筋或底筋（抗弯），钢柱与混凝土柱类比。混凝土结构设计中不连续的地方要加强，比如边缘构件要加强，板边需要加强，角柱需要加强，底柱和顶柱需要加强，可以类比钢结构设计中，不连续的地方（节点处）也应加强。在理解结构设计时，可以用生活中一些易理解的现象来帮助类比理解，比如地震类似于紧急刹车或紧急加速；大底盘结构比独立结构稳当与坐着比站着稳当、脚张开比脚并立稳当是一个道理，于是建筑结构要控制高宽比；体重大的人容易摔到，于是结构自重不应太大，避免地震力过大；楼板开洞使得水平力在该开洞位置处传力中断，造成应力集中，和当把洗车用的水管直径减小，压强会增大是一个道理；剪力墙结构中连梁超筋，有时可减小梁高，弱化连梁的作用，让墙自己多承担一点，和生活中用手拉人时把手放松一点一个道理。桩基础布置在墙的两端还是墙身中间部位，和踩在脚跟疼还是脚心疼一个道理。生活中做事要有连续性，可以类比结构设计时，梁的布置应尽量连续（一般沿着跨度多的方向布置、梁端部悬挑等）、墙的布置要连续（转角处布翼缘）。在生活中，有时做事要直接找负责人或领导，这样做事更直接，可以类比结构设计中，结构的布置的要尽量传力直接且短（贯通布置）。

在装配式建筑中不同构件之间的拼装，无论是竖向还是水平构件，都可以用板模型来类比，即通过确定不同的支座，形成两边支座的单向板、三边板、四边支座的双边板等。

钢结构中节点的做法可以与混凝土结构进行类比。图1.1.5、图1.1.11及图1.1.12中螺栓可以类比混凝土结构中梁、柱中的纵筋，图1.1.5及图1.1.11中端板布置不同方向的加劲肋，可以类比混凝土板中布置不同方向的次梁。圆钢管与构件进行焊接时，圆钢管可以类比混凝土圆柱中布置纵筋。

（3）极限思维

阴阳生万物，阴阳即极端。很多东西，用极端的思维方法会很容易明白，比如把梁的两个支座中一个支座刚度变为无穷小（或足够软）去解释力沿刚度大的位置传递。

（4）相对

力流可以改变构件的刚度，预应力结构可以这样理解，通过控制定值强度，人为改变预应力的形状与位置，产生不同的变形效果，刚度即相对刚度。

控制扭转的关键在于"加减法"及 X 方向或 Y 方向两端刚度接近（均匀），要加的墙位置很重要，好钢用在刀刃上才更有效。而方法的背后，在于外墙与内墙的相对刚度，而不是外墙的绝对刚度大小。理解了相对刚度，就明白了"减法"在刚度调整过程中的重要作用。减法的过程中也要使 X 方向或 Y 方向两端刚度接近（均匀），否则会产生扭转变形。

构件中的固结、简支（或铰接）与相对刚度密切相关。当双向板为整间大楼板（板厚度较大时），二邻边为小跨度板（板厚度较小），由于两者的刚度相差过于悬殊，往往不宜以固定端待之（对于小跨度板来说，是固定端）。当支承端跨板的边梁为宽扁梁或近乎深梁，由于边梁的抗扭刚度甚大，边梁又可作为楼板的固定端部。

　　结构静力学的位移法也是刚度法，把实际的结构抽象为数学模型（计算简图）是结构分析的第一步。决定连系的主要因素就是结构各部分刚度的比值，即结构的各部分的相对刚度。超静定结构的受力状态取决于各部分的相对刚度，计算简化来源于刚度的简化，相对刚度大的部分简化为无限大刚度，相对刚度小的部分简化为零刚度。

　　图中 1.1.10(a) 和图 1.1.11(a) 中的梁，左跨的转动刚度为右跨的 20 倍以上，其计算简图可分别为图 1.1.10(b) 和图 1.1.11(b)。在工程结构设计的精度范围之内，可以这样认为，如果与某梁相连的其他构件的总刚度比这根梁大很多（比如 4 倍或 4 倍以上），则该梁端部可视为完全固结，如果相连杆件的总刚度为该梁刚度的 1～3 倍，则端部约束介于完全刚接与铰接之间，按弯矩分配法计算。

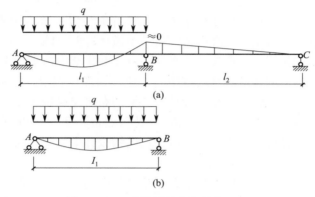

图 1.1.10　连续梁的支座简化（一）

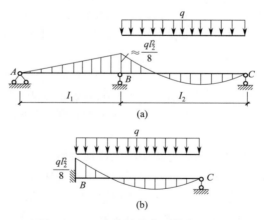

图 1.1.11　连续梁的支座简化（二）

　　图 1.1.12 为一门式刚架及其弯矩图。$Q=20\text{kN/m}$，刚架跨度 8m，高度 6m。如果横梁的截面尺寸增大，立柱的截面尺寸减小，弯矩趋向于图 1.1.12(b)，横梁弯矩接近于简支梁的弯矩图，跨中弯矩很大，这种内力状态是不利的。反之，如果立柱截面尺寸增大，横梁截面尺寸减小，弯矩图将趋向图 1.1.12(c)，横梁弯矩图接近于固端梁的弯矩图，立柱的弯矩值也很大，是不利的。适当调整梁柱的截面尺寸，可以使横梁跨中弯矩与支座弯矩大体相等，同时减小立柱的弯矩值。

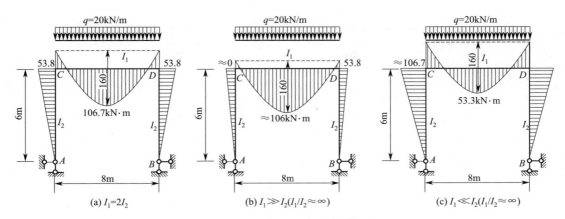

图 1.1.12 门式刚架及其弯矩图

悬臂支承在基础上的两根柱子，独立作用，柱在水平荷载作用下的抗弯能力很小（图1.1.13a），通过加设铰接水平构件可以得到改善（图1.1.13b）。铰接水平构件无法约束柱顶变形，无法提高悬臂柱的抗弯刚度，最好的办法是让水平构件与柱顶刚接（图1.1.13c），这样水平构件与柱可以相互约束转动，使柱子产生反弯曲，改变反弯点位置，让弯矩从柱底分配一部分到梁端，让柱底轴力（拉压力）分担一部分弯矩（图1.1.14）。在真正的框架中，框架的作用程度主要由梁柱刚度比决定，如果单柱刚度比梁刚度要大，则大部分倾覆力矩将由每个柱的抗弯作用承担。如果梁刚度更大些，则柱子内弯矩要减小，成对的轴力将分担很大一部分倾覆力矩，这样抗弯作用将由独立柱受弯变为整个框架受弯，独立柱的抗弯力臂很短，而成对的柱形成的框架力臂很长。

梁与柱的线刚度比是很重要的因素，是横梁框架作用程度标志。当梁与柱的刚度比减小时，柱顶将有很大转动，当梁柱刚度比为 1：1 时，反弯点大约在柱高的 3/4 处，框架作用程度是完全框架作用的 1/2；作为近似估算，当梁柱刚度比小于 1：1 时，可以认为没有框架作用。在实际设计中，几乎没有梁柱线刚度比能达到 3～4 的，除了跨度很大（$L>24m$）的单向密肋楼盖的边支承框架梁柱线刚度比能达到 2～3 外，其他一般不会超过 1.5～2.0。

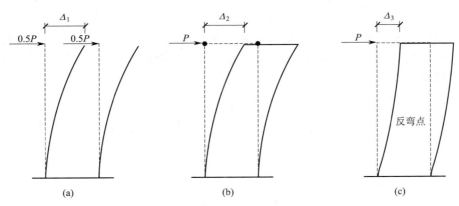

图 1.1.13 水平荷载作用的两柱平面结构

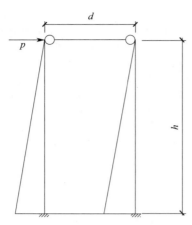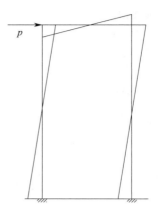

图 1.1.14　弯矩分布图

（5）正反思维

刚度的基本概念：刚度是结构或构件抵抗外力的变形能力。可刚度看不见、摸不着，可以借助"正反思维"，从变形的角度去理解刚度的内涵。结构设计最关键就是控制变形与相对变形，变形有水平位移、竖向位移、转角（扭转变形等）、相对水平位移、相对竖向位移、相对转角等。概念设计中的结构布置连续，也是控制构件的变形。

（6）二八定律

任何一组事物中，起主要作用的是少数。比如外围、拐角的剪力墙抵抗水平风荷载与水平地震作用的贡献最大。独立基础受到较大弯矩时，独立基础外围部分的贡献更大（力臂更大）。分清结构或构件中的主次要因素后，便可更有效地根据结构或构件计算指标调整结构或构件布置，以满足规范要求。

（7）避

当变形协调需要较大代价时，可采用"避"的方式，有时高层建筑比较复杂，采用桩基础，核心筒部位一般采用大承台＋桩基础，其他部位采用小承台＋桩基础，如果连在一起，不同部位的变形不一样，协调需要付出很大的代价。

（8）"一"

《道德经》第四十二章：道生一，一生二，二生三，三生万物，一切都可以归于"一"。一个建筑中，很多构件都可以简化为悬臂梁、简支梁、连续梁模型，单向板、悬挑板与梁的计算模型有很多类似的地方；地下室外墙可以简化为梁模型，整个建筑可以简化为一根悬臂梁模型。

1.2　结构非线性概念

在数学上，线性关系是指自变量 x 与因变量 y 之间可以表示成 $y = ax + b$（a，b 为常数），即说 x 与 y 之间呈线性关系。不能表示成 $y = ax + b$（a，b 为常数），即非线性关系，非线性关系可以是二次、三次等函数关系，也可能是没有关系。

图 1.2.1 是钢结构构件荷载-变形曲线，其中①线表示的应力与应变呈直线状态，所以它是线性；②线表示的应力与应变不是直线，所以是非线性。

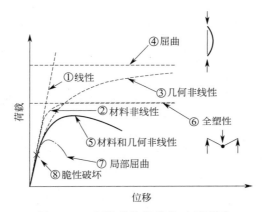

图 1.2.1　钢结构构件荷载-变形曲线

我们常说的非线性分为三大类，三种非线性可以相互组合：

（1）几何非线性问题：大应变、大位移、应力刚化、旋转软化；

（2）材料非线性问题：塑性、超弹、蠕变及其他材料非线性；

（3）状态非线性问题：接触、单元生死及特殊单元。

材料非线性就是应力和应变的函数关系不是直线函数。

所谓几何非线性，可以理解为荷载-位移呈非线性关系，轴心受压构件的二阶效应就是几何非线性的例子。再如高层建筑、大跨度柔性桥梁等结构，材料应变较小，本构关系可按线性关系考虑（图 1.2.2），但结构变形较大可引起外荷载大小、方向的变化，在建立结构平衡方程时，必须考虑位移造成的影响。考虑几何非线性后，变形随荷载的增大变化逐渐加快，如图 1.2.3 所示。

图 1.2.4 是一个钓鱼竿的受力前后变化示意，处于轻微横向载荷作用下的杆梢是柔软的，随着载荷增加，杆的几何形状发生变化（呈弯曲状态），力矩臂减小（载荷移动），引起杆的刚化响应。

状态非线性是导致刚度突然变化的状态改变，是非线性行为的另一个普遍原因。例如：电缆从松弛到张紧的改变状态、一个装配中的两个零件进入接触状态、因加工而移去预应力材料等。

由图 1.2.5 可知，随着荷载的增加，接触状态从"开"变为"闭合"，从而引起刚度变化。

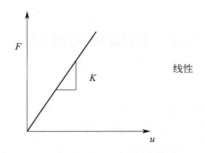

图 1.2.2 线性关系下的荷载-变形曲线

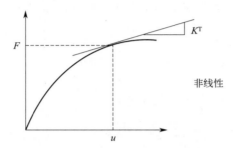

图 1.2.3 考虑几何非线性时的荷载-变形曲线

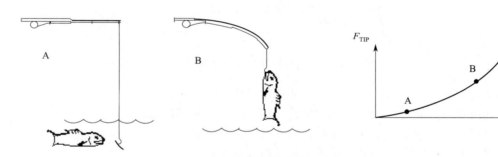

图 1.2.4 钓鱼竿受力前后变化示意图

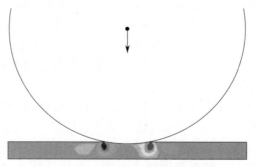

图 1.2.5 荷载增加时接触状态图

1.3 浮重度和有效重度概念

《建筑地基基础设计规范》GB 50007—2011（以下简称《地基规范》）第 5.2.4 条规定：

$$f_a = f_{ak} + \eta_b \gamma (b-3) + \eta_d \gamma_m (d-0.5)$$

式中　γ——基础底面以下土的重度（kN/m^3），地下水位以下取浮重度；

γ_m——基础底面以上土的加权平均重度（kN/m^3），位于地下水位以下的土层取有效重度。

同一个公式里提到了"浮重度"和"有效重度"两个概念，二者有啥区别呢？陆观宏老师针对这两个概念给出了解释：

浮重度就是浸水重度，有效重度强调"有效"，两者在概念上不完全等同，一般情况下，浮重度等于有效重度。以地基规范的承载力计算公式为例，基础面以下取浮重度是对的，但基础面以上取浮重度不一定是正确的，取有效重度则是对的。例如，当为承压水，水头高于地面，有效重度必小于浮重度；当基础底面以上存在上层滞水，计算有效重度还应取饱和重度（浸水范围）；渗流也分水平和竖向两种，水平向影响小，竖向的影响相对大些，即加或减动水压力问题，但基础旁边存在长期向上且流速较大的渗流的情况很少，一般也不考虑。故《地基规范》的说法还是严谨的。

但是很多规范其实并未严格区分"浮重度"和"有效重度"的概念。在《岩土工程勘察术语标准》JGJ/T 84—2015 第 5.1.25 条规定，浮重度（buoyant unit weight）即岩土的饱和重度与水的重度之差，又称有效重度。

在《公路桥涵地基与基础设计规范》JTG D63—2007 第 3.3.4 条规定，修正后的地基承载力容许值 $[f_a]$ 按下式确定：

$$[f_a] = [f_{a0}] + k_1 \gamma_1 (b-2) + k_2 \gamma_2 (h-3)$$

式中　γ_1——基底持力层土的天然重度（kN/m^3）。若持力层在水面以下且为透水者，应取浮重度；

γ_2——基底以上土层的加权平均重度（kN/m^3），换算时若持力层在水面以下，且不透水时，不论基底以上土的透水性质如何，一律取饱和重度；当透水时，水中部分土层则应取浮重度。

在《建筑地基基础设计规范理解与应用（第二版）》中指出，"宽度修正项对应的重度 γ_m 值应为基础底面下土层的重度；而埋深修正项对应的重度应为基础底面以上土层的加权平均重度。如在地下水位以下时均应取浮重度。"

可以看出，在普通工程中，一般也不用严格区分"浮重度"和"有效重度"。

1.4　剪力滞后的概念

陈立达　天津大学建筑设计规划研究总院有限公司

框筒、筒中筒、束筒都是优异的抗侧力高层结构体系，而在设计工作中，剪力滞后现象是设计者需要重点关注的技术问题。

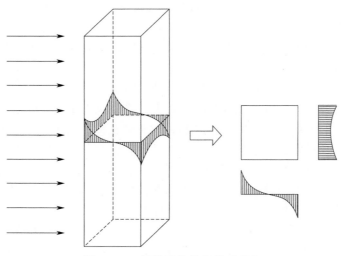

图 1.4.1　筒体结构剪力滞后现象

在框筒结构受力分析中，与水平力平行的框架称为腹板框架，与水平力垂直的称为翼缘框架。在水平力的作用下，腹板框架一端受拉，一端受压，角柱的轴力最大，同时角柱受力传递到翼缘框架。以受压侧为例，角柱受压变形，引起相邻的裙梁受剪变形，导致裙梁另一端柱受压，第二个柱受压变形后又引起了第二跨的裙梁受剪变形，如此反复，形成了翼缘框架的力的传递。而因为传递过程中裙梁的变形，使得翼缘框架内柱子的受压变形情况呈现越往中心越小的态势，即柱子的轴力越往中心越小，柱轴力图呈抛物线形式，这个就是框筒结构的剪力滞后现象（图 1.4.1）。观察腹板框架，由于腹板框架内部裙梁的变形，也存在与理想实腹模型的轴力呈直线分布规律相比，中间柱子的轴力绝对值相对较小，这也是剪力滞后现象的体现。剪力滞后是一个广泛存在的力学现象，存在于各种构件中，其中以箱形、T 形、工字形以及闭合薄壁型结构中最为典型。

我们以框筒结构为研究对象，若能减少剪力滞后现象，翼缘平面内的柱子轴力图抛物线变得更为平缓，减少中间柱与角柱的轴力差，提高中间柱子的轴力有利于提高翼缘平面的抗倾覆能力，有利于提升框筒结构的抗侧力能力，有利于提高材料的使用效率。

通过对剪力滞后现象的分析，我们可以知道影响框筒结构剪力滞后现象的主要因素是裙梁的剪切刚度，可以简单通过梁高和柱距来调整，梁的剪切刚度越大，剪力滞后现象越弱。我们常说的密柱深梁的布置原则即出于此处，然而密柱深梁在减弱剪力滞后现象的同时，还有影响立面布置、影响窗口尺寸、不利于采光和通风等劣势。

通过对剪力滞后现象的分析，发现翼缘框架的跨数越多，则裙梁变形传力次数越多，剪力滞后现象越严重，所以框筒平面形状也是一个重要的影响因素。正方形、圆形以及正多边形等规则平面是更为理想的平面形状。而在建筑方案采用长方形的平面布局时，也可通过在长边中部加设一道框架，形成束筒，也能减弱剪力滞后现象。例如美国芝加哥的 SEARS 大楼，就是束筒的经典之作。

1.5　反应谱的概念

王千秋　广东华悦建设工程技术有限公司

国家标准《建筑抗震设计规范》中反应谱是适用于全国的，我国幅员辽阔，地域广大，断层类型不同、断层距不同、地震类型也不同，用一个包络的反应谱，有的地区可能合适，有的地区可能偏于不安全，有的地区可能安全过度。随着地震经验的不断积累，研究成果的不断进步，建筑结构计算越来越精细化，我们可以对不同区域设计不同的反应谱，既安全又不浪费。

1. 关于《建筑抗震设计规范》中反应谱的理解

由结构动力学的基本公式：

$$m\ddot{y}+c\dot{y}+ky=-m\ddot{u}$$

两边同除以 m，并令 $\dfrac{c}{m}=2\zeta\omega_n$，$\dfrac{k}{m}=\omega_n^2$，得

$$\ddot{y}+2\zeta\omega_n^2\dot{y}+\omega_n^2 y=-\ddot{u}$$

ω_n 为结构自振圆频率。

$$\ddot{y}+\ddot{u}=-\omega_n^2 y-2\zeta\omega_n\dot{y}$$

当阻尼比 ζ 很小可以忽略不计时，上式可简化为 $\ddot{y}+\ddot{u}=-\omega_n^2 y$

当 y 取最大值时，令 $s_a=\ddot{y}+\ddot{u}=-\omega_n^2 y_{max}$，由杜哈梅（Duhamel）积分公式得反应谱公式如下：

$$s_a=\left|\frac{1}{\omega_D}\int_0^t \ddot{u}(\tau)\,e^{-\zeta\omega_n(t-\tau)}\sin\omega_D(t-\tau)\,\mathrm{d}\tau\right|_{\substack{max\\t>0}}$$

对以上公式的理解：

（1）该公式仅计算了时间段的矩形部分的阶跃力，地震波是连续上升或者下降的，所以在矩形阶跃力之上，还有一个斜坡力没有计算。

（2）按该公式，S_a 按地震波上每个时间段的阶跃力分别计算，取其最大值。实际应该按逐步积分法计算每一条地震波上的最大位移。计算方法如下。

在每一个时间间隔 $0\leqslant\tau\leqslant\Delta t_i$ 内，反应 $u(\tau)$ 为三部分之和：① $\tau=0$ 时刻的初位移 u_i 和初速度 $\dot{u}_i$ 引起的；②零初始条件下对阶跃力 p_i 的反应；③零初始条件下对斜坡力 $(\Delta p_i/\Delta t_i)\tau$ 的反应。对这三种情况计算如下：

$$u(\tau)=e^{-\zeta\omega_n t}\left[u_i\cos\omega_D\tau+\frac{\dot{u}_i+\zeta\omega_n u_i}{\omega_n}\sin\omega_D\tau\right]+\frac{-1}{\omega_D}\int_0^t \ddot{u}(t)\,e^{-\zeta\omega_n(t-\tau)}\sin\omega_D(t-\tau)\,\mathrm{d}\tau+$$

$$\frac{1}{\omega_D}\int_0^t \frac{\tau}{t}\ddot{u}(\tau)\,e^{-\zeta\omega_n(t-\tau)}\sin\omega_D(t-\tau)\,\mathrm{d}\tau$$

积分后得

$$u(t) = e^{-\zeta\omega_n \Delta t}\left[u_i\cos\omega_D\Delta t + \frac{\dot{u}_i + \zeta\omega_n u_i}{\omega_D}\sin\omega_D\Delta t\right]$$
$$+ \frac{\ddot{u}_i}{\omega_n^2}\left[1 - e^{-\zeta\omega_n t}\left(\frac{\zeta}{\sqrt{1-\zeta^2}}\sin\omega_D t + \cos\omega_D t\right)\right]$$

$$\frac{\ddot{u}_{i+1}}{\omega_n^2}\left\{1 - \frac{2\zeta}{\Delta t\omega_n} + e^{-\zeta\omega_n \Delta t}\left[\left(\frac{2\zeta^2 - 1}{\Delta t\omega_D}\right)\sin\omega_D\Delta t + \frac{2\zeta}{\Delta t\omega_n}\cos\omega_D\Delta t\right]\right\}$$

$$\frac{\ddot{u}_i}{\omega_n^2}\left\{-1 + \frac{2\zeta}{\Delta t\omega_n} - e^{-\zeta\omega_n \Delta t}\left[\left(\frac{2\zeta^2 - 1}{\Delta t\omega_D}\right)\sin\omega_D\Delta t + \frac{2\zeta}{\Delta t\omega_n}\cos\omega_D\Delta t\right]\right\}$$

$$= e^{-\zeta\omega_n \Delta t}\left[u_i\cos\omega_D\Delta t + \frac{\dot{u}_i + \zeta\omega_n u_i}{\omega_D}\sin\omega_D\Delta t\right] + \frac{\ddot{u}_i}{\omega_n^2}\left\{\frac{2\zeta}{\Delta t\omega_n}\right.$$
$$\left. - e^{-\zeta\omega_n \Delta t}\left[\left(\frac{2\zeta^2 - 1}{\Delta t\omega_D} + \frac{\zeta}{\sqrt{1-\zeta^2}}\right)\sin\omega_D\Delta t + \left(1 + \frac{2\zeta}{\Delta t\omega_n}\right)\cos\omega_D\Delta t\right]\right\}$$

$$\frac{\ddot{u}_{i+1}}{\omega_n^2}\left\{1 - \frac{2\zeta}{\Delta t\omega_n} + e^{-\zeta\omega_n \Delta t}\left[\left(\frac{2\zeta^2 - 1}{\Delta t\omega_D}\right)\sin\omega_D\Delta t + \frac{2\zeta}{\Delta t\omega_n}\cos\omega_D\Delta t\right]\right\}$$

2. 2010 规范对 2001 规范内容进行修改的目的

在 2011 年 2 月《建筑结构》第二期"国家标准《建筑抗震设计规范》GB 50011—2010 疑问解答（三）"中解释了新规范对设计反应谱有何调整，为什么要调整？对调整的目的说明摘录如下：

2010 规范的修改主要是 2001 规范加速度反应谱在长周期段下降速度太快，以致对高层建筑和长周期结构的抗震计算得到的地震响应很小，根本不起控制作用。出于工程安全的考虑，我国《建筑抗震设计规范》在构建反应谱时，将反应谱的速度控制段和位移控制段人为抬升了，得到了 2010 规范反应谱。

新规范对反应谱是曲线下降段的衰减指数 γ、直线下降段的斜率调整系数 η_1 和阻尼调整系数 η_2 进行如下调整：将 $\gamma = 0.9 + (0.05 - \zeta)/(0.5 + 5\zeta)$ 调整为 $\gamma = 0.9 + (0.05 - \zeta)/(0.3 + 6\zeta)$；将 $\eta_1 = 0.02 + (0.05 - \zeta)/8$ 调整为 $\eta_1 = 0.02 + (0.05 - \zeta)/(4 + 32\zeta)$；将 $\eta_2 = 1 + (0.05 - \zeta)/(0.06 + 1.7\zeta)$ 调整为 $\eta_2 = 1 + (0.05 - \zeta)/(0.08 + 1.6\zeta)$。

3. 关于反应谱曲线对比

1) 2001 规范与 2010 规范反应谱曲线（8 度）

该曲线按抗震设防烈度 8 度，水平地震影响系数最大值 0.16，特征周期 0.45s 设计。

图 1.5.1 和图 1.5.2 为 2001 规范反应谱曲线，图 1.5.3 和图 1.5.4 为 2010 规范反应谱曲线。

2001 规范曲线各阻尼比相交对应的周期见表 1.5.1。

2001 规范曲线各阻尼比相交对应的周期　　　　　　　　　表 1.5.1

$T(s)$ ＼ ζ	0.02	0.04	0.05	0.10	**0.20**
0.02 与 0.04	没有交点	没有交点			
0.02 与 0.05	没有交点		没有交点		

续表

T(s) \\ ζ	0.02	0.04	0.05	0.10	**0.20**
10.92	0.012804			0.012808	
7.31	0.026522				**0.026583**
12.31		0.005364	0.005365		
8.68		0.017741		0.017736	
6.00		0.026853			**0.026845**
7.95			0.019348	0.019342	
5.58			0.026932		**0.026929**
4.39				0.027174	**0.027167**
13.00	**0.0049**	**0.003053**	**0.003188**	**0.008232**	**0.025445**

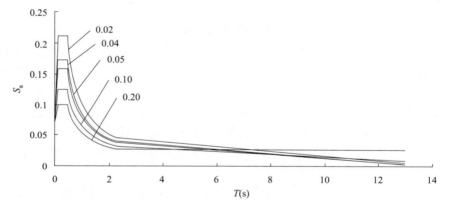

图 1.5.1　2001 规范反应谱曲线（图中数字为阻尼比，包括阻尼比 0.04）

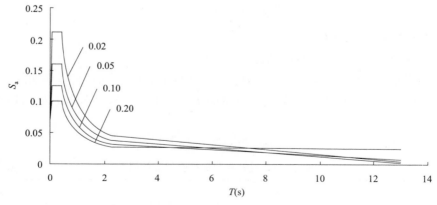

图 1.5.2　2001 规范反应谱曲线（图中数字为阻尼比，不包括阻尼比 0.04）

2010 规范曲线各阻尼比相交对应的周期见表 1.5.2。

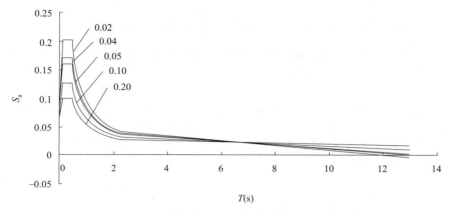

图 1.5.3　2010 规范反应谱曲线（图中数字为阻尼比，包括阻尼比 0.04）

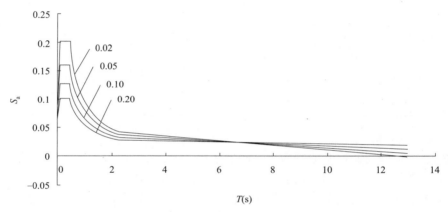

图 1.5.4　2010 规范反应谱曲线（图中数字为阻尼比，不包括阻尼比 0.04）

2010 规范曲线各阻尼比相交对应的周期　　表 1.5.2

T(s) ＼ ζ	0.02	0.04	0.05	0.10	0.20
6.98	0.022452	0.022456			
6.98	0.022452		0.022452		
6.88	0.022875			0.022868	
6.70	0.023673				0.023624
6.98		0.022456	0.022452		
6.84		0.022946		0.022952	
6.63		0.023681			0.023686
6.79			0.02306	0.023056	
6.58			0.023732		0.023731
6.39				0.023892	0.0239
13.00	−0.00304	0.001377	0.003188	0.010084	0.018002
0.00, T(s)	0.00,12.28s				

$5T_g$～6s 段 2001 规范和 2010 规范水平地震影响系数对比见表 1.5.3。

$5T_g$～6s 段 2001 规范和 2010 规范水平地震影响系数对比　　　表 1.5.3

ζ ＼ T(s)	0.02	0.02	0.04	0.04	0.05	0.05	0.10	0.10	0.20	0.20
	01 规范	10 规范	01 规范	10 规范	01 规范	10 规范	01 规范	10 规范	01 规范	10 规范
$5T_g$	0.04575	0.04287	0.039603	0.039018	0.03759	0.03759	0.03188	0.03254	0.0276	0.0276
差值		−0.0029		−0.00059		0		0.00066		0
3.2s	0.04214	0.03846	0.036373	0.035691	0.03455	0.03455	0.02979	0.03056	0.02741	0.02675
差值		−0.0037		−0.00068		0		0.00077		−0.0007
4.12s	0.03864	0.03456	0.033245	0.03247	0.03160	0.03160	0.02777	0.02863	0.02722	0.02592
差值		−0.0041		−0.00078		0		0.00086		−0.0013
5.06	0.03507	0.03058	0.030049	0.029179	0.02860	0.02860	0.0257	0.02667	0.02703	0.02509
差值		−0.0045		−0.00087		0		0.00097		−0.0019
6s	0.0315	0.02660	0.026853	0.025922	0.02559	0.02559	0.02363	0.02471	0.02685	0.02425
差值		−0.0049		−0.00093		0		0.00108		−0.0026

（1）交叉点分析

根据表 1.5.1，2001 规范交叉点分别为 0、0、10.92、7.31、7.95、5.56、4.39；2010 规范交叉点（表 1.5.2）分别为 6.98、6.98、6.88、6.70、6.79、6.58、6.39。前 5 个数 2001 规范滞后，说明前 5 个交点之前曲线高于 10 规范，后 2 个数 01 规范超前，后 2 个交叉点之后曲线低于 10 规范。

（2）$5T_g$～6s 段 2001 规范和 2010 规范水平地震影响系数的对比

根据表 1.5.3 的统计数据可知，在 $5T_g$～6s 长周期段，阻尼比为 0.02、0.04 时地震影响系数是下降的；阻尼比为 0.05 时地震影响系数相同，因为各系数没有发生变化；阻尼比为 0.10 时地震影响系数是上升，最大上升点在 6s 点，也只有 1.1‰；阻尼比为 0.20 时地震影响系数是下降的，最大下降在 6s 点，为 2.6‰。

2）2001 规范与 2010 规范反应谱曲线（7 度）

该曲线按抗震设防烈度 7 度，水平地震影响系数最大值 0.08，特征周期 0.35s 设计。

图 1.5.5 和图 1.5.6 为 2001 规范反应谱曲线，图 1.5.7 和图 1.5.8 为 2010 规范反应谱曲线。

2001 规范曲线各阻尼比相交对应的周期见表 1.5.4。

2001 规范曲线各阻尼比相交对应的周期　　　表 1.5.4

ζ ＼ T(s)	0.02	0.04	0.05	0.10	**0.20**
0.02 与 0.04	没有交点	没有交点			
0.02 与 0.05	没有交点		没有交点		

续表

$T(s)$ ＼ ζ	0.02	0.04	0.05	0.10	**0.20**
10.42	0.006402			0.006404	
6.76	0.013299				**0.013293**
11.85		0.002632	0.002634		
8.19		0.008854		0.008857	
5.50		0.013427			**0.013422**
7.45			0.009674	0.009671	
5.08			0.013466		**0.013464**
4.89				0.012487	**0.012483**
13.00	**0.0015**	**0.000677**	**0.000794**	**0.003566**	**0.012672**

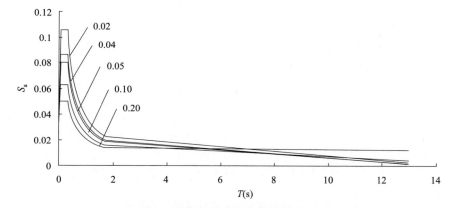

图 1.5.5　2001 规范反应谱曲线（图中数字为阻尼比，包括阻尼比 0.04）

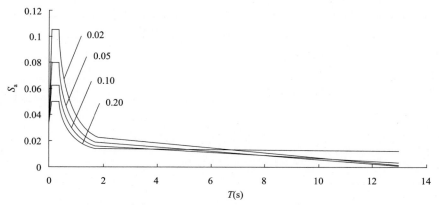

图 1.5.6　2001 规范反应谱曲线（图中数字为阻尼比，不包括阻尼比 0.04）

2010 规范曲线各阻尼比相交对应的周期见表 1.5.5。

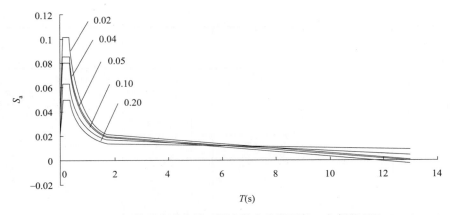

图 1.5.7 2010 规范反应谱曲线（图中数字为阻尼比，包括阻尼比 0.04）

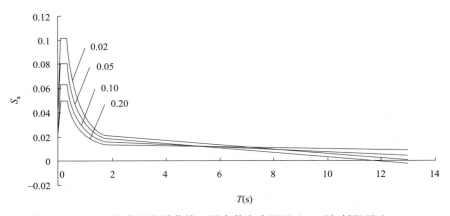

图 1.5.8 2010 规范反应谱曲线（图中数字为阻尼比，不包括阻尼比 0.04）

2010 规范曲线各阻尼比相交对应的周期   表 1.5.5

$T(s)$ ＼ ζ	0.02	0.04	0.05	0.10	**0.20**
6.48	0.011226		0.011226		
6.48	0.011226		0.011224		
6.38	0.011437			0.011434	
6.20	0.011819				**0.011812**
6.47		0.011242	0.011242		
6.33		0.011487		0.011486	
6.12		0.011855			**0.011848**
6.29			0.011530	0.011528	
6.08			0.011866		**0.011865**
5.88				0.011956	**0.011959**
13.00	−0.00258	−0.0002	0.000794	0.00452	**0.008778**
$0.00, T(s)$	0.00,11.78s	0.00,12.89s			

$5T_g$～6s 段 2001 规范和 2010 规范水平地震影响系数对比见表 1.5.6。

$5T_g$～6s 段 2001 规范和 2010 规范水平地震影响系数对比　　　表 1.5.6

ζ $T(\mathrm{s})$	0.02	0.02	0.04	0.04	0.05	0.05	0.10	0.10	0.20	0.20
	01 规范	10 规范	01 规范	10 规范	01 规范	10 规范	01 规范	10 规范	01 规范	10 规范
$5T_g$	0.02288	0.02124	0.019802	0.019509	0.01879	0.01879	0.01594	0.01627	0.01380	0.01380
差值		−0.0016		−0.00029		0		0.00033		0
2.81s	0.02086	0.01900	0.018	0.017652	0.01710	0.01710	0.01478	0.01516	0.01369	0.01332
差值		−0.0019		−0.00035		0		0.00038		−0.0004
3.88s	0.01883	0.01673	0.016181	0.015778	0.01539	0.01539	0.01360	0.01405	0.01358	0.01285
差值		−0.0021		−0.0004		0		0.00045		−0.00073
4.94	0.01681	0.01449	0.014379	0.013921	0.01369	0.01369	0.01243	0.01294	0.01348	0.01237
差值		−0.0023		−0.00046		0		0.00051		−0.0001
6s	0.0148	0.01224	0.012577	0.012065	0.01199	0.01199	0.01127	0.01183	0.01337	0.01190
差值		−0.0026		−0.00051		0		0.00056		−0.0015

对比分析抗震设防烈度 7 度，水平地震影响系数最大值 0.08，特征周期 0.35s 的曲线和图表，和抗震设防烈度 8 度的图表分析结果相同，只是因为水平地震影响系数小一倍，计算结果也小一倍。

3）结论

从曲线对比可以看出，2010 规范阻尼比为 0.20 的曲线下降较多，由抬升很多到和另外三条线接近。比 2001 规范更加合理；阻尼比为 0.10 的曲线略有抬升，符合修改规范初衷；阻尼比为 0.05 的曲线和 2001 规范完全相同，没有任何改变；阻尼比为 0.02、0.04 的曲线比 2001 规范还要低，分别在 11.78s 和 12.89s 以后出现负值。

从以上结论可知只有阻尼比 0.10 曲线有所抬升，对于大量的阻尼比 0.02 的钢结构、阻尼比 0.04 的混合结构、阻尼比 0.05 的钢筋混凝土结构不升反降。对位移控制段人为抬升并不支持。

4）建议

反应谱根据公式

$$S_a = \omega_n^2 Y_{\max}$$

建立，根据动力方程

$$(\ddot{u}_g + \ddot{u}_t) + 2\zeta\omega_n\dot{u} + \omega_n u$$

反应谱应改为

$$S_a = |\omega_n^2 y_{\max} + 2\zeta\omega_n\dot{u}| = \frac{2\pi^2}{T^2} y_{\max} + 2\zeta\frac{2\pi}{T}\dot{u}$$

1.6 商业建筑抗震设防类别

张占胜　天津大学建筑设计规划研究总院有限公司

《建筑工程抗震设防分类标准》GB 50223—2008 第 6.0.5 条规定：商业建筑中，人流密集的大型的多层商场抗震设防类别应划为重点设防类。当商业建筑与其他建筑合建时应分别判断，并按区段确定其抗震设防类别。

条文说明中明确，大型商场指一个区段人流 5000 人，换算的建筑面积约 17000m^2 或营业面积 7000m^2 以上的商业建筑。这类商业建筑一般须同时满足人员密集、建筑面积或营业面积达到大型商场的标准、多层建筑等条件；所有仓储式、单层的大商场不包括在内。当商业建筑与其他建筑合建时，包括商住楼或综合楼，其划分以区段按比照原则确定。例如，高层建筑中多层的商业裙房区段或者下部的商业区段为重点设防类，而上部的住宅可以不提高设防类别。还需注意，当按区段划分时，若上部区段为重点设防类，则其下部区段也应为重点设防类。

确定商场抗震设防类时，尤其需要注意以下内容：

（1）商业建筑的抗震设防类别划分本质上是以人流密集度为标准，结构单体（结构缝分隔）在确定抗震设防类别时，人流应按其涉及的所有防火分区计算。当一个防火分区涉及多个结构单体时（图 1.6.1），每个结构单体均应按整个防火分区的疏散人数计入。

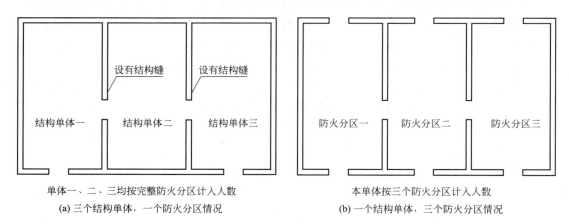

单体一、二、三均按完整防火分区计入人数　　　　　本单体按三个防火分区计入人数

(a) 三个结构单体，一个防火分区情况　　　　　(b) 一个结构单体，三个防火分区情况

图 1.6.1　不同防火分区示意图

（2）地下商业与上部商业通常不在同一防火分区，均有独立的疏散通道，可以避免二者的疏散人流集中，同一栋楼的地下商业与地上商业可以理解为不同区段，应分别计算人流，分别确定抗震设防类别。

1.7 小于60m的框架-核心筒如何确定抗震等级

《高层建筑混凝土结构技术规程》JGJ 3—2010（以下简称《高规》）表3.9.3（表1.7.1）规定了框架-剪力墙结构和框架-核心筒结构的抗震等级，其中框架-剪力墙结构以高度60m为界，划分了不同的抗震等级，而框架-核心筒结构并未按照高度进行分界。但我们有时也会遇到高度小于60m的框架-核心筒结构，它们的抗震等级可否按框架-剪力墙结构确定抗震等级？

A级高度的高层建筑结构抗震等级 表1.7.1

结构类型		烈度						
		6度		7度		8度		9度
框架结构		三		二		一		
框架-剪力墙结构	高度（m）	≤60	>60	≤60	>60	≤60	>60	≤50
	框架	四	三	三	二	二	一	一
	剪力墙	三		二		一		
剪力墙结构	高度（m）	≤80	>80	≤80	>80	≤80	>80	≤60
	剪力墙	四	三	三	二	二	一	一
部分框支剪力墙结构	非底部加强部位的剪力墙	四	三	三	二	二	一	
	底部加强部位的剪力墙	三	二	二	一	一		
	框支框架	二		二		一		
筒体结构	框架-核心筒 框架	三		二		一		
	框架-核心筒 核心筒	二		二		一		
	筒中筒 内筒	三		二		一		
	筒中筒 外筒							
板柱-剪力墙结构	高度（m）	≤35	>35	≤35	>35	≤35	>35	
	框架、板柱及柱上板带	三	二	二	二	一	一	
	剪力墙	二	二	二	二	一	一	

《高规》中，框架-核心筒结构是结构布置相对固定的一种结构形式，是框架-剪力墙结构的一种特例，其房屋高度一般较高（大于60m）；而一般框架-剪力墙结构的布置形式较灵活，房屋高度适用范围比较宽（可小于60m）。因此，在《高规》表3.9.3中，框架-剪力墙结构按房屋高度60m为界线区分了不同的抗震等级，框架-核心筒结构的抗震等级没有按房屋高度区分。实际上，当房屋高度大于60m时，《高规》表3.9.3中框架-核心筒结构和框架-剪力墙结构的抗震等级是相同的。

对于房屋高度小于60m的框架-核心筒结构，可按框架-剪力墙结构确定其抗震等级，但除应满足核心筒的有关设计要求外，还应满足《高规》对框架-剪力墙结构的其他要求，如剪力墙所承担的结构底部地震倾覆力矩的规定等。

1.8 地震加速度和地震影响系数

王千秋　广东华悦建设工程技术有限公司

在审图的过程中，有关 6 度区Ⅲ类场地在地勘资料中给出的地震加速度是 $0.065g$，7 度区Ⅲ类场地在地勘资料中给出的地震加速度是 $0.125g$，在工程设计的计算书中一般给出的水平地震影响系数最大值是 0.04 和 0.08，和 6 度 $0.05g$、7 度 $0.1g$ 的水平地震影响系数最大值没有变化。

笔者认为地震加速度不同，水平地震影响系数最大值必然不能相同，在《建筑抗震设计规范》和《中国地震动参数区划图》中确实没有计算公式可使用或者参考，笔者根据一些资料给出的结论是：

6 度 $0.065g$ 的水平地震影响系数最大值是 $0.065 \times 0.35 \times 2.5 = 0.057$；

7 度 $0.125g$ 的水平地震影响系数最大值是 $0.125 \times 0.35 \times 2.5 = 0.109$。

即 $\alpha_{max} = 0.065 \times C \times \beta_{max}$；或者 $\alpha_{max} = 0.125 \times C \times \beta_{max}$。

对 C 和 β_{max} 解释如下：

1. C——多遇地震和设防地震加速度的比值系数或者叫地震水准调整系数

（1）根据《中国地震动参数区划图》第 6.2.1 条，多遇地震动峰值加速度宜按不低于基本地震动加速度 1/3 倍确定。

（2）根据概率统计结果详见图 1.8.1

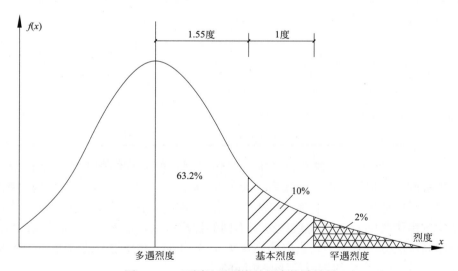

图 1.8.1　不同地震烈度的概率统计结果

当分析年限取 50 年，图 1.8.1 概率密度曲线的峰值烈度所对应的被超越概率为 63.2%，规范将这一峰值烈度定义为多遇地震烈度。50 年内超越概率为 10% 为基本烈度。

50 年内超越概率 2% 为罕遇地震烈度。

通过对我国 45 个城镇的地震危险性分析结果的统计分析得到：基本烈度比多遇烈度约高 1.55 度，而比罕遇烈度约低 1 度。

根据地震烈度高一度，加速度就大一倍，那么多遇地震烈度的加速度值是基本烈度的加速度 0.323 倍，见如下计算公式：

$$C = 0.5 \times (1/1.55) = 0.323$$

式中　0.5——小一度，加速度系数就小一倍；

　　　1.55——多遇地震烈度比设防地震烈度低 1.55 度。

（3）根据《高层建筑混凝土结构技术规程》JGJ 3—2010 第 4.3.5 条表 4.3.5（表 1.8.1）

时程分析时输入地震加速度的最大值（cm/s²）　　　　　　表 1.8.1

设防烈度	6 度	7 度	8 度	9 度
多遇地震	18(0.36 倍)	35(0.35 倍) 55(0.36 倍)	70(0.35 倍) 110(0.37 倍)	18(0.35 倍)
设防地震	50	100(150)	200(300)	400
罕遇地震	125(2.5 倍)	220(2.2 倍) 310(2.07 倍)	400(2.0 倍) 510(1.7 倍)	620(1.55 倍)

根据以上三项结果来看，选取 $C = 0.35$ 是比较合适的，既满足《中国地震动参数区划图》第 6.2.1 条多遇地震动峰值加速度大于 0.33 的要求，也满足《高层建筑混凝土结构技术规程》JGJ 3—2010 第 4.3.5 条表 4.3.5 在 0.35～0.37 之间的要求，又满足第（2）条大于 0.323 的要求。

2. β_{max}——结构动力反应系数最大值或者叫（动力放大系数最大值）

（1）β_{max} 的定义和计算公式（具体含义见图 1.8.2）

$$\beta_{max} = \frac{S_a(T)}{|\ddot{x}_g|_{max}} = \frac{|\ddot{x}_g(t) + \ddot{x}_g(t)|_{max}}{|\ddot{x}_g|_{max}}$$

式中　β_{max}——体系动力放大系数；

　　　$S_a(T)$——体系最大加速度；

　　　$|\ddot{x}_g|_{max}$——地面最大加速度；

　　　$|\ddot{x}(t)|_{max}$——建筑结构的最大加速度。

（2）根据《中国地震动参数区划图》附录 F.1：地震动加速度反应谱最大值的 1/2.5 确定。按网上的解释，F.1 是反应谱动力放大系数 β_{max}，由原来的 2.25 放大为 2.5。

（3）《建筑抗震设计规范》GB 50011—2010 和《高层建筑混凝土结构技术规程》JGJ 3—2010 都没有明确的条文来规定或者解释动力放大系数 β_{max}，但是在反应谱曲线中是使用了动力放大系数 β_{max} 的。例如《建筑抗震设计规范》GB 50011—2010 第 5.1.5 条图 5.1.5 地震影响系数曲线，或者《高层建筑混凝土结构技术规程》JGJ 3—2010 第 4.3.8 条图 4.3.8 地震影响系数曲线（图 1.8.3）。

以 $0.45\eta_2\alpha_{max} = 1$ 计算，

$$\alpha_{max} = 1/(0.45\eta_2)$$

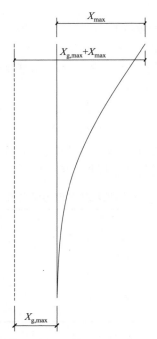

图 1.8.2　地震动力放大示意

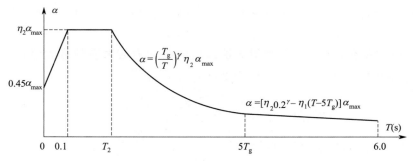

图 1.8.3　地震影响系数曲线

α—地震影响系数；α_{max}—地震影响系数最大值；T—结构自振周期；

T_g—特征周期；γ—衰减指数；η_1—直线下降段下降斜率调整系数；η_2—阻尼调整系数

式中　η_2——阻尼比调整系数，当阻尼比等于 0.05 时，$\eta_2 = 1.0$；

$\alpha_{max} = 1/(0.45\eta_2) = 2.222 \approx 2.25$，是地震影响系数曲线周期为 0 处的 2.25 倍。

为什么说此处的 2.222 是动力放大系数，因为地震影响系数曲线就是动力系数谱曲线乘以地震水准调整系数，即：

$$\alpha_{max} = c\beta_{max}$$

地震影响系数曲线和动力系数谱曲线只相差地震水准调整系数 C，所以《建筑抗震设计规范》GB 50011—2010 中的动力放大系数是 2.25。

（4）根据由韩小雷教授主编的广东省标准《建筑工程混凝土结构抗震性能设计规程》DBJ/T 15—151—2019 第 4.2.2 条给出的动力放大系数按场地类别确定，I_0、I_1 类取

2.00，Ⅱ类取 2.25，Ⅲ类取 2.50，Ⅳ类取 2.75。

（5）根据地震震害的规律

① 在软弱的土层上，柔性结构相对于刚性结构破坏程度大；在坚硬的场地上，柔性结构破坏程度相对于在柔性场地小很多，而刚性结构有的破坏程度很大，有的破坏程度小。总之，就结构总体破坏情况而言，软弱场地的破坏程度要大于坚硬场地的结构。

② 土层的覆盖层厚度，结构的倒塌率随覆盖土层厚度的增加而加大，结构破坏率与土层厚度关系见图 1.8.4。

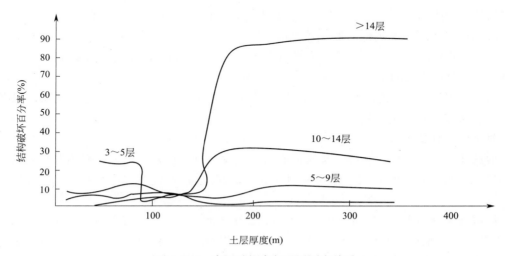

图 1.8.4　房屋破坏率与土层厚度关系

③ 根据《建筑抗震设计规范》GB 50011—2010 第 4.1.6 条对场地类别的分类（表 1.8.2、表 1.8.3）：

各类建筑场地的覆盖层厚度（m）　　　　　表 1.8.2

岩石的剪切波速或土的等效剪切波速(m/s)	场地类别				
	I_0	I_1	Ⅱ	Ⅲ	Ⅳ
$v_s > 800$	0				
$800 \geqslant v_s > 500$		0			
$500 \geqslant v_{se} > 250$		<5	≥5		
$250 \geqslant v_{se} > 150$		<3	3～50	>50	
$v_{se} \leqslant 150$		<3	3～15	15～80	>80

注：表中 v_s 系岩石的剪切波速。

土的类型划分和剪切波速范围　　　　　表 1.8.3

土的类型	岩土名称和性状	土的剪切波速范围(m/s)
岩石	坚硬、较硬且完整的岩石	$v_s > 800$
坚硬土或软质岩石	破碎和较破碎的岩石或软和较软的岩石，密实的碎石土	$800 \geqslant v_s > 500$
中硬土	中密、稍密的碎石土，密实、中密的砾、粗、中砂，$f_{ak} > 150$ 的黏性土和粉土，坚硬黄土	$500 \geqslant v_s > 250$

土的类型	岩土名称和性状	土的剪切波速范围(m/s)
中软土	稍密的砾、粗、中砂，除松散外的细、粉砂，$f_{ak} \leq 150$ 的黏性土和粉土，$f_{ak} > 130$ 的填土，可塑新黄土	$250 \geq v_s > 150$
软弱土	淤泥和淤泥质土，松散的砂，新近沉积的黏性土和粉土，$f_{ak} \leq 130$ 的填土，流塑黄土	$v_s \leq 150$

注：f_{ak} 为由载荷试验等方法得到的地基承载力特征值（kPa）；v_s 为岩土剪切波速。

根据表 1.8.2 和表 1.8.3 可知 I_0 场地就是坚硬的岩石；I_1 场地就是在岩石上有 3～5m 的覆盖土层；Ⅱ场地时的覆盖土层加厚到 5～50m；Ⅲ场地覆盖土层进一步加厚到 15～80m，而且覆盖土层的剪切波速范围为 250m/s～150m/s，Ⅳ场地覆盖土层厚度大于 80m，而且覆盖土层的剪切波速小于等于 150m。

由以上可知从 I_0 到Ⅳ类场地，覆盖土层越来越厚，而且土的类型越来越软。根据以上①、②条破坏程度越来越大。

对于以上现象解释如下：

地震波是在岩石层中传播，地震波有多种频率成分，但是在多种频率的振幅中幅值最大的那一个频率对应的周期，称为地震动的"卓越周期"（注意这个是地震波的卓越周期）。

地震波又通过覆盖的土层传向地面，在传向地面的过程中，与土层固有周期相一致的（这里的相一致是指周期在 0.8～1.2 倍之间）一些周期波将被放大，而另外一些与土层固有周期不一致的频率波将被衰减，甚至被完全过滤。这样经过土层选择性的放大和过滤衰减后，地表的地震动的"卓越周期"发生了变化，可能是原来的那个卓越周期，也可能别的频率的周期成为了"卓越周期"。这时候如果建筑结构的固有周期和地震动的卓越周期一致（在 0.8～1.2 倍之间），建筑结构的振动会加大，相应的，震害也会加重。

如果是 I_0、I_1 类场地，几乎没有覆盖土层，最厚 3～5m，建筑物建在岩石上，卓越周期没有被放大，地震动没有被放大，所以震害也没有放大。

如果是Ⅲ、Ⅳ场地，覆盖层土层厚度大，通过土层选择性的放大和过滤衰减后，新的卓越周期诞生，即振幅中幅值最大的那一个周期，新的卓越周期要比岩石层中的卓越周期的振幅幅值大很多，建筑结构的振动也会加大，震害也会加重。而且Ⅲ、Ⅳ场地覆盖的都是中软土或者软弱土，过滤掉的一般会是短周期的波，放大的一般是长周期的波，所以在Ⅲ、Ⅳ场地上破坏严重的是比较柔的建筑结构。

如果是Ⅱ类场地，其震害介于两者之间。

3. 总结

《中国地震动参数区划图》附录 F.1 中只是规定了动力放大系数 2.5，并没有对各类场地提出具体要求。

《建筑抗震设计规范》GB 50011—2010 和《高层建筑混凝土结构技术规程》JGJ 3—2010 中使用了 2.25 的动力放大系数，对各类场地的考虑在特征周期值有所体现。因为特征周期值是按场地类别和设计地震分组（即远、中、近震）查表得到的，由表可知场地类别越大，特征周期值也越大，其实特征周期值就是规范规定的场地的卓越周期值（这里要说明的是这个卓越周期就是上文提到的选择性放大后的卓越周期，但是只是名义上的，其实是有误差的，只是规范为了方便设计使用硬性规定的）。从图 1.8.3 中可以看到特征周期值对水平地震影响系数的影响主要是特征周期值 T_g 以后的曲线段，和水平段宽度，因为 T_g 越大水平段越宽，对整个地震水平影响系数曲线的规定没有按场地分类影响大。

由韩小雷教授主编的广东省标准《建筑工程混凝土结构抗震性能设计规程》DBJ/T 15—151—2019 第 4.2.2 条给出的动力放大系数按场地类别确定，I_0、I_1 类取 2.00，Ⅱ类取 2.25，Ⅲ类取 2.50，Ⅳ类取 2.75，是符合地震震害的规律的，虽然由 2.0 到 2.75，每一类场地增加 0.25 倍，显得有点生硬，但是方向是正确的，是有据可依的，可以参考使用。

根据以上的理由：β_{max}（结构动力放大系数）在Ⅲ类场地采用 2.5 是合理的。那么在文章开头给出的以下结论是正确的。

6 度 $0.065g$ 的水平地震影响系数最大值是 $0.065 \times 0.35 \times 2.5 = 0.057$；

7 度 $0.125g$ 的水平地震影响系数最大值是 $0.125 \times 0.35 \times 2.5 = 0.109$。

1.9 抗震性能设计

王千秋　广东华悦建设工程技术有限公司

结构抗震性能目标分为 A、B、C、D 四个等级，抗震性能分为 1、2、3、4、5 共 5 个水准。每个性能目标均与一组在指定地震地面运动下的结构抗震性能水准相对应，见表 1.9.1。

结构抗震性能目标与结构抗震水准对应关系　　　　　　　表 1.9.1

性能目标 性能水准 地震水准	A	B	C	D
多遇地震	1	1	1	1
设防烈度地震	1	2	3	4
预估的罕遇地震	2	3	4	5

结构抗震性能水准可按表 1.9.2 宏观判断。

结构抗震水准的宏观判断　　　　　　　表 1.9.2

结构抗震水准	宏观损坏程度	损坏部位			继续使用的可能性
		关键构件	普通竖向构件	耗能构件	
1	完好、无损坏	无损坏	无损坏	无损坏	不需要修理即可继续使用
2	基本完好、轻微损坏	无损坏	无损坏	轻微损坏	稍加修理即可继续使用
3	轻度损坏	轻微损坏	轻微损坏	轻度损坏，部分中度损坏	一般修理后可继续使用
4	中度损坏	轻度损坏	部分构件，中度损坏	中度损坏，部分比较严重损坏	修复或加固后可继续使用
5	比较严重损坏	中度损坏	部分构件，比较严重损坏	比较严重损坏	需排险大修

注："关键构件"是指该构件的失效可能引起结构的连续破坏或危及生命安全的严重破坏；"普通竖向构件"是指"关键构件"之外的竖向构件；"耗能构件"包括框架梁、剪力墙及耗能支撑等。

$$S_d = \gamma_G S_{GE} + \gamma_{Eh} S_{Ehk} + \gamma_{Ev} S_{Evk} + \psi_w \gamma_w S_{wk} \tag{1.9.1}$$

$$\gamma_G S_{GE} + \gamma_{Eh} S_{Ehk}^* + \gamma_{Ev} S_{Evk}^* \leqslant R_d \gamma_{RE} \tag{1.9.2}$$

$$S_{GE} + S_{Ehk}^* + 0.4 S_{Evk}^* \leqslant R_k \tag{1.9.3}$$

$$S_{GE} + 0.4 S_{Ehk}^* + S_{Evk}^* \leqslant R_k \tag{1.9.4}$$

$$V_{GE} + V_{Ek}^* \leqslant 0.15 f_{ck} b h_0 \tag{1.9.5}$$

$$(V_{GE} + V_{Ek}^*) - (0.25 f_{ak} A_a + 0.5 f_{spk} A_{sp}) \leqslant 0.15 f_{ck} b h_0 \tag{1.9.6}$$

式中　γ_G——1.2；

　　　γ_{Eh}——1.3；

γ_{Ev}——0.5；

γ_w——1.4；

ψ_w——0.2；

S^*_{Ehk}——水平地震作用标准值的构件内力，不需要考虑与地震等级有关的增大系数，详见《高层建筑混凝土结构技术规程》JGJ 3—2010（以下简称《高规》）第 6.2.1～6.2.5、6.2.7；7.2.6、7.2.21 条。

S^*_{Evk}——竖向地震作用标准值的构件内力，不需要考虑与地震等级有关的增大系数，详见《高规》第 6.2.1～6.2.5、6.2.7；7.2.6、7.2.21 条。

各种宏观损坏程度所对应的计算公式 表 1.9.3

结构抗震水准	宏观损坏程度	损坏部位				继续使用的可能性
		关键构件及计算公式	普通竖向构件	耗能构件		
				受剪	正截面	
1	完好、无损坏	无损坏 1.9-2	无损坏 1.9-2	无损坏 1.9-2	无损坏 1.9-2	不需要修理即可继续使用
2	基本完好、轻微损坏	无损坏 1.9-2	无损坏 1.9-2	轻微损坏 1.9-2	轻微损坏 1.9-3	稍加修理即可继续使用
3	轻度损坏 进行弹塑性时程分析，罕遇地震层间位移角符合3.7.5条	轻微损坏 1.9-3 1.9-4（长悬臂、大跨度）1.9-2（受剪）	轻微损坏 1.9-3 1.9-4（长悬臂、大跨度）1.9-2（受剪）	轻度损坏，部分中度损坏 1.9-3	轻度损坏，部分中度损坏	一般修理后可继续使用
4	中度损坏 进行弹塑性时程分析，罕遇地震层间位移角符合3.7.5条	轻度损坏 1.9-3（受剪）1.9-4（长悬臂、大跨度）	部分构件，中度损坏 1.9-5（受剪）1.9-6（钢-混凝土，受剪）	中度损坏，部分比较严重损坏		修复或加固后可继续使用
5	比较严重损坏 进行弹塑性时程分析，罕遇地震层间位移角符合3.7.5条	中度损坏 1.9-3（受剪）	部分构件，比较严重损坏 1.9-5（受剪）1.9-6（钢-混凝土，受剪）	比较严重损坏		需排险大修

根据表 1.9.3 及《高规》第 3.11.3、3.11.4 条的分析，存在问题如下：

（1）第 1 和第 2 性能水准不匹配，第 1 水准要求在设防烈度地震作用下，结构构件的抗震承载力应符合式(1.9.2)，第 2 水准要求在设防烈度地震或预估的罕遇地震作用下，关键构件及普通竖向构件的抗震承载力符合式(1.9.2)。以第 1 水准为准应进行设防烈度计算，以第 2 水准为准宜进行设防烈度地震或预估的罕遇地震计算，第 1 水准没有罕遇地震作用下计算，如果第 2 水准进行罕遇地震作用下计算，其结果就比第 1 水准高，只是耗能构件的正截面比第 1 水准低（且正截面没有增大系数）。和规范的编制初衷不符。

（2）公式

$$V_{GE} + V_{Ek}^* \leqslant 0.15 f_{ck} b h_0 \tag{1.9.7}$$

$$(V_{GE} + V_{Ek}^*) - (0.25 f_{ak} A_a + 0.5 f_{spk} A_{sp}) \leqslant 0.15 f_{ck} b h_0 \tag{1.9.8}$$

中的 V_{GE}、V_{Ek}^* 按弹塑性计算结果取值或者按等效弹性结果取值很麻烦，在实际工程设计中很少有人使用。

（3）设防烈度地震或预估的罕遇地震使用《高规》公式(3.11.2)的计算结果小于多遇地震弹性计算结果。

[例] 如图 1.9.1，一个单跨框架，跨度 8.2m，层高 4.5m。纵向跨度 8.2m，梁截面 350mm×700mm，柱截面 600mm×600mm 楼板厚 120mm，楼面恒载 2.0kN/m²，楼面活载 2.0kN/m²，阻尼比 0.05，周期为 0.46s，α_{max} 为 0.16，抗震等级二级，不计算竖向地震。

周期和地震系数计算：梁板按刚性假定，框架刚度 $k = \dfrac{24EI_c}{h^3} = \dfrac{24 \times 3 \times 10^7 \times 0.0108}{4.5^3} =$

8533.3，$m = \dfrac{w}{g} = \dfrac{55.3 \times 8.2}{9.8} = 46.27$，$\omega_n = \sqrt{\dfrac{k}{m}} = \sqrt{\dfrac{8533.33}{46.27}} = 13.58$，$T_n = \dfrac{2\pi}{\omega_n} = 0.46s$，

$\alpha = \left(\dfrac{T_g}{T}\right)^{\gamma} \eta_2 \alpha_{max} = \left(\dfrac{0.45}{0.46}\right)^{0.9} \times 1.0 \times 0.16 \approx 0.16$。

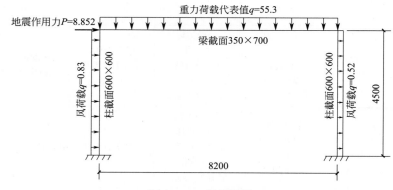

图 1.9.1　框架简图

① 多遇地震弹性计算内力（图 1.9.2 为多遇地震下各荷载工况的弯矩图）

$$S_d = \gamma_G S_{GE} + \gamma_{Eh} S_{Ehk} + \gamma_{Ev} S_{Evk} + \psi_w \gamma_w S_{wk} \tag{1.9.9}$$

$\gamma_G S_{GE} = 1.2 \times (0.35 \times 0.7 \times 25 + 0.12 \times 25 \times 8.2 + 2 \times 8.2 + 0.5 \times 2 \times 8.2) = 1.2 \times 55.325 = 66.39 \text{kN/m}$

$\gamma_{Eh} S_{Ehk} = 1.3 \times (55.325 \times 0.16) = 1.3 \times 8.852 = 11.51 \text{kN}$

$\psi_w \gamma_w S_{wk} = 0.45 \times 0.8 \times 1.4 \times 0.2 = 0.1008 \text{kN/m}^2, 0.1008 \times 8.2 = 0.827 \text{kN/m}$

$\psi_w \gamma_w S_{wk} = 0.45 \times 0.5 \times 1.4 \times 0.2 = 0.1008 \text{kN/m}^2, 0.1008 \times 8.2 = 0.517 \text{kN/m}$

内力计算结果：梁端弯矩和柱上端弯矩 $M = 295.6 + 9.8 + 1.6 = 307 \text{kN} \cdot \text{m}$

柱底端弯矩 $M = 145.7 + 16.3 + 5.2 = 166.7 \text{kN} \cdot \text{m}$

柱节点下端弯矩按《高规》第 6.2.1 条调整 $307 \times 1.5 = 460.5 \text{kN} \cdot \text{m}$

柱底弯矩按《高规》第 6.2.2 条调整 $166.7 \times 1.5 = 250.05 \text{kN} \cdot \text{m}$

柱截面剪力设计值按《高规》第6.2.3条1.2×(460.5+250.05)/4.5=189.48kN
V_{Gb}=66.39×8.2/2=278.7kN

梁截面剪力设计值按《高规》第6.2.5条调整1.2×(307+0)/8.2+278.7=323.6kN。

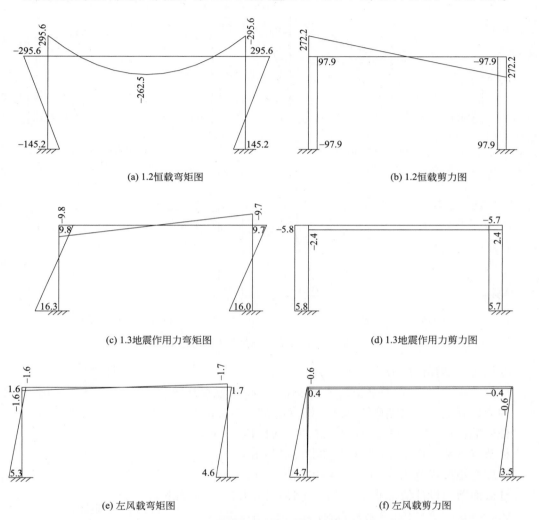

(a) 1.2恒载弯矩图

(b) 1.2恒载剪力图

(c) 1.3地震作用力弯矩图

(d) 1.3地震作用力剪力图

(e) 左风载弯矩图

(f) 左风载剪力图

图1.9.2 多遇地震下各荷载工况的弯矩图

②设防地震不屈服内力（图1.9.3为设防地震下各荷载工况的弯矩图）

$$S_{GE}+S_{Ehk}^{*}+0.4S_{Evk}^{*}\leqslant R_{k} \tag{1.9.10}$$

S_{GE}=0.35×0.725+0.12×25×8.2+2×8.2+0.5×2×8.2=55.325kN，

S_{Ehk}^{*}=55.325×0.45=24.89kN，

内力计算结果：梁端弯矩和柱上端弯矩 M=246.3+21.2=267.5kN·m，

柱底端弯矩 M=121+35.3=156.8kN·m，

柱节点下端弯矩 M=1.0×267.5=267.5kN·m，

柱底端弯矩 M=1.0×156.8=156.8kN·m，

柱截面剪力设计值 V=1.0×(267.5+156.8)/4.5=94.3kN，

$V_{Gb} = 55.325 \times 8.2/2 = 232.3 \text{kN}$,

梁截面剪力设计值 $V = 1.0 \times (267.5 + 0.0)/8.2 + 232.3 = 265.9 \text{kN}$。

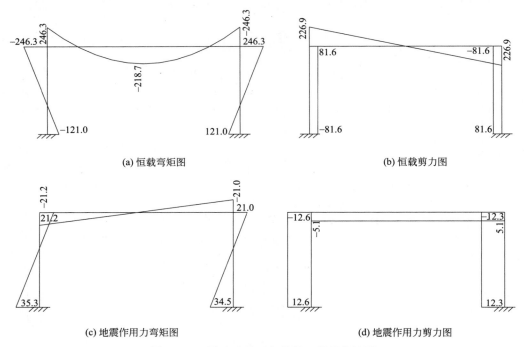

(a) 恒载弯矩图　　　　　　　　　　　　(b) 恒载剪力图

(c) 地震作用力弯矩图　　　　　　　　　(d) 地震作用力剪力图

图 1.9.3　设防地震下各荷载工况的弯矩图

③设防地震弹性内力

$$\gamma_G S_{GE} + \gamma_{Eh} S_{Ehk}^* + \gamma_{Ev} S_{Evk}^* \leqslant R_d \gamma_{RE} \qquad (1.9.11)$$

内力计算结果：梁端弯矩和柱上端弯矩 $M = 295.6 + 1.3 \times 21.2 = 323.3 \text{kN} \cdot \text{m}$,

柱底端弯矩 $M = 145.2 + 1.3 \times 35.3 = 191.1 \text{kN} \cdot \text{m}$,

柱节点下端弯矩 $1.0 \times 323.3 = 323.3 \text{kN} \cdot \text{m}$,

柱底弯矩按规范 $1.0 \times 191.1 = 191.1 \text{kN} \cdot \text{m}$,

柱截面剪力设计值 $1.0 \times (323.3 + 191.1)/4.5 = 114.3 \text{kN}$,

$V_{Gb} = 66.39 \times 8.2/2 = 278.7 \text{kN}$,

梁截面剪力设计值按《高规》第 6.2.5 条调整 $1.0 \times (323.3 + 0)/8.2 + 278.7 = 318.1 \text{kN}$。

④多遇地震，设防地震不屈服，设防地震弹性内力比较见表 1.9.4。

内力比较　　　　　　　　　　　　　　表 1.9.4

	柱节点下弯矩	柱底弯矩	柱截面剪力	梁截面剪力
多遇地震弹性	460.5kN·m	250.05kN·m	189.48kN	323.6kN
设防地震不屈服	267.5kN·m	156.8kN·m	94.3kN	265.9kN
设防地震弹性	323.3kN·m	191.1kN·m	114.3kN	318.1kN

从表 1.9.4 可以看出，多遇地震弹性在梁柱的各个位置的内力，均大于设防地震不屈服和设防地震弹性的内力。原因是多遇地震弹性进行了"强节点弱杆件""强剪弱弯""强

柱弱梁""强柱根"修正的结果。例如笔者设计的几个工程（表1.9.5）。

实际工程内力对比   表 1.9.5

	三亚美丽之冠（6度抗震三级）		唐山 RBD04A 座（8度抗震二级）	
	柱端剪力（kN）	梁端剪力（kN）	柱端剪力（kN）	梁端剪力（kN）
多遇地震	192	−2242	512,136	−3556,352
设防不屈服	192	−2264	487,135	−3643,391
设防地震	192	−2814	487,610	−4113,488

该结果虽不能说明所有结构都是这样，但至少能确定有一部分结构是这样的。例如笔者在设计"三亚美丽之冠"时，进行了设防地震不屈服和设防地震弹性、多遇地震弹性计算，结果是设防地震不屈服各构件内力小于多遇地震弹性，设防地震弹性和多遇地震弹性各构件内力相差不大。该建筑结构为钢筋混凝土大悬挑结构，最大悬挑长度11.7m，结构高度120多米。所以我们在结构抗震性能设计时，不能想当然地认为设防地震不屈服和设防地震弹性的内力一定大于多遇地震弹性的计算内力。

从以上结果可以认为：多遇地震弹性的抗震等级修正安全过度，设防地震不屈服和设防地震弹性下不进行抗震等级修正安全度偏小。

修改意见：设防地震弹性理论上不考虑与抗震等级有关的增大系数是对的，但是如果考虑地震的不确定性，还是考虑为好，只是系数不要像多遇地震弹性那样大，建议如表1.9.6所示：

水平地震影响系数最大值 α_{max}   表 1.9.6

地震烈度	6 度	7 度	8 度	9 度
多遇地震	0.04	0.08(0.12)	0.16(0.24)	0.32
设防不屈服	0.08	0.16(0.23)	0.31(0.46)	0.61
设防地震	0.12	0.23(0.34)	0.45(0.68)	0.90
罕遇不屈服	0.20	0.37(0.53)	0.68(0.94)	1.15
罕遇地震	0.28	0.50(0.72)	0.90(1.20)	1.40

根据表1.9.6，按规范地震影响系数曲线确定水平地震影响系数，像多遇地震一样计算地震作用力，只是将设防不屈服、设防地震、罕遇不屈服、罕遇地震考虑与抗震等级有关的合适的增大系数更有合理性和可操作性。

1.10 抗震措施和抗震构造措施

刘家亮　北京构力科技有限公司

1. 前言

结构抗震设计过程中，除了进行"计算"以外，还有一个重要的内容就是按规范查抗震措施。但是在实际的操作过程中，抗震措施的定义、内容是什么，该怎么查，其涉及的规范条文众多，设计师很容易混淆，尤其是和抗震构造措施碰到一起时容易出现差错。

2. 抗震措施和抗震构造措施

《建筑抗震设计规范》（以下简称《抗规》）中对抗震措施的定义是：除地震作用计算和抗力计算以外的抗震设计内容，包括抗震构造措施。因此，这里需要明白的一个概念是：抗震措施和抗震构造措施是包含和被包含的关系，不是并列关系，这里之所以把抗震构造措施拿出来讲，是因为我们的规范体系里针对怎么查抗震构造措施有一些调整。

从这个定义可以看出，抗震设计包含两大方面的内容：一是地震作用计算和抗力计算；二是抗震措施。地震作用计算和抗力计算在《抗规》中主要是第 5 章的内容。抗震措施在《抗规》中主要是各章节中一般规定、计算要点、抗震构造措施、设计要求的内容。

该定义中强调抗震措施包含抗震构造措施，两者在抗震设计中很容易混淆。《抗规》中对抗震构造措施的定义是：根据抗震概念设计原则，一般不需要计算而对结构和非结构各部分必须采取的各种细部要求。这里我们要注意两点：一是抗震构造措施强调的是"构造"，通过控制细部来确保结构的整体性、加强局部薄弱环节、保证抗震计算结果的有效性；二是抗震措施里是有计算内容，也就是所谓的构造设计计算。对于"不需计算"，这里的计算指的是地震作用计算、抗力计算，严格说起来抗震构造措施里是有计算的，只不过这个计算指的是那种简单的计算，比如配筋率。

《抗规》中有一些条文是关于结构采用抗震措施或抗震构造措施调整的，抗震构造措施的范围比抗震措施小。因此实际操作过程中，如果是针对抗震措施的调整，则包括抗震构造措施在内的除地震作用计算和抗力计算以外的抗震设计内容都要进行调整；如果只是针对抗震构造措施的调整，则需搞清楚哪些是抗震构造措施，避免张冠李戴，只需调整抗震构造措施的却调整了所有的抗震措施。还是拿《抗规》条文来举例，该如何辨别两者呢？《抗规》条文说明中提到：一般规定及计算要点中的地震作用效应（内力及变形）调整的规定均属于抗震措施，设计要求中的规定，可能包括抗震措施和抗震构造措施，应按术语定义区分。再具体一些，抗震构造措施主要包括以下 6 个方面的内容：①竖向构件的轴压比；②构件截面尺寸要求（最小截面宽高厚、剪跨比、跨高比等）；③最小配筋率；④箍筋及加密区要求；⑤抗震墙边缘构件配筋要求；⑥特一级结构配筋要求。

3. 抗震措施调整的相关条文

我国抗震设计采用的是"三水准，两阶段"的设计原则和方法，为保证各类建筑结构在地震中可实现"小震不坏，中震可修，大震不倒"，采用两阶段的抗震设计方法——承载力验算和弹塑性变形验算，对于大多数结构而言，只需进行第一阶段的计算，然后通过概念设计和抗震措施来满足"大震不倒"的要求，而对于一些复杂结构，则还需验算弹塑性层间位移并采取相应的抗震构造措施。因此，如何正确采用抗震措施和抗震构造措施对实现"三水准"至关重要。

1）几个重要概念

根据《建筑工程抗震设防分类标准》和《抗规》，我国的建筑按抗震设防类别分为甲类、乙类、丙类、丁类，建筑所在地的抗震设防烈度分为6度（0.05g）、7度（0.10g）、7度（0.15g）、8度0.20g（0.25g）、9度（0.40g），建筑的场地类别又分为Ⅰ、Ⅱ、Ⅲ、Ⅳ四类。不同的抗震设防类别、抗震设防烈度、场地类别，结构所采取的抗震措施须相应调整。

《建筑工程抗震设防分类标准》第3.0.3条规定，各抗震设防类别建筑的抗震设防标准，应符合下列要求：

标准设防类（丙类），应按本地区抗震设防烈度确定其抗震措施和地震作用，达到在遭遇高于当地抗震设防烈度的预估罕遇地震影响时不致倒塌或发生危及生命安全的严重破坏的抗震设防目标。

重点设防类（乙类），应按高于本地区抗震设防烈度一度的要求加强其抗震措施；但抗震设防烈度为9度时应按比9度更高的要求采取抗震措施，地基基础的抗震措施，应符合有关规定。同时，应按本地区抗震设防烈度确定其地震作用。

特殊设防类（甲类），应按高于本地区抗震设防烈度提高一度的要求加强其抗震措施；但抗震设防烈度为9度时应按比9度更高的要求采取抗震措施。同时，应按批准的地震安全性评价的结果且高于本地区设防烈度的要求确定其地震作用。

适度设防类（丁类），允许比本地区抗震设防烈度的要求适当降低其抗震措施，但抗震设防烈度为6度时不应降低。一般情况下，仍应按本地区抗震设防烈度确定其地震作用。

2）《抗规》的相关条文

《抗规》中针对不同的情况下如何采取抗震措施（或抗震构造措施）作出了具体的规定。

第3章基本规定：

3.3.2 建筑场地为Ⅰ类时，对甲乙类的建筑应允许仍按本地区抗震设防烈度的要求采取抗震构造措施；对丙类的建筑应允许按本地区设防烈度降低一度的要求采取抗震构造措施，但抗震设防烈度为6度时仍按本地区抗震设防烈度的要求采取抗震构造措施。

3.3.3 建筑场地为Ⅲ、Ⅳ时，对设计基本地震加速度为0.15g和0.30g的地区，除本规范另有规定外，宜分别按抗震设防烈度8度（0.20g）和9度（0.40g）时各抗震设防类别建筑的要求采取抗震构造措施。

第6章针对钢筋混凝土房屋：

6.1.1 （表6.1.1注6）乙类建筑可按本地区抗震设防烈度确定其适用的最大高度。（作者注：这里属于抗震措施而非抗震构造措施的范畴）

6.1.2 （表6.1.2注1）建筑场地为Ⅰ类时，除6度外应允许按表内降低一度所对应的抗震等级采取抗震构造措施，但相应的计算要求不应降低。

6.1.3　4当甲乙类建筑按规定提高一度确定其抗震等级而房屋的高度超过本规范表6.1.2相应规定的上界时，应采取比一级更有效的抗震构造措施。

第8章针对钢结构房屋：

8.1.3　（表8.1.3注2）一般情况，构件的抗震等级应与结构相同；当某个部位各构件的承载力均满足2倍地震作用组合下的内力要求时，7～9度的构件抗震等级应允许降低一度确定。

8.4.3　框架-中心支撑结构的框架部分，当房屋高度不高于100m且框架部分按计算分配的地震剪力不大于结构底部总地震剪力的25%时，一、二、三级的抗震构造措施可按框架结构降低一级的相应要求采用。

4. 规范解读和简明表格整理

从第2节列出的相关条文可以看出，抗震措施怎么查和建筑的抗震设防类别挂钩，但是抗震构造措施根据抗震设防烈度和场地类别在建筑抗震设防类别的基础之上会有所调整。查抗震构造措施时主要需注意以下四点：

1）Ⅰ类场地

甲乙类建筑：根据定义，按高于本地区抗震设防烈度一度的要求加强其抗震措施，9度（注意：这里指的是本地区设防烈度）时按比9度更高的要求采取抗震措施。这里的抗震措施包含了抗震构造措施，因此抗震构造措施也应相应调整，但是，建筑场地为Ⅰ类时特殊，对甲乙类的建筑应允许仍按本地区抗震设防烈度的要求采取抗震构造措施。

丙类建筑：允许降低一度查抗震构造措施，6度（注意：这里指的是本地区设防烈度）时就按6度查。

丁类建筑：根据定义，已经允许适当降低查抗震措施（6度时还按6度查）了，因此抗震构造措施不再另行降低。

2）Ⅲ、Ⅳ类场地

甲乙类建筑：根据定义，按高于本地区抗震设防烈度一度的要求加强其抗震措施。这里相当于抗震构造措施已经提高一度查了。另外，当场地类别为Ⅲ、Ⅳ类时，7度（0.15g）应按照8度（0.20g）查抗震构造措施，8度（0.30g）应按9度（0.40g）查抗震构造措施。这里对于甲乙类建筑就有一个双重调整的问题，那么调整的幅度则需根据实际情况综合确定。因此表1.10.1中"8度＋"有"比8度更高的要求"和"9度"两种含义。

丙类建筑：7度（0.15g）应按照8度（0.20g）查抗震构造措施，8度（0.30g）应按9度（0.40g）查抗震构造措施。

丁类建筑：根据定义，允许适当降低查抗震措施，这里也涉及双重调整的问题，因此7度（0.15g）还按照7度查抗震构造措施，8度（0.30g）还按8度查抗震构造措施。

3）9度和丁类

"抗震设防烈度为9度时应按比9度更高的要求采取抗震措施"，这里强调了"比9度更高的要求"；"丁类，允许比本地区抗震设防烈度的要求适当降低其抗震措施"，这里强调的是"适当降低"，有"降低要求"和"降低一度"两种含义，具体结合实际情况确定。

4）乙类

对于乙类建筑，与一些国家只提高地震作用而不提高抗震措施不同，我国规范中对乙类只提高一度查抗震措施，没有提高一度计算地震作用，性价比较高。

为了方便查阅，将不同抗震设防类别、设防烈度、场地类别的建筑抗震措施和抗震构造措施归纳于表1.10.1。

不同建筑物抗震措施和抗震构造措施 表 1.10.1

抗震设防类别	本地区抗震设防烈度	Ⅰ类场地		Ⅱ类场地		Ⅲ、Ⅳ类场地
		抗震措施（不含抗震构造措施）	抗震构造措施	抗震措施（含抗震构造措施）	抗震措施（不含抗震构造措施）	抗震构造措施
甲、乙类建筑	6度(0.05g)	7度	6度	7度	7度	7度
	7度(0.10g)	8度	7度	8度	8度	8度
	7度(0.15g)	8度	7度	8度	8度	8度＋
	8度(0.20g)	9度	8度	9度	9度	9度
	8度(0.30g)	9度	8度	9度	9度	9度＋
	9度(0.40g)	9度＋	9度	9度＋	9度＋	9度＋
丙类建筑	6度(0.05g)	6度	6度	6度	6度	6度
	7度(0.10g)	7度	6度	7度	7度	7度
	7度(0.15g)	7度	6度	7度	7度	8度
	8度(0.20g)	8度	7度	8度	8度	8度
	8度(0.30g)	8度	7度	8度	8度	9度
	9度(0.40g)	9度	8度	9度	9度	9度
丁类建筑	6度(0.05g)	6度	6度	6度	6度	6度
	7度(0.10g)	按6度	按6度	按6度	按6度	按6度
	7度(0.15g)	按6度	按6度	按6度	按6度	7度
	8度(0.20g)	按7度	按7度	按7度	按7度	按7度
	8度(0.30g)	按7度	按7度	按7度	按7度	8度
	9度(0.40g)	按8度	按8度	按8度	按8度	按8度

1.11 "防冻混凝土"与"抗冻混凝土"概念解析

张占胜　天津大学建筑设计规划研究总院有限公司

抗冻混凝土和防冻混凝土名称相似，且都和冻胀相关，但二者意义截然不同，不可混淆。抗冻混凝土主要用于抵抗外部环境中的冰、冻融和冻胀作用，使混凝土自身具有长期抵抗冻融循环能力。抗冻性能有利于混凝土结构在恶劣环境下结构的耐久性，一般在设计阶段需要有专门的建筑物抗冰冻设计。而防冻混凝土更多的是指冬期施工用混凝土，主要是通过采取防冻措施，保证混凝土浇筑后达到受冻临界强度以前不发生冻胀破坏，目的是保证混凝土的施工质量，一般在施工阶段需要编制冬期施工专项方案。

1. 抗冻混凝土

抗冻混凝土多用于水工、港口、桥梁及公路等，混凝土抗冻等级一般按 28d 龄期的试件用快冻试验方法测定，分为 F400、F300、F250、F200、F150、F100、F50 七级。对于有抗冻要求的结构，应根据气候分区、冻融循环次数、表面局部小气候条件、水分饱和程度、结构构件重要性和检修条件等选定抗冻等级。在不利因素较多时，可选用高一级的抗冻等级。抗冻混凝土应掺加引气剂，其水泥、拌合物、外加剂的品种和数量，水灰比，配合比及含气量等应通过试验确定或按照现行《水工建筑物抗冰冻设计规范》选用。

选用抗冻混凝土的建筑在设计时，除应满足耐久性需求外，尚应在结构设计时考虑冰冻荷载。冰冻荷载包括冰压力和土的冻胀力，冰压力包括静冰压力和动冰压力，静冰压力是指冰层升温膨胀对建筑物产生的水平作用，动冰压力是指大冰块撞击建筑物产生的水平作用。土的冻胀力包括切向冻胀力、水平冻胀力和法向冻胀力，冻胀力按地表土冻胀级别确定。

2. 防冻混凝土

防冻混凝土的技术要求是，在冬期施工过程中，采取可靠的技术措施，使混凝土浇筑后尽早凝结硬化，并在达到受冻临界强度以前不发生冻胀破坏。冬期施工期限划分原则是：根据当地多年气象资料统计，当室外日平均气温连续 5d 稳定低于 5℃即进入冬期施工，当室外日平均气温连续 5d 高于 5℃即解除冬期施工。

冬期施工时，可采用如下方法养护混凝土。

1）蓄热法

混凝土浇筑后，利用原材料加热以及水泥水化放热，并采取适当保温措施延缓混凝土冷却，在混凝土温度降到 0℃以前达到受冻临界强度的施工方法。

2）综合蓄热法

掺早强剂或早强型复合外加剂的混凝土浇筑后，利用原材料加热以及水泥水化放热，并采取适当保温措施延缓混凝土冷却，在混凝土温度降到 0℃以前达到受冻临界强度的施工方法。

3）电加热法

冬期浇筑的混凝土利用电能进行加热养护的施工方法。

4）电极加热法

用钢筋作电极，利用电流通过混凝土所产生的热量对混凝土进行养护的施工方法。

5）电热毯法

混凝土浇筑后，在混凝土表面或模板外覆盖柔性电热毯，通电加热养护混凝土的施工方法。

6）工频涡流法

利用安装在钢模板外侧的钢管，内穿导线，通以交流电后产生涡流电，加热钢模板对混凝土进行加热养护的施工方法。

7）线圈感应加热法

利用缠绕在构件钢模板外侧的绝缘导线线圈，通以交流电后在钢模板和混凝土内的钢筋中产生电磁感应发热，对混凝土进行加热养护的施工方法。

8）暖棚法

将混凝土构件或结构置于搭设的棚中，内部设置散热器、排管、电热器或火炉等加热棚内空气，使混凝土处于正温环境下养护的施工方法。

9）负温养护法

在混凝土中掺入防冻剂，使其在负温条件下能够不断硬化，在混凝土温度降到防冻剂规定温度前达到受冻临界强度的施工方法。

10）硫铝酸盐水泥混凝土负温施工法

冬期条件下，采用快硬硫铝酸盐水泥且掺入亚硝酸钠等外加剂配制混凝土，并采取适当保温措施的负温施工法。

冬期浇筑的混凝土，其受冻临界强度可按如下原则确定：

（1）采用蓄热法、暖棚法、加热法等施工的普通混凝土，采用硅酸盐水泥、普通硅酸盐水泥配制时，其受冻临界强度不应小于设计混凝土强度等级值的 30%；采用矿渣硅酸盐水泥、粉煤灰硅酸盐水泥、火山灰质硅酸盐水泥、复合硅酸盐水泥时，不应小于设计混凝土强度等级值的 40%。

（2）当室外最低气温不低于−15℃时，采用综合蓄热法、负温养护法施工的混凝土受冻临界强度不应小于 4.0MPa；当室外最低气温不低于−30℃时，采用负温养护法施工的混凝土受冻临界强度不应小于 5.0MPa。

（3）对强度等级等于或高于 C50 的混凝土，不宜小于设计混凝土强度等级值的 30%。

（4）对有抗渗要求的混凝土，不宜小于设计混凝土强度等级值的 50%。

（5）对有抗冻耐久性要求的混凝土，不宜小于设计混凝土强度等级值的 70%。

（6）当采用暖棚法施工的混凝土中掺入早强剂时，可按综合蓄热法受冻临界强度取值。

（7）当施工需要提高混凝土强度等级时，应按提高后的强度等级确定受冻临界强度。

1.12 质心偏心率的概念解析

《高层建筑混凝土结构技术规程》JGJ 3—2010 第 10.6.3 条规定：上部塔楼结构的综合质心与底盘结构质心的距离不宜大于底盘相应边长的 20%。

关于这条规定有关两个细节问题，在此梳理一下：

1. 质心的重量是指什么呢：是 1.0 恒载＋1.0 活载？还是 1.0 恒载？

质心的质量是指重力荷载代表值，包括活载（要乘以可变荷载的组合值系数），不仅仅是恒载。

2. 多塔结构上部塔楼（比如有 9 个）综合质心怎么计算？大底盘综合质心能不能取大底盘顶层结构质心（若可以是否需要把塔楼荷载考虑到底盘顶层结构上）？

计算综合质心时（图 1.12.1），以底盘顶面为分界线，将结构分为上部塔楼和大底盘两部分，上部算上部，下部算下部。上下部分都采用综合质心。综合质心按照每层的质心根据质量加权得到。

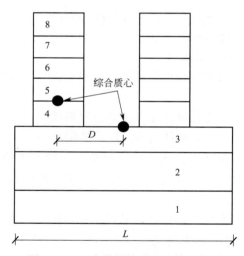

图 1.12.1 多塔结构质心计算示意图

1.13   剪力墙稳定公式

《高层建筑混凝土结构技术规程》JGJ 3—2010 第 5.4.4 条，关于高层建筑结构的整体稳定性要求如下：

剪力墙结构、框架-剪力墙结构、筒体结构应符合下式要求：

$$EJ_d \geqslant 1.4H^2 \sum_{i=1}^{n} G_i$$

很多工程师们都很疑惑，这个公式是怎么得来的呢？我们来看下推导过程。

首先将一建筑结构简化为顶端自由、底端固定、高为 H 的等截面杆件，如图 1.13.1 所示。

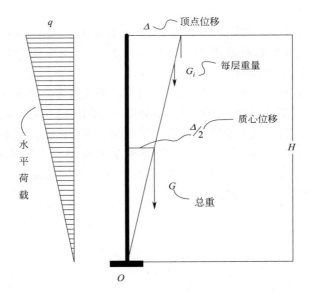

图 1.13.1　结构受力示意图

对于此等杆件，其截面弯曲刚度为 EJ，结构重力沿竖向均匀分布 G_i，总重力为：

$$G = \sum G_i$$

基底地震剪力为：

$$Q = \alpha G$$

地震力以倒三角形分布，顶点水平力的集度为：

$$q = \frac{2Q}{H}$$

顶点水平位移为：

$$\Delta = \frac{11qH^4}{120EJ}$$

由地震力引起的基底弯矩为：

$$M = \frac{2}{3}QH = \frac{2}{3}\alpha GH$$

由重力二阶效应引起的附加弯矩为：

$$\delta M = G\frac{\Delta}{2} = G\frac{11qH^4}{240EJ} = G\frac{11}{240EJ}\frac{2\alpha G}{H}H^4 = \frac{11}{120EJ}\alpha G^2H^3$$

要求重力二阶效应引起的附加弯矩不得大于由地震力引起的基底弯矩的 20%：

$$\frac{\delta M}{M} = \frac{\frac{11}{120EJ}\alpha G^2H^3}{\frac{2}{3}H\alpha G} = \frac{11}{80EJ}GH^2 \leqslant 0.2$$

推导为如下公式：

$$EJ \geqslant \frac{55}{80}GH^2 = 0.6875GH^2 \approx 0.7GH^2$$

因为混凝土构件在受力开裂时弯曲刚度会降低，故考虑弯曲刚度折减 50%，则上面公式变为：

$$EJ \geqslant 2 \times 0.6875GH^2 = 1.375GH^2 \approx 1.4GH^2 = 1.4\sum G_iH^2$$

与《高层建筑混凝土结构技术规程》JGJ 3—2010 第 5.4.4 条完全一致。知道了推导过程，就会明白公式的适用范围：

适用于结构的弯曲刚度、质量沿竖向分布均匀，基底剪力、侧向变形由低阶平动振型决定的高层建筑。对于体型变化、刚度和质量分布不均匀的结构并不适用。

因为钢结构不会开裂造成弯曲刚度降低，所以钢结构弯曲刚度无需折减。

带加强层的巨型框架-核心筒结构，如果外框承担的倾覆力矩不小于总倾覆力矩的 50%：巨柱未受拉，核心筒为小偏压，EJ 可不折减；巨柱未受拉，核心筒为大偏压，EJ 可折减少一些，比如 25%，此时 λ 取 7.5。

1.14 顶层柱不考虑强柱弱梁的解析

框架结构的变形能力与其破坏机制有很大的关系，研究表明：梁先屈服，即梁端先出现塑性铰，可使整个框架结构产生较大的内力重分布，从而增强结构的耗能能力和极限层间位移，抗震性能较好。若柱先屈服，则可能使整个结构变成几何可变体系，造成结构倒塌。

所以，梁柱节点处，柱端实际受弯承载力要大于梁端实际受弯承载力，这也是"强柱弱梁"的本质。但《建筑抗震设计规范》GB 50011—2010（2016 年版）中第 6.2.2 条规定："一、二、三、四级框架的梁柱节点处，除框架顶层和柱轴压比小于 0.15 者及框支梁与框支柱的节点外，柱端组合的弯矩设计值应符合下式要求……"，从规范规定可以看出，顶层梁柱不需要考虑强柱弱梁。

顶层梁柱不需要考虑强柱弱梁主要有以下几个方面的原因：

（1）顶层结构柱端塑性铰和梁端塑性铰一样，对结构的稳定的影响是一样的，这是结构力学最基本的内容。其实道理很简单，顶层梁铰与柱铰对结构稳定的影响是相同的，顶层柱根是下一层的问题。

（2）顶层柱轴压比很低，按柱延性构造措施设置箍筋后，柱延性高，与梁的延性相当，故顶层柱不必按强柱弱梁设计，见 Paulay 与 Priestley 的经典大作第 214 页 Columns in the Top Story 一节。美国 ACI318 不提顶层柱，但是以柱轴压比 0.1 为界来判断是否要考虑强柱弱梁。

轴压比是决定性因素，美国钢结构抗规 AISC341 就写得好一些，仅满足顶层和单层条件还不够，还须满足轴压比低于 0.1 这一控制条件。一般情况下，顶层柱能满足此条件，上端为 T 节点，难以做到强柱弱梁，可按规范赦免。但是顶层柱下端为十字节点，有条件做到强柱弱梁，还是应该尽可能按强柱弱梁设计，避免顶层柱下端也形成塑性铰。

从受力上讲，所有构件都是偏压（偏拉）构件，只是梁的轴力小，通常按受弯构件计算。顶层柱轴力小，受力性能与梁类似，故可与梁同等待遇，即容许其屈服。另外，从 $P\text{-}\Delta$ 来说，顶层柱 Δ 不产生弯矩，弯矩不增加，轴力就不需减小，因此在顶层柱顶形成塑性铰，没有不利影响。

1.15　结构设计中的刚度比

陈立达　天津大学建筑设计规划研究总院有限公司

查阅规范，对于刚度比的规定要求看得一头雾水，各种刚度比到底是什么？根据《建筑抗震设计规范》GB 50011—2010（以下简称《抗规》）及《高层建筑混凝土结构技术规程》JGJ 3—2010（以下简称《高规》）等规范条文，结合工程案例及计算软件，刚度比主要可以分为三类：剪切刚度比、层剪力/层间位移刚度比、剪弯刚度比。

1. 剪切刚度比

1）规范条文

《抗规》第 6.1.14 条

6.1.14　地下室顶板作为上部结构的嵌固部位时，应符合下列要求：

1　地下室顶板应避免开设大洞口；地下室在地上结构相关范围的顶板应采用现浇梁板结构，相关范围以外的地下室顶板宜采用现浇梁板结构；其楼板厚度不宜小于 180mm，混凝土强度等级不宜小于 C30，应采用双层双向配筋，且每层每个方向的配筋率不宜小于 0.25%。

2　结构地上一层的侧向刚度，不宜大于相关范围地下一层侧向刚度的 0.5 倍；地下室周边宜有与其顶板相连的抗震墙。

《高规》第 5.3.7 条及其条文说明：

5.3.7　高层建筑结构整体计算中，当地下室顶板作为上部结构嵌固部位时，地下一层与首层侧向刚度比不宜小于 2。

条文说明　本条给出作为结构分析模型嵌固部位的刚度要求。计算地下室结构楼层侧向刚度时，可考虑地上结构以外的地下室相关部位的结构，"相关部位"一般指地上结构外扩不超过三跨的地下室范围。楼层侧向刚度比可按本规程附录 E.0.1 条公式计算。

《高层建筑混凝土结构技术规程》JGJ 3—2010 附录 E.0.1 条文：

E.0.1　当转换层设置在 1、2 层时，可近似采用转换层与其相邻上层结构的等效剪切刚度比 γ_{el} 表示转换层上、下层结构刚度的变化，γ_{el} 宜接近 1，非抗震设计时 γ_{el} 不应小于 0.4，抗震设计时 γ_{el}，不应小于 0.5。γ_{el} 可按下列公式计算：

$$\gamma_{el} = \frac{G_1 A_1}{G_2 A_2} \times \frac{h_2}{h_1} \qquad (E.0.1\text{-}1)$$

$$A_i = A_{w,i} + \sum_j C_{i,j} A_{ci,j} \quad (i=1,2) \qquad (E.0.1\text{-}2)$$

$$C_{i,j} = 2.5 \left(\frac{h_{ci,j}}{h_i} \right)^2 (i=1,2) \qquad (E.0.1\text{-}3)$$

式中：G_1、G_2——分别为转换层和转换层上层的混凝土剪变模量；

A_1、A_2——分别为转换层和转换层上层的折算抗剪截面面积，可按式（E.0.1-

2）计算；

$A_{w,i}$——第 i 层全部剪力墙在计算方向的有效截面面积（不包括翼缘面积）；

$A_{ci,j}$——第 i 层第 j 根柱的截面面积；

h_i——第 i 层的层高；

$h_{ci,j}$——第 i 层第 j 根柱沿计算方向的截面高度；

$C_{i,j}$——第 i 层第 j 根柱截面面积折算系数，当计算值大于 1 时取 1。

2）条文解读

根据规范条文信息，剪切刚度比是反应结构上下两层的剪切变形性能比值的参数，仅与竖向构件布置及材料特性相关，与梁板、地下室土的约束等没有关系。《抗规》第6.1.14 条以及《高规》第 5.3.7 条指出剪切刚度比是判断地下室顶板能够作为嵌固端的条件。当地下一层与地上一层的剪切刚度比小于 2 时，嵌固端宜设置在基础顶。

《高规》附录 E.0.1 对 1、2 层低位转换的结构提出了剪切刚度比的指标要求，需在设计中满足。

在常用的计算软件中，剪切刚度对应总信息中的 RJX1、RJY1，剪切刚度比对应总信息中的 Ratx、Raty，在设计中注意控制指标，满足相应要求方可。

2. 剪力/层间位移刚度比

1）规范条文

《抗规》表 3.4.3-2

表 3.4.3-2　竖向不规则的主要类型

不规则类型	定义和参考指标
侧向刚度不规则	该层的侧向刚度小于相邻上一层的 70%，或小于其上相邻三个楼层侧向刚度平均值的 80%；除顶层或出屋面小建筑外，局部收进的 向尺寸大于相邻下一层的 25%

《高规》第 3.5.2 条

3.5.2　抗震设计时，高层建筑相邻楼层的侧向刚度变化应符合下列规定：

1　对框架结构，楼层与其相邻上层的侧向刚度比 γ_1，可按式(3.5.2-1)计算，且本层与相邻上层的比值不宜小于 0.7，与相邻上部三层刚度平均值的比值不宜小于 0.8。

$$\gamma_1=\frac{V_i\Delta_{i+1}}{V_{i+1}\Delta_i} \tag{3.5.2-1}$$

式中：γ_1——楼层侧向刚度比；

V_i、V_{i+1}——第 i 层和第 $i+1$ 层的地震剪力标准值（kN）；

Δ_i、Δ_{i+1}——第 i 层和第 $i+1$ 层在地震作用标准值作用下的层间位移（m）。

2　对框架-剪力墙、板柱-剪力墙结构、剪力墙结构、框架-核心筒结构、简中筒结构，楼层与其相邻上层的侧向刚度比 γ_2 可按式(3.5.2-2)计算，且本层与相邻上层的比值不宜小于 0.9；当本层层高大于相邻上层层高的 1.5 倍时，该比值不宜小于 1.1；对结构底部嵌固层，该比值不宜小于 1.5。

$$\gamma_2=\frac{V_i\Delta_{i+1}}{V_{i+1}\Delta_i}\frac{h_i}{h_{i+1}} \tag{3.5.2-2}$$

式中：γ_2——考虑层高修正的楼层侧向刚度比。

《高规》附录 E.0.2：

E.0.2　当转换层设置在第 2 层以上时，按本规程式(3.5.2-1)计算的转换层与其相邻上层的侧向刚度比不应小于 0.6.

《超限高层建筑工程抗震设防专项审查技术要点》本层侧向刚度小于相邻上层的 50%，属于层刚度偏小。

2）条文解读

对于高层框架结构体系，剪力/层间位移刚度比体现的是结构发生单位层间位移时所需要的剪力的比值；对于高层非框架结构体系，剪力/层间位移刚度比的计算公式中考虑了层高修正，体现的是结构发生单位层间位移角时所需要的剪力的比值。《抗规》表 3.4.3-2 和《高规》第 3.5.2 条指出剪力/层间位移刚度比主要是用于判断薄弱层的形成，控制结构的竖向规则性，以免竖向刚度突变。

《高规》附录 E.0.2 对 2 层以上高位转换的结构提出了剪力/层间位移刚度比的要求，需在设计中满足。《超限高层建筑工程抗震设防专项审查技术要求》中对剪力/层间位移刚度比提出层刚度比的超限指标要求。

在常用的计算软件中，剪力/层间位移刚度对应总信息中的 RJX3、RJY3，对于抗规和高层的框架结构体系，剪力/层间位移刚度比对应总信息中的 Ratx1、Raty1；对于高层的非框架结构体系，剪力/层间位移刚度比对应总信息中的 Ratx2、Raty2，在设计中注意控制指标满足相应要求方可。

3. 剪弯刚度比

1）规范条文

《高规》附录 E.0.3

E.0.3　当转换层设置在第 2 层以上时，尚宜采用图 E 所示的计算模型按公式 (E.0.3)计算转换层下部结构与上部结构的等效侧向刚度 γ_{e2}。γ_{e2} 宜接近 1，非抗震设计时 γ_{e2} 不应小于 0.5，抗震设计时 γ_{e2} 不应小于 0.8。

$$\gamma_{e2}=\frac{\Delta_2 H_1}{\Delta_1 H_2} \tag{E.0.3}$$

式中：γ_{e2}——转换层下部结构与上部结构的等效侧向刚度比；

$\quad\quad H_1$——转换层及其下部结构（计算模型1）的高度；

$\quad\quad \Delta_1$——转换层及其下部结构（计算模型1）的顶部在单位水平力作用下的侧向位移；

$\quad\quad H_2$——转换层上部若干层结构（计算模型2）的高度，其值应等于或接近计算模型1的高度 H_1，且不大于 H_1；

$\quad\quad \Delta_2$——转换层上部若干层结构（计算模型2）的顶部在单位水平力作用下的侧向位移。

2）条文解读

对于高位转换结构，除了满足《高规》附录 E.0.2 对剪力/层间位移刚度比的要求外，还需对转换层上部若干层结构与下部结构的顶板施加单位水平力作用下产生的层间角位移的比值提出指标要求，同时考虑剪切变形和弯曲变形的影响。

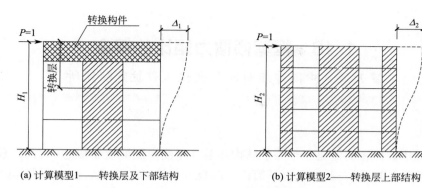

(a) 计算模型1——转换层及下部结构　　　(b) 计算模型2——转换层上部结构

图 E　转换层上、下等效侧向刚度计算模型

在常用的计算软件中，剪弯刚度比仅在有高位转换层结构时输出，在设计中注意控制指标，满足相应要求方可。

1.16 框剪倾覆力矩比的概念

罗开海　中国建筑科学研究院工程抗震研究所

结构设计中，倾覆力矩是一个关乎结构体系合理性控制的重要概念。《高层建筑混凝土结构技术规程》JGJ 3—2010（以下简称《高规》）第 8.1.3 条、《建筑抗震设计规范》GB 50011—2010（以下简称《抗规》）第 6.1.3 条，均利用框架倾覆力矩占结构总倾覆力矩的百分比来界定结构性质，规定不同的控制和设计方法；《高规》第 7.1.8 条，通过限制短肢墙倾覆力矩占结构总倾覆力矩的百分比，保证结构中布置足够的普通墙，从而保证短肢墙结构体系的合理性；《高规》第 10.2.16 条，通过控制框支框架倾覆力矩占结构总倾覆力矩的百分比，防止落地剪力墙过少造成的薄弱层，来保证部分框支剪力墙结构体系的合理性；显然，所有这些体系指标的控制，都建立在框架倾覆力矩正确计算的基础上。

目前关于框架倾覆力矩的计算，有两种基本方法：规范算法与轴力算法。框架剪力墙受力示意图分别见图 1.16.1 和图 1.16.2。

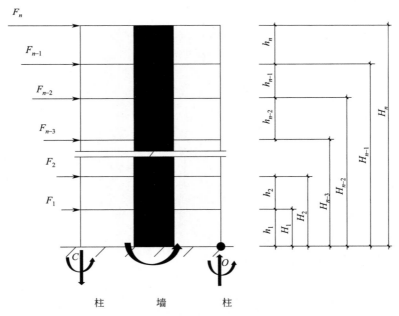

图 1.16.1　采用规范算法的框架剪力墙受力示意图

1. 《建筑抗震设计规范》第 6.1.3 条文说明推荐的方法

框架部分按刚度分配的地震倾覆力矩的计算公式：

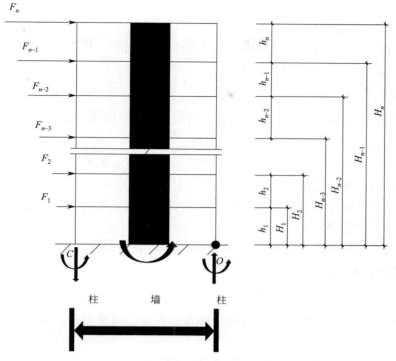

图 1.16.2　采用轴力算法的框架剪力墙受力示意图

$$M_c = \sum_{i=1}^{n} \sum_{j=1}^{m} V_{ij} h_i$$

式中　M_c——框架-剪力墙结构在规定的侧向力作用下框架部分分配的地震倾覆
　　　　　　力矩；

　　　n——结构层数；

　　　m——框架 i 层的柱根数；

　　　V_{ij}——第 i 层第 j 根框架柱的计算地震剪力；

　　　h_i——第 i 层层高。

规范方法的公式推导：

结构在地震作用下的绕 O 点（轴）倾覆的整体倾覆力矩 M_o 可按下式计算：

$$M_o = F_1 H_1 + F_2 H_2 + \cdots F_n H_n$$

$$H_1 = h_1, H_2 = h_1 + h_2, \cdots, H_n = h_1 + h_2 + \cdots + h_n$$

$$V_1 = F_1 + F_2 + \cdots + F_n$$

$$V_2 = F_2 + \cdots + F_n$$

$$\cdots\cdots$$

$$V_n = F_n$$

$$M_o = V_1 h_1 + V_2 h_2 + \cdots + V_n h_n = \sum_{i=1}^{n} V_i h_i$$

$$V_i = V_{w,i} + V_{c,i}$$

$$M_o = \sum_{i=1}^{n} V_{w,i} h_i + \sum_{i=1}^{n} V_{c,i} h_i = M_w + M_c$$

$$M_c = \sum_{i=1}^{n} V_{c,i} h_i = \sum_{i=1}^{n} \sum_{j=1}^{m} V_{c,ij} h_i$$

规范算法的影响因素：

（1）框架柱的计算剪力 $V_{c,ij}$ 取决于柱与墙的相对刚度。

（2）建筑层高 h_i 与结构布局无关。

2. 轴力算法

以外力作用下结构嵌固端的内力响应为依据，统计嵌固端所有框架柱实际产生的总体弯矩 M_{oc}：

$$M_{oc} = \sum_{j=1}^{m} (M_{cj} + N_{cj} \cdot L_{cj})$$

轴力算法的影响因素：

（1）框架柱嵌固部位的计算弯矩 M_{cj} 和轴力 N_{cj} 取决于柱与墙的相对刚度、相对位置、楼盖（梁）刚度等因素。

（2）框架柱距倾覆点的距离 L_{cj} 取决于柱子的平面布局。

3. 规范算法与轴力算法的关系

轴力算法的结果 M_{oc}，除了包含框架部分按侧向刚度分配的倾覆力矩 M_c 外，还包括由于结构整体的变形协调而额外负担的一部分抗震墙的倾覆力矩 $M_{cw'}$，即轴力算法的结果应为：

$$M_{oc} = M_c + M_{cw'}$$
$$M_{ow} = M_w - M_{cw'}$$

案例 1：如图 1.16.3 所示，5 层，$H = 3m$，平动周期为 0.18s，墙体刚度相对大，框架的刚度比重下降，受力示意图如图 1.16.4 所示。

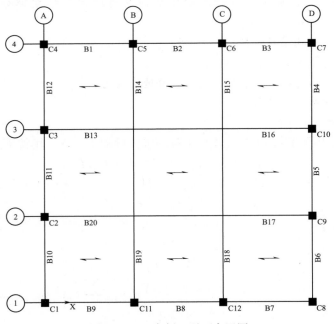

图 1.16.3　案例 1 平面布置图

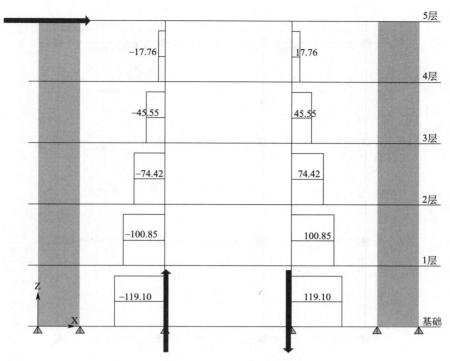

图 1.16.4 案例 1 受力示意

（1）规范算法

M_c＝617.16kN·m，框架比重下降

（2）轴力算法

M_{oc}＝1036.91kN·m，框架比重上升

案例 2：如图 1.16.5 所示，H＝3m，平动周期：0.294s，墙体相对刚度变小，框架的刚度比重上升，受力示意图如图 1.16.6 所示。

（1）规范算法

M_c＝2081.64kN·m，框架比重上升

（2）轴力算法

M_{oc}＝−206.08kN·m，框架比重下降

4. 规范的目的

（1）规范对结构底层框架部分的倾覆力矩分担比例提出要求，实质上是为了控制框架与抗震墙侧向刚度的相对大小。

（2）规范公式反映了结构体系中框架的刚度贡献。

（3）轴力公式的影响因素众多，无法对两种构件的相对刚度做出正确的评价。

（4）实际工程应以规范公式的计算结果为准。

"真实"的弯矩，不一定是"需要"的弯矩。规范给定的计算公式是基于结构倾覆的基本概念和结构内外水平力相互平衡的条件得到的。按规范公式计算的框架部分分担的倾覆力矩百分比反映了结构体系中框架的刚度贡献量，规范对结构底层框架部分的倾覆力矩

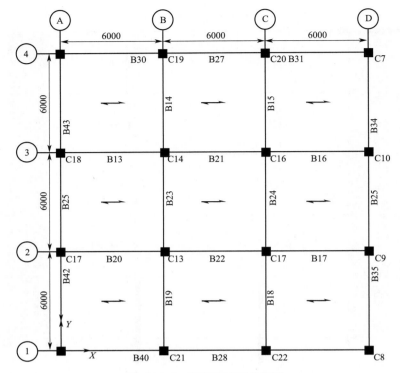

图 1.16.5 案例 2 平面布置图

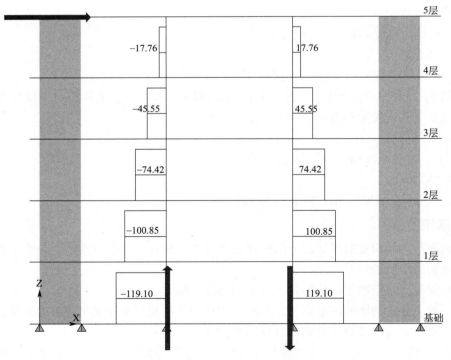

图 1.16.6 案例 2 受力示意

分担比例提出要求，实质上是为了控制框架与抗震墙侧向刚度的相对大小，当底层框架部分的倾覆力矩分担比例小于50%时，说明框架部分对结构整体抗侧刚度的贡献较小，抗震墙提供了大部分抗侧刚度，是主要的抗侧力构件，框架为次要抗震构件，是结构的二道防线。

严格意义上讲，我们计算倾覆力矩分担比的目的是判别框架-抗震墙结构等双重体系的属性，即是偏向墙的属性还是偏向框架的属性。欧洲规范采用的抗剪承载能力，我们的规范采用的倾覆力矩，本质上是考虑了层高修正的剪力分担比。

1.17 山坡处风压高度变化系数的取值

　　基本风压是在标准地貌（平坦空旷地区，我国规范划为B类）下10m高处的风压值。工程结构可处在任一地貌之下，所求风压的点可以在任意高度，因此应求出任一地貌任一高度处的风压与标准地貌10m高处基本风压的关系。这就需要用到我们常说的风压高度变化系数。

　　对于平坦的地形，或是稍有起伏的地形，其风压高度变化系数，可以按照《建筑结构荷载规范》GB 50009—2012查表求得（表1.17.1）。

风压高度变化系数 μ_z　　　　　　　　　　表 1.17.1

| 离地面或海平面 | 地面粗糙度类别 | | | |
高度（m）	A	B	C	D
5	1.09	1.00	0.65	0.51
10	1.28	1.00	0.65	0.51
15	1.42	1.13	0.65	0.51
20	1.52	1.23	0.74	0.51
30	1.67	1.39	0.88	0.51
40	1.79	1.52	1.00	0.60
50	1.89	1.62	1.10	0.69
60	1.97	1.71	1.20	0.77
70	2.05	1.79	1.28	0.84
80	2.12	1.87	1.36	0.91
90	2.18	1.93	1.43	0.98
100	2.23	2.00	1.50	1.04
150	2.46	2.25	1.79	1.33
200	2.64	2.46	2.03	1.58
250	2.78	2.63	2.24	1.81
300	2.91	2.77	2.43	2.02
350	2.91	2.91	2.60	2.22
400	2.91	2.91	2.76	2.40
450	2.91	2.91	2.91	2.58
500	2.91	2.91	2.91	2.74
≥550	2.91	2.91	2.91	2.91

　　对处于山顶、山坡和悬崖位置处的风压高度变化系数如何取值呢？图1.17.1给出了这几种地形的风压高度变化系数示意图，风洞试验表明，山坡顶或悬崖边的B点风速增大的特别厉害，且随离B点距离的增大及点的位置的增高而减弱，风速接近于线性规律

减弱，风压相当于按抛物线规律减弱，如图 1.17.1 所示。此种效应常称为爬坡增值效应。

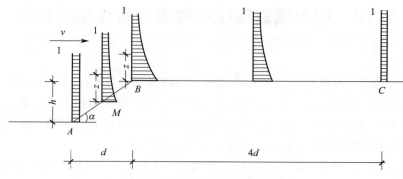

图 1.17.1 山上风压变化示意图

对于建筑物的投影面积远小于山顶或山坡面积情况，可作以下处理：

（1）对于山顶、山坡及悬崖边的建筑物，其风压高度变化系数可采用从山底算起的风压高度变化规律。换句话说，山可作为一种特殊建筑物看待，上面的建筑物相当于整体建筑物（山加上面的建筑物）上部，根据荷载规范查询相应风压高度变化系数。

（2）A 点以左及 C 点以右的建筑物，按第（1）条求得的风压高度变化系数值即为最终值，不必修正。

（3）对 A、C 间的建筑物，沿结构高度 $2.5h$ 范围内对风压高度变化系数进行修正，修正系数最大在 B 处。离 B 点高度不同点需按离 A 点或 C 点方向距离大小的比例进行修正。修正公式如下：

$$\tan\alpha=0.1, \eta_{zB}=0.01\times\left(\frac{z}{h}\right)^2-0.25\times\left(\frac{z}{h}\right)+1.56$$

$$\tan\alpha=0.2, \eta_{zB}=0.04\times\left(\frac{z}{h}\right)^2-0.60\times\left(\frac{z}{h}\right)+2.25$$

$$\tan\alpha=0.3, \eta_{zB}=0.09\times\left(\frac{z}{h}\right)^2-1.05\times\left(\frac{z}{h}\right)+3.06$$

$$\tan\alpha=0.33, \eta_{zB}=0.11\times\left(\frac{z}{h}\right)^2-1.22\times\left(\frac{z}{h}\right)+3.35$$

$\tan\alpha>0.33$ 的情况，同 $\tan\alpha=0.33$ 取值，其他山坡角度按上述公式插值。

1.18 剪力墙轴压比不考虑地震作用的解析

《混凝土结构设计规范》GB 50010—2010（2015 年版）第 11.4.16 条规定：柱轴压比指地震作用下柱组合的轴向压力设计值与柱全截面面积和混凝土轴心抗压强度设计值乘积之比值；第 11.7.16 条规定：剪力墙肢轴压比指在重力荷载代表值作用下墙的轴压力设计值与墙的全截面面积和混凝土轴心抗压强度设计值乘积的比值。

柱轴压比＝[1.3(恒载＋0.5 活载)＋1.4 地震]/(f_cA_c)，墙轴压比＝1.3(恒载＋0.5 活载)/(f_cA_c)，柱轴压比计算中，考虑了地震作用下柱轴力设计值，而墙轴压比的计算中，则只考虑了重力荷载代表值的设计值，并没有计入地震作用。地震作用对墙轴压比的影响，只是粗略反映在轴压比限值中，因此墙轴压比限值比柱低很多。当设防烈度为 7 度，抗震等级为一级时，柱轴压比限值为墙的 1.3 倍（表 1.18.1）。

高规中剪力墙和框架结构柱轴压比限值　　　　　　　　　表 1.18.1

抗震等级	一级（9 度）	一级（6,7,8 度）	二级	三级
墙轴压比	0.40	0.50	0.60	0.60
柱轴压比	0.65	0.65	0.75	0.85
柱限值/墙限值	1.63	1.30	1.25	1.42

剪力墙轴压比不考虑地震作用是什么原因呢？

（1）地震作用下，剪力墙部分受拉部分受压，拉压平衡，所以剪力墙轴压比不考虑地震作用。

（2）对剪力墙结构而言，剪力墙主要承受水平剪力，从表 1.18.1 中可以看出其控制限值较框架结构更为严格。所以不必考虑地震作用组合也是可以的，影响不大。

那是不是任何情况下，墙轴压比计算时不考虑地震作用都合理呢？

对 200m 以上的超高层建筑[1]，很难通过抗震等级来区别墙轴压比限值，此时不考虑实际地震作用大小，用墙轴压比限值"一刀切"的做法，可能会在实际工程设计中造成如下不合理之处：

（1）不能反映翼缘墙和腹板墙的地震作用差异，会出现翼缘墙延性低、腹板墙延性高的不均衡现象；

（2）不能反映不同抗震设防烈度的地震作用差异，6、7、8 度时墙轴压比限值相同，6 度时墙延性富余较大，8 度时墙延性往往严重不足；

（3）不能反映不同倾覆弯矩比例所导致的墙地震作用的差异，墙承担倾覆弯矩较少的筒中筒结构墙厚较浪费，墙承担大部分倾覆弯矩的框架-核心筒结构墙厚则可能不足。

考虑到 200m 以上超高层建筑下部剪力墙厚度多由轴压比控制，设计中如采用本文所提出的"墙轴压比计算时考虑地震作用设计值"和"在长度较长的墙肢轴压比计算中考虑弯矩影响"两项建议进行补充校核，可能会较准确地反映剪力墙的延性富余程度，并指导结构工程师确定更加合理的墙厚。

参考文献

[1] 廖耘，容柏生，李盛勇. 对200m以上超高层建筑剪力墙轴压比计算方法和限值的改进建议 [J].
建筑结构，2015.

1.19 结构中软弱层和薄弱层的概念

2015 版《超限高层建筑工程抗震设防专项审查技术要点》有一条规定："……应避免软弱层和薄弱层出现在同一楼层……"，从这句话可以看出，软弱层和薄弱层不是同一个概念，更不具备包含的关系。那二者分别代表什么意思呢？

我们先看下《建筑抗震设计规范》GB 50011—2010 第 3.4.3 条条文说明的附图（图 1.19.1 和图 1.19.2）。

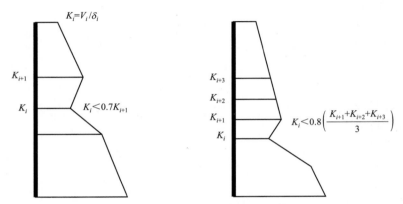

图 1.19.1　沿竖向的侧向刚度不规则（有软弱层）

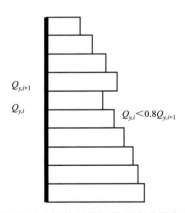

图 1.19.2　竖向抗侧力结构屈服抗剪强度非均匀化（有薄弱层）

从规范附图我们可以看出，有软弱层代表沿竖向的侧向刚度不规则，某层的侧向刚度小于相邻上一层的 70%，或小于其上相邻三个楼层侧向刚度平均值的 80% 就称为软弱层。

有薄弱层代表沿竖向抗侧力构件屈服抗剪强度不均匀，抗侧力结构的层间受剪承载力小于相邻上一楼层的 80% 就称为薄弱层。

也就是说软弱层是刚度问题，薄弱层是强度问题，软弱层和薄弱层都是抗侧构件竖向不规则的问题。在项目中应尽量避免刚度薄弱和强度薄弱出现在同一层。

1.20 第二振型可否是扭转振型？

我们知道，为了控制扭转，结构第一振型不能是扭转振型，那第二振型可以是扭转振型吗？我们先看看规范的相关规定：

(1)《建筑抗震设计规范》GB 50011—2010（以下简称《抗规》）第 3.5.3 条中规定：结构在两个主轴方向的动力特性宜相近。

(2)《高层建筑混凝土结构技术规程》JGJ 3—2010（以下简称《高规》）第 3.4.5 条的条文说明：本条规定的 T_1 是指刚度较弱方向的平动为主的第一振型周期，对刚度较强方向的平动为主的第一振型周期与扭转为主的第一振型周期 T_t 的比值，本条未规定限值，主要考虑对抗扭刚度的控制不致过于严格。有的工程如两个方向的第一振型周期与 T_t 的比值均能满足限值要求，其抗扭刚度更为理想。

由此可见，现行规范里没有硬性规定说第二周期不能为扭转，但扭转周期太靠前就是结构抗扭能力太弱，宜考虑调整，从优化设计的角度考虑，还是尽量把第二周期调整为平动，尤其对于高层建筑。

造成第二周期扭转的主要原因：

(1) 主轴两个方向刚度相差过大。即结构的一个方向的平动刚度＜扭转刚度＜另一方向的平动刚度。

(2) 建筑平面长宽比较大。

(3) 结构内部刚度大，四周刚度小。

调整模型时的主要目标是减小第三周期对应的平动刚度，增加扭转刚度。采取的措施主要有：

(1) 减小结构中部的刚度（删除长边方向中部的剪力墙、减小墙厚、减少连梁高度、开结构洞等）。

(2) 增加结构周边刚度（加设剪力墙、增加墙厚、加大连梁高度、增加周边梁柱截面尺寸等）。

(3) 对于框架结构，可以采用矩形柱来缩小两方向的侧移刚度差。

延伸看第二个问题，扭转周期与平动周期的比值要求，是否对两个主轴方向平动为主的振型都要考虑？

扭转为主的振型中，周期最长的称为第一扭转为主的振型，其周期称为扭转为主的第一自振周期 T_t。平动为主的振型中，根据确定的两个水平坐标轴方向 X、Y，可区分为 X 向平动为主的振型和 Y 向平动为主的振型。假定 X、Y 方向平动为主的第一振型（即两个方向平动为主的振型中周期最长的振型）的周期分别记为 T_{1X} 和 T_{1Y}，并定义：

$$T_1 = \max(T_{1X}, T_{1Y})$$
$$T_2 = \max(T_{1X}, T_{1Y})$$

则 T_1 即为《高规》第 4.3.5 条中所说的平动为主的第一自振周期，T_2 姑且称为平动为主的第二自振周期。对特定的结构，T_1、T_2 的值是恒定的，究竟是 T_{1X} 还是 T_{1Y}，

与水平坐标轴方向 X、Y 的选择有关。

　　研究表明，结构扭转第一自振周期与地震作用方向的平动第一自振周期比值，对结构的扭转响应有明显影响，当两者接近时，结构的扭转效应限制增大。《高规》对结构扭转为主的第一自振周期与平动为主的第一自振周期之比值进行了限制，其目的就是确保结构扭转刚度不能过弱，以减小扭转效应。

　　《高规》对扭转为主的第一自振周期与平动为主的第二自振周期之比值没有进行限制，主要考虑到实际工程中，单纯的一阶扭转或平动振型的工程较少，多数工程的振型是扭转和平动同时存在的，即使是平动振型，往往在两个坐标轴方向都有分量。针对上述情况，限制 T_t 与 T_1 的比值是必要的，也是合理的，具有广泛适用性；如对 T_t 与 T_2 的比值也加以同样的限制，对一般工程是偏严的要求。对特殊工程，如比较规则、扭转中心与质心相重合的结构，当两个主轴方向的侧向刚度相差过大时，可对 T_t 与 T_2 的比值加以限制，一般不宜大于 1.0。实际上，按照《抗规》的规定，结构在两个主轴方向的侧向刚度不宜相差过大，以使结构在两个主轴方向上具有比较相近的抗震性能。

1.21 结构须进行塑性计算的解析

我们知道，我国现行的结构抗震设计方法是基于多遇地震（也就是常说的小震）作用下的结构弹性计算，作为结构或构件强度设计的基础，然后再验算罕遇地震（也就是常说的大震）作用下结构的变形，判断结构在大震作用下是否"不倒塌"，规范中还规定了一系列抗震措施来达到"强节点弱构件""强剪弱弯""强柱弱梁"等延性要求，最终实现结构的"小震不坏、中震可修、大震不倒"。

弹性计算是相对方便的，但对于某些结构，为啥规范还要求进行塑性计算呢？

为了说明这个问题，我们先看一个例子。简单的一榀纯框架结构，在一个较大的水平力（足以使框架出现塑性变形）作用下，它的弯矩图是什么样的呢？如果不考虑结构进入塑性，采用弹性分析方法得到的结构弯矩分布如图 1.21.1 所示。如果考虑框架进入弹塑性，则结构弹塑性下的最终弯矩分布如图 1.21.2 所示。两种情况下柱的截面弯矩差异非常大，所以，结构采用弹性计算或弹塑性计算产生的偏差对结构的影响不容忽视。

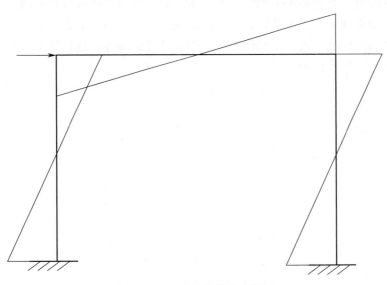

图 1.21.1 弹性计算的弯矩图

这是因为当结构进入弹塑性阶段，随着某些构件或部位先后进入屈服状态，结构将发生内力重分配，这是规范要求采用塑性计算的原因之一。

比如外框架需要承担比按弹性刚度分配更多的地震剪力，因为常规设计按小震计算，而设防烈度为中震，地震作用大得多。考虑在较大地震作用下，混凝土核心筒刚度可能退化，外框架承担的地震作用可能增加。

还有一个原因，一般地震作用是动态、随机和复杂的，采用静力的方式考虑地震作用具有一定的局限性。弹塑性时程分析方法采用动力学计算方法，可以较准确地模拟结构在地震作用下的动力响应全过程，较真实地反映结构的各种响应、结构进入塑性的先后次序

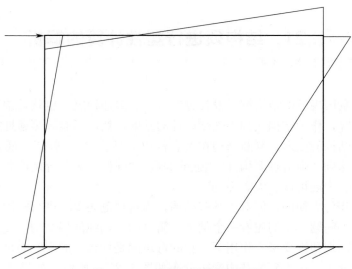

图 1.21.2 弹塑性计算的弯矩图

和整体结构进入塑性的程度，也就更容易发现结构的薄弱部位和薄弱构件。

当然不是所有结果都要做大震弹塑性计算，只有那些不规则且具有明显薄弱部位可能导致发生重大地震破坏的建筑结构，应按规范要求进行弹塑性分析，对于减震、隔震、超高或非常重要的结构也应进行弹塑性分析。随着计算机硬件和软件技术的发展，规范也在逐渐增加弹塑性变形验算的范围。

1.22　梁柱节点核芯区抗剪超限问题

　　框架结构设计时，经常碰到梁柱节点核芯区受剪承载力不满足规范要求的情况，在《建筑抗震设计规范》GB 50011—2010（2016 年版）的附录 D 中有规定：

　　D.1.3　节点核芯区组合的剪力设计值，应符合下列要求：

$$V_j \leqslant \frac{1}{\gamma_{RE}}(0.30\eta_j f_c b_j h_j) \qquad (D.1.3)$$

　　式中：η_j——正交梁的约束影响系数；楼板为现浇、梁柱中线重合、四侧各梁截面宽度不小于该侧柱截面宽度的 1/2，且正交方向梁高度不小于框架梁高度的 3/4 时，可采用 1.5，9 度的一级宜采用 1.25；其他情况均采用 1.0；

　　　　　　h_j——节点核芯区的截面高度，可采用验算方向的柱截面高度；

　　　　　　γ_{RE}——承载力抗震调整系数，可采用 0.85。

　　如果梁柱节点核芯区抗剪不满足规范要求，该怎么处理呢？提高框架梁柱节点核心区抗剪承载力的途径有很多，如提高节点区混凝土强度等级、加大框架梁宽度、减小柱截面、梁水平加腋等。

　　（1）当框架梁截面宽度略小于垂直于梁轴线方向 0.5 倍的框架柱截面宽度时（图 1.22.1），可根据结构位移情况适当减小柱截面宽度或加大梁截面宽度，这样可使 η_j 由 1.0 变成 1.5，满足要求。

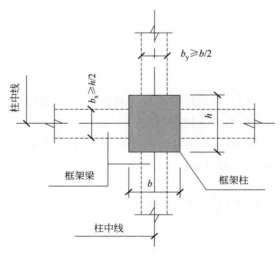

图 1.22.1　梁柱节点一

　　（2）当框架梁截面宽度远小于 0.5 倍框架柱的截面宽度时（图 1.22.2），减小柱截面宽度则对位移影响较大，加大梁截面宽度又太过浪费，这时可在框架梁端部设置水平加腋，以加大框架梁对梁柱节点的约束宽度，但采用此方法时，结构施工较为复杂。

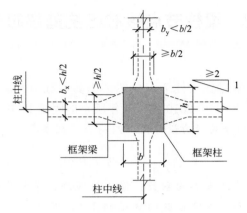

图 1.22.2　梁柱节点二

（3）当梁柱混凝土等级相差较多，且节点区域抗剪承载力远远不满足要求时，可采取如图 1.22.3 所示方式。

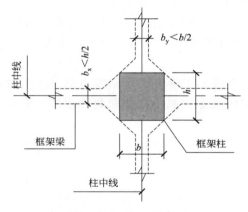

图 1.22.3　梁柱节点三

设置加腋后（图 1.22.4），节点核芯区抗剪计算中的 b_j 可按《高层建筑混凝土结构技术规程》JGJ 3—2010 中第 6.1.7 条规定取值：

2　梁采用水平加腋时，框架节点有效宽度 b_j 宜符合下式要求：

1）当 $x = 0$ 时，b_j 按下式计算：

$$b_j \leqslant b_b + b_x \tag{6.1.7-4}$$

2）当 $x \neq 0$ 时，b_j 取式（6.1.7-5）和式（6.1.7-6）计算的较大值，且应满足式（6.1.7-7）的要求：

$$b_j \leqslant b_b + b_x + x \tag{6.1.7-5}$$

$$b_j \leqslant b_b + 2x \tag{6.1.7-6}$$

$$b_j \leqslant b_b + 0.5h_c \tag{6.1.7-7}$$

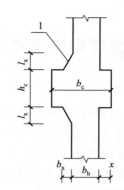

图 1.22.4 梁水平加腋示意
1—梁水平加腋

1.23 层间位移角如何考虑双向地震?

关于层间位移角的计算问题,《高层建筑混凝土结构技术规程》JGJ 3—2010 第 3.7.3 条是这样规定的:楼层层间最大位移 Δu 以楼层竖向构件最大的水平位移差计算,不扣除整体弯曲变形。抗震设计时,本条规定的楼层位移计算可不考虑偶然偏心的影响。

但规范并没有规定位移角计算时是否需要考虑双向地震的影响,以至于各审图机构和专家们争论不已,实操过程中也是混乱不堪。

其实层间位移角是按弹性方法计算的楼层层间最大位移与层高之比,现行规范通过对"层间位移角"的控制,达到限制结构最小侧向刚度的目的。对"层间位移角"的限制是宏观的,"层间位移角"计算时只需考虑结构自身的扭转耦联,无需考虑偶然偏心及双向地震。规范规定的双向地震作用本质是对抗侧力构件承载力的一种放大,属于承载能力计算的范畴,不涉及对结构抗侧刚度大小的判断。

规范规定位移角的具体数值时,也是按照未考虑双向地震去确定的,所以按照双向地震计算结果去对比规范的位移角限值,似乎不太妥当。

其实,在《全国民用建筑工程设计技术措施 结构(混凝土结构)》第 2.3.2 条就有这样一条说明:对于质量与刚度分布明显不对称、不均匀的结构,及不考虑偶然偏心影响,位移比大于等于 1.3 时,应补充计算双向水平地震作用下的扭转影响,但双向水平地震和偶然偏心不需要同时组合。验算最大弹性位移角限值时可不考虑双向水平地震作用下的扭转影响。

当然对于特别重要或特别复杂的结构,作为一种高于规范标准的性能设计要求,用考虑双向地震作用下的位移角与规范限值做对比,也无可厚非,就像框架结构,规范规定限值为 1/550,设计时按 1/1000 控制也不能说是错的。

1.24 高层剪力墙结构如何增设暗梁？

某一剪力墙住宅项目图纸总说明这样描述"剪力墙在层高处应设置暗梁，暗梁宽度同墙厚，暗梁高度为2倍墙厚"，剪力墙结构在层高处层层设置暗梁是否有必要呢？我们先看看规范中关于暗梁是怎么说的：

（1）《组合结构设计规范》JGJ 138—2016 第9.2.10条

9.2.10 周边有型钢混凝土柱和梁的带边框型钢混凝土剪力墙，剪力墙的水平分布钢筋宜全部绕过或穿过周边柱型钢，且应符合钢筋锚固长度规定；当采用间隔穿过时，宜另加补强钢筋。周边柱的型钢、纵向钢筋、箍筋配置应符合型钢混凝土柱的设计规定，周边梁可采用型钢混凝土梁或钢筋混凝土梁；当不设周边梁时，应设置钢筋混凝土暗梁，暗梁的高度可取2倍墙厚。

（2）《高层建筑混凝土结构技术规程》JGJ 3—2010 第8.2.2条

8.2.2 带边框剪力墙的构造应符合下列规定：

3 与剪力墙重合的框架梁可保留，亦可做成宽度与墙厚相同的暗梁，暗梁截面高度可取墙厚的2倍或与该榀框架梁截面等高，暗梁的配筋可按构造配置且应符合一般框架梁相应抗震等级的最小配筋要求；

4 剪力墙截面宜按工字形设计，其端部的纵向受力钢筋应配置在边框柱截面内。

（3）《民用建筑工程设计常见问题分析及图示》05SG109-3 规定：

带边框的剪力墙，应保留框架柱，位于楼层标高处的框架梁也应保留（或做暗梁）；剪力墙宜按工字形设计，其端部的纵向受力钢筋应配置在边框柱截面内，边框柱截面宜与该榀框架其他柱的截面相同，边框柱应符合有关框架柱的构造规定；剪力墙底部加强部位的边框柱的箍筋宜沿全高加密，当带边框剪力墙的洞口紧临边框柱时，边框柱的箍筋宜全高加密。

（4）《建筑抗震设计规范》GB 50011—2010 第6.5.1、7.5.3条

6.5.1 框架-抗震墙结构的抗震墙厚度和边框设置，应符合下列要求：

2 有端柱时，墙体在楼盖处宜设置暗梁，暗梁的截面高度不宜小于墙厚和400mm的较大值；端柱截面宜与同层框架柱相同，并应满足本规范第6.3节对框架柱的要求；抗震墙底部加强部位的端柱和紧靠抗震墙洞口的端柱宜按柱箍筋加密区的要求沿全高加密箍筋。

7.5.3 底部框架-抗震墙砌体房屋的底部采用钢筋混凝土墙时，其截面和构造应符合下列要求：

1 墙体周边应设置梁（或暗梁）和边框柱（或框架柱）组成的边框；边框梁的截面宽度不宜小于墙板厚度的1.5倍，截面高度不宜小于墙板厚度的2.5倍；边框柱的截面高度不宜小于墙板厚度的2倍。

《混凝土结构设计规范》GB 50010—2002 第11.7.17条

11.7.17 框架-剪力墙结构中的剪力墙应符合下列构造要求：

1 剪力墙周边应设置端柱和梁作为边框，端柱截面尺寸宜与同层框架柱相同，且应满足框架柱的要求；当墙周边仅有柱而无梁时，应设置暗梁，其高度可取 2 倍墙厚；

2 剪力墙开洞时，应在洞口两侧配置边缘构件，且洞口上、下边缘宜配置构造纵向钢筋。

李国胜在《混凝土结构设计禁忌及实例》中指出：多、高层框剪结构的剪力墙应设计成带有梁柱的边框剪力墙，与剪力墙重合的框架梁可保留，亦可做成宽度与墙厚相同的暗梁，暗梁截面高度可取墙厚的两倍或与该片框架梁截面等高。

从上面列举的规范或书籍中可以看出，对剪力墙加设暗梁的做法都是针对框架-剪力墙的，也就是说纯剪力墙结构设不设暗梁并没有明文规定。

那框架-剪力墙结构为什么要加暗梁呢？它有什么作用？

暗梁的作用主要是起到拉结作用，增强结构整体性，提高抗震性能。而框架剪力墙，特别是有边框的剪力墙，轴力主要集中在端柱部分，端柱之间需要比较大的拉结，所以才明文规定设置暗梁。但是纯剪力墙结构，轴力在墙里面是均匀分布的，那么两边缘构件之间则无需大的拉结，也就是可以不设置暗梁。

1.25 零应力区如何正确计算?

刘孝国　北京构力科技有限公司

1. 关于倾覆力矩及抗倾覆力矩计算公式

对于整体抗倾覆验算,采用《复杂高层建筑结构设计》中简化算法计算公式,假定水平荷载倒三角分布,合力点作用位置在建筑总高度 2/3 处。倾覆力矩及抗倾覆力矩关系如图 1.25.1、图 1.25.2 所示。

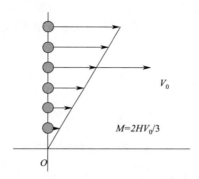

图 1.25.1　倾覆力矩简化算法,荷载倒三角分布计算简图

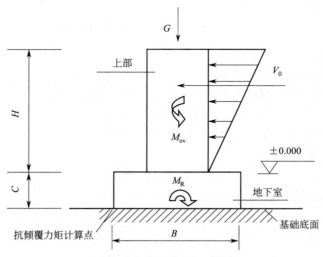

图 1.25.2　倾覆力矩及抗倾覆力矩关系图

图中　M_{ov}——倾覆力矩标准值,$M_{ov} = V_0(2H/3 + C)$;

　　　　H——建筑物地面以上高度,即房屋高度;

　　　　C——地下室埋深;

V_0——总水平力标准值；

M_R——抗倾覆力矩标准值，$M_R=GB/2$；

G——上部及地下室基础总重力荷载代表值；

B——基础地下室底面宽度。

风荷载作用与地震作用下抗倾覆力矩的计算是不同的，分别采用风和地震参与的标准组合进行验算，对于地震组合，活荷载乘以重力荷载代表值系数；对于风荷载组合，活荷载组合系数取 0.7。

2. 零应力区的计算公式及推导过程

零应力区所占基底面积比例为：

$$\frac{B-X}{B}=\frac{3M_{ov}/M_R-1}{2} \tag{1.25.1}$$

该力学分析模型如图 1.25.3 所示，假定上部结构重心和下部结构的形心重合，然后利用受力平衡推导出零应力区的范围，假定零应力区的范围为 $B-X$，零应力区的比例为 $(B-X)/B$。

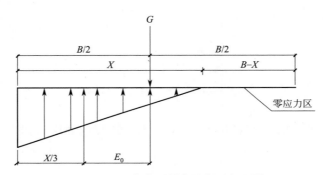

图 1.25.3　应力区所占基底面积比图

如图 1.25.3 所示，

由 $F_y=0$，可知基底的反力 $F=G$

地基反力的作用点距离倾覆点距离为 $X/3$，再对倾覆点取矩：

$$V(2/3H)+Fx/3=GB/2 \tag{1.25.2}$$

倾覆力矩 $M_{ov}=V(2/3H)$，抗倾覆力矩 $M_R=GB/2$

则式(1.25.2)简化为：

$$M_{ov}+GX/3=M_R \tag{1.25.3}$$

式(1.25.3)两边同时乘以 $3B$，得

$$3BM_{ov}+GBX=3BM_R \tag{1.25.4}$$

由 $M_R=GB/2$ 得 $GB=2M_R$，并带入式(1.25.4)得，

$$3BM_{ov}+2M_RX=3BM_R \tag{1.25.5}$$

对式(1.25.5)做变换得

$$3BM_{ov}+2M_RX=2BM_R+BM_R \tag{1.25.6}$$

式(1.25.6)移项整理得

$$2(B-X)M_R=3BM_{ov}-BM_R \tag{1.25.7}$$

对式(1.25.7) 继续整理再变换得

$$(B-X)/B=(3M_{ov}-M_R)/(2M_R) \tag{1.25.8}$$

则零应力区比例为：

$$(B-X)/B=(3M_{ov}/M_R-1)/2 \tag{1.25.9}$$

以上就是零应力区比例的计算公式推导过程。

3. 零应力区的核心问题

显然要确定应力区，核心问题是如何准确确定抗倾覆力矩，按照 $M_R=GB/2$ 计算，即可准确确定倾覆点的位置。此时应考虑上部结构荷载的不均匀分布，确定上部结构综合质心位置，不应直接按照《复杂高层建筑结构设计》简化算法取倾覆点为 $B/2$ 计算。计算抗倾覆力矩时，应考虑上部结构质量的不均匀分布，得到上部结构综合质心位置，然后取倾覆力臂为质心位置距离结构最小边的长作为 $B/2$ 去计算，而不是直接取最底部宽度的一半。

从式(1.25.9) 中可得到，当 $3M_{ov}/M_R-1<0$ 时，才不会出现零应力区，也即 $M_R>3M_{ov}$ 时结构不会出现零应力区。

1.26 抗震调整系数的计算

在《建筑抗震设计规范》GB 50011—2010（2016 年版）第 5.4.2 条规定，在进行结构构件的截面抗震验算时，结构构件承载力设计值可除以承载力抗震调整系数。

那这个抗震调整系数 γ_{RE} 是什么原理？为何它小于 1？为何这个值在 0.8 上下浮动？我们从抗震调整系数的起源谈谈抗震调整系数的具体意义。

1. 源于延性设计要求

我们知道，自《建筑抗震设计规范》GBJ 11—1989 实施以来，我国都是采用小震来计算构件的内力和弹性位移，并进行变形验算，按照延性和耗能的要求进行截面配筋和构造设计，以此来满足"小震不坏，中震可修，大震不倒"的设防目标。我们的设防烈度是中震，为何可以采用小震计算呢？

《工业与民用建筑抗震设计规范》TJ 11—78 第 14 条规定的结构底部剪力（即总水平地震作用）为：

$$Q_0 = C\alpha_1 W$$

式中　C——结构影响系数，是考虑不同结构材料和结构体系延性能力的差别对地震作用的折减系数，常用结构材料和结构形式的结构影响系数 C 见表 1.26.1；

　　　α_1——相应于结构基本周期 T_1 的地震影响系数 α 值；

　　　W——产生地震荷载的建筑物总重量。

也就是说，如果结构有足够的延性，那么我们可以采用较小的地震力（强度折减）去进行抗震设计。

《工业与民用建筑抗震设计规范》TJ 11—78 的结构影响系数 C　　　表 1.26.1

结构类型	C
框架结构 1. 钢 2. 钢筋混凝土	0.25 0.30
钢筋混凝土框架加抗震墙（或抗震支撑）结构 钢筋混凝土抗震墙结构 无筋砌体结构 多层内框架或底层全框架结构	0.30～0.35 0.35～0.40 0.45 0.45
铰接排架 1. 钢柱 2. 钢筋混凝土柱 3. 砖柱	0.30 0.35 0.40

《建筑抗震设计规范》GBJ 11—1989 以后，为实现"小震不坏、设防烈度可修、大震不倒"的三水准抗震设计思想，改为用小震计算地震作用，相当于地震作用的折减系数是 0.35，也就是相当于上面表 1 各结构影响系数 C 的平均值。

因为我们的折减系数统一采用 0.35，而没有体现不同结构材料和结构体系的结构影响系数 C 与 0.35 之间的差别，所以在《建筑抗震设计规范》GBJ 11—1989 中引入了承载力抗震调整系数 γ_{RE}，沿用至今。

以轴压比大于 0.15 混凝土框架柱的延性为基础，在此延性下 $\gamma_{RE}=0.8$，其他结构构件则在此基础上进行上下调整。如强度控制的钢结构梁柱，它的延性高于轴压比大于 0.15 混凝土框架柱，所以 γ_{RE} 取值为比 0.8 低的 0.75；而纯砌体结构是脆性材料，延性远小于混凝土框架柱，所以 γ_{RE} 取值比 0.8 高很多。

2. 源于瞬时荷载作用下材料抗力的提高

混凝土和钢筋在动荷载作用下的抗力高于静荷载下的抗力，比如混凝土加载试验，每 15min 一加载所得的抗力小于每 5min 一加载。而地震是突发的作用，具有时间短、变化快的特点，所以地震作用下构件抗力会比静力作用下要高。

《工业与民用建筑抗震设计规范》TJ 11—78 第 23 条规定：验算结构的抗震强度（即抗震承载力）时，如采用安全系数方法，安全系数应取不考虑地震荷载时数值的 80%，但不应小于 1.1，而后续规范对于结构静力设计已统一取定了各分项系数，不再有反映构件受力特征差异的系数，所以规范引入了承载力抗震调整系数 γ_{RE}，其值在 0.8 左右，也就是《工业与民用建筑抗震设计规范》TJ 11—78 的安全系数折减值，相当于把材料性能提高了。

1.27 如何充分利用钢筋抗拉强度？

在《混凝土结构施工图平面整体表示方法制图规则和构造详图（现浇混凝土框架、剪力墙、梁、板）》16G101-1 第 89 页中对于非框架梁 L、L_g 配筋构造中对于梁上部纵筋在支座中的锚固，以及梁上部纵筋伸入跨中的长度，均根据是否充分利用钢筋的抗拉强度而有所区别，如图 1.27.1 所示。

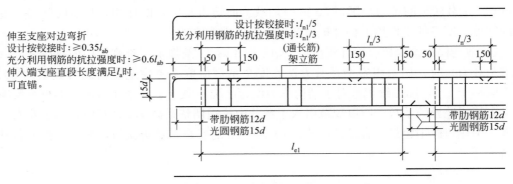

图 1.27.1 非框架梁配筋构造

到底什么是充分利用钢筋抗拉强度呢？

支座上部非贯通钢筋根据其所受弯矩按计算配置时，钢筋是充分利用钢筋抗拉强度的。与其相应的为梁端按铰接处理，理论上支座无负弯矩，但其实际上仍受到部分约束，因此在支座区上部设置纵向构造钢筋，此时的构造钢筋未充分利用钢筋抗拉强度。

1.28 墙倾覆力矩影响因素

对于框架-剪力墙结构，倾覆力矩是控制结构整体性能的重要指标之一。《高层建筑混凝土结构技术规程》JGJ 3—2010 第 8.1.3 条规定，抗震设计的框架-剪力墙结构，应根据在规定的水平力作用下结构底层框架部分承受的地震倾覆力矩与结构总地震倾覆力矩的比值，确定相应的设计方法。

在计算剪力墙的倾覆力矩时，是否只考虑剪力墙腹板和有效翼缘剪力产生力矩，是不得不注意的问题，软件参数如图 1.28.1 所示。

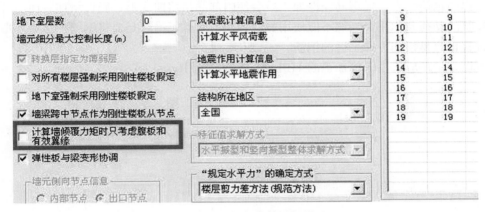

图 1.28.1 软件参数设置界面

一般剪力墙抗侧作用主要由沿地震作用方向的腹板提供，但当结构中的剪力墙存在较长翼缘且面外有主梁搭接时，垂直于地震作用方向往往也会产生较大的面外剪力，这些面外剪力产生的倾覆力矩是否统计在剪力墙的倾覆力矩中，一直存在争议。

但对于如图 1.28.2 所示的结构，X 向基本都是小墙垛，它带动不了 Y 向所有长墙沿 X 向统一变形。这种情况下，在统计 X 向剪力墙的倾覆弯矩时，宜只考虑腹板和有效翼缘所提供的倾覆力矩。

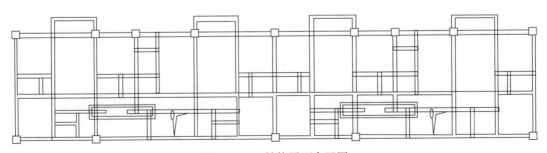

图 1.28.2 结构平面布置图

1.29 吊环选用未冷加工 HPB300 级钢筋的解析

一般规范都规定，吊环应采用 HPB300 级钢筋制作，并且严禁采用冷加工钢筋，那规范限定吊环材料的目的是什么呢？

起吊构件时，一般吊环都辅以钢丝绳使用，钢丝绳在吊环上经常反复摩擦，如果吊环采用带肋钢筋，在使用过程中，钢筋肋很容易损伤钢丝绳。而 HPB300 是不带肋的，所以规范规定吊环应采用 HPB300 级钢筋制作。

那为什么不能采用冷加工钢筋呢？冷加工钢筋是指在常温下，对钢筋进行冷拉或冷拔，来提高钢筋强度，但钢筋经冷加工后会使内部晶格扭曲变形，脆性增加。而吊环一般承受反复的动荷载作用，当然不能使用脆性钢筋。并且，吊环是要将钢筋加工成环形，在弯折过程也容易损伤冷加工后的钢筋。

所以，吊环应采用未冷加工的 HPB300 级钢筋制作。

1.30 柱的单偏压和双偏压

陈立达　天津大学建筑设计规划研究总院有限公司

单偏压计算是在计算柱配筋时采用分别计算的方式来得到 X、Y 两侧配筋，即计算 X 向柱配筋时采用对于 X 向最不利的荷载组合，仅考虑 X 向的受力，忽略 Y 向受力的影响，同理计算 Y 向柱配筋时采用对于 Y 向最不利的荷载组合，仅考虑 Y 向受力，忽略 X 向受力的影响。

双偏压计算是计算柱配筋时同时考虑 X、Y 两方向的受力，来得到 X、Y 两侧的柱配筋。从计算理念上来说更贴近工程实际情况，更加安全经济合理，理论上所有的柱子都是双向受力的双偏压状态。

那么是不是都建议用双偏压来验算呢？

实际上，双偏压计算的概念是非常清晰明确的，但是在实际计算中由于模型算法不甚合理，有时候多种要素组合时得到的配筋结果反而偏大，跟经济合理的计算理念背道而驰了。在目前的双偏压计算中，钢筋分布的原则并没有考虑到优化钢筋布置，对于不同的钢筋布置方式，都会得出不同的配筋结果，计算偏差较大，即我们常说的双偏压计算具有多解性。

任何计算模型都是对现实情况的合理模拟，在单偏压和双偏压的计算方式选择中，我们也应当根据实际的力学模型进行选择。对于扭转较小的建筑，中间的柱子以单向受力为主，此时采用单偏压计算方式，确定配筋后进行双偏压验算，更为合理经济，也符合实际的力学模型。而对于角柱和异形柱等以双向受力为主的情况，则应采用双偏压计算方式，来模拟实际的受力情况。

1.31 结构出现局部振动的解决方案

张占胜　天津大学建筑设计规划研究总院有限公司

在对结构进行分析计算时，我们经常会碰到软件提示本工程存在局部振动（如图1.31.1 所示），碰到这种情况，我们应对其给予足够的重视，分析其对结构的影响。

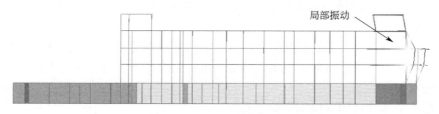

图 1.31.1　工程局部振动图

发生局部振动的部位，一般是缺少有效约束或者结构刚度较小的位置，如存在楼板开大洞的结构角部、局部突出平面、局部突出屋面等部位。

在低阶振型中发生局部振动的位置往往是结构的薄弱部位。在地震作用下，局部振动在低阶振型中被激发，该部位会产生较大的结构变形，尤其是该位置的构件对结构承载比较重要时，可能会影响结构的安全。应采取措施尽量消除低阶阵型中的局部振动。可以考虑在局部振动位置增加结构梁提高其侧向约束能力，或者增大相应位置的梁柱截面提高其刚度，还可以采取削减同一楼层中相应振动较小部位的结构刚度使结构变形较大部位与变形较小部位变形协调一致等措施，以达到消除结构局部振动的目的。

在低阶振型中发生局部振动，往往会导致结构的"有效质量系数"达不到规范要求。在《建筑抗震设计规范》GB 50011—2010 第 5.2.2 条条文说明中指出：振型个数一般可以取振型参与质量达到总质量 90％所需的振型数。这种情况可以加强与局部振动相关构件沿振动方向的刚度，使局部振型由低阶振型转变为高阶振型，将其排除在振型参与质量达到总质量 90％所需的振型数之外。若局部振动对结构安全影响很小，也可以采取增加计算振型数的方式，强制要求振型参与质量达到总质量的 90％。

1.32 层间位移角限值

1. 层间位移角的控制原则

考虑非结构件可能受到的损坏程度；控制剪力墙、柱等重要抗侧力构件的开裂；适当控制结构刚度。我国将刚度有明显降低的裂缝状态定义为变形限值，并结合工程设计经验适当调整后确定。

"小震不坏"指地震造成的结构损坏处于正常维修范围内，其层间侧移角限值的确定不只考虑非结构构件可能受到的损坏程度，同时也控制剪力墙、柱等重要抗侧力构件的开裂。试验结果和数值分析表明，位移角限值的依据应随结构类型的不同而改变。对于框架结构，由于填充墙比框架柱早开裂，可以以控制填充墙不出现严重开裂为小震下侧移控制的依据。而在以剪力墙为主要受力构件的结构（钢筋混凝土框架-抗震墙、板柱-抗震墙、框架-核心筒、抗震墙、筒中筒）中，由于小震作用下一般不允许作为主要抗侧力构件的剪力墙腹板出现明显斜裂缝，因此，这一类以剪力墙为主的结构体系应以控制剪力墙的开裂程度作为其位移角限值的取值依据。

钢筋混凝土结构的变形计算时，参照《混凝土结构设计规范》GB 50010—2010 的规定，取不出现裂缝的短期刚度，即混凝土的弹性模量取为 $0.85E_c$。另外，在变形计算时，对于一般建筑结构，不扣除重力 $P\text{-}\Delta$ 效应所产生的水平相对位移。

2. 位移角限值怎么得来的

主要是通过有限元分析和试验，还会结合实际工程地震中的破坏状况。

1）框架结构

（1）有限元分析：纯框架中柱的平均开裂位移角约为 1/800（C30 混凝土，强度等级低时会减小）；无开洞填充墙的开裂位移角约为 1/2000。

（2）填充墙的试验：无洞框架填充墙墙面初裂的平均位移角为 1/2500，开洞填充墙框架为 1/926。墙面裂缝连通时侧移的主要分布区间为 $(0.95\sim1.85)\times10^{-3}$，平均值为 1/714。

（3）填充墙框架试验：无洞填充墙框架中框架柱的平均初裂位移角为 1/705，开洞填充墙框架中框架柱的平均初裂位移角为 1/400。

（4）高轴压比柱试验：开裂位移角为 $1/700\sim1/425$，平均值为 1/530。

（5）国际上主要抗震规范的弹性层间位移限值的分布区间为 $1/1600\sim1/200$。

框架填充墙的轻度开裂一般不会影响到建筑的使用功能，允许裂缝有一定的开展，但不允许有严重开裂，不应出现墙面裂缝连通。严重的开裂不仅修复费用高，而且可能造成地震时门窗开启困难，影响人员安全急疏散。采用 1/550 作为框架结构的位移角限值，不仅可以在一定程度上避免填充墙出现连通斜裂缝，还可以控制框架柱的开裂，是比较合理的。

2）以剪力墙为主要抗侧构件的结构体系

（1）有限元分析：带边框剪力墙的开裂位移角为 $1/4000 \sim 1/2500$。

（2）高层剪力墙结构解析分析：受拉翼墙边缘开裂时底层的层间位移角为 $1/5500$；裂缝开展到腹板中部，受压翼墙边的混凝土压应力达到轴心抗压强度设计值时的层间位移角为 $1/3100$。

（3）试验统计：国外 175 个试件的开裂位移角的主要分布区间为 $1/3333 \sim 1/1111$；国内数十榀带边框架剪力墙试件的开裂位移角分布在 $1/2500 \sim 1/1123$ 之间。

框架-剪力墙和剪力墙结构中的剪力墙在很小的位移角下即可能开裂。但考虑到：①对结构刚度的过高需求可能难以实现最经济的设计；②过大的刚度需求可能对结构的性能造成一些负面影响，比如结构加速度反应随刚度增加而增大，从而可能影响到建筑内部对加速度较为敏感的设备或物品的正常使用功能；③结构的最大有害层间位移一般发生于建筑下部剪力较大楼层，这些楼层的剪力墙承受的轴向力一般都比较大，其开裂位移角一般也较大；因此，虽然控制作为主要抗侧力构件的剪力墙开裂是确定位移角限值的主要依据，但同时还应与其他建筑功能需求、经济性、规范的可执行性等因素综合考虑。

3）钢结构

现行的各种规范规定钢结构在多遇地震作用下的层间位移角限值，主要是为了防止非结构构件和装修材料的破坏。

3. 层间刚体转动位移

建筑结构在水平地震作用下的总层间位移是楼层构件受力变形产生的位移与结构的整体弯曲变形产生的层间刚体转动位移（无害位移）之和。

在高层建筑结构中如何扣除层间刚体转动位移，目前还没有简便可行的办法。我们知道框架柱和剪力墙的变形特征是不一样的，在同一楼层既有框架又有剪力墙，他们的刚体转动位移是不相同的，而且会差异很大。即使都是剪力墙结构，高宽比不同，他们的刚体转动位移也不同。

规范规定在计算多遇地震作用下结构的弹性层间位移时，除以弯曲变形为主的高层建筑外，可不扣除结构整体弯曲变形和扭转变形的影响，但对于高度超过 150m 或 $H/B>6$ 的高层建筑，可以扣除结构整体弯曲变形所产生的楼层水平位移值，但是位移角限值维持不变。

4. 不同国家规范层间位移角限值数值存在很大的差异

（1）结构或非结构构件破坏程度的控制标准不同；

（2）设计地震作用水平差异较大；

（3）用于验算的弹性位移和定义不同，有的指的是工作应力状态的位移，有的指的是屈服强度所对应的位移；

（4）计算位移时结构刚度的取值方法不同，我国规范是取未开裂的刚度，而有的规范是取考虑开裂的有效刚度；

（5）不同国家采用的非结构件的变形能力、材料强度、施工方法、构造措施等都存在着差异。因而其位移角限值必然存在差异。

因此，不同国家的规范限值应根据本国的设防目标、计算方法、材料性能及施工构造等因素去综合考虑。

1.33 "凹角"是否为"角"?

在以往震害中角柱震害相对较重,且受扭转、双向剪切等不利作用,其受力复杂,所以规范对角柱的计算、构造都有加强。角柱是指位于建筑角部、与柱正交的两个方向各只有一根与框架梁相连接的框架柱。如图 1.33.1 所示,位于建筑凹角处的框架柱,一般框架柱的四边各有一根框架梁与之相连,所以凹角处的框架柱一般不是角柱。

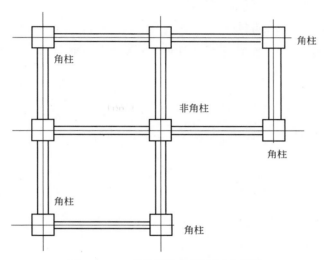

图 1.33.1　建筑凹角角柱位置示意图

角柱与中柱的受力区别主要有以下几个方面:

1. 轴力

中柱的负荷范围更大,所以相对于角柱,中柱所承担的轴力会更大。

2. 剪力

中柱有 4 个方向的框架梁与它相连,而角柱只有两个框架梁,所以中柱要承受更多的水平荷载(包括地震作用和风荷载)。

3. 弯矩

角柱在两个方向上分别只有一根框架梁与之相连,梁的弯矩不能左右平衡,所以相对于中柱,角柱要承担更大的弯矩。

角柱属于典型的大偏心受压构件,根据 N-M 相关曲线(图 1.33.2),在大偏压状态下,弯矩越大,轴力越小,柱的配筋越大。反之,弯矩越小,轴力越大,则配筋越小。

而且因为角柱基本处于建筑周边,扭转效应对内力影响较大,受力较为复杂,在结构设计时应注意加强。

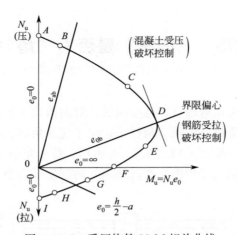

图 1.33.2　受压构件 N-M 相关曲线

第二章　结构设计疑难问题解析

2.1　如何正确地使用工程勘察报告?

闵宏芳

工程勘察报告是设计的重要依据,但是在市场经济的环境里工程勘察报告的质量良莠不齐,为了保证工程设计的可靠性,本节根据上海地区几个工程案例,对于如何正确地使用工程勘察报告提出一些看法与意见,供同行们共同研究讨论。

1. 如何正确识别土层

工程桩桩端持力层的选用,勘察对于土层划分与定名是否正确是选用的关键,一般情况下不太会出错,但是在特殊的情况下,比如古河道分布区缺失⑥层情况下第⑤$_2$层与⑦$_1$层的划分。现在设计单位一般都喜欢把工程桩桩端的持力层放在⑦$_1$砂质粉土上,因为沉降容易控制,所以⑦$_1$层如果划分错了,影响就大了。下面介绍一个⑦$_1$层土层划错、土名定错的案例。

上海某工程,地下1层,地上1栋15层主楼、1栋3层辅楼,总面积32383m^2,基础形式是桩承台+筏板基础。工程的桩侧极限摩阻力标准值F_S和桩端极限端阻力标准值F_p见表2.1.1。

本工程的桩侧极限摩阻力标准值F_S和桩端极限端阻力标准值F_p　　表2.1.1

层序	土层名称	静探比贯入阻力 P_S(MPa)	预制桩	
			F_S(kPa)	F_p(kPa)
②	粉质黏土	0.61	15	
③	淤泥质粉质黏土	0.40	15	
③$_夹$	砂质粉土	2.15	6m以上 15	
			6m以下 30	
③	淤泥质粉质黏土	0.43	20	
④	淤泥质黏土	0.53	20	
⑤$_{1-1}$	黏土	0.77	30	

续表

层序	土层名称	静探比贯入阻力 P_S(MPa)	预制桩	
			F_S(kPa)	F_p(kPa)
⑤$_{1-2}$	粉质黏土	1.26	45	
⑤$_2$	砂质粉土	2.72	50	2000
⑦$_1$	砂质粉土	4.20	80(70)	5000(3500)

注：1. 勘察报告文字部分说明⑦$_1$层埋深在 36.71～38.18m 之间。

2. ⑦$_1$层括号内的数字是修改后的数字。

1）如何发现的？

此勘察报告⑦$_1$层划错是与周围工程、特别是临近只隔一道围墙某工程的勘察报告对照发现的。通过与周围工程勘察报告调查对照，其他工程⑦$_1$层埋深都在地下 60m 左右。审图审查意见告知书上提出："有些层次或定名未考虑静探试验成果"。勘察单位将⑦$_1$层 F_S 值由 80kPa 改为 70kPa，F_p 值由 5000kPa 改为 3500kPa。

本地区的土层为全新世和晚更新世松散堆积层，场地缺失⑥层，处于古河道分布区，第⑦$_1$层土埋深在地下 60m 左右，本工程勘察报告是按照⑦$_1$层常规的埋深（30～45m）考虑的。

上海地区第⑤层土属于黏土性土层，出现⑤层粉砂土层的地区不多。

2）从哪几个方面来辨别该层不是真正的⑦$_1$层，而是⑤$_2$层呢？

（1）本工程勘察报告静力触探测试成果图表上⑤$_2$进入⑦$_1$曲线没有明显突变。实际上在静探曲线图上，当土性变化时，土层形状会突然变化，土性变化愈大，突变值愈大。可是该报告的静探曲线图中⑤$_2$层与⑦$_1$层交接处不存在这种明显突变。

（2）⑤$_2$层与⑦$_1$层地基土层颗粒组成不一样的。根据上海市《岩土工程勘察规范》DGJ 08—37—2012 第 3.2.1 条判别。为了说明问题，提供一个临近工程地基土层颗粒组成（表 2.1.2）供参考。

地基土层颗粒组成百分数（%） 表 2.1.2

土层名称	砂粒(mm)	粉粒(mm)		黏粒(mm)
	0.25～0.075	0.075～0.05	0.05～0.005	<0.005
⑤$_{2-1}$ 灰色黏质粉土	11.2	8.0	70.3	10.5
⑤$_{3t}$ 灰色粉砂	60.2	9.0	24.4	6.4
⑦$_{2-1}$ 灰色细粉砂	87.1	3.6	6.0	3.3

（3）规范提供的⑦$_1$层静探比贯入阻力 P_S 值为 5～11，本工程为 4.2，明显偏小。

3）土层划错了，会产生什么后果？

设计单位根据原勘察报告设计的基础工程桩预应力空心管桩直径为 500mm，桩长 36m 进入⑦$_1$层 2m 左右，共 750 根。修改⑦$_1$层 F_S 值后，桩长改为 42m，共 560 根，节约了工程投资。

2. 如何正确使用桩侧极限摩阻力标准值 F_S 和桩端极限端阻力标准值 F_p

工程桩承载力主要根据勘察报告里提供的桩侧极限摩阻力标准值 F_S 和桩端极限端阻

力标准值 F_p 计算确定,如果此两个参数提供有问题了,直接影响到工程。

下面介绍两个桩侧极限摩阻力标准值 F_S 和桩端极限端阻力标准值 F_p 偏小造成桩基础沉桩困难的案例。

1)工程案例一

工程概况:上海某二层物流仓库项目,建筑高度 24m,建筑面积 $28238m^2$,±0.000 相当于绝对标高 4.700m,室外地平相对标高−0.600m,绝对标高 4.100m,基础工程桩采用预应力钢筋混凝土管桩,桩选用国家标准图集《预应力混凝土管桩》10G409,工程桩编号为 PHC600-AB-110-33,桩长 33m,分三节,每节 11m。单桩竖向抗压承载力设计值 2200kN,单桩竖向极限抗压承载力设计值 4700kN,采用桩+承台基础。施工方法为静压,静压桩机吨位为 8000kN。在施工过程中,普遍出现第三节桩还剩 2m 左右时无法送至桩端设计标高。

本工程沉桩困难的原因是勘察报告提供的桩侧极限摩阻力标准值 F_S 偏小,下面进行分析。桩侧极限摩阻力标准值 F_S 和桩端极限端阻力标准值 F_p 见表 2.1.3。

桩侧极限摩阻力标准值 F_S 和桩端极限端阻力标准值 F_p 表 2.1.3

序号	地层名称	土层埋深(m)	平均比贯入阻力 P_S(MPa)	预制桩		备注:规范表内数据 F_S(kPa)
				F_S(kPa)	F_p(kPa)	
②₁	粉质黏土	0.8~1.90	0.67	15		
③₁	砂质粉土	1.90~10.50	4.46	15(6m 以上)		30~50
				45(6m 以下)		
③₂	砂质粉土	10.5~15.00	1.53	30		35~55
④	淤泥质黏土	15.0~19.90	0.76	28		15~35
⑤	黏土	19.9~22.90	0.89	30		35~60
⑥	粉质黏土	22.9~26.20	2.14	60	1500	60~80
⑦₁	砂质粉土	26.2~34.40	11.12	95	5500	70~100
⑦₂	粉砂	34.4~50.00	19.31	105	7000	100~120

注:1. "土层埋深、备注"这两栏是笔者为了分析问题加上去的。

    2. "备注"一栏里的数据来自上海市《地基基础设计规范》DGJ 08—11—2010 表 7.2.4-1 预制桩、灌注桩桩周土极限摩阻力标准值 F_S 与桩端极限端阻力标准值 F_p 表。

桩侧极限摩阻力标准值 F_S 用静力触探比贯入阻力 P_S 计算,再结合土层埋深与规范桩侧极限摩阻力标准值 F_S 和桩端极限端阻力标准值 F_p 表内数据比较,计算与分析如下:

第③₂层土桩侧极限摩阻力标准值 F_S＝1530/50＝31.0kPa,规范规定静力触探比贯入阻力 P_S 在 1.5~4.0MPa 之间、埋深 4~15m 时,桩侧极限摩阻力标准值 F_S 取 35~55kPa。本工程静力触探比贯入阻力是 1.53MPa,埋深 10~15m,F_S 取 30kPa 偏小。

第④层土桩侧极限摩阻力标准值 F_S＝760/20＝38.0kPa,规范规定静力触探比贯入阻力 P_S 在 0.4~0.8MPa 之间、埋深 4~20m 时,桩侧极限摩阻力标准值 F_S 取 15~35kPa。本工程静力触探比贯入阻力是 0.76MPa,埋深 15~20m,F_S 取 28kPa 偏小。

第⑤层土桩侧极限摩阻力标准值 F_S＝890/20＝44.5kPa,规范规定静力触探比贯入阻力 P_S 在 0.8~1.5MPa 之间、埋深 20~35m 时,桩侧极限摩阻力标准值 F_S 取 35~

60kPa。本工程静力触探比贯入阻力是 0.89MPa，埋深 20～23m，F_S 取 30kPa 太小。

第⑥层土桩侧极限摩阻力标准值 F_S＝2.14kPa，规范规定静力触探比贯入阻力 P_S 在 2.0～3.0MPa 之间、埋深 22～26m 时，桩侧极限摩阻力标准值 F_S 取 60～80kPa。本工程静力触探比贯入阻力是 2.14MPa，埋深 23～26m，F_S 取 60kPa 偏小。

从以上分析可以看到此勘察单位提供的桩侧极限摩阻力标准值 F_S 取值偏小，过于保守。根据现场静压机静压记录，工程基础桩沉桩 31m 已经超过设计要求，故将基础工程桩桩长由 33m 改为 31m。

2）工程案例二

工程概况：上海某工程，3 层冷库与仓库，±0.000 相当于绝对标高 6.050m，基础工程桩采用预应力钢筋混凝土管桩，桩选自国家标准图集《预应力混凝土管桩》10G409，工程桩编号为 PHC600-AB-130-28，桩长 28m，分二节，每节 14m。单桩竖向抗压承载力设计值 2000kN，单桩竖向极限抗压承载力设计值 4200kN，采用桩＋承台基础。锤击施工，锤重 10.3t，在施工过程中，普遍出现第二节桩还剩 1m 左右无法送至桩端设计标高。

本工程的地貌类型为"潮坪"地貌类型，勘察报告提供的桩侧极限摩阻力标准值 F_S 与桩端极限端阻力 F_p 见表 2.1.4。

桩侧极限摩阻力标准值 F_S 和桩端极限端阻力标准值 F_p 值　　　　　表 2.1.4

序号	地层名称	土层埋深(m)	平均比贯入阻力 P_S(MPa)	预制桩		备注:规范表内数据 F_S(kPa)
				F_S(kPa)	F_p(kPa)	
②₃	灰色砂质粉土	2.03～12.27	5.68	15(4m 以上)		30～50
				40(8m 以下)		
⑤	灰色黏土	−12.27～19.77	0.92	35		35～60
⑥	粉质黏土	−19.77～22.67	2.23	60	1500	60～80
⑦₁	砂质粉土	−22.67～32.77	9.58	90	6000	70～100

注：1. "土层埋深、备注"这两栏作者是为了分析问题加上去的。

　　2. "备注"一栏里的数据来自上海市《岩土工程勘察规范》DGJ 08—37—2012 表 14.5.5 预制桩、灌注桩桩周土极限摩阻力标准值 F_S 与桩端极限端阻力标准值 F_p 表。

勘察单位根据工程沉桩困难的具体情况，对周围工程项目勘察报告进行了调查，并对桩周土极限摩阻力标准值 F_S 与桩端极限端阻力 F_p 作了修改，见表 2.1.5。

桩侧极限摩阻力标准值 F_S 和桩端极限端阻力标准值 F_p 值　　　　　表 2.1.5

序号	地层名称	土层埋深(m)	平均比贯入阻力 P_S(MPa)	预制桩		备注:规范表内数据 F_S(kPa)
				F_S(kPa)	F_p(kPa)	
②₃	灰色砂质粉土	2.03～12.27	5.68	15(4m 以上)		30～50
				45(8m 以下)		
⑤	灰色黏土	−12.27～19.77	0.92	40		35～60
⑥	粉质黏土	−19.77～22.67	2.23	65	1500	60～80
⑦₁	砂质粉土	−22.67～32.77	9.58	90	6000	70～100

表 2.1.6 根据规范提供的两种估算单桩承载力的公式进行计算，比较看哪一种方法更

接近实际。

用查表法估算单桩承压承载力特征值（G1孔）　　　　表2.1.6

桩径(mm)	600	桩长(m)	28	
桩截面周长 U_p(m)	1.88	截面面积(m²)	0.28	
桩顶标高(m)	−0.45			
土层	层底标高(m)	土层厚度 L_i(m)	极限标准值 F_S(kPa)	$U_p×F_{SX}L_i$(kN)
②₃ 灰色砂质粉土(6m以上)	−4.27	4.00	15.00	113
②₃ 灰色砂质粉土(6m以下)	−12.27	8.00	40.00	602
⑤ 灰色黏土	−19.77	7.50	35.00	494
⑥ 暗绿色粉质黏土	−22.67	2.90	60.00	327
⑦₁ 草黄-灰黄色砂质粉土	−3277	5.60	90.00	948
	桩长(m)	28.00	总 $U_p×F_{SX}L_i$	2484
	极限标准值 F_p(kPa)	6000	桩端阻力	1680
	端阻比	0.35	r_p	2.83
			r_S	1.73
	单桩竖向承载力特征值			2000

根据静力触探法估算单桩竖向承载力如下。

（1）计算 F_S。

②₃ 层 F_S 为100kPa，⑤层 F_S 为920kPa/20＝46kPa，⑥层 F_S 为2230×0.025＋25＝81kPa，⑦层 F_S 为100kPa。

（2）计算 F_p。

F_p＝(2230＋9580)/2＝5905kPa，取5900kPa。

用静力触探法估算单桩承压承载力特征值 G1孔　　　　表2.1.7

桩径(mm)	600	桩长(m)	28	
桩截面周长 U_p(m)	1.88	截面面积(m²)	0.28	
桩顶标高(m)	−0.45			
土层	层底标高(m)	土层厚度 L_i(m)	极限标准值 F_S(kPa)	$U_p×F_{SX}L_i$(kN)
②₃ 灰色砂质粉土(6m以上)	−2.73	4.00	15.00	113
②₃ 灰色砂质粉土(6m以下)	−6.53	8.00	100.00	1504
⑤ 灰色黏土	−19.33	7.50	46.00	649
⑥ 暗绿色粉质黏土	−22.43	2.90	81.00	442
⑦₁ 草黄-灰黄色砂质粉土	−30.9	5.60	100.00	1053
	桩长(m)	28.00	总 $U_p×F_{SX}L_i$	3761
	极限标准值 F_p(kPa)	5900	桩端阻力	1652
	端阻比	0.30	r_p	2.34
			r_S	1.88
	单桩竖向承载力特征值			2707

表 2.1.6、表 2.1.7 反映出按照静力触探法计算本工程基础桩单桩竖向承载力更接近实际，本工程基础工程桩由原来 28m 长修改为 27m。

由上面两个工程案例得出如何正确使用桩侧极限摩阻力标准值 F_S 和桩端极限端阻力标准值 F_p 的经验：

（1）对照规范提供的表格，如果比表格数据小了，通过验算来核对是否正确。

（2）用静力触探法来核对，一般勘察单位采用查表法。

（3）调查工程周围的勘察报告，进行比较，要重视大勘察院出的勘察报告，再结合本地区设计经验。

3. 勘察报告缺乏工程周围勘察内容有什么影响？

工程基础桩型的选择必须要考虑工程周围环境与土层情况，还有邻近建筑物情况。下面通过两个案例来说明。

1）案例一

某工程新建 3 栋 3 层厂房工程（图 2.1.1），厂房基础是混凝土预应力管桩，桩直径 500mm，长 22m。厂房三距南边民房最小净距只有 7m，而且民房基础都是天然地基。尽管施工过程中采取了防止影响民房的措施，例如挖防震沟，沉桩控制速度，采用套打、跳打等，但是由于距离太近，民房出现了不少裂缝，引发施工纠纷。

如果工程勘察报告里详细提供了工程周围民房的现状以及地质情况（如暗浜等），并且工程建议里提出工程基础桩应该采用钻孔灌注桩，就不会出现这样的结果。

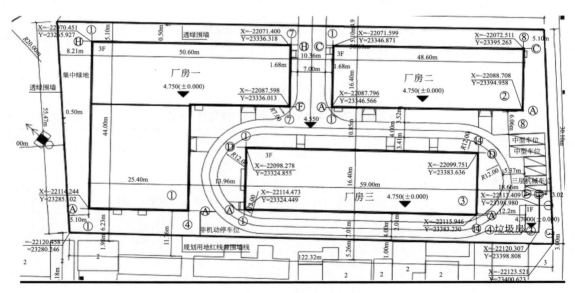

图 2.1.1　某工程总平面图

2）案例二

某基坑工程坑内有暗浜，详见图 2.1.2，但是由于勘察报告没有反映坑外暗浜情况，导致设计单位没有进行坑外地面沉降控制设计，使得施工过程中出现基坑外地面下沉大引起坝体下沉与倾斜的险情。

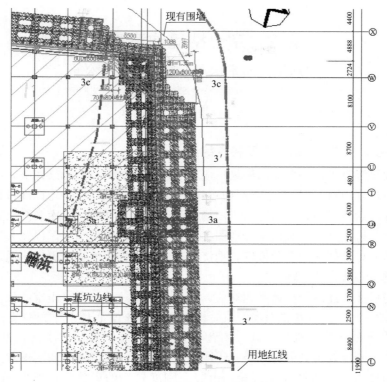

图 2.1.2 某基坑工程局部平面图

4. 检查勘察报告是否有错误

有一个勘察报告提供的抗浮的桩侧极限摩阻力标准值 F_S 和桩端极限端阻力标准值 F_p 有错误,重复计算表格上提供抗浮系数,也就是说乘了二次抗浮系数,使抗浮桩侧极限摩阻力标准值 F_S 和桩端极限端阻力标准值 F_p 偏小。

5. 结论与建议

对待勘察报告不能够拿来就用,要分析比较研究,认为可靠了才能用。一定要养成这种使用勘察报告的习惯,为了更好地达到这个目的:

(1)必须熟悉与掌握一些岩土方面的知识。

(2)做设计方案阶段必须调查工程周围环境以及地质情况,也看一下几个周围工程的勘察报告,对照一下,找出差别,进行分析研究。

(3)积累本地区设计经验,养成一定的鉴别与判断能力。

2.2 空心楼盖注意事项

1. 现浇混凝土空心楼盖简介及特点综述

我国的现浇混凝土空心楼盖结构最早应用于现浇混凝土空心无梁楼盖，该技术作为国家级重点火炬计划项目，于1998年底通过建设部鉴定，是1999年建设部科技成果重点推广项目，并在此后几年内，成功应用于商场、工业厂房、仓库、车库及高层建筑等各类建筑工程项目中。近年来，随着国家标准图集和国家规范的发布实施，以及大容量高效率有限元计算技术、计算软件的普及推广，现浇混凝土空心楼盖的应用更加广泛，早已突破现浇混凝土无梁空心楼盖的范畴。

为便于与后文叙述的结构体系相对应，根据广东省《现浇混凝土空心楼盖结构技术规程》DBJ/T 15—95—2013中的分类标准，对现浇混凝土空心楼盖予以分类。根据填充体的形式，将其分为三类（图2.2.1）：内置填充体、单边外露填充体、双边外露填充体。根据楼盖的支承刚度，将其分为三类：①刚性支承楼盖，由墙或竖向刚度较大的梁作为楼板竖向支承的楼盖；②柔性支承楼盖，由竖向刚度较小的梁作为楼板竖向支承的楼盖；③柱支承楼盖，由柱作为楼板竖向支承，且柱间没有梁的楼盖。根据板跨的高跨比，将其分为两类：①厚空心楼盖，板厚与板跨的比值（框架肋梁的高跨比）不小于1/22的现浇混凝土空心楼盖；②薄空心楼盖，板厚与板跨的比值（框架肋梁的高跨比）小于1/22的

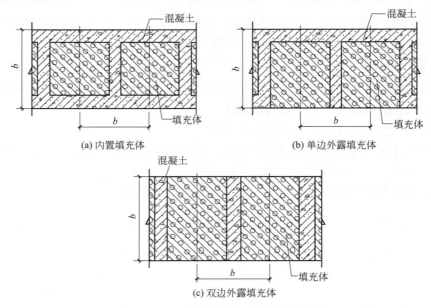

(a) 内置填充体　　　　(b) 单边外露填充体

(c) 双边外露填充体

图2.2.1　现浇混凝土空心板截面示意图

现浇混凝土空心楼盖。

基于空心楼盖结构具有能增强抗弯能力和抗剪能力的结构特点，空心楼盖结构多适用于大荷载、大跨度的板式受力结构，空腔结构可以加强建筑物的隔声保温性能，并能减轻结构自重。由于空心楼盖上下翼缘较薄，这对混凝土的浇捣提出更高控制要求，管线预埋及后期吊挂都需更加精细化施工管理，并需加强重点部位设计，避免由此带来渗漏水的问题。

2. 规范体系

现行现浇混凝土空心楼盖规范、规程、图集以及参考手册目录见表 2.2.1。其中广东省《现浇混凝土空心楼盖结构技术规程》DBJ/T 15—95—2013 对行业标准《现浇混凝土空心楼盖技术规程》JGJ/T 268—2012 进行了较为系统的补充，主要补充内容如下：①提出了将现浇空心板按高跨比进行分类，并对不同分类的空心楼盖明确了相应的设计方法和构造措施；②系统地补充了现浇空心楼盖的适用范围和结构抗震（抗侧力）体系，明确了不同结构抗震体系的适用高度、高宽比及抗震等级；③相对《建筑抗震设计规范》GB 50011—2010（以下简称《抗规》），增加了板柱抗震结构体系；④明确了其他国家行业标准未明确的细节构造规定或措施。从补充内容来看，我国空心楼盖技术日趋成熟，这必将对空心楼盖的研究与实际应用产生巨大的推动作用。

规范规程图集以及参考手册目录

表 2.2.1

规程名称	编号/作者	类别
现浇混凝土空心楼盖结构技术规程	CECS 175：2004	协会标准
现浇混凝土空心楼盖技术规程	JGJ/T 268—2012	国家标准
现浇混凝土空心楼盖结构技术规程	DBJ 15—95—2013	广东地标
组合塑料模盒混凝土空心楼盖结构技术规程	DBJ/T 14—086—2012	山东地标
现浇钢筋混凝土空心楼盖(箱体内膜)结构技术规程	DB63/T 1205—2013	青海地标
钢筋混凝土现浇空心板技术规程	DB22/T 366—2004	吉林地标
GRF薄壁空心管现浇钢筋混凝土空心楼(屋)盖板技术规程	DBJ/T 34—204—2004	安徽地标
现浇混凝土空心楼盖	05SG343	国标图集
钢筋混凝土密肋楼板	L07G324	山东图集
混凝土密肋及井式楼盖设计手册	李培林、吴学敏合著	参考手册
现浇混凝土空心楼盖	邱则有著	参考手册

3. 结构抗震体系

现浇混凝土空心楼盖的多、高层建筑的最大适用高度应按现行国家标准《高层建筑混凝土结构技术规程》JGJ 3—2010 和《抗规》的要求取值。按照行业标准《现浇混凝土空心楼盖技术规程》JGJ/T 268—2012 的规定，非刚性支承现浇混凝土空心楼盖，应满足《抗规》的相关规定，抗震体系仅有板柱-抗震墙结构体系。广东省《现浇混凝土空心楼盖结构技术规程》DBJ/T 15—95—2013 除了规定和行业标准一致的板柱（框架）-抗震墙抗震体系外，还补充规定了现浇混凝土空心楼盖板柱（框架）结构体系，并按厚空心楼盖和薄空心楼盖进行区分，明确这两种楼盖相应的抗震设计方法和措施，扩充了现浇混凝土空心楼盖结构的适用范围。对于用斜撑代替剪力墙成为第一道抗震防线的板柱-斜撑结构体系，广东省《现浇混凝土空心楼盖结构技术规程》DBJ/T 15—95—2013 规定应进行专门研究。

4. 空心楼盖的几个关键问题及规范意见

在空心楼盖的应用过程中，有几个关键问题决定了空心楼盖是否适用以及是否为经济控制因素。

（1）根据《抗规》第 6.1.14 条规定，地下室顶板作为上部结构的嵌固部位时，地下室在地上结构相关范围的顶板应采用现浇梁板结构，相关范围以外的地下室顶板宜采用现浇梁板结构。该条规定对空心楼盖的应用范围做了适用限制，而地下室顶板，由于覆土或人防荷载较大，往往是采用空心楼盖优势明显的部位。

关于上述问题，业界一般有两种意见：一种认为要严格遵守规范规定，只有采用普通的梁板结构才满足要求，不能采用空心楼盖（不论空心楼盖厚度和厚跨比是多少），尤其是不能采用板柱结构（包括有柱帽和无柱帽）的空心楼盖；另一种意见认为，可以采用主框架上有梁的空心楼盖，主框架梁一定要比板厚高，不能是暗梁，至于梁比板高出多少，并未有统一意见。从《抗规》的条文解释来理解，地下室顶板作为嵌固端时采用梁板结构的规定，本质上是对楼板整体刚度和传递水平力的要求，基于这一基本要求，当空心楼盖达到一定厚度时，空心楼盖所能提供的刚度和传递水平力的要求是可以满足的。广东省《现浇混凝土空心楼盖结构技术规程》DBJ/T 15—95—2013 第 4.5.6 条明确地给出了地下室顶板作为嵌固端时，采用空心楼盖的适用条件，内容如下：

地下 1 层顶板作为上部结构的嵌固部位时，在塔楼范围内的地下 1 层顶板应采用梁板结构，塔楼外的相关范围可采用厚空心楼盖结构，并按本规程设置框架肋梁且肋梁的高跨比不宜小于 1/18。由于地下室顶板覆土较厚、荷载较大，实际受力计算的截面尺寸基本都能满足厚空心楼盖和肋梁高跨比的要求，并不会因为构造要求而增大板厚和肋梁高度。

基于以上理解，参考广东省《现浇混凝土空心楼盖结构技术规程》DBJ/T 15—95—2013 的规定，笔者认为，当地下室顶板作为上部结构的嵌固部位时，塔楼范围外的地下 1 层顶板可以采用空心楼盖结构。

（2）空心楼盖用于地下室顶板等需要防水部位时，是否需要满足《地下工程防水技术规范》GB 50108—2008 中第 4.1.7 条中关于防水混凝土结构厚度不应小 250mm 的规定，将直接决定空心楼盖上、下翼缘板的取值。

该问题不仅涉及工程结构长期使用情况下裂缝、耐久性等结构安全问题，也直接关系到空心楼盖结构的经济性。因为构造要求增加的板厚，将带来混凝土和钢筋用量的增加。根据国家规范及地方规范对空心楼盖上、下翼缘板厚度的相关规定可知，其上、下翼缘板厚度的最小值是一致的，都是 50mm。经查阅，该取值是从《钢筋混凝土升板结构技术规范》GBJ 130—1990 中关于密肋板的现浇面板厚度不宜小于 40mm 逐步继承而来。《混凝土密肋及井式楼盖设计手册》中规定该数值不小于 50mm，考虑埋设管线时，该数值不小于 70mm。

对于处于无防水要求的Ⅰ类环境中的空心楼盖，其上、下翼缘板厚度除满足受力和正常使用要求外，主要是由钢筋保护层、混凝土浇筑及管线埋设需求决定的，相对比较薄。

但对于有防水要求的现浇混凝土空心楼盖，除广东省《现浇混凝土空心楼盖结构技术规程》DBJ/T 15—95—2013 之外，其他几本规范并未有明确规定其翼缘板厚度。《钢筋混凝土密肋楼板》L07G324 规定如下：根据楼板外侧环境类别注明板厚，楼板外侧环境类别为Ⅱb 类时，板厚为 120mm；楼板外侧环境类别为Ⅰ类时，板厚为 100mm。关于防水部位空心楼盖翼缘板（迎水面）最小厚度取值的问题，实际工程中，业界对这个问题的意见并不一致。仅广东省《现浇混凝土空心楼盖结构技术规程》DBJ/T 15—95—2013 对此给出了明确的规定要求，第 7.1.14 条规定如下：考虑防水要求的地下室顶板及屋面板，如采用空心楼盖结构，应采取可靠的防水措施，且混凝土应采用防水混凝土；地下室顶板空腔顶板厚度不应小于 120mm，屋面板空腔顶板厚度不宜小于 90mm，折算厚度不应小于 200mm；空腔顶板应双层双向配筋，且不少于按空腔顶板厚度计算的最小配筋率；种植顶板应为现浇防水混凝土，折算厚度不应小于 250mm，结构找坡，坡度宜为 1%～2%；无覆土的行车通道不宜采用空心楼盖结构。其条文解释说明还提到：本条是根据《人民防空地下室设计规范》GB 50038—2005 及《地下工程防水技术规范》GB 50108—2008 的有关条文并结合广东的实际工程经验制定的。由于空心楼盖存在空腔顶板开裂后在空腔内积水的可能性，因而对外防水层要求较高。地下室顶板行车通道的覆土厚度一般不小于500mm；否则应加厚空腔顶板，以避免渗水。

参考广东省《现浇混凝土空心楼盖结构技术规程》DBJ/T 15—95—2013 规定，结合已经实施时间较久的《钢筋混凝土密肋楼板》L07G324 中的规定：一般情况下，地下室顶板空心楼盖空腔顶板厚度最小取 100mm 是安全可行的，但空腔顶板应双层双向配筋。当承受较大荷载或空腔模盒尺寸较大时，还应适当加大空腔顶板的厚度。但是在广东和山东地区以外的工程中应用时，还是在结构方案确定前与相关单位沟通取得一致意见为宜。

（3）关于空心楼盖结构在人防工程中应用时顶板的厚度构造规定问题，在《人民防空地下室设计规范》GB 50038—2005 中有具体明确的规定，第 4.11.3 条规定：顶板、中间楼板最小厚度系指实心截面；如为密肋板，其实心截面厚度不宜小于 100mm；如为现浇空心板，其板顶厚度不宜小于 100mm；且其折合厚度均不应小于 200mm。第 3.2.3 条第 2 款规定：当管道层（或普通地下室）的顶板为空心楼盖时，应以折算成实心板的厚度计算。综上可知，在人防工程中，空心楼盖的总厚度是按折算楼板厚度计算的，一般情况下，均可满足《人民防空地下室设计规范》GB 50038—2005 的要求。

5. 空心楼盖设计方法及计算软件的选择

1）空心楼盖设计方法的选取

关于空心楼盖的结构设计方法，规范推荐的方法有：拟板法、拟梁法、经验系数法、等代框架法、空间等代框架法。以上各种方法均有一定的适用条件和范围，结构设计时应注意选择。对于采用或部分采用现浇混凝土空心楼盖的多、高层建筑，在进行竖向荷载与水平荷载作用下的内力及位移计算时，宜优先采用有限元空间模型的计算方法。

2）空心楼盖计算软件的选择

目前市场上广泛应用于空心楼盖的有限元空间计算软件主要有 YJK 软件、STRAT 软件、广厦结构。根据笔者的使用体会，对以上 3 个软件在空心楼盖的设计应用特点进行简要概括分析如下：

（1）YJK 软件的操作与常用的设计软件 PKPM 接近，具有上手快的明显优势。提供板式和肋梁式两种施工图表达方式，对柱帽能进行简单模块化处理，并能进行冲切计算。该软件对于空心楼盖的结构设计问题，能做到比较简单的处理，具有极大的优势。软件操作中，可根据空心楼盖的布置类型，采用暗梁或虚梁模式处理空心楼盖中框架梁的设置问题，但应注意虚梁和暗梁在模型中的处理方式不同。虚梁仅起划分房间或板块的作用，暗梁会作为一维线单元参与整体结构刚度和承载力计算。

（2）STRAT 软件是较早可用于空心楼盖分析的通用有限元软件。该软件在空心楼盖的计算和处理方面，内核和计算精度都非常理想，在操作中，可按实际暗梁宽度在柱跨上布置暗梁。该软件会将暗梁自动转换为板超元，同空心板超元一同计算。在此种处理模式下，按梁单元输入暗梁和按板单元输入暗梁计算结果一致，不会引起梁板重复计算、刚度叠加失真。该软件也提供了板式和肋梁式两种施工图表达方式。提供了对柱帽的冲切和加密处理算法。但是，该软件在建模时的处理略显复杂，便利性不足。

（3）广厦结构在模型操作中比较方便，根据需要柱跨间可以设置暗梁或虚梁，但该软件对柱帽的处理还不完善，广厦结构的出图亦仅提供板式表达。

综合以上各软件的特点，设计时可根据自身情况，选择适合的软件。

6. 空心楼盖设计现状及改进建议

近些年，空心楼盖的设计一直都由空心板模盒的厂家主导。由于工期紧张，设计院往往将该部分设计交由厂家负责，设计院审核套签出图。但是厂家的技术水平参差不齐，其大多数技术人员基本不具有整体的结构概念，对计算结果的合理性和正确性都不具备相应的判断能力，致使存在安全隐患或造价远远高于传统梁板结构的工程屡见不鲜。鉴于以上原因，空心楼盖的设计工作应该由设计院来做，并加强设计院的技术力量培训，才能真正实现安全和经济。

7. 业主对空心楼盖的认知误区

1）误区一：空心楼盖一定是没有梁的

关于空心楼盖一定是没有梁的误区，是基于空心楼盖多数用于地下室无梁楼盖的概念而来，空心楼盖用于无梁楼盖时，当然是无梁的；但是空心楼盖用于地上抗震结构时，根据选择的结构体系不同，在主框架轴线上，还是可能会有梁，只是该梁可比常规的梁截面尺寸小而已。

2）误区二：空心楼盖一定是经济的

任何结构都有其适用的范围。空心楼盖的经济性也是基于在空心楼盖适用范围内来说的，一般认为，空心楼盖运用于具有较大跨度和承受较大荷载的结构时才具有相应的经济性。所以如果本来就是一个小柱网结构，硬套用空心楼盖加大柱距时，结果可能恰恰相反。当然由于功能需要加大柱距，超过了空心楼盖的适用跨度时，也可能是不经济的（与常规结构或适合跨度的空心楼盖相比）。根据经验，一般认为跨度 8～12m 是空心楼盖的经济跨度。

8. 空心楼盖发展方向及探讨

当楼盖的跨度较大时，仅应用空心楼盖已不具有优势，而若是将其与预应力结合使用，可使得楼盖跨度范围继续扩大。但需要说明的是，大跨度预应力空心楼盖结构与中间加柱的空心楼盖相比，也不一定是经济的。

空心楼盖在结构优化设计中也有运用的前景，当结构具有以下条件时，应考虑空心楼盖的经济可行性：①荷载较大时；②层高受到限制时；③有大跨度、大空间要求时；④有其他特殊使用功能要求时。

9. 展望

随着更多空心楼盖设计软件的不断推广，设计院结构工程师在空心楼盖设计方面的能力会得到提高，在适合的跨度和荷载情况下，选择空心楼盖这样一种安全经济的结构体系会逐渐成为一种趋势。同时，空心模盒也将规格化和标准化，厂家将必须依靠产品质量优劣、价格高低、服务好坏的综合性价比来决定在工程中能否中标。这些将推动空心楼盖的应用走向更加良性发展的方向。

2.3 肢厚大于 300 柱是否为异形柱？

安徽某别墅项目，其地上 2 层采用的是异形柱结构，所以其地下 1 层也准备采用异形柱，但审图提出，地下 1 层不能采用异形柱，原因是《混凝土异形柱结构技术规程》JGJ 149—2017 第 3.3.2 条规定：当异形柱结构的地下室顶板作为上部结构的嵌固部位时，地下 1 层与首层的侧向刚度比不宜小于 2，地下 1 层及以下不应采用异形柱。根据规程规定，地下部分都需要修改为框架柱，这样影响地下室房间布局，也比较浪费。如何解决这个问题呢？

查看《混凝土异形柱结构技术规程》JGJ 149—2017 第 6.1.4 条的规定，本规程适用的异形柱柱肢截面最小厚度为 200mm，最大厚度应小于 300mm。根据近年异形柱结构的工程实践，异形柱柱肢厚度小于 200mm 时，会造成梁柱节点核心区的钢筋设置困难及钢筋与混凝土的粘结锚固强度不足，故限制肢厚不应小于 200mm，以保证结构的安全及施工的方便。

从规程中可以看出，异形柱柱肢厚度大于 300mm 时，已经不算 JGJ 149—2017 所规定的异形柱了，也就是可以用在地下 1 层。

2.4　细腰型高层住宅设计注意事项

王千秋　广东华悦建设工程技术有限公司

关于细腰形高层住宅，在设计中如何进行设计，采取怎样的抗震构造措施？

1. 计算分析

（1）根据《建筑抗震设计规范》GB 50011—2010（以下简称《抗规》）第 3.4.3 条第 1 款及表 3.4.3 条第 1 款关于凹凸不规则"平面凹进的尺寸，大于相应投影方向总尺寸的 30%"，量化指标见《抗规》3.4.3 条条文说明（图 2.4.1）。

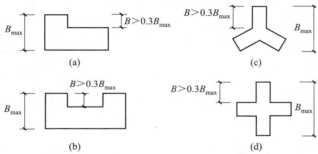

(a)　(c)　(b)　(d)

图 2.4.1　建筑结构平面的凸角或凹角不规则示例

$B = 3.55 + 1.15 + 1.9 = 6.6\text{m}$

$B_{\max} = 3.6 + 3.6 + 4 + 1.9 + 1.15 + 3.55 = 17.8\text{m}, B/B_{\max} = 6.6/17.8 = 0.37 > 0.30$。

（2）根据《抗规》第 3.4.4 条第 1 款第 2)、3) 项要求计算模型宜计入楼板局部变形的影响，和可根据实际情况分块计算扭转比，对扭转较大的部位应采用局部内力增大系数。图 2.4.2 为该楼第 6 振型，可以看出已经不是一个整体在振动，而是通过细腰处楼板

图 2.4.2　高层住宅第 6 振型图

连接三个整体在振动。

（3）根据《高层建筑混凝土结构技术规程》JGJ 3—2010（以下简称《高规》）3.4.3-2条图2.4.3（b）及表2.4.1的要求，电梯间凸出部分$l=3.55+1.15+1.9=6.6$m，$B_{max}=3.6+3.6+4+6.6=17.8$m，$B/B_{max}=6.6/17.8=0.37>0.35$，不满足要求。

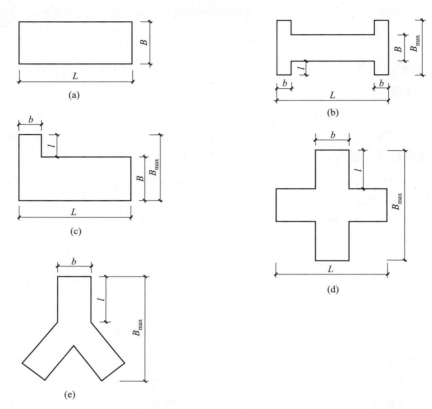

图2.4.3 建筑平面示意

平面尺寸及突出部位尺寸的比值限值 表2.4.1

抗震设防烈度	L/B	l/B_{max}	l/b
6、7	≤6.0	≤0.35	≤2.0
8、9	≤5.0	≤0.30	≤1.5

（4）根据《高规》3.4.6条"有较大的凹入应在设计中考虑其对结构产生的不利影响"。在条文说明中要求L_2不宜小于$0.5L_1$（其实是对细腰形的量化指标），$0.5L_1=17.8×0.5=8.9$，$L_2=7.6<8.9$m也不满足要求。根据该条文说明：楼板可能产生显著的面内变形，这时宜采用考虑楼板变形影响的计算方法，并应采取相应的加强措施。

（5）根据《高规》3.4.3-4条，对于细腰形平面没有具体量化指标（其实在3.4.6条的条文说明中已经有量化指标是"L_2不宜小于$0.5L_1$"）。但是在条文说明中有要求：细腰形的平面图形，在中央部位形成狭窄部分，在地震中容易产生震害，尤其在凹角部位，因为应力集中容易使楼板开裂、破坏、不宜采用。如采用，这些部位应采取加大楼板厚度、增加板内钢筋、设置集中配筋的边梁、配置45°斜向钢筋等方法予以加强。

2. 结论

1）计算模型

（1）计入楼板局部变形（细腰处弹性板，其他部分分块刚性板），或者考虑楼板变形影响（计算中不考虑楼板变形，在措施中考虑）。

（2）分块计算位移比，对扭转大的部位应采用局部的内力增大系数。

（3）将薄弱处设定为关键构件。

（4）考虑拉梁的刚度退化。

（5）采用抗震性能化设计方法。

（6）如果进入'特别不规则范围'，应按照特别不规则建筑要求进行设计。

2）抗震措施：细腰形的平面图形，在中央部位形成狭窄部分，在地震中容易产生震害，尤其在凹角部位，因为应力集中容易使楼板开裂、破坏。

（1）加大楼板厚度，不小于180mm。

（2）增加板内钢筋，不小于0.25%。

（3）设置集中配筋的边梁，梁的纵向钢筋不截断。

（4）该处剪力墙配筋率不小于0.4%。

（5）配置45°斜向钢筋等方法予以加强。

（6）如果在细腰处有电梯井和楼梯间，水平楼板只有电梯井前室部分（如本例电梯井前室只有2.8m宽）那么就要加强细腰部分剪力墙的构造措施，加强剪力墙的边缘构件的竖筋和箍筋，并且加大墙体的配筋率。因为弹性楼板的变形会使剪力墙的位移增大，而且电梯井的剪力墙水平方向是拉压状态，所以要加强水平钢筋。

2.5 界定局部转换比例的注意事项

因建筑底部为大堂、商业等大开间空间，但上部为住宅或办公等小开间功能，经常出现竖向抗侧力构件不连续的情况，此时需通过竖向构件转换实现建筑功能，但不是只要有竖向构件转换就算转换结构体系，比如仅有一两处托换柱转换，不算转换层结构，只算局部转换，只要相关转换构件和转换柱的设计参照规范有关条文要求进行构件设计即可。

局部转换与转换层结构怎么界定呢？

《建筑抗震设计规范》GB 50011—2010（以下简称《抗规》）第 6.1.1 条文说明：仅有个别墙体不落地，例如不落地墙的截面面积不大于总截面面积的 10％，只要框支部分的设计合理且不致加大扭转不规则，仍可视为抗震墙结构，其适用最大高度仍可按全部落地的抗震墙结构确定。

可以看出，《抗规》明确了不落地墙的截面面积不大于总截面面积的 10％时，可不算框支剪力墙结构，但《抗规》没有规定托换柱转换的比例如何界定，那对于框架柱转换如何把控呢？

广东省标准《高层建筑混凝土结构技术规程》DBJ/T 15—92—2021 第 11.2.1 条条文说明指出"对整体结构中仅有个别结构构件进行转换的结构，比如……托换柱的数量不多于总柱数的 20％时，可不划归带转换层结构……"

所以，一般情况下，只要框支剪力墙的面积不大于剪力墙总面积的 10％，或托换柱的数量不多于总柱数的 20％，竖向构件转换部分设计合理且不致加大整体结构的扭转不规则，整体结构就不算做转换结构，按局部转换设计，相关转换构件和转换柱的设计参照规范转换构件要求进行设计即可。

2.6　结构设计的假定条件

张利军　北京交大建筑勘察设计院有限公司

在建筑结构的设计过程中，我们总是要预设一些假定条件。比如，"楼板平面内具有足够的刚度和承载力，可作为竖向构件的可靠支撑"就是一条很常用的假定，也是主体结构安全的保障。作为设计前提的假定条件，必须"说到做到"。如果实际情况并不符合假定条件，则必须具体分析，有效应对。

因为多数时候假定条件是能自然满足的，并不需要验算，也不需要特别处理，久而久之我们就很容易忽视对假定条件的考究。下面介绍4个很常见同时也很容易被忽视的问题，望引起注意。

1. 楼梯间剪力墙没有楼板支撑

图2.6.1是高层住宅公共区域很常见的布置形式。走廊联通各户，走廊北侧是楼电梯间，南侧是各种管道井（如风井、水暖井、强弱电井）。

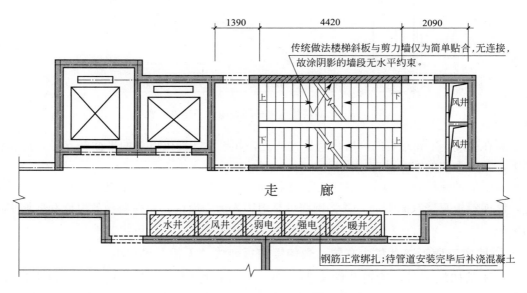

图2.6.1　高层住宅公共区域典型平面

楼梯间外墙的两侧都没有楼板支撑，墙体稳定性如何保证？

尽管该墙内侧有楼梯斜板，但按照传统做法，楼梯斜板与剪力墙仅仅是简单贴合，既没有钢筋连接，混凝土也不是整体浇筑，起不到支撑作用。对该墙平面外能起到支撑作用的，只有楼梯的两块平台板。但平台板是与窗顶连梁连接的，通过连梁才能间接约束该剪力墙，可见约束效果是比较薄弱的，从图2.6.2中可以看得比较直观。

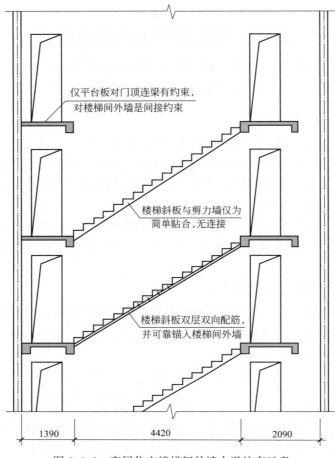

仅平台板对门顶连梁有约束，对楼梯间外墙是间接约束

楼梯斜板与剪力墙仅为简单贴合，无连接

楼梯斜板双层双向配筋，并可靠锚入楼梯间外墙

| 1390 | 4420 | 2090 |

图 2.6.2　高层住宅楼梯间外墙水平约束示意

现在高度 100m 左右的高层住宅比比皆是，如果不能提供可靠的平面外支撑，地震作用下，其剪力墙的安全性存在隐忧。

建议借助楼梯斜板的平面内刚度为楼梯间外墙提供支撑，以保证其稳定性。具体做法是，楼梯斜板双层双向配筋，并将钢筋可靠地锚入剪力墙内；楼梯斜板的厚度和配筋率适当提高。

2. 楼道侧面管道井集中布置，致使楼道板变成"无根"悬挑板

主体结构施工时，管道井的楼板一般为后浇；即钢筋照常绑扎，先不浇混凝土；待管道安装完毕再补浇混凝土。但对于图 2.6.3 所示的情况，阴影线所示区域全部后浇，切断了楼道板在剪力墙上的支座，使得楼道板变成了悬挑板，而且该悬挑板的另一侧是楼梯间和电梯间，没有楼板。也就是说，楼道板变成了"无根"的悬挑板，安全性很差。

另外，由于管道密集，楼板有效截面较小。加上在管道安装和调直过程中，往往不得不将预留的钢筋切断；管道安装完毕后，也很难将被切断钢筋很好地调直和焊接；补浇混凝土以后，也难以形成一块完整的楼板，依然是以悬挑板的状态在受力。加之管道井的隔

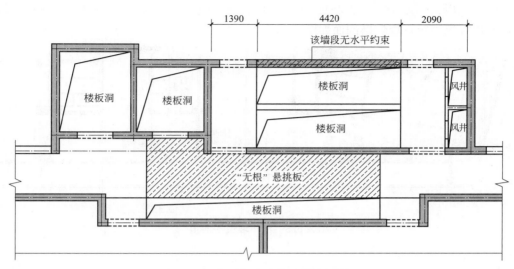

图 2.6.3　高层住宅公共区域楼板洞口

墙密集，重量很大，楼道板的安全性不容小视。

针对上述状况，且考虑到加梁会影响楼道净高和观瞻，建议做法如下：

（1）将楼板加厚（180～200mm 左右）；一来方便预埋强弱电管线，二来方便设暗梁。

（2）在管道井周边设暗梁，将垂直于楼道方向的暗梁当作主梁，沿楼道方向的暗梁当作次梁，并延伸至入户门顶连梁，使之形成连续梁，参见图 2.6.4。

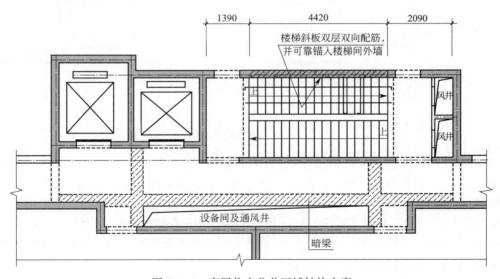

图 2.6.4　高层住宅公共区域结构方案

3. 坡道贴附在地下室外侧，形成间接受力的挡土墙

顾名思义，挡土墙就是承受土压力的，所以一般来说，挡土墙总有一侧是临土的。但有的地下室外墙并不临土，或者只有小部分临土，但间接承受较大的土压力。这种挡土墙就需要特别注意。如图 2.6.5 所示，汽车坡道贴附在地下室外墙的外侧，地下室外墙看似

不挡土，但实际上该墙受力状态更复杂、更不利。该工程地下一层为大型商超，层高8m，所以坡道很长。坡道横剖面如图2.6.6。

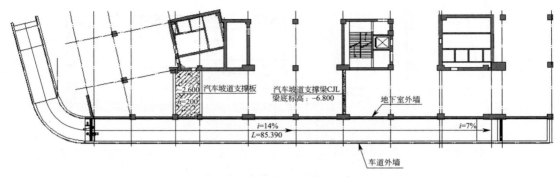

图 2.6.5　汽车坡道平面图

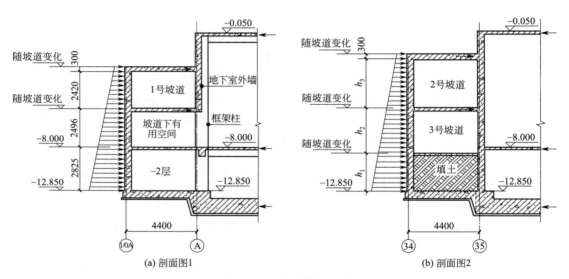

(a) 剖面图1　　　　　　　　(b) 剖面图2

图 2.6.6　坡道横剖面图

　　如不加注意，很容易只把坡道外墙当作挡土墙，把坡道斜板和顶板当作挡土墙的支座。实际上，坡道斜板和顶板的内侧并没有与地下室楼板对位，而是支承在地下室外墙上（A 轴和 35 轴墙），从而将土压力传给该墙。由于坡道下方是可利用空间，该外墙并没有落地（见图 2.6.6a），最终实际上是将土压力传给了 8m 高的框架柱（绿色箭头所示），这显然是不成立的。即使如图 2.6.6(b) 所示地下室外墙是落地的，8m 高的墙承受坡道板传递的土压力，其厚度和配筋也是可观的。

　　针对此问题，采用发挥坡道斜板平面内刚度和承载力的办法，使其成为坡道外侧挡土墙的支座。但坡道斜板长度达到 56m，故需要给坡道斜板增设支点。在不影响建筑空间的情况下，为坡道斜板增设了四个支点，将斜板的"跨高比"控制在 6 以内，如图 2.6.7所示。

　　四个支点是：

（1）车道顶板敞开处的上反梁，与地下室内的剪力墙对位；

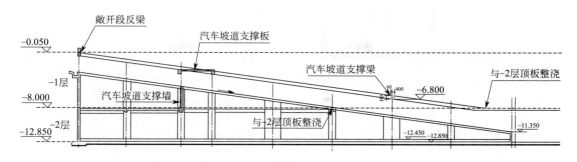

图 2.6.7 汽车坡道纵剖面图（局部）

（2）在 3～4 轴间、标高 −2.600 处设 "汽车坡道支撑板"，与主体结构核心筒剪力墙对位；

（3）在 7 轴上标高 −6.8m 处设 "汽车坡道支撑梁"，实际是水平轴压杆，与主体结构核心筒剪力墙对位；

（4）坡道斜板底端与 −2 层顶板整浇。

由图 2.6.8 可以看出，坡道外侧挡土墙的四个支座：基础底板、−2 层顶板、坡道斜板、坡道顶板。坡道斜板和顶板将土压力直接传给主体结构剪力墙，地下室外墙（A 轴和 35 轴墙）不再承受土压力。

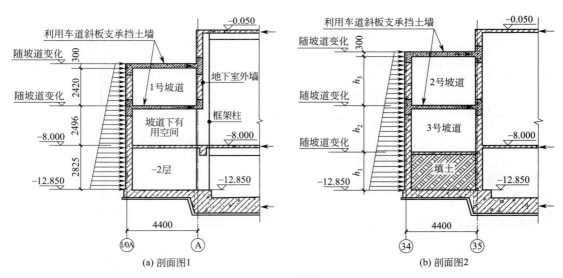

(a) 剖面图1   (b) 剖面图2

图 2.6.8 坡道剖面图

4. 坡道入口位于主体结构的边跨

如图 2.6.9 所示，地下车库的坡道入口位于主楼的边跨，造成主楼边列柱（图 2.6.9 中 A 轴柱）在 ±0.000 形不成嵌固端，且柱侧面承受土压力，对主体结构很不利。

图 2.6.10 为 A 轴柱列的纵剖面图。A 轴挡土墙依靠坡道斜板的平面内刚度和承载力支撑。阴影区为悬臂挡土墙。阴影区内 13 轴和 14 轴的柱段侧面承受土压力。

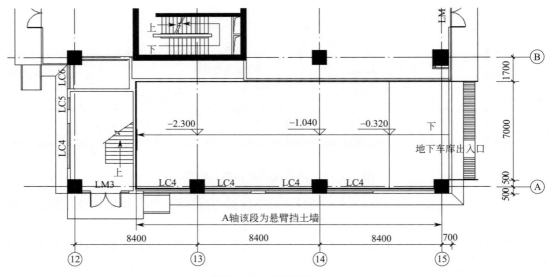

图 2.6.9 首层车库入口

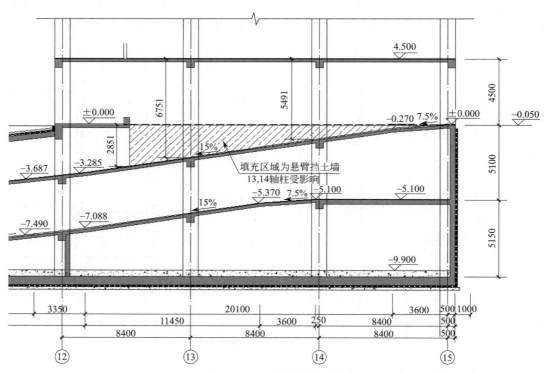

图 2.6.10 车道纵剖面图

图 2.6.11 为坡道横剖面，可以看出 A 轴柱在 ±0.000 形不成嵌固端，且侧面承受土压力。

为了避免这种不利状况，经征得建筑师和甲方的支持和同意，在 A 轴外侧的地下室增加一跨，−2 层用于停车，−1 层为变电所。如图 2.6.12。

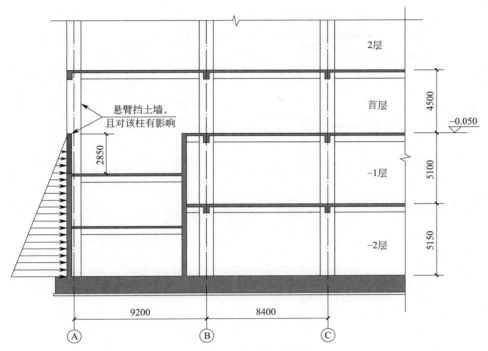

图 2.6.11 车道横剖面图

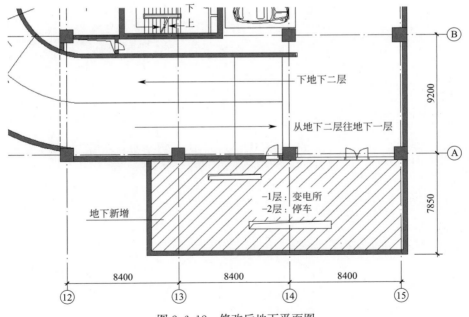

图 2.6.12 修改后地下平面图

结构布置如图 2.6.13。

变电所顶板可为 13 轴和 14 轴的框架柱提供嵌固作用，变电所外墙承受土压力，A 轴墙和框架柱不再承受土压力。

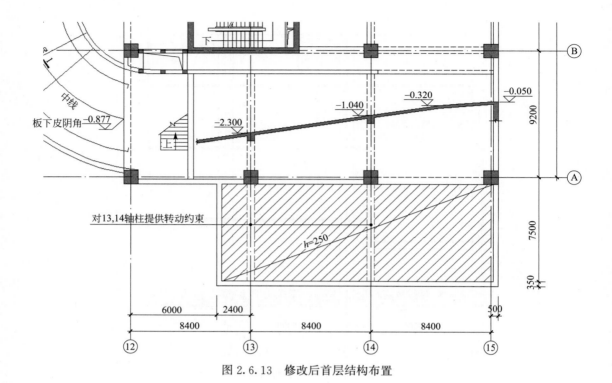

图 2.6.13　修改后首层结构布置

2.7 混凝土板的设计优化

张利军　北京交大建筑勘察设计院有限公司

对于双向板，试验结果表明，不管按何种方法（弹性算法和塑性算法）分析内力、进行设计，双向板的实际安全度远远大于设计安全度。其中固然有材料潜在强度等因素的影响，但主要是计算简图与实际情况不完全一致。双向板在荷载作用下，裂缝不断出现与展开，同时由于支座的约束，因而在板的平面内逐渐产生相当大的水平推力。

整块平板存在着穹顶与薄膜作用，即周边支撑梁对板产生水平推力，从而使板的跨中弯矩减小，这就提高了板的承载能力。

因此，截面设计时所用的计算弯矩，必须考虑这种有利的影响。上述分析可归纳为以下实际操作办法：

四周与梁整体连接的板（无梁楼盖除外），按弹性计算所得的弯矩数值，可根据下列情况予以减少：

（1）中间跨的跨中截面及中间支座上可减少 20%；

（2）边跨的跨中截面及从楼板边缘算起的第二支座上：

① 当 $L_b/L < 1.5$，可减少 20%；

② 当 $1.5 \leq L_b/L \leq 2$ 时，可减少 10%；

（3）角区格不应减少。

对于单向板，在极限状态时，板的支座处在负弯矩作用下上部开裂，跨中则由于正弯矩的作用而在下部开裂，其跨中和支座中性面之间产生一拱度。当板的周边具有足够的刚度，如板四周有限制水平位移的边梁，即板的支座不能自由移动时，这将使板在竖向荷载作用下产生横向推力，这项推力可减少板中各截面的弯矩，减少程度视板边界条件而异。

对四周与梁整体连接的单向板正负弯矩进行折减：

（1）中间跨的跨中截面及中间支座，可减少 20%；

（2）其他截面不予减小。

上述内容即《钢筋混凝土结构设计规范》TJ 10—74 第 21 条，北京市建筑设计院《建筑结构专业技术措施》2007 版仍保留这条。本是有理有据有利的条文，却在《混凝土结构设计规范》GBJ 10—89 中被取消，这可能与 20 世纪八九十年代建筑市场上材料质量低劣、工程管理粗放、质量事故频发有关。该条文被弃用十分可惜。

举例来说，假设内力分析所得弯矩为 M_0，如果执行该条文，则截面设计时所用的计算弯矩应为 $0.8M_0$。但取消该条文后，计算弯矩为 M_0；考虑到实际设计中弯矩或多或少会被放大，假设放大 10%，则计算弯矩变为 $1.1M_0$；两相比较，实际承载力余量为

$$1.1/0.8 = 1.375 \approx 1.40；$$

也就是说，把计算弯矩放大 10%，实际承载力提高了 40%。

可见，在当前限额设计很普遍的情况下，执行该条文的经济价值相当可观，也可以作为设计优化的一个措施。当前的很多所谓优化，太多的文字游戏，把规范中的"宜"和"不宜"按个人喜好取舍。有些所谓优化，甚至钻规范的空子，以牺牲工程品质和挑战安全度为代价；而像该条文如此大空间的安全合理的优化，却少见执行，实在可惜。

退一步讲，在严格执行现行规范的前提下，明白该条文的原理和价值所在，即使不执行该条文，至少可以做到心里有数。结构优化的本质就是，只有以更加贴近真实情况的方法进行的优化，才是真的优化。

2.8 混凝土梁腹板高度取值

我们知道，当混凝土梁的腹板高度 $h_w \geqslant 450\text{mm}$ 时，在梁的两个侧面应沿高度配置纵向构造钢筋（如图 2.8.1 所示），其间距不宜大于 200mm。那这个腹板高度 h_w 怎么取值呢？

图 2.8.1　混凝土梁配筋图

对于一般带楼板的混凝土梁，很多人觉得 h_w 就是梁高减去楼板厚度，其实这并不准确。《混凝土结构设计规范》GB 50010—2010（2015 年版）第 6.3.1 条规定，梁的腹板高度 h_w 为：矩形截面，取有效高度；T 形截面，取有效高度减去翼缘高度；I 形截面，取腹板净高。

规范规定的 h_w 是依据截面有效高度计算的，如图 2.8.2 所示。图中的 s 为梁底至梁下部纵向受拉钢筋合力点距离，从图中可以看出，对于一般的混凝土梁，腹板高度 $h_w =$ 梁高－楼板厚－s，一般计算时都忘记减去 s 了，对于多排钢筋时，s 可能达 $60 \sim 100\text{mm}$。

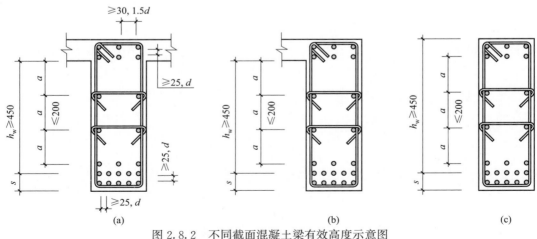

图 2.8.2　不同截面混凝土梁有效高度示意图

2.9 开洞楼板导荷的注意事项

你知道楼板开洞后，常规的结构计算软件是如何向周边梁墙导荷的吗？

图 2.9.1、图 2.9.2 中周围线条代表梁，四个梁围成的板面积为 A，其中最下方梁的编号为 L1，浅色代表开洞，面积为 B，板上面荷载均为 q，两幅图仅板开洞位置不同，其他参数均相同。经过平面导荷之后，哪种情况 L1 所分配到的线荷载大呢？

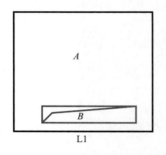
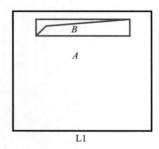

图 2.9.1　板开洞示例一　　　　　　　　图 2.9.2　板开洞示例二

实际上，两幅图中 L1 所分配到的线荷载是一样的！

普通软件的计算过程是这样的：开洞后板上的均布荷载 $q'=q\times(A-B)/A$，然后按未开洞且面荷载为 q' 的板进行平面导荷。也就是说，决定分配到 L1 上的荷载大小只与开洞面积 B 有关，与开洞位置、形状等均无关。

2.10 加气块自重取值

　　蒸压加气混凝土砌块的密度级别有 B03，B04，B05，B06，B07，B08 六个级别，B05 的意思是其干密度为 $500kg/m^3$。计算墙体自重的时候是否可以直接采用这个干密度呢？

　　《蒸压加气混凝土砌块砌体结构技术规范》CECS 289：2011 第 3.3.3 条：蒸压加气混凝土砌块砌体和配筋砌体的自重按加气混凝土干密度的 1.4 倍采用。《蒸压加气混凝土砌块工程技术规程》DB42/T 268—2012 第 4.2.5 条：砌体的自重标准值按加气混凝土标准干密度乘 1.4 系数。《蒸压加气混凝土砌块自承重墙体技术规程》DBJ15—82—2011 第 4.4.3 条：蒸压加气混凝土砌体的标准荷载按干密度乘 1.4 系数计算。

　　从规范规定可以看出，在进行结构计算时，墙体自重不可以直接采用干密度来计算，前述 B05 的 $500kg/m^3$ 就是干密度，是不含水状况下测定的，砌块实际使用时是含水的，而且还有灰缝、拉结筋、圈梁和构造柱等密度较大的成分。故综合考虑砌块产品密度离散性大、超密度、较大含水率、砌筑胶结材料超重以及墙体砌筑构造选用钢筋和混凝土等因素，并结合近年来的工程实践，砌体自重标准值以加气混凝土体积干密度为基准，给定综合增重系数 1.4。

2.11 模型中的墙、柱计算的注意事项

刘孝国　北京构力科技有限公司

1. 规范对墙、柱截面设计的界限

《高层建筑混凝土结构技术规程》JGJ 3—2010 第 7.1.7 条：当墙肢的截面高度与厚度之比不大于 4 时，宜按框架柱进行截面设计。《建筑抗震设计规范》GB 50011—2010（2016 年版）第 6.4.6 条：抗震墙的墙肢长度不大于墙厚的 3 倍时，应按柱的有关要求进行设计；矩形墙肢的厚度不大于 300mm 时，尚宜全高加密箍筋。

2. 墙与柱分析与设计的不同之处

1）内力分析不同

柱是杆系模型；剪力墙是壳元，要进行网格的划分，导致刚度不同，内力分布也不同；柱、墙与梁的连接部位也不同，柱连接在节点上，剪力墙连接在墙体的两端节点上；梁柱有刚域要求，剪力墙与梁连接没有刚域。

2）内力调整不同

柱要进行强柱弱梁调整、底层柱弯矩放大系数调整、强剪弱弯调整；剪力墙的调整方式与柱完全不同。一级剪力墙为了满足强剪弱弯要求，还需要调整底部加强部位以上剪力墙的弯矩。

《高层建筑混凝土结构技术规程》JGJ 3—2010 第 7.2.5 条：一级剪力墙的底部加强部位以上部位，墙肢的组合弯矩设计值和组合剪力设计值应乘以增大系数，弯矩增大系数可取为 1.2，剪力增大系数可取为 1.3。

3）柱、墙构造不同

（1）柱、剪力墙的构造最小厚度不同。

（2）柱、剪力墙的轴压比限值不同，并且轴压比计算方式也不同。

（3）剪力墙分布筋与柱箍筋构造也不同，剪力墙竖向分布筋的构造与抗震等级无关。

（4）柱、墙保护层厚度不同，导致钢筋距离合力点的距离也不同。

4）柱、墙倾覆力矩统计不同

柱的倾覆力矩统计在框架中，有两个方向的倾覆力矩。剪力墙是壳单元，面内面外都有荷载，也存在面内面外倾覆力矩的问题，但是由于剪力墙都不做面外设计，因此倾覆力矩的统计通常不考虑面外贡献，或者面外仅仅考虑有效翼缘，无效翼缘计入框架。按照柱、墙倾覆力矩的统计，进而引起对结构体系的判定不同。

3. 常用软件对墙按照柱设计的相关要求

软件中仅仅对于独立的一字型墙肢，当高厚比小于 4 时按照柱设计。按照柱设计时，与柱不尽相同，柱有角筋，墙按照柱设计时无角筋。

按照柱设计时，内力分析及调整按照剪力墙的方式处理；当为构造配筋时按照角柱构

造；钢筋距离合力点的距离取 40；剪跨比按照剪力墙的精确算法计算；受剪承载力按照墙统计，不考虑墙面外受剪承载力。

4. 结论

规范高厚比小于 4 的墙按柱设计，仅仅是截面设计，无实质意义。短肢平面内刚度小，变形接近框架的剪切变形。工程中为了保证结构体系判断的正确性，建议高厚比小于 4 的墙直接按照柱输入。

2.12 如何指定施工次序？

很多结构构件的施工次序和软件自动定义的按照楼层自下至上顺序是不同的，需要人工指定。指定施工次序后的计算结果和按照隐含的楼层自下至上顺序差别很大。指定施工次序计算是指在计算恒荷载时，考虑施工次序的计算。

《高层建筑混凝土结构技术规程》JGJ 3—2010 第 5.1.9：高层建筑结构在进行重力荷载作用效应分析时，柱、墙、斜撑等构件的轴向变形宜采用适当的计算模型考虑施工过程的影响；复杂高层建筑及房屋高度大于 150m 的其他高层建筑结构，应考虑施工过程的影响。

高层建筑结构是逐层施工完成的，其竖向刚度和竖向荷载（如自重和施工荷载）也是逐层形成的。这种情况与结构刚度一次形成、竖向荷载一次施加的计算方法存在较大差异。因此对于层数较多的高层建筑，其重力荷载作用效应分析时，柱、墙轴向变形宜考虑施工过程的影响。施工过程的模拟可根据需要采用适当的方法考虑，如结构竖向刚度和竖向荷载逐层形成、逐层计算的方法等。

合理确定施工次序才符合实际受力要求，有时也可减少部分构件的计算受力。如何正确定义楼层施工次序呢？一般遵循以下原则：

（1）在结构分析时，如果已经明确地知道了实际的施工次序，就按照实际的设置；

（2）在结构分析时，如果实际的施工次序还不明确，那么施工次序定义至少要满足：被定义成在同一个施工次序内施工且同时拆模的一个或若干个楼层，当拆模后，这一部分的结构在力学上应为合理的承载体系，且其受力性质应尽可能与整体结构建成后该部分结构的受力性质接近。

下面列举几个常见结构的施工次序指定。

1. 广义层结构

对于多塔、错层结构通常按照广义层来建模（图 2.12.1），这样的输入方式，避免了

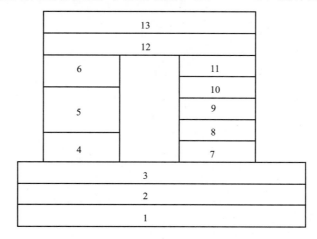

图 2.12.1 使用广义层输入多塔、错层结构示意

完整的楼层被强制切开，无论是从结构分析的角度，还是从内力调整、计算结果统计的角度，都更为合理。

对于按照广义层来建模的结构（图2.12.2），要考虑楼层的连接关系来指定施工次序，避免出现下层还未建造，上层反倒先进入施工行列的情况发生。

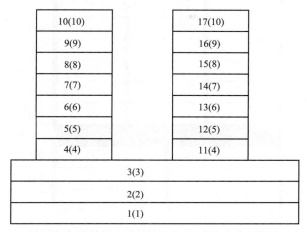

图2.12.2 考虑楼层连接关系楼层施工次序的指定

2. 悬挑结构

对于悬挑的楼层，不能将该层和它下面紧邻的楼层一起施工。图2.12.3为悬挑梁托柱的楼层，应该将将6、7层合并为1个施工次序计算。

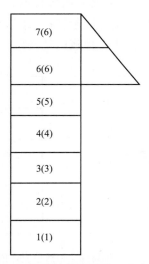

图2.12.3 悬挑结构楼层施工次序的指定

3. 带转换层（包括梁托柱）结构

带转换层结构（图2.12.4），需要将转换层与其上面的2层，共3层作为一个施工次序。这样做是根据转换层结构施工、拆模特点和保证转换梁的正确受力计算，施工中有梁托柱的楼层肯定不能在上层施工时下层马上拆模。

因为转换梁层受力较大，合并层施工次序相当于用3个楼层的刚度共同承担转换梁层的荷载，可使转换梁内力明显减少，这也符合这样的楼层的拆模规律。如果不合并，将造成恒载下内力过大甚至异常的计算结果，最终使计算配筋过大。

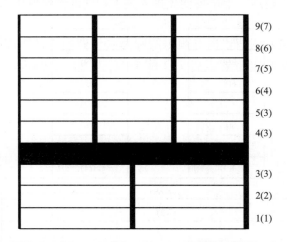

图2.12.4 带转换层（包括梁托柱）结构施工次序的指定

4. 有跃层柱和跃层支撑的结构

对于有跃层柱和跃层支撑的结构，应将跃层柱或跃层支撑连接的几个楼层共同作为一个施工次序。

如图2.12.5所示，其2，3，4层如果采用各自不同的施工次序，一是会出现承载体系不合理，越层斜撑从中间被截断，出现假悬臂；二则受力性质与最终的真实情况相去甚远，越层斜撑的轴力将改变符号，由压变拉或由拉变压。

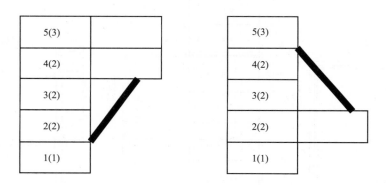

图2.12.5 有跃层柱和跃层支撑的结构

5. 有连廊的结构

因为有连廊的结构都是先施工两侧塔楼，再施工中间的连廊。所以，两侧塔楼分别按正常的施工次序，塔楼完成后，再按顺序特殊指定连廊部分构件的施工次序，如图2.12.6所示。

7(7)		
6(5)		6(5)
5(5)	9(9)	5(5)
4(4)	8(8)	4(4)
3(3)		3(3)
2(2)		2(2)
1(1)		1(1)

图 2.12.6　有连廊结构施工次序的指定

6. 带加强层的结构

《高层建筑混凝土结构技术规程》JGJ 3—2010 第
11.2.7：当布置有外伸桁架加强层时，应采取有效措
施减少外框柱与混凝土筒体竖向变形差异引起的桁架
杆件内力。

广东省标准《高层建筑混凝土结构技术规程》
DBJ/T 15—92—2021 第 11.3.2.5：宜考虑核心筒与
外框架施工过程在重力荷载作用下变形差的影响。可
采用后施工伸臂桁架腹杆、伸臂结构先与柱铰接，待
主体结构完成后再与柱刚接等方法来降低其影响。

如混凝土核心筒外的钢框架，其钢框架常滞后于
核心筒；设置加强层结构中，其伸臂桁架常在上面多
个楼层完工之后才安装。在恒载计算中，考虑这种结
构特定施工次序可使它们避免突变的、异常大的计算
结果，与实际更相符合。

图 2.12.7 为某带加强层高层建筑，第 30、42、54
层为加强层，局部模型如图 2.12.8 所示，需对加强层
中的伸臂桁架设置合适的施工次序才能顺利进行设计。

对图示加强层中的伸臂桁架推迟到 12 层后再施
工，以消除部分附加二次应力。

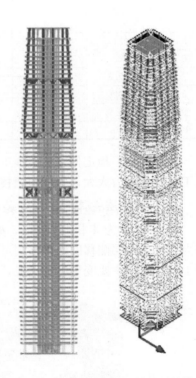

图 2.12.7　某带加强层高层建筑结构模型

将 30 层的伸臂桁架各杆件施工次序设置为 42，意味着这些杆件不在 30 层施工时安
装，而是当楼层施工到 42 层时，才回到 30 层安装。同样我们将 42 层的伸臂桁架各杆件
施工次序设置为 54，将 54 层的伸臂桁架各杆件施工次序设置为 66。

分别按照指定斜撑施工次序和不指定斜撑施工次序计算，并对比二者的计算结果。选

123

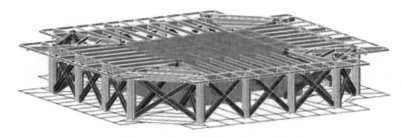

图 2.12.8 加强层局部模型

取 30 层的某根斜撑构件，对比两种算法的内力见表 2.12.1。

不同斜撑施工次序内力对比　　　　　　表 2.12.1

构件编号	按楼层施工 (kN)	实际施工 (kN)	差别(%)	构件编号	按楼层施工 (kN)	实际施工 (kN)	差别(%)
1	5316.4	3117.6	70.5	11	2691.4	1512.3	78.0
2	−11353.1	−6746.8	68.3	12	−9274.5	−5459.1	69.9
3	−11249.4	−6710.3	67.6	13	−3604.7	−2113.8	70.5
4	5299.3	3150.9	68.2	14	−1636.6	−1036.9	57.8
5	−9251.2	−5492	68.4	15	−2668.3	−1607.3	66.0
6	2374.7	1379.7	72.1	16	−2607.8	−1544.1	68.9
7	1297.8	767.1	69.2	17	−1691.1	−1082.4	56.2
8	−8636	−5161	67.3	18	−3533.2	−2057.9	71.7
9	1625.9	925.3	75.7	19	−4283.2	−2482.4	72.5
10	−8640.7	−5132.8	68.3	20	−857.5	−591.1	45.1

可以看出，指定伸臂桁架施工次序后计算可减少杆件 60%~70%的轴力，按照楼层施工将使其受力太大，一般须调整其施工次序。

7. 所有楼层主体完工后安装的构件

图 2.12.9 为某带斜撑楼层，如果我们为了减少斜撑的截面尺寸，只让其承担抵抗水平力、减少楼层侧移的作用，则可以指定所有斜撑在全楼主体完工后安装。因为全楼主体完工后，恒载主要变形已经完成，这时组装上去的斜杆就不再承受恒载。

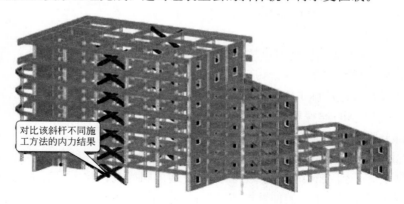

图 2.12.9 某带斜撑框架结构模型

2.13 跨层柱的计算长度系数

一个结构或构件要保证能正常进行工作，必须使其满足强度、刚度和稳定性三方面的要求。结构构件发生破坏的形式可能有多种：比如，拉力作用下的杆件或受压短杆达到屈服点（屈服极限）时，将发生塑性变形或断裂，这种破坏是由强度不足而引起的。但是，实际工程中有些细长杆件承受压力，这类细长杆在压力作用下，杆件可能突然变弯而丧失承受压力，这种破坏是由于失稳而引起的，可能是灾难性的。

现行规范中对结构稳定性有三个层面的要求：

（1）结构整体稳定。《高层建筑混凝土结构技术规程》和《高层民用建筑钢结构技术规程》分别给出了刚重比的要求；

广东省《高层建筑混凝土结构技术规程》提出如果采用特征值屈曲判定结构整体稳定性时，第一屈曲因子（此系数非真实安全系数）不得小于 10；《空间网格结构技术规程》要求当考虑几何非线性不考虑材料非线性时，稳定性安全系数（此系数非真实安全系数）不得小于 4.2；当同时考虑几何非线性及材料非线性时，稳定安全系数（此系数为真实安全系数）不得小于 2。

（2）构件层面。竖向构件的截面设计需要考虑材料、截面形状及受力情况。其中，根据规范方法进行受压构件的稳定性计算，必须确定构件的计算长度。传统的稳定性分析方法是把强度、稳定性分开考虑，而在稳定性分析时必须引入计算长度的概念。规范引入柱计算长度系数，构造上控制长细比，并验算稳定承载力或稳定应力。

（3）板件层面。就是所谓的局部屈曲，规范通过宽厚比或高厚比等构造保证。

1. 什么是柱子的计算长度？

计算长度的物理意义是，把不同支撑情况的轴心压杆等效为一定计算长度的两端铰接压杆。也就是将具有端部约束的杆件拟作承载力相同而长度不同的两端铰支杆看待，再通俗一点儿，以最简单的两端铰支杆为目标，将研究杆件的长度向这个目标来换算，换算的条件是承载力相同，换算的结果就是计算长度。而计算长度系数就是指这个换算长度与杆件实际长度的比值。

从图 2.13.1 中我们也可以看出，计算长度的几何意义是压杆失稳时两个相邻反弯点间的距离。铰支座可以看成是反弯点，这样两端铰接压杆的计算长度等于两个铰支座的距离，即等于几何长度。

2. 柱子计算长度影响结构内力计算吗？

柱的计算长度 l_0 不是指框架结构分析时结构计算简图中的柱计算高度，所以柱的计算长度系数不影响整体结构或构件的刚度，对构件的轴力、弯矩及剪力等内力没有影响。它只与柱配筋计算、长细比的验算以及稳定承载力或稳定应力的验算有关。

另外，参考《钢结构设计标准》GB 50017—2017 中关于直接分析法（Direct Analysis Method）的使用，如果在分析过程已经考虑了二阶效应、初始缺陷的影响，此时构件的计算长度系数可以取为1。

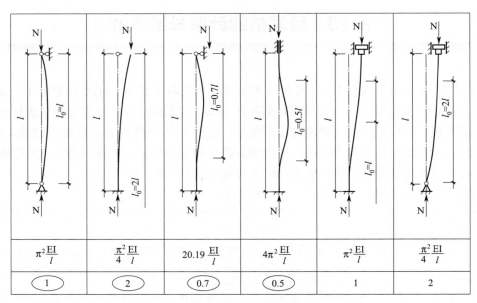

图 2.13.1　不同支撑情况的压杆计算长度取值

3. 如何确定计算长度？

在工程项目设计中，各主要框架柱构件所采用的计算长度确定方法基本按照规范规定取用。比如混凝土结构的柱计算长度可以按《混凝土结构设计规范》GB 50010—2010 确定，见表 2.13.1。

框架结构各层柱的计算长度　　　　　　　　　　　　　　表 2.13.1

楼盖类型	柱的类别	l_0
现浇楼盖	底层柱	1.0H
	其余各层柱	1.25H
装配式楼盖	底层柱	1.25H
	其余各层柱	1.5H

但对于跨层柱且在所跨楼层受有限约束或不受约束的情形，则需要特别予以关注。如果仅按跨层柱上下端有完整锚固层的高度来确定其计算长度而不考虑中间部分约束，则该计算长度通常比较长。若此时该计算长度偏长，其计算结果可能不经济。当然也存在按柱上下完整锚固端确定的计算长度偏小的可能。因此，需要对该类柱作专门分析以确定其计算长度。根据有关规范及已有的工程实例，可以利用屈曲分析来求跨层柱的计算长度。

还有其他一些情况，无法采用规范的方法得到构件的计算长度系数。比如：①杆件的连接关系复杂，或梁柱以非正交的形式连接；②难以判断结构属于有侧移框架还是无侧移框架；③不同规范对钢管混凝土柱承载力的计算公式不统一。工程上常通过屈曲分析（结合欧拉公式），反算构件的计算长度系数。

由欧拉公式:

$$P_{cr} = \frac{\pi^2 EI}{(\mu l)^2} \tag{2.13.1}$$

得计算长度系数:

$$\mu = \frac{\pi}{l} \sqrt{\frac{EI}{P_{cr}}} \tag{2.13.2}$$

式中　I——构件在屈曲方向的惯性矩。

这样只要得到关于构件稳定的临界荷载 P_{cr}，就可以按照上式反算计算长度系数。临界荷载 P_{cr} 与结构的受力状态和构件两端的约束条件都相关。

4. 分析模型

结构分析模型的建立主要与两个因素有关：一是构件采用的分析方法，二是构件或结构周边的约束状况。

独立模型法，分析模型主要考虑所计算构件长度范围内的所有方向的约束刚度，只要确定了这些约束刚度，就可在任何一款有限元软件中进行屈曲分析。这里有一条假定：即不考虑各约束之间的耦联关系。在此基础上，可以在整体模型中对所要分析的构件施加沿各约束方向的单位外力，从而得到相应的位移，即可得到相应的约束刚度。

局部有限元模型法，原则上宜将其周边约束构件放入分析模型中，约束构件可取至铰接于该构件的另一端。当然也可通过独立模型法对约束构件另一端的弹性约束刚度确定后输入有限元模型中；如果软件兼容，可以将构件配筋、配钢等信息反映到模型中。

整体模型法则无需建立单独分析模型即可进行屈曲分析。

以上几种方法建模应注意构件材料、截面的准确模拟，此外还须考虑所选用的分析软件及其分析能力。还需要注意一点，应对构件进行适当剖分，以捕捉其局部失稳的屈曲模态。

5. 荷载分布

合理的结构模型，构件两端的约束条件一般可以由程序自动考虑，但结构的受力状态则与施加的荷载相关。不同的荷载分布将得到不同的临界荷载，进而得到不同的计算长度系数。因此，用户在定义屈曲分析工况时要根据实际情况选择合适的荷载分布。

实际工程中，一般有两种加载形式：

（1）恒荷载＋活荷载（标准值）。这种方式能考虑结构的整体稳定，且结构整体失稳往往先于结构构件的局部失稳，所以需要计算大量的屈曲模态以得到不同构件的局部失稳模态，进而综合判断不同杆件的临界荷载。

（2）在待求计算长度系数的构件两端沿杆件轴向施加一对大小相等、方向相反的单位节点力。这种方式的分析目标明确，操作易行，但可能和杆件的实际受力状况有差别。

127

2.14 悬挑梁跨度与梁高的关系

当悬挑梁跨度改变时，如何快速地决断梁高要修改多少呢？我们看看悬挑梁梁高和悬挑长度的关系。

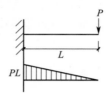

图 2.14.1　悬挑梁端部作用集中荷载时弯矩图

如图 2.14.1 所示，一跨度为 L 的悬挑梁，在梁端部作用一大小为 P 的集中力，梁截面高度为 h，梁宽为 b。

此悬挑梁挠度为：

$$l = \frac{PL^3}{3EI}$$

将梁惯性矩 $I = \frac{1}{12}bh^3$ 代入上式，可得

$$l = \frac{4P}{Eb}\left(\frac{L}{h}\right)^3$$

由上式可以看出，当 P、b、E 一定时，悬挑梁的挠度仅跟 L/h 有关，了解这个规律后，当悬挑梁跨度 L 改变时，我们可以根据改变前的 L/h 值，快速决断出梁高应改为多少。

2.15 楼梯支座推力设计

陈立达 天津大学建筑设计规划研究总院有限公司

楼梯是常见的构件，在结构设计中关注的重心在于跨中的弯矩以及挠度，而常常会忽视对于支座的分析。楼梯对支座有推力吗？我们试图从这个小问题出发，探讨楼梯的支座受力。在此对于常见的三种楼梯的力学模型进行以下分析：

1. 可移动的爬梯（图 2.15.1）

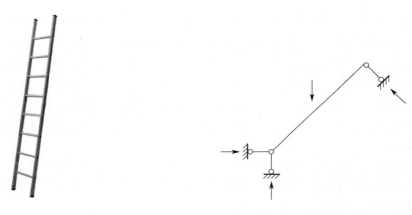

图 2.15.1 可移动爬梯　　　　　图 2.15.2 爬梯的受力分析

一般情况下，可移动的爬梯更多作为一种工具，而不是建筑中的结构构件，然而这个工具的力学模型与普通结构楼梯不尽相同，可以作为本次讨论的启发点。根据爬梯的受力分析，下支座存在推力，推力由梯子与地面的摩擦力平衡，如图 2.15.2 所示。当推力过大时，梯子脚部滑动，产生安全问题。

2. 固定支座的板式楼梯（图 2.15.3）

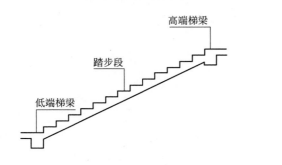

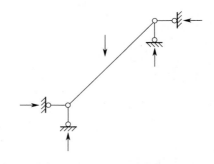

图 2.15.3 固定支座的板式　　　图 2.15.4 固定支座的板式楼梯的受力分析

如图 2.15.4 所示，根据固定支座的板式楼梯的受力分析，一般情况下，上下支座存在推力，互相平衡。

3. 滑动支座的板式楼梯（图 2.15.5）

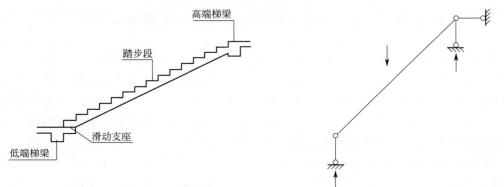

图 2.15.5　滑动支座的板式楼梯　　　　图 2.15.6　滑动支座的板式楼梯的受力分析

如图 2.15.6 所示，根据滑动支座的板式楼梯的受力分析，上下支座不存在推力。

根据上述 3 种情况的分析可知，边界条件的变化之后，推力产生与否发生了变化。对于结构工程师而言，根据结构的实际情况，结构设计时需要采用反应实际受力情况的边界条件。例如，在采用固定支座的板式楼梯的框架结构中，楼梯起到了支撑的作用，提高了空间的刚度，增加了地震作用，此时，楼梯需参与整体结构计算，考虑楼梯对结构整体产生的影响。

与此同时，也可以通过改变实际的边界条件，产生需要的受力情况。例如，在框架结构中采用滑动支座的板式楼梯，边界条件的变化使得楼梯支座能释放剪力和弯矩，大大减小了地震作用，楼梯可不参与整体结构计算。

2.16 剪力墙稳定性验算

陈立达 天津大学建筑设计规划研究总院有限公司

在设计中，偶尔会遇到一些特殊的剪力墙布置，例如靠外墙设置楼梯间和电梯间时的剪力墙、两电梯相邻时中间的剪力墙，如图 2.16.1 和图 2.16.2 所示。这堵剪力墙两边都不存在楼板，形成了通高的片墙，像烟囱一样，那这墙的计算高度如何考虑，稳定性又该怎么算呢？

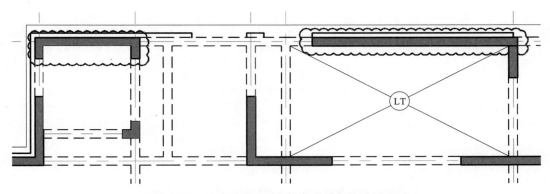

图 2.16.1 靠外墙设置楼梯间和电梯的剪力墙设置

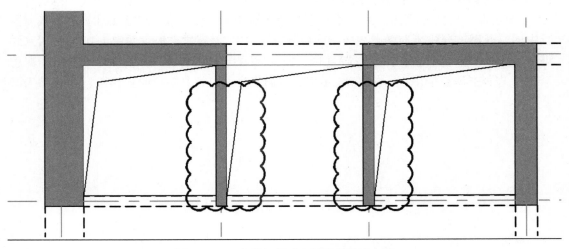

图 2.16.2 电梯相邻时中间的剪力墙布置

在《高层建筑混凝土结构技术规程》附录 D 墙体稳定验算，给出了验算公式，以解决这类问题。首先第一步，是计算高度的问题。根据 D.0.2 以及 D.0.3 条文，以上图的电梯间为例，建筑总高度 53.4m，15 层，剪力墙采用 C40 混凝土，厚度 200mm，根据公

131

式（D.0.3-2）可得 $\beta=0.002<0.2$，取 0.2，墙肢所在楼层的层高 h 取整楼的建筑总高度 53.4m，剪力墙的墙肢计算高度 $l_0=0.2\times53.4=10.7$m。53.4m 高的剪力墙计算长度可折减至 10.7m，根据实际工程情况计算公式 D.0.1 则可得出稳定性验算是否满足的结论。

那么没有楼板时计算楼层高度 h 就不能像普通剪力墙那样取楼层高度了吗？其实不然，假设是靠外墙设置的楼梯，施工图中要求梯板的钢筋全部锚入剪力墙内，形成剪力墙的水平支座，计算楼层高度 h 就可以取层高了。

2.17 连梁刚度何时折减？

连梁刚度折减，是结构设计师经常遇到的一个概念，本节介绍连梁刚度可折减原理以及如何折减。

1. 规范规定

《建筑抗震设计规范》GB 50011—2010（以下简称《抗规》）第 6.2.13 条第 2 款：抗震墙地震内力计算时，连梁的刚度可折减，折减系数不宜小于 0.50。其条文说明：计算地震内力时，抗震墙连梁刚度可折减；计算位移时，连梁刚度可不折减。

《高层建筑混凝土结构技术规程》JGJ 3—2010（以下简称《高规》）第 5.2.1 条：高层建筑结构地震作用组合效应计算时，可对剪力墙连梁刚度予以折减，折减系数不宜小于 0.5。其条文说明：仅在计算地震作用效应时可以对连梁刚度进行折减，对如重力荷载、风荷载作用效应计算不宜考虑连梁刚度折减。

广东省标准《高层建筑混凝土结构技术规程》DBJ/T 15—92—2021（以下简称广东《高规》）第 5.2.1 条：高层建筑结构计算时，框架-剪力墙、剪力墙结构中的连梁刚度可予以折减，抗风设计时，折减系数不宜小于 0.8，不应小于 0.7；设防烈度地震作用下结构承载力校核时可取 0.2～0.3。

从规范规定可以看出，在进行承载力计算时，连梁刚度可折减，进行位移计算时，连梁刚度不折减。但不同的是，《高规》规定风荷载作用效应计算不宜考虑连梁刚度折减；而广东《高规》规定抗风设计时可进行连梁刚度折减，但折减系数不宜小于 0.8。

2. 连梁刚度何时可折减

有人认为连梁刚度折减的原因是，抗震设计的框架-剪力墙结构、剪力墙结构中的连梁刚度相对墙体较小，而承受的弯矩和剪力很大，连梁配筋困难，所以考虑在不影响承受竖向荷载能力的前提下，允许其适当开裂（目的降低刚度）而把内力转移到墙体上。这其实只是表象，从概念设计的角度，对于结构中的联肢墙，要保证

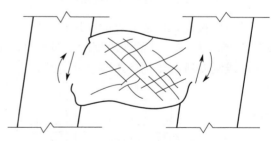

图 2.17.1　连梁先于墙肢屈服的受力与变形

连梁先于墙肢进入屈服状态，也就是连梁作为第一道抗震防线，要先于墙肢进入屈服状态（图 2.17.1）。在承载力计算时，连梁刚度进行折减后，水平力作用下，连梁分配到的内力就会降低，相应的剪力墙墙肢分配到的内力就会增加，按此内力分配结果进行构件设计，可以达到连梁先于墙肢进入屈服状态的目的。

连梁刚度折减可控制构件的屈服顺序，是对构件承载力的调控，但在结构宏观刚度指标控制时，连梁刚度不应折减，所以《抗规》规定计算位移时，连梁刚度不折减。此外，平面扭转规则性判断、竖向刚度规则性判断等均可采用连梁刚度不折减的计算结果。

2.18　上层柱子的配筋要比下层柱大的原因

很多人认为，因上层建筑的力会传到下层，所以混凝土结构的上层柱子配筋肯定会比下层柱子配筋大，其实不全是这样的，柱子纵筋既要考虑抗压，也要考虑抗弯，上层柱如果承受弯矩大，那么配筋也可能会比下层柱子大。

《混凝土结构施工图平面整体表示方法制图规则和构造详图》16G101-1 给出了上层柱比下层柱钢筋多或钢筋直径大时的构造做法，如图 2.18.1、图 2.18.2 所示。

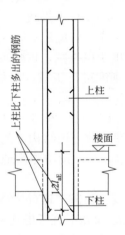

图 2.18.1　柱纵筋构造详图一　　　　　　　　图 2.18.2　柱纵筋构造详图二

梁与柱相连，框架节点的梁柱杆件所承受的弯矩按杆件自身线刚度所占比例来分配，如图 2.18.3 所示，杆件线刚度除了跟自身的截面大小有关外，还跟其计算长度有关，并且杆件线刚度所占比例还跟节点处的总杆件数有关，所以上层柱有可能分配到更多弯矩。

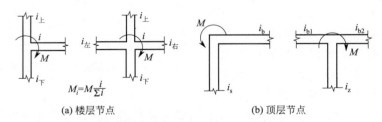

(a) 楼层节点　　　　　　　　　　　(b) 顶层节点

图 2.18.3　梁柱弯矩分配图

对于梁柱杆件所承受的弯矩值大小来说，由于边节点参与弯矩分配的杆件数少于中节点，因此边节点杆件产生的弯矩通常比中节点的大，尤其是顶层边节点，这就是设计中顶层柱及顶层框架梁端部需要较多配筋的原因。

2.19 梁、柱能否随意加大计算配筋?

刘孝国　北京构力科技有限公司

在设计师当中有一句很流行的口头禅:"算不清加钢筋",这是一句笑谈,但是这也反映出,很多设计师认为实际配筋量只要大于软件计算输出的配筋量结构就没有问题,就随意的放大配筋,尤其当结构比较复杂时,这种现象更加普遍。但这样直接放大配筋真的都是对结构安全性有利的吗? 正如"肉要长对地方,长不对地方就是赘肉"加钢筋不能盲目乱加,如果加的不合理反而会对结构不利。下面分析加大梁、柱这两类构件计算配筋作为最终实配钢筋而引起的相关问题。

1. 直接放大梁的计算配筋会产生的问题

(1) 如果随意放大梁的配筋,有可能会导致梁的配筋率大于1%,此时按照规范要求需要双排布置钢筋,由于a_s发生了变化,比原来配筋计算时用到的a_s增大,导致受压区高度h_0变小,这样实际上可能会导致增加后的钢筋量达不到用新的a_s计算的钢筋量,造成计算配筋偏小。

(2) 如果随意在计算配筋基础上加大支座处的梁受拉配筋会导致梁端计算的截面相对受压区高度发生变化,有可能无法满足规范要求的相对界限受压区高度,或者构造配筋要求,无法保证梁构件的延性。原来计算出的受拉、受压面积是按照对应抗震等级要求下的构造面积及相对界限受压区高度双重控制的结果。

(3) 如果随意在计算配筋基础上加大支座处的梁受拉配筋会导致梁端部实际受弯承载力变大,不利于实现强柱弱梁。软件中强柱弱梁的处理是按照柱端部地震作用组合下的弯矩乘以对应抗震等级下的调整系数,得到柱计算配筋。梁的实际受弯承载力还应该包括在翼缘范围内板钢筋的作用,仅按照直接放大柱端组合弯矩调整系数方式很难实现强柱弱梁,如果再增大梁端受拉钢筋,而柱钢筋不变,会进一步导致强柱弱梁难以实现。

(4) 如果随意在计算配筋基础上加大支座处梁受拉配筋会导致梁端部实际受弯承载力变大,不利于梁出现端塑性铰机制。有可能由于钢筋的增加导致梁端部实际受弯承载力大于跨中,导致梁跨中出现塑性铰先于支座部位。规范中对梁配筋要求梁跨中弯矩不小于按照简支梁计算的跨中弯矩设计值的50%,也是期望在竖向荷载下,梁跨中受弯承载力高于支座部位。如果加大梁端计算钢筋,这条规定就名存实亡了。

(5) 如果随意在计算配筋基础上加大支座处梁受拉配筋,增大到实际配筋大于2%时,梁端加密区的最小直径要增大2mm,因此,如果增加钢筋量有可能会对箍筋的配置有一定的影响。

2. 放大柱的计算配筋会产生的问题

(1) 如果随意在计算配筋基础上加大柱的纵筋面积,会造成本层的抗剪承载力发生变化,有可能引起新的受剪承载力薄弱层。在SATWE中计算楼层受剪承载力之比时,程序取计算配筋面积乘以超配系数作为实际的面积进行柱受剪承载力的计算。如果实际配筋增加过大可能形成新的受剪承载力薄弱层。

（2）如果随意在计算配筋基础上加大柱的纵筋面积，有可能会造成地上一层柱底的受弯承载力变大，更不容易实现《建筑抗震设计规范》GB 50011—2010（以下简称《抗规》）6.1.14 条要求的地下室顶板处、地下一层柱上端和节点左右梁端实配的抗震受弯承载力之和应大于地上一层柱下端实配的抗震受弯承载力的 1.3 倍。虽然 SATWE 软件将地下室顶板下梁端在地震组合下的组合弯矩放大至 1.3 倍，但是任意增大配筋对该条的实现不利。

（3）《高层建筑混凝土结构技术规程》JGJ 3—2010 第 6.4.4.5 条要求的对于地震下的小偏心受拉的角柱和边柱，其全截面的配筋率需要增加 25%，这个在 SATWE 软件中自动进行了执行，设计师在配筋时不需要再去放大。

（4）《抗规》第 6.1.14 条要求的对于地下室顶板嵌固的情况下，地下一层柱截面每侧纵向钢筋不应小于地上一层柱对应纵向钢筋的 1.1 倍，该条程序也已经自动执行，在 SATWE 中显示的结果已经是自动放大的结果，设计师不用再人工去放大。

需要注意的是：有些情况下需要人为地加大柱的计算纵筋，《高层建筑混凝土结构技术规程》JGJ 3—2010 中"对于建造在 Ⅳ 类场地的较高的高层建筑，按照规范柱纵向最小配筋率的表中数值要增加 0.1%"，需要设计师自己放大。较高的高层建筑在《抗规》第 5.1.6 条文说明中明确为：高于 40m 的钢筋混凝框架、高于 60m 的其他钢筋混凝民用房屋和类似的工业厂房，以及高层钢结构房屋等。

2.20 为何要进行塑性调幅？

弯矩调幅的概念大家都比较清楚了，那为什么要进行弯矩调幅呢？

1. 计算理论与实际的差别

比如在理论计算时，一般假定梁柱节点是绝对刚接，但实际上由于结构在受力过程中与理想模型有一定的差别，比如存在严重的应力集中、材料缺陷等，都会使节点处产生裂缝，以致刚度有所下降，梁柱节点做不到完全刚接，而是刚接和铰接之间。在竖向荷载作用下，如果按照节点为刚接的假定去设计，而实际做不到完全刚接，那么就低估了跨中截面的实际弯矩值。所以，可以考虑用梁端塑性调幅的方法来体现这一影响。

2. 方便施工

梁端的负弯矩钢筋布置在上部，是混凝土和振捣棒下放的位置，如果钢筋数量太多，混凝土就很难浇捣，施工质量没有保障。采用梁端塑性调幅，可以减少梁端负弯矩钢筋，方便施工，保证质量。

3. 结构更加经济

梁跨中截面可以利用 T 形截面的优势，充分利用混凝土良好的抗压性能，减少配筋，所以在一定情况下，增加支座的配筋不如增加跨中的配筋经济。

4. 构件内力力更加均匀

在节点纯刚接时，其支座弯矩远大于跨中弯矩，整个构件内力并不均匀，而采用支座弯矩调幅后，可以使支座与跨中弯矩相对均匀。

进行塑性调幅设计时要注意以下问题：

（1）为了保证支座塑性铰先于跨中塑性铰出现，使构件实际受力与塑性调幅假定一致，规范规定框架梁跨中截面正弯矩设计值不应小于竖向荷载作用下按简支梁计算的跨中弯矩设计值的 50％。

（2）对于直接承受动力荷载的结构，以及要求不出现裂缝或处于侵蚀环境下的结构，不得采用塑性内力重分布的分析方法。

2.21 带地下室的模型中为何轴压比会突变？

经常有设计师发现首层剪力墙的轴压比出现异常，部分剪力墙的轴压比在首层会突然加大。某位设计师遇到的问题：有地下室的高层住宅，地下部位的剪力墙有错层高差，用软件计算出现一些剪力墙上层的轴压比大于下层的轴压比，混凝土强度等级和截面尺寸都相同的，请问出现这种情况，是出错了吗？图 2.21.1 和图 2.21.2 是另一位设计师遇到的工程，外墙部分墙肢轴压比突然增大较多，超限了。

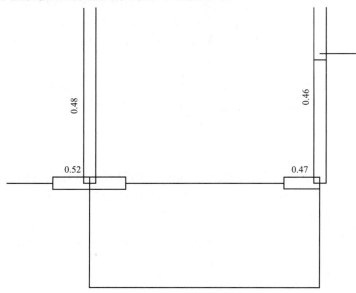

图 2.21.1　二层墙肢轴压比

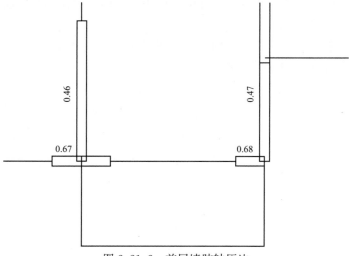

图 2.21.2　首层墙肢轴压比

为何会出现这个情况呢?主要是使用了带地下室的计算模型,如图 2.21.3 所示。带地下室的模型,有土的约束、挡土墙等,造成地下室首层刚度突变,由此导致首层墙体分担的荷载产生变化。相对于二层及以上层,部分墙肢分担的荷载比例加大,另一部分墙肢分担的荷载比例可能减小。

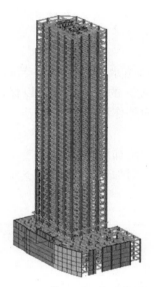

图 2.21.3　带地下室的计算模型图

那么问题来了,算地上构件轴压比时,要不要带地下室模型呢?这个问题有两种观点,有同行认为,地下室的土体约束本来就是估算的,带着地下室模型,扰乱了嵌固端以上(假定为±0以上)构件轴压比的规律,不应该带地下室模型计算;也有同行认为,地下室与首层刚度突变是肯定存在的,忽略地下室的模型计算上部构件轴压比,与实际不符。因为有争议,所以无统一的执行标准,在实际工程中只能结合项目所在地的情况选择。

2.22 高层建筑地下室外墙按被动土压力设计的问题

张利军　北京交大建筑勘察设计院有限公司

一般地下室外墙起到挡土和挡水的作用；对于高层建筑的地下室，应有不少于 $1/18\sim1/15H$（H 为地上结构高度）的埋置深度，以保证高层建筑的抗倾覆和抗滑移稳定性；所以，地下室外墙承受的面外作用力主要有：

（1）土压力和水压力 p_1；

（2）土体抵抗建筑滑移产生的附加压力 p_2；

（3）土体抵抗建筑倾覆产生的附加压力 p_3 和 $-p_3$；

如图 2.22.1 所示。

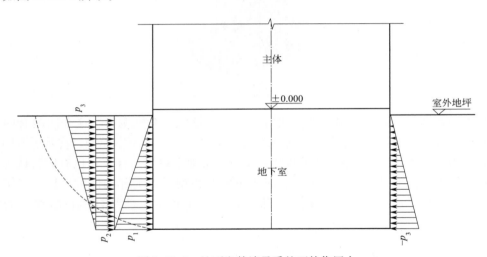

图 2.22.1　地下室外墙承受的面外作用力

目前，在地下室外墙的设计中，仅考虑平时使用状态下的土压力和水压力 p_1；其中，土压力的计算方法是：有护坡桩或地下连续墙时，按主动土压力计算；无护坡桩或地下连续墙时，按静止土压力计算；风荷载或地震荷载作用下，由于建筑倾覆和滑移倾向引起的附加压力 p_2 和 p_3，则不予考虑；高宽比较大的建筑，抗倾覆和抗滑移的问题更加突出，p_2 和 p_3 不应该忽略。

如果地下室外墙不能承受由建筑倾覆和滑移倾向引起的附加压力，或者地下室外墙变形太大，不仅地下室周围土体起不到抗滑移或抗倾覆的作用；上部结构计算中假定的嵌固端也将不成立；可见，完全不考虑附加压力的做法是不妥的。

对于设置窗井的地下室，窗井外墙墙顶为自由边，如果没有足够的窗井隔墙支承，则地下室周边的土压力传不到主体结构，无法形成对主体结构的约束，则建筑如同没有埋深一样，倾覆和滑移的隐患更大。

建筑倾覆和滑移引起的附加压力目前还没有明确的计算方法；在什么情况下可以忽略，什么情况下必须计入，计入多少等，均没有依据。

有鉴于此，考虑到地下室周围土体在地震作用下被挤压隆起的趋势，建议地下室外墙的土压力按被动土压力计算，而不应该按静止土压力或主动土压力计算。被动土压力是土体能够提供的最大约束力，所以按被动土压力设计地下室外墙是安全合理的。

2.23 地下室抗浮不足时为何总是柱破坏严重?

李国胜 铜陵市建筑工程施工图设计文件审查有限公司,
铜陵市建设工程质量监督监测有限公司

当水浮力大于抗浮力时,地下室柱会产生附加轴力、剪力和弯矩:

(1) 附加轴力:一般情况下纯地下室柱的轴力等于一个柱网范围内的顶板(梁)自重、覆土重量、景观(绿化)重量等荷载之和,柱基础地基反力与水浮力之和等于柱轴力加上基础自重。如果浮力逐渐加大,地基反力将逐渐减小,当浮力等于柱轴力加上基础自重时,地基反力为0。如果浮力继续加大,则底板与地基开始分离,产生上拱(地下室周边有主楼压住时地下室会上拱是显而易见的,地下室周边没有主楼压住时,由于地下室周边土体的摩擦力及钢筋混凝土侧墙的自重作用,也会上拱,只是上拱幅度较小而已),此时地下室整体受力,共同抵抗水浮力。如果地下室底板(梁)厚度(高度)很大(即抗弯刚度很大),顶板(梁)厚度(高度)很小(即抗弯刚度很小),则水浮力主要由底板(梁)自身抵抗,此时柱增加的附加轴力很小;如果地下室底板(梁)厚度(高度)很小,顶板(梁)厚度(高度)很大,则水浮力主要由顶板抵抗,此时柱增加的附加轴力很大。但大多数情况下是底板、顶板抗弯刚度相当,此时是地下室顶板、底板通过柱协调变形,共同抵抗水浮力,柱承受的附加轴力介于上述两种情况之间。因此,水浮力大于抗浮力时,地下室柱会产生附加轴力,柱下端和柱上端的轴力差值为柱自重。

(2) 附加剪力:柱附加剪力等于上下端弯矩之和除以净高,整个柱高范围内剪力相等。

(3) 附加弯矩:柱上、下端附加弯矩等于柱剪力乘以反弯点到柱上、下端的距离。当反弯点位于柱高中点以上时,柱下端弯矩大于柱上端弯矩;当反弯点位于柱高中点以下时,柱上端弯矩大于柱下端弯矩。而反弯点位置与底板、顶板的刚度有关。大多数情况下,纯地下室的底板刚度较小(一般底板为400mm厚筏板;柱墩平面尺寸较小,厚度一般为600～700mm),而梁板式结构的顶板(梁)刚度较大(板厚一般为250～350mm,梁高一般为800～1100mm,有的还有加腋),因此,柱反弯点靠近柱下端,柱上端弯矩大于柱下端弯矩。

通过以上分析可知,当水浮力大于抗浮力时,柱承受的轴力沿高度基本相等(差值为柱自重),剪力沿高度相等,但一般情况下柱上端弯矩大于柱下端弯矩,因此破坏会在柱上端出现。

当水浮力大于抗浮力时,由于需要平衡柱端弯矩,顶板(梁)、底板(梁)的弯矩(剪力)也会加大。但相较于柱,顶板(梁)、底板(梁)受弯(受剪)承载力较大,不会先于柱发生受弯(受剪)破坏。柱发生破坏后,出现内力重分布,顶板(梁)、底板(梁)附加内力立即减小,不会再发生破坏。试想,如果柱断面、纵筋和箍筋都很大,即具有很大的受弯和受剪承载力,柱就不会破坏,而顶板(梁)、底板(梁)将发生破坏。

在地下室整体抵抗水浮力时,总体上是顶板受拉、底板受压(靠近高层边局部情况相反),由于混凝土具有较高的抗压强度,一般底板破坏的较少(或不严重),而顶板则会在支座边(负弯矩最大)、跨中(正弯矩最大)、施工缝、后浇带等薄弱部位出现受拉破坏(开裂)。

2.24 水浮力作用下地库柱的巨大剪力由来

张利军 北京交大建筑勘察设计院有限公司

近年来发生的几起地库抗浮破坏现象，大多表现为柱的剪切破坏。这种破坏状况不仅触目惊心，而且严重程度大大出乎工程技术人员的预料，如图2.24.1所示。

图2.24.1 柱的剪切破坏

在以往的地库结构设计中，我们主要关注的是地库顶板、底板和周边挡土墙的设计。柱子作为以轴压为主的小偏压构件，其弯矩和剪力均较小，基本不起控制作用，所以地库柱主要以构造为主。那么，造成地库柱剪切破坏的巨大剪力是从何而来的呢？

1. 地下水浮力作用下，地库的三个受力状态

为方便叙述，下文所说"自重"均为除以抗浮安全系数以后的值。地库受力如图2.24.2所示。

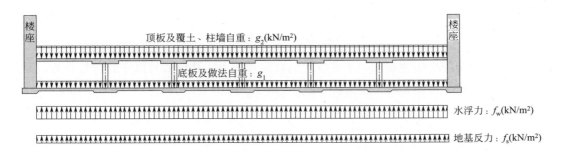

图2.24.2 地库受力示意图

（1）当浮力小于底板及面层（包括底板覆土）自重，即 $f_w < g_1$ 时，水浮力对地库结构无影响，没有抗浮的问题，也不会改变地库结构的内力。

（2）当浮力大于底板自重 g_1，但小于底板以上结构和覆土自重 g_2 时，即：$g_1 < f_w < g_2$。

以上两种情况，

$$f_w + f_s = g_1 + g_2。$$

地库的受力状态是局部弯曲，见图 2.24.3。

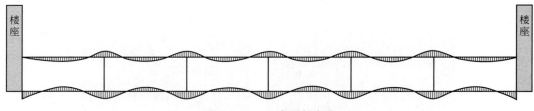

图 2.24.3　地库局部弯曲

水浮力增大或减小，地基反力相应减小或增大。水浮力会改变地基反力的大小和分布，对地库结构的影响主要是对底板的影响，对柱和顶板影响甚微。此时浮力由垂直方向对应的重力来平衡，类似于埋置于土中的大箱子。底板和顶板均为受弯构件，柱子为以轴压为主的小偏压构件。平时设计中取地库的局部进行建模计算即为此情况。

（3）当浮力大于地库全部重力荷载时，即 $f_w > g_1 + g_2$ 时，对于独立地库，则有上浮的趋势。对于与楼座连为一体的大底盘地库，将产生整体弯曲，整个地库将产生类似于空腹桁架的受力状态，见图 2.24.4。

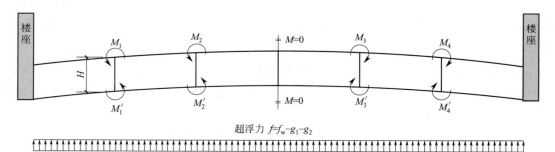

图 2.24.4　地库整体弯曲

柱子作为空腹桁架的腹杆，承受巨大的弯矩和剪力，其量值与地库的跨数有关，而且越靠近楼座的柱子弯矩和剪力越大。

柱内剪力为：

$$V = \frac{(M_1 + M_1')}{H}$$

这就是引起地库柱剪切破坏的主要剪力来源。在整体弯曲状态下，柱子、底板和顶板都变为拉弯或压弯构件，实际受力为图 2.24.3 和图 2.24.4 的叠加。

2. 以往的抗浮安全性问题

（1）以往主要关注地下水的抗浮问题，对于地表水快速下渗引起的抗浮问题未给予足够重视，而这几个地下室抗浮出问题都是发生在暴雨之后。

（2）地库并未真正经受过水浮力的考验。

自 20 世纪 90 年代开始逐渐对地下空间进行开发利用以来，全国各地的地下水位基本处于逐年下降的趋势，所以地下结构并未真正经受过水浮力的考验。尽管也有抗浮方面的要求，但各方在意识上并没有像对待楼面恒载、活载或地震作用那么重视。

（3）确定抗浮设防水位的依据不足

抗浮设防水位是对设计基准期内的未来最高水位的预估。确定抗浮设防水位是难点，与多种因素有关。与现状水位、近三五年水位和历史最高水位都不一样。可以说，与现状水位无关；与近三五年水位的关系也不太大。虽然历史最高水位可作为参照，但普遍缺乏长期的详实的水文观测资料。

（4）抗浮安全的冗余度不够

在抗浮存在困难的情况下，往往会以降低抗浮成本为目的，或者以"优化设计"的名义进行技术咨询。经咨询以后，对抗浮水位和抗浮措施的有利因素考虑得偏多，往往会降低原勘察报告的抗浮设防水位，勘察单位和设计单位往往不得不被动接受。这种咨询不是科学客观、全面的、真正意义上的抗浮安全性评估。

3. 抗浮安全性方面的建议

（1）把地表积水快速下渗引起的浮力问题重视起来。对肥槽回填土质的选用和施工质量提出明确要求，防止地表水短时间大量下渗或汇集。应选用渗透系数较小的土。

为了施工快捷和压实效果好，工程中经常用级配砂石回填肥槽。尽管从《高层建筑混凝土结构技术规程》第 12.2.6 条和《建筑桩基技术规范》第 4.2.7 条来看，级配砂石是肥槽回填的优选，但带来的问题是，暴雨后一旦地表积水，则地表水可以快速渗入肥槽内。肥槽的外侧是基坑支护结构（或止水帷幕），内侧是地下室外墙，可以说下渗的水无处可去，下渗速度远大于土中渗流速度；而且肥槽并不宽，不需要太大的水量就能将水位提高，超过预期的抗浮设防水位。当下渗水与地下水连通后，就形成很大的浮力。所以级配砂石的回填高度应低于止水帷幕，级配砂石以上用渗透系数较小的灰土或素土夯实回填。同时做好散水，将地表水尽快排走。散水做法可参考《湿陷性黄土地区建筑规范》第 5.3.4 条，散水宽度应大于肥槽宽度。

（2）地下水的抗浮设防水位是抗浮设计和抗浮安全的重要前提。既然抗浮设防水位的确定是一个非常复杂、专业的问题，就更应该由专业对口的勘察单位或其他水文地质部门为设计单位提供明确的数据。对于地下水分布复杂的情况，诸如上层滞水、潜水、承压水、隔水层、渗流、相邻地下室的影响等深奥的专业问题，应由勘察单位或其他水文地质部门结合建筑物的坐标和设计高程，给出不同部位的明确的浮力，而不是交给结构工程师一个定性的或者具有选择性的结论。

（3）在学术尚未完全搞清楚之前，对于不能准确量化的数据，工程中取值就要偏安全，这也是工程界一贯的做法。

（4）抗浮设计时，应将浮力"就地解决"，尽量避免传给远端的配重（如外挑底板上的覆土）和主楼。优先采用重力抗浮，其次是锚杆或锚桩抗浮，使得地库结构处于局部弯曲状态。避免出现整体弯曲状态。

（5）水浮力是很实际的永久作用。抗浮水位的确定应兼顾地下水和降水。如果勘察单位对确定抗浮设防水位有困难，则应参照地震安全性评估的做法，推广抗浮安全性评估或专家咨询。

2.25 地下车库柱因浮力造成的破坏

王锁军　北京蓝图工程设计有限公司

地下室抗浮破坏屡见不鲜，如图 2.25.1 所示。下面就该问题展开分析。

图 2.25.1　地下室抗浮破坏现场图片

1. 地下车库上浮失稳（图 2.25.2）

当水浮力大于结构重力荷载时，结构失稳上浮，但结构柱受到的最大轴力是其上部竖向荷载之和（而不是水浮力）。因为结构柱的设计承载力远大于结构竖向重力荷载，所以此时只会发生上浮，不会发生图 2.25.1 情况。有人说上部荷载不可能均匀，弯矩不平衡产生剪力，造成柱破坏。但这种不平衡弯矩很小，不足以产生严重破坏，而且即使发生剪切破坏，也不可能是大面积一边倒的破坏。

当水浮力小于抗浮力时，更不会发生柱子被压坏的情况，但有可能发生基础防水板局部构件承载力不足（弯、剪、冲）的破坏。

2. 车库周边对称布置高层建筑情况

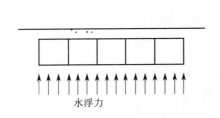

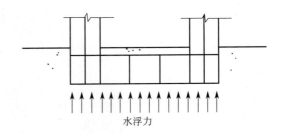

图 2.25.2　地下室水浮力示意图　　　图 2.25.3　高层建筑群带地下室水浮力示意图

这种情况在商业建筑的地下中庭比较常见。高层荷载远大于水浮力，不会发生纯车库那样的整体上浮的问题，但是发生事故的可能性也非常大。可以把图 2.25.3 车库想象成高层作为支座的一个空间的结构。虽然不会浮起，但水浮力造成的柱子轴力有可能会成倍高于车库重力荷载计算出的柱子轴力。

例如：某两层地下室，埋深 9m，覆土 1m，柱网 8.1m×8.1m。正常计算柱轴力为：（1×1.8＋3）×8.1×8.1＝315t，而水浮力为 590t（实际应扣除底板的自重），远远大于计算的轴力（因高层压住不能浮起）。

这样可能会造成柱子灯笼状压溃，但不会发生图 2.25.1 所示均为一个方向的剪切破坏的情况。

实际柱子除轴力增加外，也存在很大的剪力，剪力的产生类似于叠合梁之间的分布剪应力（集中到柱子上了），但该剪力不会发生一边倒这样的破坏，即使破坏也应该是从中心向两边呈对称（正八字）的剪切破坏（下文另述）。

3. 高层相对于地库的无规则的布置

绝大部分住宅的地库都是这样的布局，如果在向上的水浮力作用下把高层当成车库空间结构的支座，车库就是一个 H 形的巨型空间结构，会出现很多的复杂情况，如高层的悬挑车库，其受力见图 2.25.4。

当水浮力大于自重荷载时，因为有高层压住，所以不会像纯车库那样的漂起。

图 2.25.4 逆时针旋转 90°，就像单跨框架或双肢剪力墙结构受到的水平荷载作用。框架结构或剪力墙的中间杆件（框架梁、连梁）受力大家都很熟悉，见图 2.25.5。

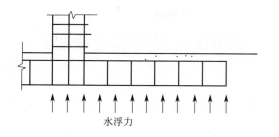

水浮力

图 2.25.4 一端有高层建筑
地下室水浮力示意图

(a) 框架

(b) 剪力墙

图 2.25.5 建筑承受水平荷载时框
架梁和连梁受力示意图

两个受力机理相同，但是因构件尺度和承担的外荷载不同，造成的破坏形态大不相同，比如框架梁很少发生剪切破坏，而连梁很难避免剪切破坏，这是因为剪跨比不同。框架梁剪跨比一般都大于 2，而连梁的跨度与截面之比一般都很小，即剪跨比很小（一般小于 4）。

总结起来就是混凝土杆件当长度和断面之比过小时，因剪力产生的弯矩很小，很难产生因弯矩形成的塑性弯曲变形，而造成因剪力形成的剪切脆性破坏。短柱、连梁都是这样破坏的。

在巨大的水浮力作用下的地下室柱子除受到轴力作用外，还受到的巨大的剪力作用。而且一般的地下室柱断面较大而层高较低，即所谓的短柱，比如梁下净高 2400mm、柱子 600mm 时即为短柱，所以不容易发生弯曲变形，而容易发生剪力和轴力作用下的剪切破坏（剪压破坏）。一般柱顶相对整根柱子来说是最弱的截面，所以发生破坏的截面几乎都在柱顶。对称高层布置的情况，车库类似于反向的两端有高层支撑的 H 形空间结构（图 2.25.6）：

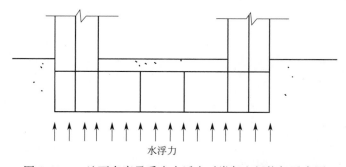

水浮力

图 2.25.6 地下车库承受净水浮力时类似空间桁架示意图

因其底板和顶板的拉压错动会在柱子中产生剪力，但这个剪力相对于同样跨度的悬挑结构要小得多，所以一般不会发生严重的事故，即使发生破坏也是以中线向两侧呈正八字的剪切裂缝，而不是悬挑结构的单边的裂缝。

我们可以通过建立巨型空间结构的受力分析模型算出浮力造成柱子的轴力和剪力的数值来进行构件承载力计算，但这个计算并不准确，也很难在构件层面满足承载力要求，所以做好的办法还是减小水浮力的影响，比如压重和拉锚杆。

不过对于两端对称有高层且高层间距很小的情况，车库的因浮力轴力增加且剪力不大，可以不用另外采取措施，但要分析清楚。

2.26　如何确定纯地下室与主楼相连时基础设计等级？

当基础设计等级和桩基设计等级为甲级时，规范对基坑支护设计、沉降变形验算及观测、岩土原位测试等有特殊要求。

《建筑地基基础设计规范》GB 50007—2011（以下简称《地基规范》）第3.0.1条规定：体型复杂、层数相差超过10层的高低层连成一体的建筑物地基基础设计等级为甲级。《建筑桩基技术规范》JGJ 94—2008（以下简称《桩基规范》）第3.1.2条规定：体型复杂且层数相差超过10层的高低层（含纯地下室）连体建筑的建筑物地基基础设计等级为甲级。

上述规范条款有两个争议点，一是对于比较常见的地上层数大于10层的主楼与纯地库连在一起的建筑，其地基基础设计等级是否都为甲级；二是层数是否包含地下室的楼层？

纯地下室和主楼如果连成一体，且主楼层数超过10层，由于上部荷载大小相差悬殊、结构刚度和构造变化复杂，容易出现地基不均匀变形，为使地基不超过建筑物的变形允许值，地基基础设计的复杂程度和技术难度均较大，确定地基基础设计等级时应算作《地基规范》和《桩基规范》规定的高低层连体建筑，主楼及纯地下室基础设计等级均应定为甲级。

因为地下空间的挖土卸载作用，地下室层数不是造成上部荷载大小相差悬殊的主要原因，所以《地基规范》和《桩基规范》条文中的相差层数为主楼地面以上的层数。

2.27 高层建筑嵌固端相关范围的楼盖形式

《高层建筑混凝土结构技术规程》JGJ 3—2010（以下简称《高规》）第 3.6.3 条："作为上部结构嵌固部位的地下室楼层的顶楼盖应采用梁板结构"第 5.3.7 条："计算地下室结构楼层侧向刚度时，可考虑地上结构以外的地下室'相关范围'的结构"，一般指地上结构外扩不超过三跨的地下室范围。可见《高规》并没有提出"相关范围"的楼盖应采用梁板结构的要求。

但是，在《建筑抗震设计规范》（以下简称《抗规》）第 6.1.14 中明确提出："地下室在地上结构相关范围的顶板应采用现浇梁板结构，相关范围以外的地下室顶板宜采用现浇梁板结构""相关范围一般可从地上结构（主楼、有裙房时含裙房）周边外延不大于 20m"。

常见的如图 2.27.1 所示的地下室相关范围采用无梁楼盖的做法便有违《抗规》要求。

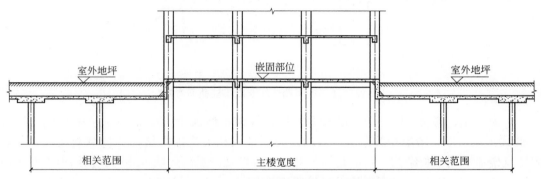

图 2.27.1　地下室相关范围采用无梁楼盖的做法

下面分析一下"相关范围"的顶板是否有必要采用梁板结构。作为上部结构的嵌固端（主要指竖向构件的下端），最重要的三个条件：

（1）不发生平面移动；

（2）不发生转动；

（3）框架柱嵌固端的梁柱节点应将首层柱的下端作为"弱柱"设计，即大震时首层柱底屈服出现塑性铰，梁及地下室柱上端不出现塑性铰。

满足这三个条件，即达到了嵌固的效果。

为了满足条件（1），《高规》第 5.3.7 条要求，"地下一层与首层侧向刚度比不宜小于 2"（同《抗规》第 6.1.14 条第 2 款）；且对楼板的厚度和配筋率提出构造性要求，保证楼板的平面内刚度和抗剪强度，从而保证其协同工作能力。

侧向刚度的计算采用《高规》附录 E 中式 E.0.1，即：

$$\gamma_e = \frac{\dfrac{G_1 A_1}{h_1}}{\dfrac{G_2 A_2}{h_2}}$$

为了满足条件（2），《高规》第 3.6.3 条要求嵌固端采用梁柱节点，不能采用板柱节点，即地下室顶板应采用梁板结构，其目的是利用框架梁来加强对柱根的转动约束。尽管规范未给出同一方向交于同一柱根的框架梁线刚度与框架柱线刚度的比值要求，但从概念上来讲，以梁来约束柱的转动是可靠的，无梁楼盖达不到对柱的转动约束。而对于"相关范围"，由于没有上部，也就没有约束上部框架柱转动的需要，无须采用梁板结构。只是在计算楼层侧向刚度时，计入"相关范围"结构侧向刚度的有利作用而已。

为了满足条件（3），要求嵌固端的柱底节点满足下式要求：

$$\sum M_{bua} + M_{cua}^{t} \geq 1.3 M_{cua}^{b}$$

即保证塑性铰出现在首层柱底部，梁端和地下室柱上端的受弯承载力足够强而不出现塑性铰，以形成对首层柱的强有力约束，达到不倒塌的抗震目标。如图 2.27.2 所示。

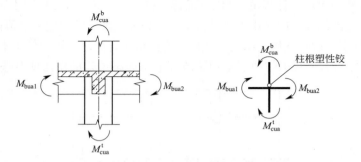

图 2.27.2　嵌固端柱底节点梁柱截面弯矩

作为简化，将交于同一节点的梁配筋比计算结果增加 10%；地下室柱配筋比首层柱增加 10%；所以，考虑相关范围，目的是为了计入相关范围内结构的抗侧刚度；要求嵌固部位楼盖采用梁板结构，目的是为了对地上框架柱的根部形成可靠的嵌固约束。对于地上结构投影范围以外的地下室顶板（包括相关范围），由于没有上部结构，也就没有满足条件（2）、（3）的要求；因此，"相关范围"的楼盖也就没有采用梁板结构的必要。

2.28 地下室无梁楼盖是否可行?

张利军 北京交大建筑勘察设计院有限公司

无梁楼盖是一种古老而优异的结构形式,自 20 世纪初诞生以来,由于净空高、造型优美、施工方便、管线布置灵活等优点,被广泛应用于商场、书库、轻工业厂房等工业与民用建筑中。

21 世纪以来,因其优越的经济性和良好的空间效果,无梁楼盖被广泛应用于大底盘地下室的覆土顶板。但是,近几年来发生的几次坍塌事故,给大众心理带来一定的恐慌,并对无梁楼盖产生了广泛的质疑,我们必须重新认识无梁楼盖。

无梁楼盖没有梁,荷载直接由楼板传给柱,楼板和柱的交接部位受力复杂且量值巨大,是无梁楼盖的关键部位。由于无梁楼盖的以下特点,板柱节点也成了无梁楼盖的薄弱部位。

1. 影响无梁楼盖的几个因素

(1) 柱对无梁楼盖的冲切面是四周闭合的,而且冲切应力在竖向截面上的分布是中间大、表面小,所以一旦超载,裂缝先在混凝土内部产生,且其发展过程均处于隐蔽状态;直至裂缝发展到楼板表面时才有可能被发现,但为时已晚;柱对板的冲切破坏无预警,无梁楼盖的坍塌均为突发。

(2) 由于是板柱结构,尽管板可以很厚,柱帽往往在 600mm 以上,但人们依然按板的方式配筋,只有纵筋,没有横向钢筋,完全依靠混凝土强度抗冲切,所以发生事故的工程均表现为脆性冲切破坏。

(3) 不平衡弯矩对板柱节点的抗冲切承载力影响显著;而荷载的不均匀分布或者跨度大小不均,都会在板柱节点上产生很大的不平衡弯矩。

以方形柱为例,《混凝土结构设计规范》附录 F 中板柱节点抗冲切计算公式(F.0.1-1)可简化为:

$$F_l \leqslant 0.7 f_t \mu_m h_0 - \frac{4.8M}{\mu_m}$$

M——不平衡弯矩设计值。

以柱网 8.1m×8.1m、覆土 1.5m 为例。假设覆土总量相同,图 2.28.1 为覆土隔跨堆积;图 2.28.2 为覆土均匀分布。

图 2.28.1 中不平衡弯矩 $M_1 = 1038.5$kN·m,图 2.28.2 中不平衡弯矩 $M_2 = 19.65$kN·m;两图中柱的轴力设计值,即柱对板的冲切力均为 $F_l = 2391.5$kN;设柱截面 600mm×600mm,柱帽厚度 600mm,则 $h_0 = 550$mm,$\mu_m = 4 \times (600+550) = 4600$mm;混凝土采用 C30。

对于图 2.28.1 所示荷载不利分布的情况,柱帽抗冲切承载力:

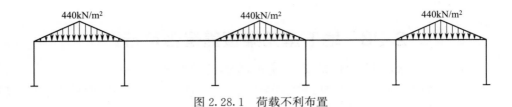

图 2.28.1　荷载不利布置

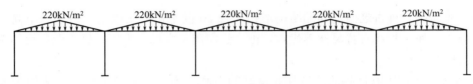

图 2.28.2　荷载均匀布置

$$0.7f_t\mu_m h_0 - \frac{4.8M}{\mu_m} = 0.7 \times 1.43 \times 4600 \times 550 - \frac{4.8 \times 1038.5 \times 10^6}{4600} = 1448.8\text{kN} < F_l = 2391.5\text{kN}$$

抗冲切承载力仅为冲切力的 60%，抗冲切不满足；柱帽厚度增加到 750mm，抗冲切方能满足要求。

对于图 2.28.2 所示荷载均匀分布的情况：

柱帽抗冲切承载力：

$$0.7f_t\mu_m h_0 = 0.7 \times 1.43 \times 4600 \times 550 = 2532.5\text{kN} > F_l = 2391.5\text{kN}$$

抗冲切承载力满足要求。

由上述比较可见，在冲切力相同的情况下，荷载不均匀分布对抗冲切承载力影响巨大。

（4）施工和使用过程中，荷载不利分布的情况随处可见。在施工过程中，大底盘地下室顶板往往被当作施工料场，往往会有大型运输车行走；在顶板覆土过程中，运来的土随意堆积，推土机械和压实机械频繁使用。在正常使用过程中，荷载分布相对比较均匀，但也不排除消防车和大型运输车的碾压；每一次的不均匀受力，都有可能在板柱节点处造成内伤，或者造成内伤的发展。

（5）对混凝土的抗冲切能力挖潜过大

在《混凝土结构设计规范》GBJ 10—89 中，抗冲切承载力验算公式是这样的：

$$F_l \leqslant 0.6f_t\mu_m h_0$$

式中　F_l——局部荷载设置值或集中反力设计值（当计算无梁楼盖柱帽处的受冲切承载力时，取柱所承受的轴向力设计值减去柱顶冲切破坏锥体范围内的荷载设计值）；

　　　μ_m——距局部荷载或集中反力作用面积周边 $h_0/2$ 处的周长。

但在《混凝土结构设计规范》GB 50010—2002 中，将上式中的 0.6 改为 0.7，主要是参照国外规范和实验结果，相当于将受剪承载力提高了 16.7%。但是，现阶段多数工程处于赶工状态，拆模早，加载早，混凝土内部初始微细裂缝很可能成了千里之堤之蚁穴；不适宜过高利用混凝土的能力。

2. 对无梁楼盖设计和使用的改进意见

（1）由于无梁楼盖的优越性，对于适宜的地下室，仍应采用无梁楼盖；

（2）对荷载不均匀分布和跨度相差悬殊的无梁楼盖，板柱节点的抗冲切应予足够重视，尤其应增加施工阶段不利工况的验算，而不应仅验算正常使用阶段工况；

（3）施工阶段应限制大型车辆在上面行走；覆土施工中应控制堆土厚度，并限制重型机械施工；

（4）柱网布置时，应尽可能使同方向各跨跨度均匀，把跨度的差值控制在 20% 以内；

（5）抗冲切承载力验算应适当留有余地；鉴于现阶段的工程管理水平，建议抗冲切系数恢复《混凝土结构设计规范》GBJ 10—89 中的规定，采用 0.6；

（6）设置抗冲切钢筋；无论是不是抗震结构，或者即使不配置箍筋和弯起钢筋时抗冲切承载力已满足要求的情况，均按《高层建筑混凝土结构技术规程》8.2.4 条的要求，在柱上板带中设置构造暗梁，暗梁宽度取柱宽及两侧各 1.5 倍板厚之和。构造如图 2.28.3 所示。

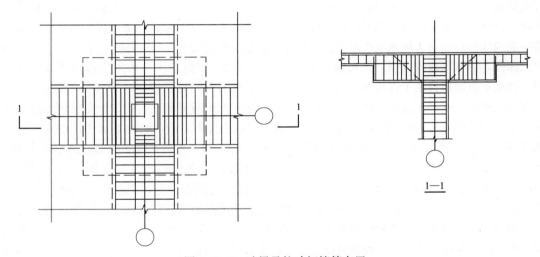

图 2.28.3　暗梁及抗冲切箍筋布置

暗梁箍筋的布置，当计算结果为不需要时，按构造布置箍筋：直径不应小于 8mm，间距不宜大于 $3h_0/4$，肢距不宜大于 $2h_0$；当计算结果为需要时应按计算确定，且箍筋直径不应小于 10mm，间距不宜大于 $h_0/2$，肢距不宜大于 $1.5h_0$。h_0 为楼板有效厚度（不是柱帽的有效厚度）。

设置暗梁不仅竖向受力合理，而且箍筋可以大大改善板柱节点的抗冲切延性，提高结构安全度；从不平衡弯矩对无梁楼盖的不利影响的角度来看，地震作用对无梁楼盖的不利影响主要是增加了不平衡弯矩；所以，无论是抗震或非抗震的无梁楼盖结构，设置暗梁总是适宜的。

2.29　在地下室周边设置盲沟降低抗浮水位方法的探讨

李国胜[1]，郑言发[2]，吴冲[3]

（1　铜陵市建筑工程施工图设计文件审查有限公司、铜陵市建设工程
质量监督监测有限公司；2　安徽中汇规划勘测设计研究院有限公司；
3　安徽山水城市设计有限公司）

随着小区车位配置比例的提高，地下室越来越多，越来越大，越来越深（多层车库），抗浮问题也越来越突出。解决抗浮稳定性问题有两种方法，一种是"抗"，如加大配重、增设锚杆或抗拔桩等；另一种是采取措施降低抗浮水位。由于"抗"的方法造价太高，建设单位希望勘察、设计单位能采取措施降低抗浮水位，从而节约造价。在山区或丘陵地区，很多建筑场地有一面或几面高出周边场地或市政道路，抗浮水位如果按通常方法取室外地坪下 0.5～1.0m 似乎太保守，但如果取得太低，又可能不安全。因为当地下室处于不透水地层或弱透水性地层时，如果基坑肥槽回填土透水性较强、密实度不高、地表封闭效果较差，降雨或地表水下渗将储存在肥槽中，由于无排泄条件而形成高水位（众多工程事故案例已证明，此条件将对基础底板产生较大的浮力）。为解决这一问题，可在地下室周边设置盲沟，将地下水快速排入市政雨水井或较低场地的雨水井，从而达到降低抗浮水位的目的。虽然《建筑工程抗浮技术标准》JGJ 476—2019（以下简称《抗浮标准》）和《地下工程防水技术规范》GB 50108—2008（以下简称《防水规范》）对其进行了规定，但很多规定仅仅是原则性的，无法指导具体设计。另外，由于该设计涉及建筑结构、岩土和给排水专业，而实际设计往往是由某一个专业独立完成的，难免会出现错误，达不到降低抗浮水位的目的，甚至存在重大安全隐患。本节由建筑结构、岩土和给排水三个专业工程师共同完成，希望对设计人员有所帮助，同时也希望大家多提宝贵意见，以使该设计方法更加完善。

1. 盲沟排水原理

《防水规范》第 6.2.4 条条文说明解释了在地下室周边设置盲沟降低抗浮水位方法的原理：盲沟排水，一般设在建筑物周围，使地下水流入盲沟内，根据地形使水自动排走。如受地形限制，没有自流排水条件，则可设集水井，再由水泵抽走。实际工程中，"根据地形使水自动排走"（简称"自流式"）就是盲沟内集水管设置一定的坡度，在盲沟最低标高处设集水井，再通过排水管将盲沟内水排入市政雨水井；当地下室附近有较低的场地时，也可通过排水管将盲沟内水排入较低场地的雨水井。当盲沟最低标高低于附近市政雨水管标高时，必须设集水井，由水泵将集水井中水抽走（简称"泵抽式"）。"自流式"运行成本低，适宜采用；"泵抽式"长期运行成本高，不宜采用。

2. 适用范围及其理解

《防水规范》第 6.2.4 条规定了在地下室周边设置盲沟降低抗浮水位方法的适用范围：

盲沟排水宜用于地基为弱透水性土层、地下水量不大或排水面积较小，地下水位在建筑底板以下或在丰水期地下水位高于建筑底板的地下工程。

（1）当建设场地的地基为强透水性及以上土层时，雨水在沿地面径流的同时，会大量下渗，以至于盲沟来不及排水，地下水位可能会升高到设定的盲沟以上。因此，盲沟排水不宜用于强透水性及以上土层。

（2）当地下水量大或排水面积大时，由于盲沟排水能力有限，大体量的地下水再加上外围径流补给，盲沟控制地下水位的效果降低，地下水位有升高到设定的盲沟以上的可能，因此，盲沟排水不宜用于地下水量大或排水面积大的情况。

（3）规范规定盲沟宜用于"地下水位在建筑底板以下或在丰水期地下水位高于建筑底板的地下工程"，是基于该规范将盲沟设置在地下室底板标高处或更低处（见《防水规范》图 6.2.5-1、图 6.2.5-2）。此时，如果常年地下水位高于底板，盲沟将长期工作，不停地排水，且排水量大，一方面盲沟的反滤层、集水管容易淤塞，另一方面长期水流的潜蚀作用可能带走细土粒，破坏土体结构。根据这个原则，当盲沟高于底板标高时，也要求常年地下水位低于盲沟标高，仅丰水期地下水位可以高于盲沟标高。换言之，盲沟位置宜高于常年地下水位。对于上层滞水，由于其具有不连续性和季节性，盲沟设置标高能否低于上层滞水水位，可由专家论证确定。

3. 可行性论证

由于在地下室周边设置盲沟降低抗浮水位的方法涉及建筑结构、岩土和给排水三个专业，因此，应由甲方组织召开专家论证会（专家组一般由两名结构专业、两名岩土专业及一名给排水专业专家组成），对设计单位提出的期望抗浮水位（期望抗浮水位一般为防水板满足构造配筋时的抗浮水位或不需设抗浮锚杆和抗拔桩时的抗浮水位）进行论证，并形成专家论证意见。专家论证意见应提出建议的抗浮水位（如果期望抗浮水位能实现，建议的抗浮水位宜取期望抗浮水位）及有关要求。然后由勘察单位对专家论证意见建议的抗浮水位进行确认，确认后的抗浮水位即为设计抗浮水位。最后由设计单位按设计抗浮水位及专家论证意见进行盲沟设计。

4. 盲沟设计

1）盲沟平面布置图（图 2.29.1）

为方便读者对照理解，笔者绘制了盲沟剖面示意图（见图 2.29.2），设计时可以不绘制该图，但应将所有内容在"盲沟平面布置图"和"大样图"中表达清楚。

盲沟平面布置图具体内容包括：

（1）盲沟位置、坡度及标高，应在图中示出盲沟平面位置（沿地下室周边布置一圈）、盲沟集水管坡度及顶标高。防水规范对盲沟坡度未作规定，参照《建筑基坑支护技术规程》JGJ 120—2012（以下简称《基坑支护规程》）第 7.4.3 条及《建筑边坡工程技术规范》GB 50330—2013 第 16.2.3 条第 3 款，盲沟坡度不宜小于 0.3%。

（2）盲沟检查井位置及标高，图中应示出盲沟检查井平面位置、底标高和顶标高。《防水规范》第 6.2.5 条第 5 款规定，应在转角处及直线段每隔一定距离（一般可为 30～50m）设置检查井，井底距集水管底应留设 200～300mm 的沉淀部分，井盖应采取密封措施。检查井顶面高出室外地面不应小于 150mm，以防地表水进入。盲沟检查井的作用是

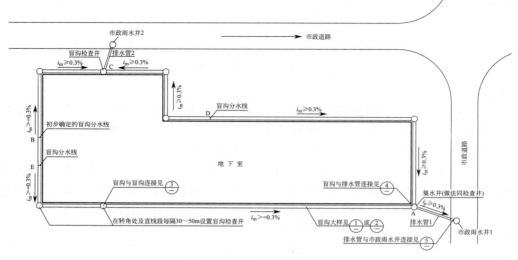

图 2.29.1 盲沟平面布置图

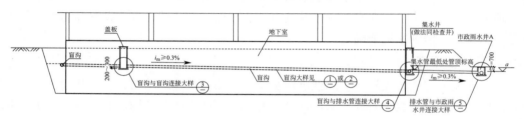

图 2.29.2 盲沟剖面示意图

监测地下水位及进行盲沟（集水管）的维护与疏通。

（3）市政雨水井位置及标高，用来接收盲沟排水的市政雨水井应在平面图中示出（不宜少于2个），如图2.29.1中雨水井1、雨水井2，且应注明雨水井内管顶标高（该标高由甲方提供）。这些雨水井应确保暴雨时节排水畅通，不出现积水和回水。

（4）排水管位置、坡度及标高，连接盲沟和市政雨水井的排水管应在平面图中示出，如图2.29.1中排水管1、排水管2，且应注明坡度和标高。与盲沟集水管坡度一样，排水管坡度不应小于0.3%，排水截面积不应小于盲沟集水管排水截面积的两倍。

2）大样图

（1）盲沟大样：图2.29.3参照《防水规范》第6.2.5条规定的盲沟做法，图2.29.4参照《基坑支护规程》第7.4.3条文说明规定的盲沟做法。其区别为：图2.29.3盲沟采用卵石与中砂反滤层，图2.29.4盲沟采用级配碎石外包两层土工布反滤层。大样中混凝土垫层上增设透水孔，贴地下室外墙边增设通长透水槽以及基坑底部要求采用砂石回填，目的是形成排水通道，当地下水从肥槽外侧或肥槽内渗入基底，随着水量增多，水位升高，水压随之增大，地下水可由透水槽经透水孔快速进入盲沟。由于盲沟四周为压实素土（根据《抗浮规范》第6.5.5条第3款规定，基坑肥槽回填应采用分层夯实的黏性土、灰土或浇筑预拌流态固化土、素混凝土等弱透水材料），如果不设置排水通道，基底内的地下水因无法排出可能会形成高压，增大底板浮力，形成安全隐患。

《防水规范》第6.2.5条规定，盲沟集水管内径为300mm，宜采用无砂混凝土管，但

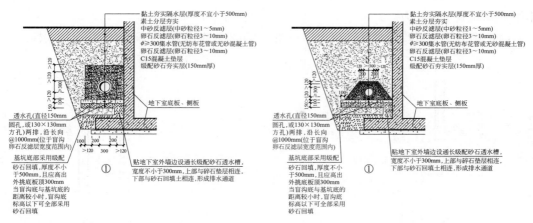

(a) 方形盲沟(施工时,卵石反滤层与中砂反滤层之间、中砂反滤层与回填土之间应设钢丝网隔开)

(b) 梯形盲沟(施工时,反滤层自然放坡)

图 2.29.3 盲沟大样一

(反滤层为卵石反滤层+中砂反滤层)

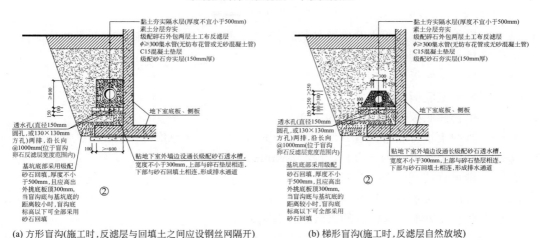

(a) 方形盲沟(施工时,反滤层与回填土之间应设钢丝网隔开)

(b) 梯形盲沟(施工时,反滤层自然放坡)

图 2.29.4 盲沟大样二

(反滤层为级配碎石外包两层土工布)

《地下建筑防水构造》(10J301) 第 63 页集水管采用无纺布花管。注意,规范规定的"盲沟集水管内径为 300"应理解为最低要求,如排水量大、盲沟长,则应加大集水管管径。

(2) 盲沟与盲沟连接大样:图 2.29.5 为盲沟与盲沟在检查井处连接大样,检查井做法可选用给排水专业标准图。

(3) 盲沟与排水管连接大样:图 2.29.6 为盲沟与排水管通过集水井连接大样。当地下室底板有外挑板时,集水井底板底面不得低于地下室外挑底板顶面。当地下室底板无外挑时,集水井底板底面不得低于地下室底板底面,否则需加大基坑开挖深度,增加基坑支护造价;当为筏板基础时,还会影

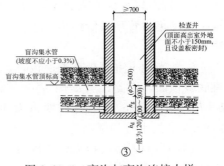

图 2.29.5 盲沟与盲沟连接大样

响筏板基础地基承载力。

（4）排水管与市政雨水井连接大样：图 2.29.7 为排水管与市政雨水井连接大样。

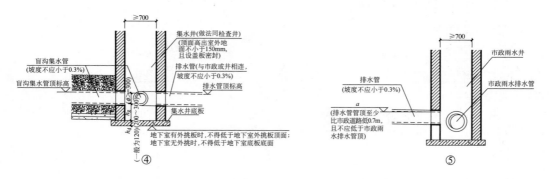

图 2.29.6　盲沟与排水管连接大样　　　　图 2.29.7　排水管与市政雨水井连接大样

5. 盲沟集水管顶标高的确定

为了后文叙述方便，先对有关符号的含义进行规定：

a——排水管在市政雨水井侧壁处的顶标高（见图 2.29.7 及图 2.29.2 最右边大样）；

L——排水管长度（m）；

b——地下室底板顶标高；

c——地下室底板底标高；

h_d——检查井底板厚度，一般为 120mm；

h_g——盲沟集水管底与检查井底板顶之间的距离，一般为 200～300mm；

φ——盲沟集水管（内）直径，应≥300mm；

i_p——排水管坡度，应≥0.3%；

i_m——盲沟（集水管）坡度，应≥0.3%。

1）用来推算集水管顶标高的市政雨水井的确定

盲沟集水管顶标高可从距离地下室较近、标高较低的市政雨水井处开始推算，如图 2.29.1 中雨水井 1。如果地下室附近同时有几个雨水井，判断哪个是用来推算集水管顶标高的市政雨水井较困难时，则可按以下方法确定：以各自雨水井中市政排水管顶为起点，以同样的坡度，按照能够实现的布管路线向地下室延伸，与地下室外边缘交点标高最低的雨水井即为用来推算集水管顶标高的市政雨水井。

2）盲沟集水管顶最低标高的确定

盲沟集水管顶最低标高位于盲沟与排水管连接的集水井处（图 2.29.6），可按以下方法推算：

（1）当地下室底板有外挑板时，由于图 2.29.6 中集水井底板底面不得低于地下室外挑底板顶面，因此，当 $a+L\times0.3\%<b+h_d+h_g+\varphi$ 时，图 2.29.6 中集水管顶标高为 $b+h_d+h_g+\varphi$，排水管坡度将大于 0.3%；如果 $a+L\times0.3\%\geq b+h_d+h_g+\varphi$，图 2.29.6 中集水管顶标高为 $a+L\times0.3\%$，排水管坡度等于 0.3%。

（2）当地下室底板无外挑板时，由于图 2.29.6 中集水井底板底面不得低于地下室底板底面，因此，当 $a+L\times0.3\%<c+h_d+h_g+\varphi$ 时，图 2.29.6 中集水管顶标高为 $c+$

$h_d + h_g + \varphi$，排水管坡度将大于 0.3%；如果 $a + L \times 0.3\% \geq c + h_d + h_g + \varphi$，图 2.29.6 中集水管顶标高为 $a + L \times 0.3\%$，排水管坡度等于 0.3%。

3）其他部位盲沟集水管顶标高的确定

在盲沟集水管顶最低标高确定后，再以此处为起点 A，集水管按照不小于 0.3% 的坡度向两侧沿地下室周边往远处延伸（一般情况下两边坡度相同，特殊情况时也可不同），直到交圈，交圈处 B 点即为集水管最高点（此时集水管闭环有两条排水路径：AB 左线和 AB 右线），这样就初步确定了集水管顶标高。如果只有这一个雨水井，那么初步确定的集水管顶标高就是最终标高。如果附近还有其他市政雨水井（如图 2.52.1 中雨水井 2），先判断其能否利用。判断方法是：以排水管 2 在雨水井 2 侧壁处的顶标高为起点，以 0.3% 的坡度向地下室延伸，与地下室边缘的交点标高如果高于初步确定的集水管顶标高，则雨水井 2 就不能利用；如果不高于初步确定的集水管顶标高，则雨水井 2 就能利用。再以排水管 2 与盲沟交点为起点 C，集水管按照不小于 0.3% 的坡度向两侧沿地下室周边往远处延伸（一般情况下两边坡度相同，特殊情况时也可不同），直到与初步确定的集水管顶标高相交于 D、E 两点（此时集水管闭环有两个出口、四条排水路径：DA、DC、EA、EC）。如果附近还有市政雨水井可以利用，集水管顶标高确定方法依此类推。

6. 盲沟竖向的最终确定

按本节方法设置盲沟后，为了安全和方便抗浮计算，盲沟所能控制的抗浮水位（下文简称盲沟抗浮水位）建议按以下方法确定：当地下室顶、底板均在同一个标高时，盲沟抗浮水位取盲沟最高点集水管顶标高；当地下室顶、底板有坡度（或整体有坡度）时，盲沟抗浮水位则取盲沟集水管顶与室外设计地面最小距离 n，即室外设计地面标高下 n。

（1）当盲沟抗浮水位比设计抗浮水位（即经勘察单位确认的专家论证会建议的抗浮水位）低 0.5m 以上时，则宜将全部盲沟整体上抬，排水管坡度加大（同时盲沟底标高应高于常年地下水位）。因为虽然盲沟标高越低，对降低抗浮水位越有利，但也会使盲沟排水量加大，工作时间（排水时间）加长，出现更多的沉渣淤塞盲沟。另外，当全部盲沟整体上抬后，可能会出现附近市政雨水井原来因为排水管坡度小于 0.3% 不能利用但现在可以利用的情况，这时就可根据需要增加可以利用的雨水井。

（2）当盲沟抗浮水位比设计抗浮水位低 0.5m 以内时，则盲沟设计满足要求，不需再做调整。

（3）当盲沟抗浮水位比设计抗浮水位高时，则盲沟设计不满足要求，需重新设计（可减小排水管和盲沟坡度，但不应小于 0.3%）。

7. 有临空面的地下室盲沟设置问题

当地下室有一面或几面为临空面时，抗浮水位不能以临空面处室外标高为基准取值。因为地表水从有土体一侧下渗，从临空面一侧排出需要一定的时间（砂质土时间短，黏性土时间长，淤泥或淤泥质土时间更长），在这段时间内，有土体一侧水位会升高，极端情况有可能与该侧室外地面平齐；从临空面一侧地下室底板下冒出的水可能具高承压性。也就是说，地下室靠临空面一侧抗浮水位可能高于室外地面，整个地下室底板的抗浮水位从临空面一侧到有土体一侧越来越高。有土体一侧抗浮水位比相应室外地面适当降低是可以的，但绝不能降得太多。如果需要降低抗浮水位，必须同周边均有土体的地下室一样设盲沟，加快地下水的排出，以达到降低抗浮水位的目的。

8. 设计文件中应明确的几点要求

（1）地下室开工前，甲方应再次核对市政雨水井内排水管顶标高是否与图中标注的一致，如高于图中标注标高，且导致连接盲沟和市政雨水井的排水管坡度小于0.3%，则应重新确定抗浮水位，修改地下室抗浮设计。

（2）地下室周边回填土应分层夯实，压实系数不应小于0.94。回填材质在盲沟顶面以下推荐采用级配砂石、砂土（此时盲沟无需专门设置透水槽）；盲沟顶面以上宜按照《抗浮标准》第6.5.5条第3款规定，采用分层夯实的黏性土、灰土或浇筑预拌流态固化土、素混凝土等弱透水材料（至少应在肥槽顶部高度不小于500mm的范围内采用黏土夯实作为隔水层），以减少地表水下渗。

（3）当局部有透水层通到地面时，应在地面处换填厚度不小于500mm黏土夯实，作为隔水层，以防雨水沿透水层下渗到地下室周围。

（4）监测

①应进行地下水水位和水压力监测，配置可实时监控地下水水位的设施，建立自动监控系统，设置水压监测与预警系统（见《抗浮标准》第7.4.2、7.4.3、7.4.5、7.4.7条）；

②监测过程中应及时整理监测资料，预测可能发生的问题（见《抗浮标准》第10.4.4条）；

③地下水水位明显超过设计控制水位时应及时抽排（见《抗浮标准》第10.4.3条）；

④监测结果应及时反馈给设计、工程管理部门、产权单位及使用单位（见《抗浮标准》第10.1.8条）；

⑤监测信息宜建立数据库管理系统，成果报告、原始数据记录应一并提交归档（见《抗浮标准》第10.1.9条）；

⑥其余监测要求详见《抗浮标准》第10章规定，监测项目第10.1.2条。

（5）维护

①监测数据出现异常或发现影响正常使用现象时应及时维护（见《抗浮标准》第10.1.7条第4款）；

②应配备长期维护措施（见《抗浮标准》第6.5.4条）；

③应对检查井及其设施（如集水管）进行经常性维护（疏通），设施一经损坏必须及时修复。具体按《抗浮标准》第10.4.5条规定执行。

④维护结果应及时反馈给设计、工程管理部门、产权单位及使用单位（见《抗浮标准》第10.1.8条）；

⑤其余维护要求详见《抗浮标准》第10.1.7条。

（6）应急措施

①应配备长期应急措施（见《抗浮标准》第6.5.4条）；

②既有工程抗浮失效且可能产生进一步危害时，宜采取应急措施：隆起变形较大区域宜降水、泄压等；应封闭地面裂缝，并设置截水、排水设施；条件允许时宜增加上部荷载，并对既有结构进行临时支撑（见《抗浮标准》第6.5.5条）。

（7）检验和验收：

抗浮工程应作为建筑地基基础工程的分项工程进行施工质量检验和验收（见抗浮标准第6.5.4条）。具体按《抗浮标准》第9章有关规定执行。

9. 存在的问题

在地下室周边设置盲沟降低抗浮水位方法虽然能降低抗浮水位，但存在以下四个方面问题（这也是诸如在地下室底板下设置盲沟等方法的共性问题），在专家论证会上或盲沟设计前应告知甲方，供建设单位决策。

（1）设计方法不成熟

目前尚缺少定量的计算方法，基本上处于概念设计阶段，有待进一步研究（见《抗浮标准》第7.4.1条条文说明）。

（2）实际使用年限达不到50年

目前工程界对采用盲沟降低抗浮水位方法存在耐久性质疑（见《抗浮标准》第7.4.3条条文说明），必须长期维护才能维持其有效性（见《抗浮标准》第6.5.4条条文说明）。即使按规定长期维护，实际使用年限依然很难达到与建筑工程结构设计使用年限相同的50年，因为天长日久，反滤层可能会被堵塞，地下水无法进入盲沟排走。如果按照《抗浮标准》第3.0.4条"抗浮构件及设施的耐久性年限不应少于建筑工程结构设计使用年限"的规定（强条），盲沟降低抗浮水位的方法是不能采用的，但基于有些工程实际采用了盲沟降低抗浮水位的方法，《抗浮标准》仍然将其（即《抗浮标准》中的"排水限压法"）列入规范，同时提出了严格的检测、验收、监测、维护及配备应急措施的规定。因此，如果盲沟使用一定年限后失效，不能降低抗浮水位，则需重新施工盲沟。

（3）后期维护费用高

在地下室周边设置盲沟降低抗浮水位方法必须长期维护才能维持其有效性，尤其长期监测和维护将耗费大量的投入，因此，需要在技术可行、安全可靠、资源节约的前提下选用，否则难以确保与设计使用年限同期的效果（见《抗浮标准》第6.5.4条条文说明）。不能因为短期投入少而忽略了长期维修或维护费用（见《抗浮标准》第7.4.3条条文说明）。

（4）盲沟使用有风险

在地下室周边设置盲沟降低抗浮水位方法要求严格，如果实际场地的地质情况（土质和地下水）掌握的不准确、没有进行盲沟设计或设计错误、施工质量得不到保证或没有定期进行疏通维护，造成盲沟沉降开裂、集水管堵塞或盲沟水来不及排走等问题，盲沟降低地下室抗浮水位的方法都将失败，出现地下室抗浮破坏。

10. 结语

（1）在地下室周边设置盲沟降低抗浮水位方法应同时具备以下条件：

①建筑场地地基为弱透水性土层；

②地下水量不大、排水面积较小；

③常年水位低于盲沟标高；

④周边有较低的市政雨水井或小区雨水井。

（2）在地下室周边设置盲沟降低抗浮水位方法的基本思路是："隔"、"排"结合，

"隔"就是肥槽顶面及局部通到地面的透水层顶面，高度不小于 500mm 的范围内，应采用黏土夯实作为隔水层，以尽可能减少地表水下渗；"排"就是让从肥槽外侧或肥槽内渗入的水尽快进入盲沟排走，将地下水位控制在盲沟标高以下。

（3）应检验和验收。

（4）应建立自动监控系统，设置水压监测与预警系统，进行地下水水位和水压力监测。

（5）应定期进行维护，清除集水井沉渣，疏通集水管、排水管道。

（6）应配备长期应急措施。

（7）在地下室周边设置盲沟降低抗浮水位方法存在设计方法不成熟、实际使用年限达不到 50 年、后期维护费用高和盲沟使用有风险四个方面问题，这四个方面问题应在专家论证会上告知甲方，供其决策。

（8）在建筑使用期间可能需要重新进行盲沟施工，因此，采用该方法应慎重。

2.30 塔楼偏置结构位移比超限问题

如图 2.30.1 所示的塔楼偏置结构，裙房的左端位移比很容易超规范限值要求。

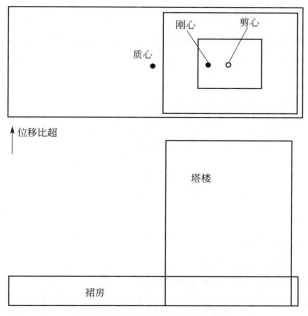

图 2.30.1　塔楼偏置结构图

一般情况下，我们首先想到的是因为质心偏左，刚心偏右，所以在裙房左端增设剪力墙或其他措施，加强左侧刚度，如图 2.30.2 所示。但有时候这样做并不能很好地解决裙房左端位移比超限的问题，反而在裙房右端增设剪力墙（如图 2.30.3 所示）解决了问题。

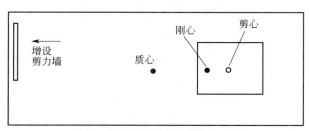

图 2.30.2　裙房左端增设剪力墙

很多人觉得这有违常识，其实不然。采用反应谱方法计算结构水平地震作用时，一般是每个楼层简化为一个质点，也就是说一般认为水平地震作用合力的作用点为质心位置。所以认为质心与刚心不重合的时候，整个结构就会出现扭转效应。但裙房处的剪力不仅包括本层地震作用，还包括塔楼上部各层地震作用力，所以裙房处的水平地震作用合力的作

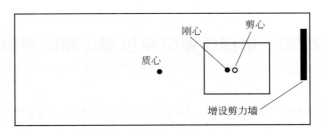

图 2.30.3 裙房右端增设剪力墙

用点不是裙房的质心位置，而是图示的剪心位置，是上部塔楼的水平地震作用合力点。剪心的坐标可按下式计算：

$$x_{vi} = \frac{\sum_{j=i}^{n} F_{yj} x_{mj}}{\sum_{j=i}^{n} F_{yj}}$$

$$y_{vi} = \frac{\sum_{j=i}^{n} F_{xj} y_{mj}}{\sum_{j=i}^{n} F_{xj}}$$

式中 x_{vi}、y_{vi}——i 层的剪心坐标；

x_{mj}、y_{mj}——j 层的质心坐标；

F_{xj}、F_{yj}——j 层的 X，Y 向地震作用。

当剪心与刚心重合时，裙房的位移比就会大幅降低。因为剪心才是每层地震作用合力的真实位置，减小剪心与刚心之间偏心距，可以有效改善结构的扭转效应。

2.31 剪重比可否作为结构侧向刚度的衡量指标？

张利军　北京交大建筑勘察设计院有限公司

众所周知，建筑结构的侧向刚度越大，则地震作用越大；太大的侧向刚度会使得结构不经济、不合理甚至不安全。反之，侧向刚度越小，则地震作用越小。但侧向刚度太小的话，会使得重力二阶效应明显，结构抗倒塌能力差。那么，怎样的侧向刚度才是适宜的呢？

判断结构侧向刚度适宜性的指标，主要有刚重比、层间位移角、剪重比。对于框剪结构来说，还可用底层剪力墙承受的地震倾覆力矩占比来判断剪力墙数量的合理性，从而衡量侧向刚度的适宜性。在设计过程中，我们对位移角、刚重比、剪力墙占比很重视，是能执行规范规定的。但对于最小剪重比的要求，尽管《建筑抗震设计规范》GB 50011—2010（以下简称《抗规》）和《高层建筑混凝土结构技术规程》JGJ 3—2010（以下简称《高规》）中的要求都是强条，但在较长的一段时间内，我们仅是用乘以放大系数的办法来达到最小剪重比的要求，这其实是有违《抗规》精神的。对于高宽比较大、周期较长的建筑，用剪重比来把控结构侧向刚度的适宜性更为重要。

1. 为什么要规定最小剪重比？

规定最小剪重比是因为目前地震记录的有限和加速度反应谱法的局限。地震地面运动确实存在长周期分量，周期可达 $10\sim100s$；目前的地震记录仪无法记录周期 $10s$ 以上的地震波，对 $5s$ 以上地震波的记录也失真；对反应谱长周期段的可靠性没有把握；根据地震记录构建的加速度反应谱在长周期段下降太快，由此计算的地震作用太小。长周期结构对高峰值、短脉冲加速度的激励响应存在迟钝和滞后现象，用加速度反应谱进行地震作用分析与实际脱节；对于长周期结构，地面运动速度和位移对结构更具破坏力，加速度反应谱法无法真实反映其作用过程；对于长周期结构，更危险的是地面运动的长周期成分与结构的共振作用；对剪重比过于小（太柔）的结构必须调整刚度，避开地面运动长周期；所以，需要给基底剪力的最小值画条杠杠，给加速度反应谱兜住底；这条杠杠就是规范设定的最小剪重比，相当于给地震影响系数曲线加了个平台段。

关于长周期结构的定义，欧洲规范认为，基本自振周期大于 $3s$ 的结构为长周期结构。我国《抗规》认为，大于 $5s$ 的结构为长周期结构。基于反应谱理论，可以认为基本自振周期大于 $5T_g$ 的结构为长周期结构，T_g 为特征周期。

2. 最小剪重比是如何确定的？

目前《抗规》中的最小剪重比只与地震影响系数最大值有关，未考虑场地类别影响。设下列符号的含义为：

T——结构基本自振周期；

λ_{min}——规范规定的最小剪重比；

$\alpha_{\max}$——地震影响系数最大值。

最小剪重比的取值为：

当结构扭转效应明显或 $T < 3.5s$ 时，最小剪重比 $\lambda_{\min} = 0.2\alpha_{\max}$；

当 $T > 5.0s$ 时，$\lambda_{\min} = 0.15\alpha_{\max}$；

当 $3.5 \leqslant T \leqslant 5.0s$ 时，按内插取值；

当 $T \gg 5.0s$ 时，$\lambda_{\min} = 0.85 \times 0.15\alpha_{\max} \approx 0.12\alpha_{\max}$。

3. 剪重比如何调整？

剪重比小于《抗规》规定的最小剪重比时如何处理，分两种情况，分别采用两种调整办法：一是采用调整系数；二是必须调整结构布置。

1）当底部剪重比略小于最小值（$0.85\lambda_{\min} \leqslant$ 实际剪重比 $< \lambda_{\min}$），而中上部楼层均满足最小值时，可采用下列方法调整：

（1）基本周期 T 位于加速度控制段时，各楼层均乘以同样大小的增大系数；

（2）基本周期 T 位于位移控制段时，各楼层均按底部剪力系数的差值 $\Delta\lambda_0$ 增加该层的地震剪力，即 $\Delta F_{Eki} = \Delta\lambda_0 G_{Ei}$；

（3）基本周期 T 位于速度控制段时，则增加值应大于 $\Delta\lambda_0 G_{Ei}$；顶层增加值取为（1）和（2）的平均值，底层和顶层连直线，中间各层的增加值按线性插值确定。

2）当底部总剪力相差较多时（实际剪重比 $< 0.85\lambda_{\min}$），相当于剪重比调整系数大于1.2，则证明结构太柔，不能仅采用乘以增大系数的方法。对楼层剪力乘以放大系数，只是提高了构件承载力，并不能解决结构体系太柔的问题，所以必须调整结构布置、减轻结构自重、提高结构刚度等。

3）只要底部总剪力不满足最小剪重比，则各楼层剪力均要调整；

4）各层剪力调整后，倾覆力矩、内力和位移等均需相应调整；

5）用时程分析法求得的总剪力也应满足最小剪重比要求；

6）《抗规》中的最小剪重比是最低要求，各类结构（包括钢结构、隔震和消能减震结构）均需遵守。

4. 加速度反应谱的分段

以 T 表示基本自振周期；以 T_g 表示特征周期。如图 2.31.1 所示，加速度反应谱的分段为：

$T \leqslant T_g$，为加速度控制段；

$T_g \leqslant T \leqslant 5T_g$，为速度控制段；

$T > 5T_g$，为位移控制段。

5. 什么是"扭转效应明显"？

《抗规》定义：扭转效应明显与否，一般可由考虑耦联的振型分解反应谱法的分析结果判断；例如，前三个振型中，两个水平方向的振型参与系数为同一个量级，即存在明显的扭转效应；《高规》定义：扭转效应明显，是指楼层最大水平位移（或层间位移）大于楼层平均水平位移（或层间位移）的1.2倍。

《高规》给出的判断方法更有操作性。

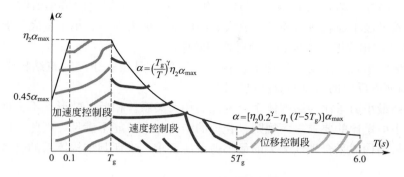

图 2.31.1   地震影响系数曲线

α—地震影响系数；α_{max}—地震影响系数最大值；

η_1—直线下降段的下降斜率调整系数；γ—衰减指数；

T_g—特征周期；η_2—阻尼调整系数；T—结构自振周期

6. 剪重比调整的软件操作

以 PKPM 为例，如图 2.31.2 所示。

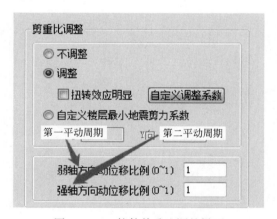

图 2.31.2   软件剪重比调整界面

选项"扭转效应明显"，用于确定最小剪重比的取值：若勾选，则不论结构周期是多少，最小剪重比均取《抗规》表 5.2.5 第一行的数值；若不勾选，则按结构周期与《抗规》表 5.2.5 中各行对应确定；要扭转效应明显，就要勾选该项。

选项"动位移比例"，用于确定剪重比的调整方法。当结构周期位于加速度段时，动位移比例填 0；当结构周期位于速度段时，动位移比例填 0.5；当结构周期位于位移段时，动位移比例填 1。弱轴方向为结构的第一平动周期方向，强轴方向为第二平动周期方向，弱轴和强轴方向的动位移比例值按各自周期分别填，数值不一定一致。

7. 广东省标准《高层建筑混凝土结构技术规程》相关规定

广东省标准《高层建筑混凝土结构技术规程》DBJ/T 15—92—2021（以下简称广东省《高规》）取消了最小剪重比与结构侧向刚度的相关性，考虑了场地类别的影响，简化了剪重比调整方法，无需调整结构布置，无论何种情况，直接乘以放大系数即可。

广东省《高规》第 4.3.13 条：当计算的底部剪力小于规定的最小值时，可直接放大地震剪力以满足最小地震剪力要求，放大后的底部总剪力尚不宜小于按底部剪力法算得的总剪力的 85%，相应地，放大相关地震作用效应。

引述堪称广东省《高规》的背景资料、2014 年 3 月发表于《建筑结构学报》的论文《长周期结构地震反应的特点与反应谱》如下：

无法证明最小剪重比与结构体系合理性的相关关系。相反，畸形、不合理的结构体系可能满足最小剪重比的要求，而规则、合理的结构却有可能不满足。因此，以是否满足人为设定的、与结构体系合理性无关的最小剪重比要求，来评判结构体系的合理性，显然没有依据。

以高宽比为 7.13 的工程实例证明，将结构侧向刚度提高约 43.5%，底层剪重比仅提高 0.044%～0.066%。显然，用提高侧向刚度的办法来满足最小剪重比的要求，几乎是不可能实现的。

为保证长周期结构的安全度，使结构承担给定的最小地震剪力，即为简单可行的办法；加大侧向刚度来满足最小剪重比的要求，理论上不正确，有违建筑抗震设计的基本概念。实践上不但增加设计的困难，也造成结构工料的浪费。

2.32 在 SATWE 计算中剪力墙边缘构件 配筋范围与《抗规》的差别

张利军　北京交大建筑勘察设计院有限公司

在 SAT2.55E 的剪力墙计算结果输出中，有一个几何信息，叫做"钢筋合力点到构件边缘的距离 C_{OV}"。$2 \times C_{OV}$ 就是计算时设定的边缘构件纵筋的配筋范围，也就是边缘构件阴影区的长度。经试算可知，C_{OV} 取值规则为：无论组合墙截面是 L 形、T 形或一字形，各墙肢边缘构件纵筋的配筋范围（相当于约束构件阴影区）均是按各个墙肢长度 h_w 计算的：

(1) 当 $h_w \leqslant 4b$（b 为墙厚）时，按框架柱计算，$C_{OV} = 40mm$。

(2) 当 $4b < h_w \leqslant 4m$ 时，$C_{OV} = 200mm$。

(3) 当 $h_w > 4m$ 时，$C_{OV} = 0.2h_w \times \dfrac{1}{2} \times \dfrac{1}{2} = 0.05h_w$

该式中，$0.2h_w$ 相当于约束边缘构件的长度 l_c（表 2.32.1）。式中第一个 $\dfrac{1}{2}$ 求出了一字墙约束边缘构件阴影区的长度，第二个 $\dfrac{1}{2}$ 求出阴影区中心到构件边缘的距离，也就是 C_{OV}。

抗震墙约束边缘构件的范围及配筋要求　　　　　表 2.32.1

项目	一级（9 度）		一级（7、8 度）		二、三级	
	$\lambda \leqslant 0.2$	$\lambda > 0.2$	$\lambda \leqslant 0.3$	$\lambda > 0.3$	$\lambda \leqslant 0.4$	$\lambda > 0.4$
l_c（暗柱）	$0.20h_w$	$0.25h_w$	$0.15h_w$	$0.20h_w$	$0.15h_w$	$0.20h_w$
l_c（翼墙或端柱）	$0.15h_w$	$0.20h_w$	$0.10h_w$	$0.15h_w$	$0.10h_w$	$0.15h_w$
λ_v	0.12	0.20	0.12	0.20	0.12	0.20
纵向钢筋（取较大值）	$0.012A_c$，$8\phi16$		$0.012A_c$，$8\phi16$		$0.010A_c$，$6\phi16$（三级 $6\phi14$）	
箍筋或拉筋沿竖向间距	100mm		100mm		150mm	

对于一字墙（图 2.32.1a）来说，SAT2.55E 计算设定的纵筋配筋范围与《建筑抗震设计规范》GB 50011—2010（下文简称《抗规》）阴影区是一致的。对于 L 形、T 形墙，二者是不一致的。《抗规》中对腹板墙和翼缘墙均取的是固定值，与墙肢长度无关（图 2.32.1b、d）。而 SAT2.55E 是按墙肢长度计算的。

以剪力墙厚度 $b_f = b_w = 200mm$ 为例，L 形墙和 T 形墙的腹板墙边缘构件纵筋配筋范围对比如表 2.32.2 所示。

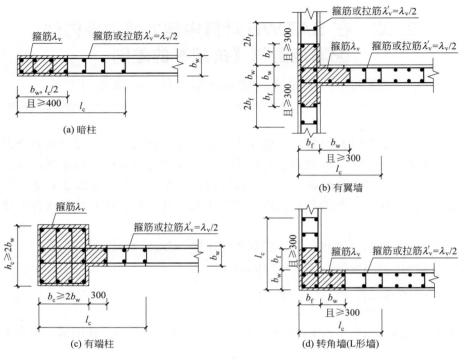

图 2.32.1 抗震墙的约束边缘构件

L 形墙和 T 形墙的腹板墙边缘构件纵筋配筋范围对比 表 2.32.2

墙肢长度 h_w(m)		4	5	6	8
纵筋配筋范围 $2C_{OV}$(mm)	《抗规》	500	500	500	500
	SAT2.55E	400	500	600	800

只有墙长为 5m 时，二者相等。墙长 8m 时，二者相差 300mm。

在 SAT2.55E 施工图中，是按《抗规》中的阴影区范围配筋的，与计算中的设定有差别；边缘构件纵筋配筋率也是按《抗规》中的阴影区面积计算的。建议如果纵筋配筋率超限，可以按 $2C_{OV}$ 的范围配筋并核算配筋率。

2.33 连梁剪压比超限处理

张利军　北京交大建筑勘察设计院有限公司

在高烈度地区，剪力墙连梁的剪压比超限是一个非常普遍的问题。因为没有好的处理办法，所以也是一个非常令人头疼的问题。其难点在于，地震内力是动态的，加大连梁截面虽然能够提高受剪承载力，但地震内力也相应加大；减小连梁截面能降低地震内力，但连梁的受剪承载力也相应降低。往往是好不容易解决了一个超限，却又新出现一个或几个；好容易调好了连梁，墙肢又出现超限。

下面总结连梁剪压比超限的处理办法，并提出处理建议。

1. 什么是剪压比超限

连梁剪压比超限的含义就是不满足《建筑抗震设计规范》（以下简称《抗规》）公式6.2.9 的要求，也就是连梁的截面限制条件：

当跨高比 $\dfrac{l_n}{h} > 2.5$ 时，

$$V \leqslant \frac{1}{\gamma_{RE}}(0.2 f_c b h_0) \tag{2.33.1}$$

当跨高比 $\dfrac{l_n}{h} \leqslant 2.5$ 时，

$$V \leqslant \frac{1}{\gamma_{RE}}(0.15 f_c b h_0) \tag{2.33.2}$$

因梁的受剪承载力抗震调整系数 $\gamma_{RE} = 0.85$，所以可简化为：

$$V \leqslant 0.24 f_c b h_0 \text{ 和 } V \leqslant 0.18 f_c b h_0 \tag{2.33.3}$$

式(2.33.1)、(2.33.2) 的右边，就是连梁受剪承载力的最大值。达到该值后，再加大配筋已无济于事了，所以叫截面限制条件。移项可知，0.24 和 0.18 即为剪压比的容许值。

当跨高比 $\dfrac{l_n}{h} > 2.5$ 时，

$$\frac{V}{f_c b h_0} \leqslant 0.24; \tag{2.33.4}$$

当跨高比 $\dfrac{l_n}{h} \leqslant 2.5$ 时，

$$\frac{V}{f_c b h_0} \leqslant 0.18。 \tag{2.33.5}$$

2. 连梁剪压比超限的原因

连梁的剪压比超限是非常突出的问题。究其原因，与剪力墙自身特点有关。

（1）连梁跨高比较小，剪切刚度和抗弯刚度均较大，以剪切变形为主，变形能力差。

（2）两端墙肢对连梁形成强约束，受水平作用时，连梁首先受力。因变形能力差，极易形成部分连梁的应力集中。而此时，墙肢的内力往往远小于其承载力，远没有发挥其抵抗水平作用的能力。弱小的连梁冲在前面不堪重负，强大的墙肢在后面无处发力，二者受力不均衡不协调。

（3）连梁高度是由建筑洞口决定的，宽度即为剪力墙的厚度，一般远小于柱截面，也经常小于梁宽度，所以连梁截面积和受剪承载力有限。

（4）有人说是因为规范对连梁的剪压比限值偏严，其实不然。由《抗规》第6.2.9条可见，规范对梁、柱、墙和连梁的剪压比限值要求是一样的。相反，考虑到连梁的变形能力更差，相对来说，对连梁的剪压比控制是偏松的。

3. 解决连梁剪压比超限的常用方法

1）《高规》7.2.26条的方法：

7.2.26 剪力墙的连梁不满足本规程第7.2.22条的要求时，可采取下列措施：

1 减小连梁截面高度或采取其他减小连梁刚度的措施。

2 抗震设计剪力墙连梁的弯矩可塑性调幅；内力计算时已经按本规程第5.2.1条的规定降低了刚度的连梁，其弯矩值不宜再调幅，或限制再调幅范围。此时，应取弯矩调幅后相应的剪力设计值校核其是否满足本规程第7.2.22条的规定；剪力墙中其他连梁和墙肢的弯矩设计值宜视调幅连梁数量的多少而相应适当增大。

3 当连梁破坏对承受竖向荷载无明显影响时，可按独立墙肢的计算简图进行第二次多遇地震作用下的内力分析，墙肢截面应按两次计算的较大值计算配筋。

第1条：减小连梁刚度，从而降低连梁的剪力。但减小连梁高度的同时，也降低了连梁的最大受剪承载力，所以能不能奏效需试着看。

第2条：通过降低连梁受弯承载力，从而降低连梁所受的剪力。该方法只能跟第1条二选一。

第3条：该条是第1条的极端情况，即连梁与墙肢按铰接考虑，保证大震下独立墙肢的安全。该条办法基本用不上。

2）北京市建筑设计研究院《建筑结构专业技术措施》2007版（以下简称北京院《技措》）附录G的方法：

附录G　剪力墙连梁超限时设计建议

G.0.1 高层剪力墙结构考虑地震作用计算时，往往出现连梁超筋超限的情况，一般均是连梁截面不满足剪压比的限值。此时当连梁的破坏对承受竖向荷载没有很大的影响时，也可按概念设计方法对连梁承受的内力和配筋进行再调整，使调整后的连梁在首先满足截面剪压比的条件，并满足强剪弱弯的条件，限制受弯钢筋使连梁的受弯承载力维持在…

该方法计算过程为：

（1）以式（2.33.3）右侧求得最大受剪承载力，作为连梁剪力设计值的控制条件，并以此剪力值按照弯剪平衡和强剪弱弯的要求，求得连梁的最大弯矩设计值，进而计算连梁的箍筋和纵筋配筋量，充分发挥了连梁的承载能力。

（2）减小连梁高度，反复试算，控制连梁剪力接近但不超过最大受剪承载力，进而验算墙肢和其他连梁的承载力，保证结构安全。该方法需要反复试算，逐渐接近最优解。

3）连梁刚度折减（《抗规》第 6.2.13 条）：

剪力墙地震内力计算时，连梁的刚度可折减，折减系数不宜小于 0.50。计算位移时，连梁刚度可不折减。

该条是否意味着，结构抗侧移刚度可不考虑连梁剪压比超限的影响？从而"位移角、位移比、周期比、刚度比"等整体性指标均不用考虑连梁剪压比超限的影响？

4）连梁分缝（《抗规》第 6.4.7 条）：

在连梁中部设水平缝，将一根连梁分成若干根。通过降低连梁刚度，减小连梁剪力。

在跨度不变的情况下，连梁抗弯刚度为 EI，$I = \frac{1}{12}bh^3$，将一根连梁分成等高的两根，抗弯刚度可降低到原先的 1/4。但抗剪刚度为 GA，A 为截面积，连梁分缝后，截面积变化很小，所以对抗剪刚度几乎没有影响。由于连梁的剪切刚度为主要成分，所以分缝对减小连梁剪力的效果不明显。且分缝的后期处理麻烦，表面容易开裂。所以该方法不宜采用。

5）配置交叉斜筋或暗撑（《混规》第 11.7.10 条），可将剪压比限值提高至 0.294：

该法适用于跨高比≤2.5 的连梁。当 250≤墙厚<400 时，可采用交叉斜筋；当 400≤墙厚时，可采用暗撑。该法配筋构造较复杂，适合于剪力墙较厚的公共建筑核心筒，不适合于住宅。尽管交叉斜筋和暗撑对剪压比限值的提高幅度有限，但对提高强剪弱弯性能较好。

6）采用型钢混凝土连梁（《组合结构设计规范》JGJ 138—2016），可大幅提高剪压比限值：

9.1.15　当钢筋混凝土连梁的受剪截面不符合本规范第 9.1.13 条的规定时，可采取在连梁中设置型钢或钢板等措施。

型钢混凝土连梁的剪压比验算公式为：

5.2.3　型钢混凝土框架梁的受剪截面应符合下列公式的规定：

1　持久、短暂设计状况

$$V_b \leqslant 0.45\beta_c f_c bh_0 \tag{5.2.3-1}$$

$$\frac{f_a t_w h_w}{\beta_c f_c bh_0} \geqslant 0.10 \tag{5.2.3-2}$$

2　地震设计状况

$$V_b \leqslant \frac{1}{\gamma_{RE}}(0.36\beta_c f_c bh_0) \tag{5.2.3-3}$$

$$\frac{f_a t_w h_w}{\beta_c f_c bh_0} \geqslant 0.10 \tag{5.2.3-4}$$

式中：h_w——型钢腹板高度；

β_c——混凝土强度影响系数，当混凝土强度等级不超过 C50 时，取 $\beta_c = 1.0$；当混凝土强度等级为 C80 时，取为 $\beta_c = 0.8$；其间按线性内插法确定。

可见，在连梁内配置型钢（或钢板），只要配钢面积率大于 $\frac{0.1f_c}{f_a}$，剪压比限值可由

0.18 或 0.24 提高到 0.42，提高幅度较大，对解决剪压比超限很有效。但是，连梁配置型钢（或钢板）的话，其两端的边缘构件内就得配置型钢，才能有效约束连梁进而完成力的传递。可见该法适合于公共建筑核心筒，不适合于普通剪力墙住宅。

4. 解决连梁剪压比超限问题的建议

解决连梁剪压比超限主要是两个途径：一是降低连梁刚度进而降低连梁剪力设计值；二是提高连梁的受剪承载力和延性。

降低连梁刚度，可采用定义刚度折减系数、减小连梁高度、加大洞口宽度等办法。按《抗规》要求，刚度折减系数不宜小于 0.5，这里的用词为"不宜"。"减小连梁高度"也就是加大洞口高度，该法在公共建筑中可使用，因公共建筑层高较大，尤其是连梁超限问题较突出的底部楼层，连梁高度可按结构的需要确定，连梁以下至洞口顶部留管道洞口，可以明显降低连梁刚度。如图 2.33.1 所示。

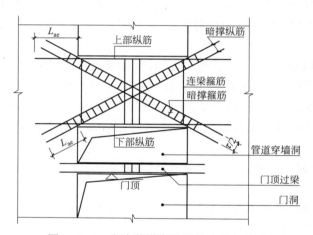

图 2.33.1　留有管道穿墙洞的连梁布置图

在广泛应用的剪力墙住宅中，减小连梁高度也仅是将窗台做成砌体。门顶连梁不宜减小，否则后期处理太麻烦。在墙肢承载力充足的情况下，加大洞口宽度，从而加大连梁跨高比，是降低剪力墙住宅连梁刚度的好办法。

综上所述，提出连梁超限处理办法如下：

以北京院《技措》附录 G 的方法，结合盈建科或 PKPM 能够分别定义各连梁不同的刚度折减系数的功能，验算超限连梁刚度折减以后其他连梁和墙肢的承载力，从而保证结构安全。

（1）整体指标（周期比、位移比、刚度比、剪重比、刚重比、位移角等）的控制：此时，连梁刚度折减系数可按《高层建筑混凝土结构技术规程》第 5.2.1 条条文说明取值，反复调试，直至各指标符合要求。为了后面调试的方便，此时对位移角预留 20%～30% 左右的余量。

（2）对超限连梁，手工按式（2.33.3）算出其最大受剪承载力。

（3）在模型中，对不同的连梁，分别定义不同的刚度折减系数，再进行整体计算，直至连梁的剪力包络设计值接近但不超过最大受剪承载力。

（4）反复调试，逐渐接近最优解。因墙肢的安全级别高于连梁，所以每次计算，都要检查确保墙肢不超限。

在条件适合的情况下，尽量采用交叉斜筋、暗撑或配置型钢。

5. 总结

在结构总的承载能力满足要求的情况下，连梁剪压比超限其实就是整体结构或相关构件之间受力不均衡、不协调的表现。在同一片剪力墙中，身材瘦小的连梁冲锋在线，身强体壮的墙肢在后面干着急使不上劲，所以就要将连梁的刚度降下来，把内力释放出来，传递给相关墙肢和其他有余力的连梁。在不同剪力墙之间，由于扭转效应，有的构件处于崩溃的边缘，有的闲得没事干（仅为构造配筋）。所以要反复调整结构布置，尽可能减小扭转，使得整体结构尽可能接近平动。

整体结构和各构件之间均衡、协调受力，是结构抗震设计追求的最高目标。计算模型的调整过程，可谓牵一发而动全身。没有灵丹妙药，不可能一蹴而就，只能多管齐下，不厌其烦，反复调试，逐渐接近最优解，使得各构件相对刚度适宜，受力均衡；各尽所能，共同消耗地震能量。

或许有人认为，过低地折减连梁刚度会使得地震力作用下连梁严重破坏。但至少保证了墙肢的承载力。墙肢的安全级别应远高于连梁。

2.34 弹性梁板冲切计算

有一平板式筏板基础，在使用 YJK 软件计算时，边柱冲切比为 0.2，远不满足冲切验算要求，但如果在柱之间加条基础梁，那梁顶只比筏板顶高 200mm，YJK 在此时就不再进行冲切验算了，梁筏冲切在加梁前后都远远足够，这合理吗？筏板加梁以后，软件应该按《混凝土结构设计规范》GB 50010—2010 式 6.5.3-2 计算柱对梁筏的冲切，而不是不计算。

针对上述问题，盈建科作了回复：目前版本的 YJK，柱之间加梁后不再验算柱冲切，原因是《建筑地基基础设计规范》GB 50007—2011 没有说明梁板式筏基的柱冲切应如何验算。考虑梁的抗冲切承载力，可以按《混凝土结构设计规范》GB 50010—2010 式 6.5.3-2 计算，YJK 将按这个思路对程序加以改进。

这样算的话，梁的配筋既要满足自身抗弯、抗剪承载力要求，又要满足一部分柱冲切承载力要求。梁端箍筋可按抗剪、抗冲切较不利者取值。

既然梁板式筏板基础要验算冲切，普通梁板结构需要计算柱对梁的冲切吗？其实对于普通梁板结构，梁、板一般都是分开计算的，梁剪力与柱轴力可以全部平衡，就不需要验算柱冲切了。如果按弹性板计算，梁、板剪力之和与柱轴力平衡，这时也要算柱冲切。对于筏板基础加梁，目前的传统软件都是按照梁、板合算的，所以需要验算柱冲切。

2.35 筏板柱下冲切公式是否适用剪力墙下冲切？

传统软件在计算筏板上剪力墙冲切时采用的是《建筑地基基础设计规范》GB 50007—2011（以下简称《地基规范》）第 8.4.7 条公式。但是这一条适用于平板式筏基柱下冲切验算，是否适用于筏板上剪力墙冲切验算呢？因剪力墙长宽比大于 4，式（2.35.2）中 β_s 取值为 4，这就造成了（2.35.2）式计算结果为 $0.7\times(0.4+1.2/4)\times1.0\times f_t=0.7\times0.7\times f_t=0.49f_t$，对于混凝土的抗拉强度折减太大了。

其实，《地基规范》第 8.4.7 条的条文说明已经讲得很清楚了，该规范的公式（2.35.2）是在我国受冲切承载力公式的基础上，参考了美国 ACI318 规范中受冲切承载力公式中有关规定，引进了柱截面长、短边比值的影响，适用于包括扁柱和单片剪力墙在内的平板式筏基。下面详细对比中国和美国规范的相关要求。

1. 中国规范

《地基规范》的计算方法：

$$\tau_{max}=\frac{F_l}{u_m h_0}+\alpha_s\frac{M_{unb}c_{AB}}{I_s}$$

$$\tau_{max}\leqslant 0.7(0.4+1.2/\beta_s)\beta_{hp}f_t$$

当 $\beta_s<2$ 时取 2，当 $\beta_s>4$ 时取 4。

2. 美国规范

表 2.35.1 为美国 ACI 规范的计算方法，冲切承载力 v_c 取以下三者的较小值

双向受剪冲切承载力 v_c 值的计算　　　　　　　　表 2.35.1

	v_c	
取(a)(b)(c)中最小值	$0.33\lambda\sqrt{f'_c}$	(a)
	$0.17\left(1+\dfrac{2}{\beta}\right)\lambda\sqrt{f'_c}$	(b)
	$0.083\left(2+\dfrac{\alpha_s d}{b_o}\right)\lambda\sqrt{f'_c}$	(c)

长短边比值 β 的影响体现在式(a) 和式(b)；

当 $\beta<2$ 时，式(a) 较为不利；

当 $\beta>2$ 时，式(b) 较为不利；

当 $\beta=4$ 时，式(b) 约为式(a) 的 77%。

3. 中、美规范对比

图 2.35.1 对比了中、美规范长短边比值 β_s 对冲切承载力折减系数 γ 的影响。图中横坐标表示长短边比值 β_s，纵坐标表示冲切承载力折减系数 γ

$$\gamma=v_{c1}/v_{c0}$$

式中，v_{c1}——考虑 β_s 影响的冲切承载力；

v_{c0}——不考虑 β_s 影响的冲切承载力。

当 β_s 小于 2 时，折减系数为 1，表示都不折减。当 β_s 大于 2 时，中、美规范都会折减，且中国规范的折减幅度大于美国规范，说明中国规范更严格。当 β_s 等于 4 时，美国规范折减系数为 77%，中国规范为 70%。

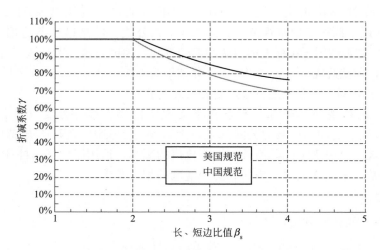

图 2.35.1　中、美规范关于长短边比值对冲切承载力折减系数的影响对比

长宽比越大，长短边的受剪承载力空间作用越低，类似双向板受力，再加上冲切是脆性破坏，中国规范给出较大折减也是合适的。

关于 β_s 的问题。国外试验表明，当柱截面的长边与短边的比值 β_s 大于 2 时，沿冲切临界截面的长边的受剪承载力约为柱短边受剪承载力的一半或更低。这表明了随着比值 β_s 的增大，长边的受剪承载力的空间作用在逐渐降低。图 2.35.2 给出了《地基规范》与 ACI318 在不同 β_s 条件下筏板有效高度比较。由于我国受冲切承载力取值偏低，按其算得的筏板有效高度略大于美国 ACI318 规范相关公式的结果。

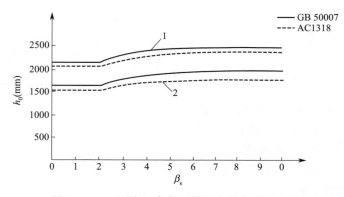

图 2.35.2　不同 β_s 条件下筏板有效高度的比较

2.36 中梁刚度放大系数对结构动力特性的影响

李洪亮　天津天咨拓维建筑设计有限公司

1. 模型信息

某 12 层现浇钢筋混凝土框架结构。位于 7 度抗震设防区域，场地类别 II 类，地震分组一组，基本风压 0.77kN/m²。

图 2.36.1 为 PKPM 三维模型，图 2.36.2 为 1~3 层结构布置平面图。4~12 层布置同 1~3 层，框架梁柱截面有变化。1~2 层顶板厚 120mm，恒载 2.0kN/m²，活载 3.5kN/m²。3~12 层顶板厚 100mm，恒载 2.0kN/m²，活载 2.0kN/m²。边梁考虑围护墙，1~2 层梁顶线荷载 4.7kN/m²，3~12 层梁顶线荷载 3.8kN/m²。周期折减系数取 0.8。

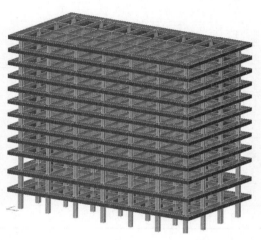

图 2.36.1　PKPM 三维模型

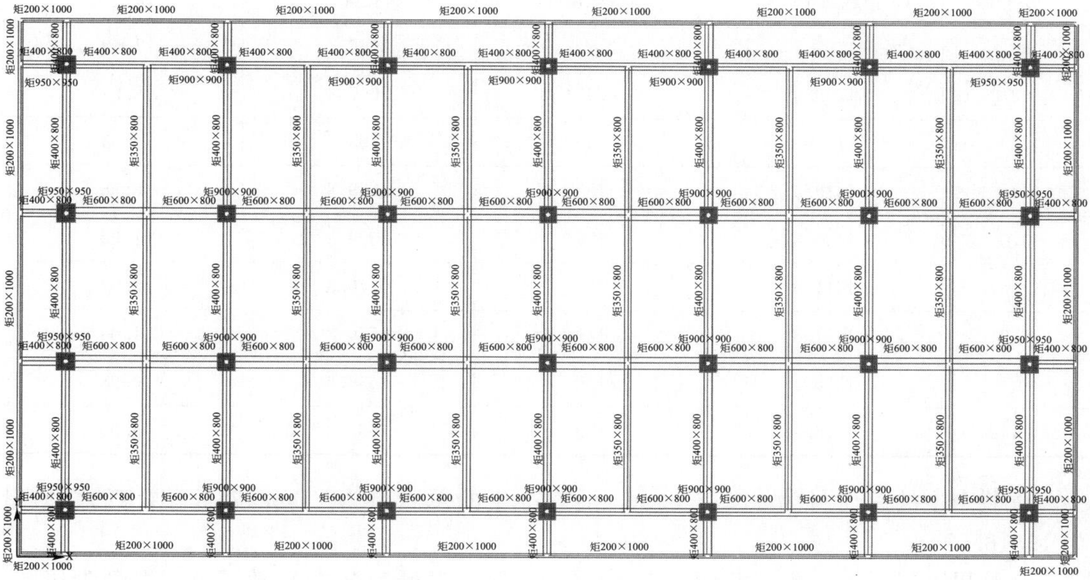

图 2.36.2　1~3 层结构布置平面图

2. SATWE 与 YJK 计算结果对比

中梁刚度放大系数按《混凝土结构设计规范》5.2.4 条执行。计算得出 SATWE 的振型和周期信息见表 2.36.1，质量信息见表 2.36.2。

SATWE 模型结构周期及振型方向   表 2.36.1

振兴号	周期（s）	方向角（度）	类型	扭振成分	X 侧振成分	Y 侧振成分	总侧振成分	阻尼比
1	1.8781	180.00	X	0%	100%	0%	100%	5.00%
2	1.8629	90.00	Y	0%	0%	100%	100%	5.00%
3	1.7990	119.54	T	100%	0%	0%	0%	5.00%
4	0.6186	180.00	X	0%	100%	0%	100%	5.00%
5	0.6094	90.00	Y	0%	0%	100%	100%	5.00%
6	0.5847	123.36	T	100%	0%	0%	0%	5.00%
7	0.3564	180.00	X	0%	100%	0%	100%	5.00%
8	0.3473	90.00	Y	0%	0%	100%	100%	5.00%
9	0.3344	115.65	T	100%	0%	0%	0%	5.00%
10	0.2489	180.00	X	0%	100%	0%	100%	5.00%
11	0.2440	90.00	Y	0%	0%	100%	100%	5.00%
12	0.2360	90.00	T	100%	0%	0%	0%	5.00%

SATWE 模型质量分布   表 2.36.2

层号	恒载质量(t)	活载质量(t)	层质量(t)	质量比
1	1788.2	278.2	2066.4	1.00
2	1729.6	278.2	2007.8	0.97
3	1498	159	1657	0.83
4	1430.8	159	1589.8	0.96
5,6	1430.8	159	1589.8	1.00
7	1411.8	159	1570.8	0.99
8,9	1411.8	159	1570.8	1.00
10	1376.4	159	1535.3	0.98
11,12	1376.4	159	1535.3	1.00

恒载产生的总质量为 17672.698t，活载产生的总质量为 2146.176t，结构的总质量为 19818.874t。

从结果可以看出，第一振型为 X 向平动，第二振型为 Y 向平动，第三振型为扭转。表面看似正常，就是周期比不满足要求。我们通常会按照减弱中间刚度，加强外圈刚度思路去调整。

YJK 模型计算得出的振型和周期信息见表 2.36.3，质量信息见表 2.36.4。

YJK 模型周期信息　　　　　　　　　　　　　　　表 2.36.3

振型号	周期	转角(°)	平动系数(X)	平动系数(Y)	扭转系数(Z)
1	1.8823	90.0000	0.00	1.00	0.00
2	1.7914	0.0000	0.00	0.00	1.00
3	1.7622	0.0000	1.00	0.00	0.00
4	0.6150	90.0000	0.00	1.00	0.00
5	0.5834	0.0000	1.00	0.00	0.00
6	0.5826	90.0000	0.00	0.00	1.00
7	0.3502	90.0000	0.00	1.00	0.00
8	0.3376	0.0000	1.00	0.00	0.00
9	0.3337	0.0000	0.00	0.00	1.00
10	0.2457	90.0000	0.00	1.00	0.00
11	0.2378	0.0000	1.00	0.00	0.00
12	0.2355	90.0000	0.00	0.00	1.00

YJK 模型质量信息　　　　　　　　　　　　　　　表 2.36.4

层号	塔号	恒载质量	活载质量	附加质量	质量比
1	1	1788.2	278.2	0.0	1.000
2	1	1729.6	278.2	0.0	0.972
3	1	1498.0	159.0	0.0	0.825
4	1	1430.8	159.0	0.0	0.959
5	1	1430.8	159.0	0.0	1.000
6	1	1430.8	159.0	0.0	1.000
7	1	1411.8	159.0	0.0	0.988
8	1	1411.8	159.0	0.0	1.000
9	1	1411.8	159.0	0.0	1.000
10	1	1376.4	159.0	0.0	0.977
11	1	1376.4	159.0	0.0	1.000
12	1	1376.4	159.0	0.0	1.000

　　恒载产生的总质量为 17672.701t，活载产生的总质量为 2146.177t，结构的总质量为 19818.879t。

　　两个软件对比发现荷载一致，但是第二振型周期相差较大，YJK 前三振型表现为：平+扭+平，与 SATWE 截然不同，第二周期出现扭转，表明结构抗扭刚度弱，两个主轴方向刚度相差过大，我们通常会加强 Y 方向的刚度，或者减弱 X 方向的刚度，调整方法与前面调整思路不同。

相同的模型，结构振型动力特性不同，从周期差异可以确定是由刚度差异引起的，截面一致，应该是梁刚度放大的不同导致的。

3. SAP2000 模型调整分析

转为 SAP2000 模型，如图 2.36.3 所示。楼板类型为 Shell（厚壳），SAP2000 振型及周期信息见图 2.36.4，质量信息见图 2.36.5。

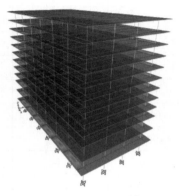

图 2.36.3　SAP2000 模型图

	OutputCase Text	StepType Text	StepNum Unitless	Period Sec	UX Unitless	UY Unitless	UZ Unitless	SumUX Unitless	SumUY Unitless	SumUZ Unitless	RX Unitless	RY Unitless	RZ Unitless	Su Uni
▶	MODAL	Mode	1	1.753779	.83904	0	4.626E-18	.83904	0	4.626E-18	5.763E-20	.06976	0	5.76
	MODAL	Mode	2	1.636511	0	.83753	3.163E-19	.83904	.83753	4.942E-18	.12638	3.672E-20	3.891E-13	
	MODAL	Mode	3	1.55596	0	3.895E-13	0	.83904	.83753	4.942E-18	5.778E-14	0	.84131	
	MODAL	Mode	4	.581609	.08112	6.14E-17	5.205E-18	.92016	.83753	1.015E-17	4.625E-14	.24483	1.179E-19	
	MODAL	Mode	5	.542159	1.279E-17	.08661	3.207E-16	.92016	.92414	3.308E-16	.44517	1.708E-15	1.748E-15	
	MODAL	Mode	6	.509891	0	1.455E-15	0	.92016	.92414	3.308E-16	8.732E-15	1.029E-19	.08344	
	MODAL	Mode	7	.337151	.03615	9.118E-16	5.437E-14	.95631	.92414	5.471E-14	1.451E-13	.03384	4.022E-20	
	MODAL	Mode	8	.310295	2.191E-15	.03632	5.865E-13	.95631	.96046	6.412E-13	.05904	1.674E-15	5.509E-16	
	MODAL	Mode	9	.293562	1.415E-20	5.085E-16	2.669E-16	.95631	.96046	6.412E-13	8.221E-16	0	.03678	
	MODAL	Mode	10	.238652	.02351	7.676E-16	2.801E-16	.97982	.96046	6.414E-13	7.517E-15	.04307	1.215E-18	
	MODAL	Mode	11	.223453	9.187E-15	.02221	2.547E-18	.97982	.98267	6.415E-13	.08232	1.595E-13	4.847E-16	
	MODAL	Mode	12	.213216	4.553E-20	2.797E-16	0	.97982	.98267	6.415E-13	1.055E-13	6.444E-20	.02184	

图 2.36.4　SAP2000 模型振型及周期信息

Base Reactions

	OutputCase Text	CaseType Text	GlobalFX KN	GlobalFY KN	GlobalFZ KN	GlobalMX KN-m	GlobalMY KN-m	GlobalMZ KN-m	GlobalX m
▶	DEAD	LinStatic	000000001894	-1.965E-13	176726.925	2560066.236	-4898163.5	000000000282	0
	LIVE	LinStatic	000000004551	-5.866E-14	42923.52	621790.1107	-1189668.28	000000006718	0

图 2.36.5　SAP2000 模型质量信息

振型特性显示与 SATWE 结果相同，前三振型：平＋平＋扭，质量几乎一致，但是周期相差较大。这是因为 SAP2000 模型楼板类型为壳，考虑了楼板的面内面外刚度，在原模型导入已经考虑了中梁刚度放大系数的基础上再次放大，导致刚度变大，周期变短。后修改楼板类型为膜，计算振型和周期结果如图 2.36.6 所示。

Modal Participating Mass Ratios

文件(F) 视图(V) 格式过滤或选择(M) 选择(S) 选项(O)

单位: 如注释   Modal Participating Mass Ratios

OutputCase Text	StepType Text	StepNum Unitless	Period Sec	UX Unitless	UY Unitless	UZ Unitless	SumUX Unitless	SumUY Unitless	SumUZ Unitless	RX Unitless	RY Unitless	RZ Unitless
MODAL	Mode	1	1.894093	0	.83212	1.268E-20	0	.83212	1.268E-20	.12802	1.289E-19	1.59E-20
MODAL	Mode	2	1.802324	0	1.644E-20	0	0	.83212	1.269E-20	0	0	.83577
MODAL	Mode	3	1.772884	.8388	0	1.242E-19	.8388	.83212	1.369E-19	1.691E-19	.06978	0
MODAL	Mode	4	.620548	4.85E-20	.08552	1.464E-17	.8388	.91764	1.478E-17	42315	4.622E-18	0
MODAL	Mode	5	.58723	.08103	1.537E-17	2.92E-17	.91984	.91764	4.398E-17	5.092E-16	.24438	0
MODAL	Mode	6	.586405	0	0	0	.91984	.91764	4.398E-17	0	0	.0825
MODAL	Mode	7	.353783	1.462E-16	.03611	2.014E-15	.91984	.95375	2.058E-15	.05304	1.527E-13	3.846E-18
MODAL	Mode	8	.340091	.03608	1.188E-15	3.483E-16	.95591	.95375	2.406E-15	1.031E-13	.03324	3.928E-19
MODAL	Mode	9	.33617	0	0	0	.95591	.95375	2.406E-15	5.429E-20	7.024E-19	.03635
MODAL	Mode	10	.249663	4.001E-16	.02351	1.358E-13	.95591	.97726	1.382E-13	.08117	000000000153	4.551E-17
MODAL	Mode	11	.240396	.02356	1.178E-14	1.444E-13	.97948	.97726	2.826E-13	5.662E-16	.04368	7.944E-17
MODAL	Mode	12	.238294	0	0	0	.97948	.97726	2.826E-13	5.341E-20	9.146E-20	.02354

图 2.36.6　SAP2000 模型修改楼板类型后的质量信息

振型振动特性与 YJK 一致，周期几乎一致。

4. 中梁刚度放大系数的确定

什么原因导致 SATWE 与 YJK 计算结果的不同？YJK 和 SATWE 一层梁刚度系数如图 2.36.7 和图 2.36.8 所示。对比发现 X 向框架梁相差较大。修改参数，梁刚度放大系数按主梁计算，如图 2.36.9 所示。一层中梁刚度放大系数见图 2.36.10。X 向框架梁刚度放大系数比之前提高幅度较大，对比两个软件的结果，如表 2.36.5 和表 2.36.6 所示。

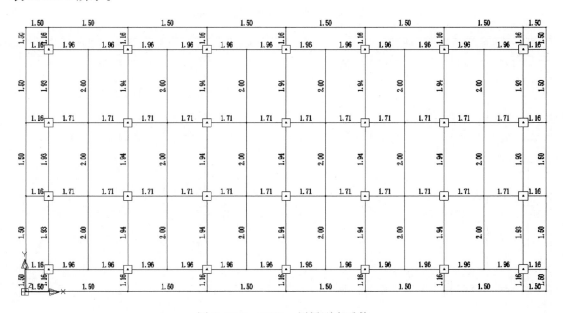

图 2.36.7　YJK 一层梁刚度系数

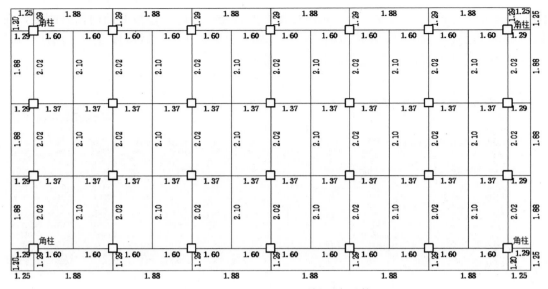

图 2.36.8 SATWE 一层梁刚度系数

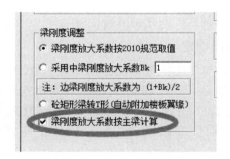

图 2.36.9 梁刚度调整参数设置界面

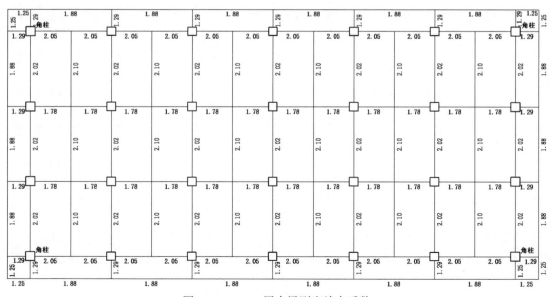

图 2.36.10 一层中梁刚度放大系数

SATWE 模型振型及周期信息　　　　　　　　　　表 2.36.5

振型号	周期（s）	方向角（度）	类型	扭振成分	X 侧振成分	Y 侧振成分	总侧振成分	阻尼比
1	1.8629	90.00	Y	0%	0%	100%	100%	5.00%
2	1.7703	21.84	T	100%	0%	0%	0%	5.00%
3	1.7414	180.00	X	0%	100%	0%	100%	5.00%
4	0.6094	90.00	Y	0%	0%	100%	100%	5.00%
5	0.5773	0.00	X	0%	100%	0%	100%	5.00%
6	0.5763	178.11	T	100%	0%	0%	0%	5.00%
7	0.3473	90.00	Y	0%	0%	100%	100%	5.00%
8	0.3344	0.00	X	0%	100%	0%	100%	5.00%
9	0.3304	164.32	T	100%	0%	0%	0%	5.00%
10	0.2440	90.00	Y	0%	0%	100%	100%	5.00%
11	0.2359	0.00	X	0%	100%	0%	100%	5.00%
12	0.2336	169.52	T	100%	0%	0%	0%	5.00%

YJK 模型振型及周期信息　　　　　　　　　　表 2.36.6

振型号	周期	转角（°）	平动系数（X）	平动系数（Y）	平动系数（Z）
1	1.8823	90.0000	0.00	1.00	0.00
2	1.7914	0.0000	0.00	0.00	1.00
3	1.7622	0.0000	1.00	0.00	0.00
4	0.6150	90.0000	0.00	1.00	0.00
5	0.5834	0.0000	1.00	0.00	0.00
6	0.5826	90.0000	0.00	0.00	1.00
7	0.3502	90.0000	0.00	1.00	0.00
8	0.3376	0.0000	1.00	0.00	0.00
9	0.3337	0.0000	0.00	0.00	1.00
10	0.2457	90.0000	0.00	1.00	0.00
11	0.2378	0.0000	1.00	0.00	0.00
12	0.2355	90.0000	0.00	0.00	1.00

对比计算结果，两软件振型特性和周期基本一致。不难发现，主要问题是模型中存在纵向主梁被次梁搭接打断，梁刚度放大系数差别较大。因为我们在设计中次梁一般按主梁来输入，在 SATWE 计算时主梁被次梁打断为两段，在计算梁刚度放大系数时，计算长度只有未打断时一半，当梁刚度放大系数由计算跨度控制时候，梁刚度放大系数就会减小。

受弯构件受压区有效翼缘计算宽度 b_f'　　　　表 2.36.7

情况		T 形、I 形截面		倒 L 形截面
		肋形梁（板）	独立梁	肋形梁（板）
1	按计算跨度 l_n 考虑	$l_0/3$	$l_0/3$	$l_0/6$
2	按梁（肋）净距 s_n 考虑	$b+s_n$	—	$b+s_n/2$
3	按翼缘高度 h_f' 考虑　$h_f'/h_0 \geqslant 0.1$	—	$b \pm 12h_f'$	—
	$0.1 > h_f'/h_0 \geqslant 0.05$	$b \pm 12h_f'$	$b \pm 6h_f'$	$b \pm 5h_f'$
	$h_f'/h_0 < 0.05$	$b \pm 12h_f'$	b	$b \pm 5h_f'$

　　如表 2.36.7 所示，一般情况下，梁考虑有效翼缘计算宽度由 $b \pm 12h_f'$ 控制，梁计算跨度 l_x 不是主要控制条件，ϕ 也不会出现影响结构动力特性的情况。但是对于分段梁，当 l_x 成为控制条件时就应该引起注意了。规范中也没有指出次梁分割房间的梁刚度计算跨度，这就需要我们根据实际情况判断，采用分段计算长度还是采用整段的计算长度。

　　在此案例中，当楼板用壳模拟，考虑楼板面内外刚度、梁刚度不放大，符合真实受力情况。图 2.36.11 为恒载作用下的梁弯矩图，可以看出纵向主框架梁在次梁打断处，梁底受拉，且弯矩最大，主梁作为次梁的固定支座，此时应该按整段梁计算长度确定中梁刚度放大系数。图 2.36.12 为对应恒载下的梁板变形图。

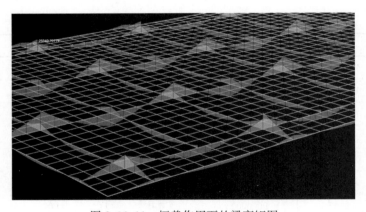

图 2.36.11　恒载作用下的梁弯矩图

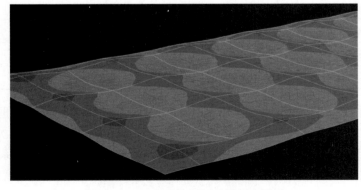

图 2.36.12　恒载作用下的梁板变形图

但是，如果存在打断处梁下弯矩减小或出现上部受拉，就应该采用分段梁计算跨度。比如图 2.36.13 和图 2.36.14 中方框中纵向梁在分段节点处梁下弯矩几乎为 0，挠度也最小，此时应该按分段跨度计算。一般这种情况多为次梁。

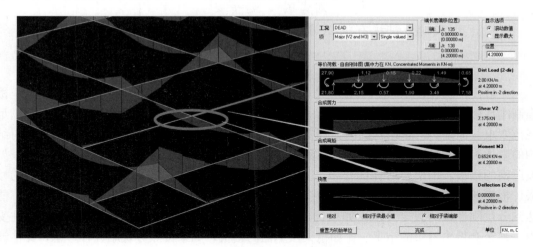

图 2.36.13　纵向梁在分段节点处弯矩

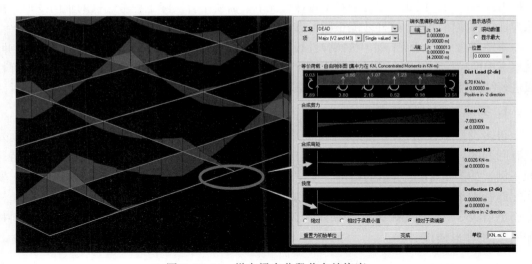

图 2.36.14　纵向梁在分段节点处挠度

5. 结语

由本工程模型结果对比，发现由于主梁被次梁打断，计算跨度减小，根据规范计算的放大系数较小，低估了楼板对梁的刚度放大，导致 X 向刚度较弱，更容易被激励振动，所以第一周期出现 X 向平动，与真实情况不符。应该按整段梁计算，对于交叉梁主次关系不明确的结构，在 SAP2000 中应考虑采用楼板 shell（薄壳），SATWE 中采用弹性板 6，考虑板面内外的真实刚度，根据弯矩和变形关系对比采用合理的计算跨度用于计算梁刚度放大。由于板类型对梁刚度的不同贡献，楼板有效翼缘在计算中对中梁刚度的放大系数的合理确定对结构的侧移刚度和振动特性有很大影响，应引起重视。

2.37 如何正确选择结构设计中的刚性板

刘孝国[1]，赵平安[2]

（1 北京构力科技有限公司；2 许昌金泰建筑勘测设计有限公司）

一般设计师在使用 SATWE 等结构设计软件进行整体计算时，整体指标是按照全楼强制刚性楼板假定考虑的，得到结构的周期比、位移比、刚度比等指标并判断其是否满足规范要求。但是，对于结构的内力分析与配筋设计通常都是按照分块刚性板考虑，板对结构的整体影响是通过中梁刚度放大系数方式考虑。但特殊情况下的一些工程中的楼板，如坡屋面的楼板、桁架层所在的楼板、连体部位的楼板、转换层的楼板、地下室顶板的楼板、框架核心筒角部的楼板及工程中变形比较明显的楼板等，由于其变形比较大，并不能达到分块刚性板的假定要求，如果仍然采用分块刚性板计算，无法反映出真实的梁柱受力，甚至会得出错误的结果。比如桁架层上面的楼板，如果按照分块刚性板考虑，无法计算得到桁架上弦构件的轴力，会导致桁架上弦构件设计错误，主要受拉（压）的构件无法得出拉力或者压力。因此，工程中对于特殊情况下，需要结合实际工程考虑板的轴向变形，按照弹性板做整体计算。这样才能正确考虑梁的轴力与配筋，结构整体刚度及内力分析。

本节通过一个实际工程，按照弹性板与刚性板分别计算，对比分析梁、柱的配筋，同时观察板中的拉应力，进一步说明结构设计中什么情况下应该真实的考虑板的变形，按照弹性板进行结构整体分析与设计，而不是对某些特殊工程也盲目采用刚性板进行结构整体分析。

1. 实际工程特殊情况介绍

很多设计师在结构内力计算、配筋设计时会按照普通分块刚性板处理，一般情况下是没有问题的，但是特殊情况下可能也存在一定的问题。本工程案例中遇到的问题就是特殊的一例，如图 2.37.1 所示的结构，在按照刚性板计算完毕之后查看第三层的梁配筋，发现配筋特别小，设计师定义了弹性板重新计算，发现部分梁配筋增加了大概 6～8 倍，柱配筋也增大 3～4 倍。图 2.37.2 所示为此结构第三层的三维图，可以看出其高于平层斜板和周边的 U 形楼板。

图 2.37.1 结构三维模型图

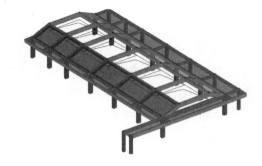

图 2.37.2 结构第三层三维图及周边 U 形楼板

对这样一个工程案例，设计师按照普通分块刚性板计算，输出了如图 2.37.3 所示的第三层梁柱配筋的结果。然后将全楼定义为弹性板 6 重新计算，输出了如图 2.37.4 所示第三层梁柱配筋的结果。

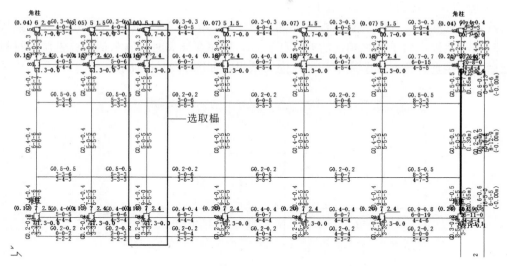

图 2.37.3 分块刚性板下第三自然层梁柱配筋结果

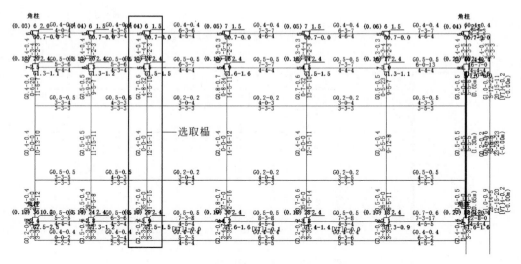

图 2.37.4 弹性板下第三层梁柱配筋结果

选取了其中有代表性的一榀框架，发现该榀框架的梁在刚性板下的配筋与弹性板下的配筋结果差异巨大：梁一端在刚性板下配筋 5cm^2，弹性板下配筋 32cm^2，两种情况下的差异接近 6 倍。与该梁相连的柱配筋也差异巨大：柱单侧刚性板下配筋 7cm^2，弹性板下配筋 29cm^2，两种情况下的差异接近 4 倍。为什么按照弹性板与按照刚性板计算，配筋差异这么大，需要进一步深入剖析具体原因。

2. 问题分析

常规结构设计中，是按照全楼强制刚性楼板假定进行结构各项指标（周期比、位移比、刚度比等）的统计，内力分析与配筋设计是按照分块刚性板进行计算的。弹性板与刚性板对梁柱配筋应该会有一定的影响，但不至于差距这么大，需要进一步详细剖析。

1）查看梁在普通分块刚性板下的内力

按普通刚性板计算时，刚性板号如图2.37.5所示，SATWE软件前处理可看到周边的一圈为刚性板，由于与之相连的有一些斜板，程序在计算时强制默认为弹性膜。计算完毕之后，直接查看选取楣梁一端的计算内力结果，如图2.37.6所示。

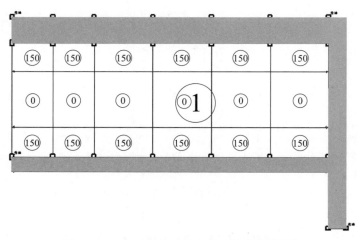

图 2.37.5　SATWE中查看第三层的刚性板号

荷载工况	M-I	M-1	M-2	M-3	M-4	M-5	M-6	M-7	M-J	N
	V-I	V-1	V-2	V-3	V-4	V-5	V-6	V-7	V-J	T
(1)DL	-33.59	-30.46	-25.80	-18.82	-8.74	4.95	20.34	37.13	55.28	-352.05
	9.34	12.13	16.81	23.40	31.88	40.37	46.95	51.64	54.43	1.86
(2)LL	-5.74	-5.18	-4.54	-3.76	-2.74	-1.46	-0.06	1.40	2.94	-20.20
	1.49	1.58	1.86	2.31	2.96	3.60	4.06	4.33	4.42	0.10
(3)EXY	20.16	22.03	23.90	25.75	27.54	29.33	30.91	32.38	33.86	52.46
	-5.37	-5.37	-5.37	-4.96	-4.96	-4.96	-4.57	-4.57	-5.03	0.26
(4)EXP	3.06	3.53	4.00	4.47	4.95	5.42	2.52	-2.07	-6.66	9.33
	-1.29	-1.29	-1.29	-1.24	-1.24	-1.24	-1.19	-1.19	-1.31	0.52
(5)EXM	2.53	2.75	2.98	3.20	3.41	3.61	3.79	3.95	4.11	7.11
	0.60	0.60	0.60	0.54	0.54	0.54	0.48	0.48	0.52	0.41
(6)EYX	23.61	25.80	27.98	30.14	32.23	34.33	36.17	37.89	39.61	61.36
	6.28	6.28	6.28	5.80	5.80	5.80	5.34	5.34	5.88	0.22
(7)EYP	22.91	24.63	26.35	28.03	29.63	31.23	32.61	33.90	35.18	56.95
	5.10	5.10	5.10	4.64	4.64	4.64	4.22	4.22	4.60	0.55
(8)EYM	24.10	26.72	29.34	31.94	34.49	37.04	39.31	41.44	43.57	65.05
	7.39	7.39	7.39	6.90	6.90	6.90	6.42	6.42	7.06	0.46
(9)WX	-0.28	-0.35	-0.41	-0.47	-0.53	-0.59	-0.65	-0.71	-0.76	0.79
	-0.15	-0.15	-0.15	-0.15	-0.15	-0.15	-0.15	-0.15	-0.15	0.04
(10)WY	3.33	4.68	6.03	7.37	8.72	10.07	11.31	12.50	13.70	19.83
	3.28	3.28	3.28	3.28	3.28	3.28	3.28	3.28	3.28	0.01
(11)LL2	0.14	0.06	0.02	0.00	0.03	0.06	0.21	0.41	0.65	-20.20
	0.01	0.01	0.01	0.11	0.11	0.75	0.72	0.99	1.09	0.10
(12)LL3	-0.04	-0.18	-0.28	-0.36	-0.52	-0.39	-0.34	-0.25	-0.13	-20.20
	-0.51	-0.42	-0.14	-0.66	-0.02	-0.01	-0.01	-0.01	-0.01	0.10
(13)EX	20.16	22.03	23.90	25.75	27.54	29.33	30.91	32.38	33.86	52.46
	-5.37	-5.37	-5.37	-4.96	-4.96	-4.96	-4.57	-4.57	-5.03	0.26
(14)EY	23.61	25.80	27.98	30.14	32.23	34.33	36.17	37.89	39.61	61.36
	6.28	6.28	6.28	5.80	5.80	5.80	5.34	5.34	5.88	0.22

图 2.37.6　选取楣梁其中一段的内力计算结果输出

从上述计算结果可以基本判断该位置梁在恒载下的弯矩是偏小的，因为该楣梁的跨度为3.16+3.44+5.8=12.4m，跨度较大，该梁的截面为350mm×600mm。由于没有楼板，梁有很大的轴力，选取出的其中一段梁的轴力达到了352.05kN。图2.37.7所示为梁在恒载下弯矩调幅后的弯矩图。

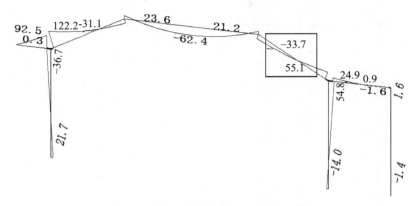

图2.37.7 刚性板下梁恒载弯矩调幅后的弯矩图

2）查看梁在定义弹性板下的内力

将全楼定义为弹性板6，其中的斜板也被强制定义为弹性板6，模型三维轴侧简图如图2.37.8所示，可以看到第三层的U形板的网格划分情况，重点关注图2.37.8中圈出的狭长板带部分。弹性板下梁一端的内力计算结果如图2.37.9所示，梁在恒载下调幅以后的弯矩内力图如图2.37.10所示。

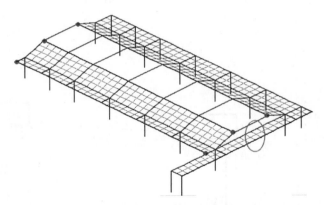

图2.37.8 定义弹性板第三层板网格剖分图

相比刚性板，在弹性板作用下梁的轴力有很大幅度的减小，某梁段轴力从刚性板下的352kN减小到弹性板下的35.5kN，减小幅度达90%以上；对应梁端弯矩从刚性板的55.28kN·m增加到弹性板下的416.9kN·m，增大幅度达7倍以上。

采用刚性板与弹性板分别计算对比发现如下结论：弹性板下梁恒载、活载下的内力是刚性板下的7～8倍，弹性板下梁端配筋是刚性板下的7～8倍，弹性板下梁跨中配筋是刚性板下的3倍，刚性板下柱其中一侧的单侧配筋是弹性板下的4倍。

本工程案例按照弹性板计算与刚性板计算差异过大，远远超出了平常结构设计中采用刚性板与弹性板计算结果的差异，该结构在设计中究竟应该按刚性板还是弹性板进行整个结构梁、柱的配筋设计。什么原因引起这么大差异还需进一步分析探讨。

| 荷载工况 | M-I | M-1 | M-2 | M-3 | M-4 | M-5 | M-6 | M-7 | M-J | N |
	V-I	V-1	V-2	V-3	V-4	V-5	V-6	V-7	V-J	T
(1)DL	-183.75	-117.16	-49.80	25.80	101.64	178.25	259.94	338.09	416.91	-35.52
	183.49	185.33	187.17	206.00	207.84	209.69	238.91	240.75	242.59	2.04
(2)LL	-14.32	-10.47	-6.61	-2.28	2.17	6.62	11.45	16.07	20.69	-2.95
	10.48	10.48	10.48	11.93	11.93	11.93	13.94	13.94	13.94	0.12
(3)EXY	23.16	23.40	23.65	17.67	-0.87	-19.40	-26.43	-27.80	-29.16	55.35
	-3.50	-3.50	-3.50	-3.64	-3.64	-3.64	-4.76	-4.76	-5.24	0.86
(4)EXP	3.14	3.63	4.13	3.01	-1.55	-6.11	-8.53	-9.84	-11.14	8.22
	-3.27	-3.27	-3.27	-3.34	-3.34	-3.34	-3.73	-3.73	-4.10	1.00
(5)EXM	3.67	3.48	3.29	3.40	4.05	4.70	1.88	-2.73	-7.34	7.59
	-2.68	-2.68	-2.68	-2.63	-2.63	-2.63	-2.76	-2.76	-3.04	0.71
(6)EYX	27.11	27.39	27.67	28.11	28.78	29.44	30.57	32.03	33.49	64.85
	-3.33	-3.33	-3.33	-3.52	-3.52	-3.52	4.95	4.95	5.44	0.73
(7)EYP	25.83	25.78	25.73	25.77	25.96	26.15	26.70	27.58	28.45	58.46
	-1.80	-1.80	-1.80	-1.91	-1.91	-1.91	3.08	3.08	3.39	0.26
(8)EYM	28.12	28.70	29.29	30.04	30.96	31.88	33.26	34.98	36.70	70.69
	-2.75	-2.75	-2.75	3.17	3.17	3.17	5.20	5.20	5.72	0.26
(9)WX	0.26	0.11	-0.04	-0.20	-0.36	-0.51	-0.66	-0.80	-0.95	0.23
	-0.37	-0.37	-0.37	-0.37	-0.37	-0.37	-0.39	-0.39	-0.39	0.12
(10)WY	4.81	5.36	5.92	6.55	7.21	7.88	8.69	9.57	10.45	20.89
	1.35	1.35	1.35	1.62	1.62	1.62	2.42	2.42	2.42	0.12
(11)LL2	0.03	0.01	0.00	0.00	0.07	0.14	0.43	0.83	1.24	-2.95
	0.49	0.49	0.49	0.24	0.24	0.24	1.18	1.18	1.18	0.12
(12)LL3	-1.07	-0.90	-0.73	-0.64	-0.67	-0.69	-0.77	-0.90	-1.03	-2.95
	-0.01	-0.01	-0.01	-0.00	-0.00	-0.00	-0.28	-0.28	-0.28	0.12
(13)EX	23.16	23.40	23.65	17.67	-0.87	-19.40	-26.43	-27.80	-29.16	55.35
	-3.50	-3.50	-3.50	-3.64	-3.64	-3.64	-4.76	-4.76	-5.24	0.86
(14)EY	27.11	27.39	27.67	28.11	28.78	29.44	30.57	32.03	33.49	64.85
	-3.33	-3.33	-3.33	-3.52	-3.52	-3.52	4.95	4.95	5.44	0.73

图 2.37.9　某梁段在弹性板下内力计算结果输出

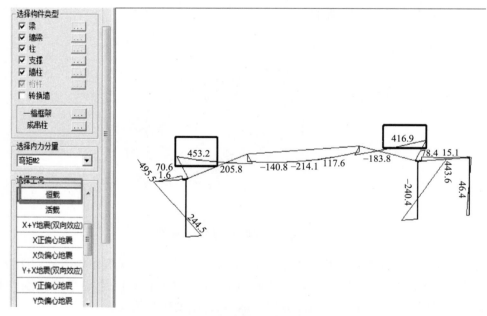

图 2.37.10　弹性板下选取榀梁恒载弯矩调幅后的弯矩图

3）结构在分块刚性板下的恒载变形及轴力

结构按普通分块刚性板建模，恒载作用的变形结果如图 2.37.11 所示，恒载下梁构件竖向变形不大，梁恒载下竖向变形最大为 2.19mm。由图 2.37.5 可知，该结构在刚性板下，周边一圈分块刚性板形成了一整块 U 形刚性板，中间一圈柱的节点被刚性板强制变形协调，造成门式框架结构柱的两端被刚性板约束，导致与柱相连的梁构件外推变形被约束，引起梁构件产生非常大的轴力，图 2.37.12 为选取楄的梁、柱在恒载下的轴力图。

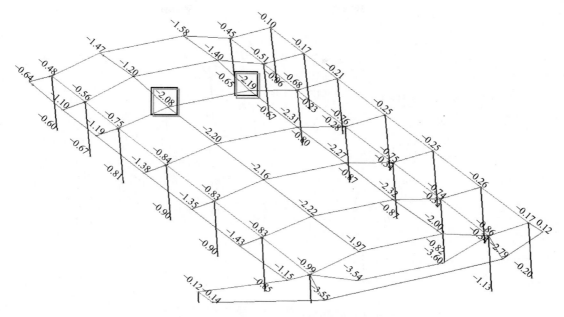

图 2.37.11　结构刚性板下恒载竖向变形图

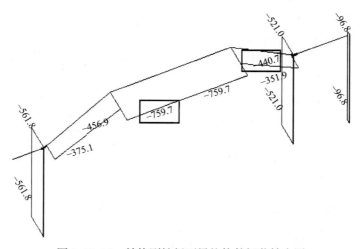

图 2.37.12　结构刚性板下梁柱构件恒载轴力图

4）结构在弹性板下的恒载变形及轴力

查看 SATWE 计算结果，该结构在弹性板下，恒载作用的变形结果如图 2.37.13 所示，恒载下梁构件竖向变形很大，最大位移约为刚性板下位移的 4 倍，梁恒载下竖向变形最大为 8.20mm。结构在弹性板下楼板网格剖分情况如图 2.37.8 所示，周边一圈 U 形弹性板加中间两排斜板均为弹性板，图中圈出的狭长板变为弹性板时会产生较大的面内轴向变形，顶部的斜板及斜梁产生的推力就会释放掉，因此，梁构件在恒载下竖向变形大，梁内的轴力会变小，中间梁的轴力最大为 234.5kN，如图 2.37.14 所示，相比刚性板下中间梁轴力为 759.7kN，梁轴力减小幅度接近 70%。

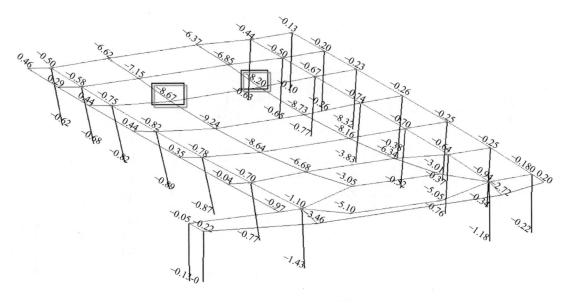

图 2.37.13　结构在弹性板下恒载竖向变形图

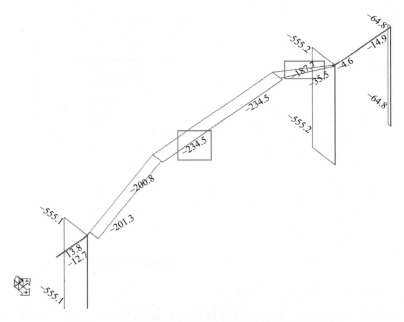

图 2.37.14　结构在弹性板下梁柱构件恒载轴力图

5）考察弹性板下图 2.37.8 中的狭长板带在恒载下的轴力及轴向变形

该结构按照弹性板计算，并考虑楼板。图 2.37.15 为考虑弹性板之后，板恒载下变形动图，狭长板带在恒载下的竖向变形非常明显，楼板表现出很大的变形。图

2.37.16 为狭长板带在恒载下的竖向变形，可以看到楼板产生的弯曲变形很大，楼板跨中位置的竖向变形达到了 9.56mm，远远大于其他楼板竖向荷载下的变形结果。楼板的主拉应力如图 2.37.17 所示，狭长板带的主应力最大值达到了 2111kN/m^2，约为其他部位的最大拉应力大 5～6 倍，该狭长板带是结构变形较大的部位，设计中需重点关注。

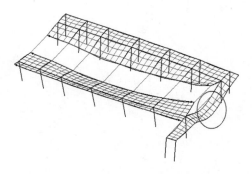

图 2.37.15 狭长板带恒载下变形图

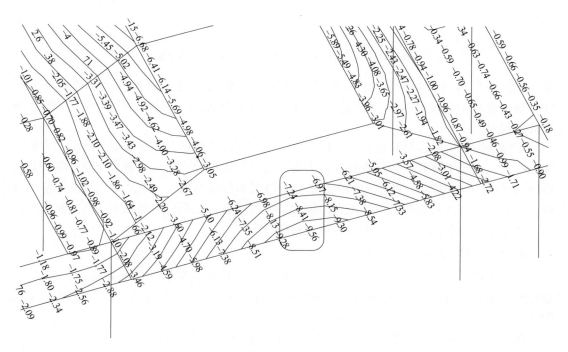

图 2.37.16 狭长板带在恒载下竖向变形

3. 结构在刚性板与弹性板下的结果对比结论

通过上述两种情况对比分析发现，由于狭长板按弹性板计算内变形很大，导致板中产生很大的轴力。该板也无法约束两边的楼板，使整个梁构件在竖向荷载下变形较大，进而引起梁、柱中产生较大的弯矩，但柱轴力变化不大，梁轴力较刚性板而言反而变小，最终导致弹性板下梁配筋比按刚性板计算增大很多（增大 7～8 倍），导致柱单侧

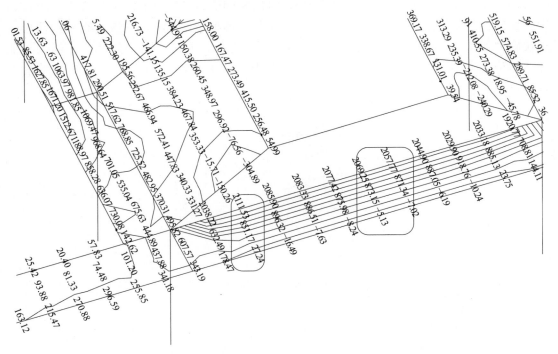

图 2.37.17　狭长板带在恒载下的平面主应力结果

配筋增大也很多（增大 3～4 倍）。在刚性板下这种狭长板的变形被忽略，严重夸大了整个结构楼板的约束作用，进而造成梁构件竖向变形很小，梁柱内力很小，配筋也很小的错误结果。

实际该结构中的这种狭长板带变形非常明显，板会产生很大的轴向变形，板中有很大的轴拉力。设计中遇到这种特殊情况，需要考虑狭长板带的变形，不能采用刚性板而忽略掉该板引起的轴向变形，才能得到正确的梁、柱及板配筋结果。当然从以上楼板的应力分析结果来看，该狭长板带是设计中变形较大部位的楼板，该部位的楼板中会产生较大的拉力，属于结构薄弱部位，设计中应该重点加强。

4. 其他软件的校核

一般来讲，遇到这种颠覆常规认知（刚性板与弹性板梁配筋结果差好几倍）的情况，设计师一般倾向于多软件分析比对，使用另一软件在刚性板下的第三层的配筋结果如图 2.37.18 所示。

使用该软件在刚性板下的结果与 PKPM 弹性板下的结果一致，但是与 PKPM 按照刚性板下的计算结果相比差异巨大。该软件计算模型如图 2.37.19 所示。

查看软件三维轴侧简图，该软件直接将用户布置的平板修改为斜板计算，此时由于斜板程序计算时默认为弹性板，因此采用刚性板计算的时候阴差阳错的得到了比较正确的结果。但是此时程序生成的模型并不是用户期望的计算模型，程序按照默认的判定原则修改了用户布置板的位置，形成了与上层梁相连的斜板，这导致两个软件在刚性板下结果差异很大，但在弹性板下结果基本一致。

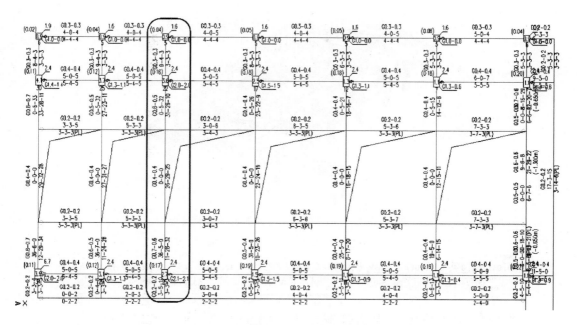

图 2.37.18　该软件第三层梁柱配筋结果图

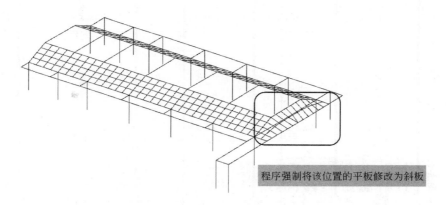

程序强制将该位置的平板修改为斜板

图 2.37.19　该软件三维轴侧简图查看板剖分情况

5. 调整布置方案，进一步验证刚性板下结果梁柱配筋小的原因

由于 U 形板连接两边的楼板除了狭长板带以外，还有几根轴力很大的梁，为了增加结构的整体连接性能，验证狭长板带是刚性板时对结构约束很强，在同等位置增加了水平向的梁，如图 2.37.20 所示。然后按照全楼弹性板进行计算。

计算完毕之后查看第三层梁、柱配筋计算结果，可以看到图 2.37.21 的计算信息。

通过上述计算结果可以看到，此时即使采用弹性板，由于每一榀柱之间均增加了水平梁，这种连接加强，梁的竖向变形也被约束，柱的配筋基本与刚性板下的结果一致，顶部梁的结果也基本与刚性板结果一致。

更重要的是狭长板的轴向变形减小，该位置楼板主应力相比原结构弹性板下主应力有

199

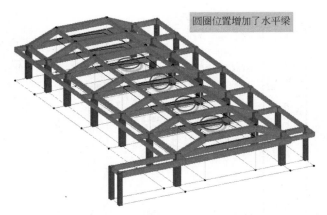

图 2.37.20　第三标准层附加的每一榀框架梁

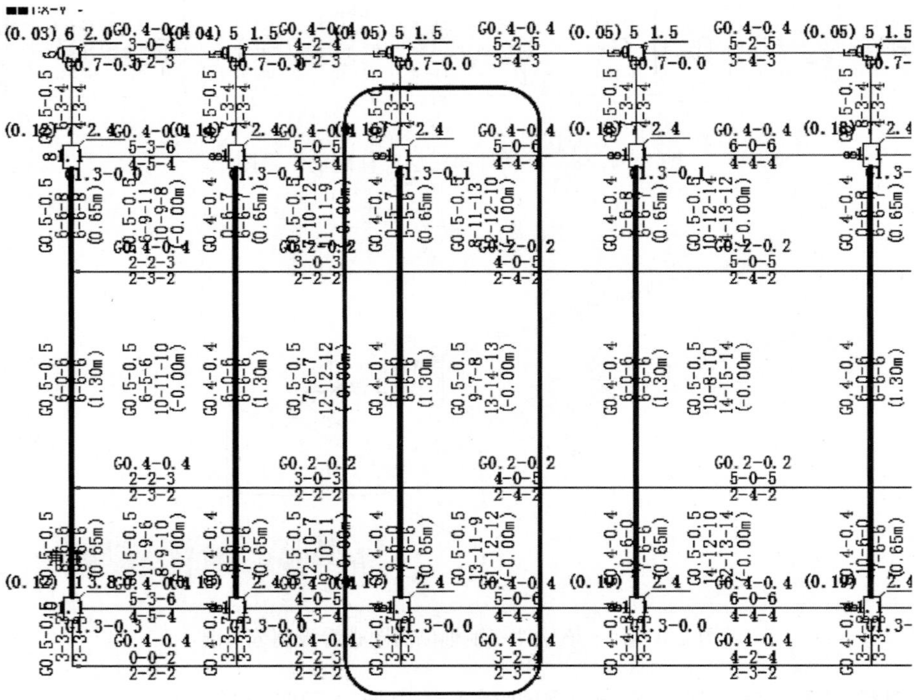

图 2.37.21　第三层梁、柱配筋计算结果

大幅度降低，如图 2.37.22 所示为狭长板在恒载下的主应力图。该狭长楼板最大拉应力由原来的 $2111kN/m^2$ 降低到现在的 $1078kN/m^2$，降低幅度 50%。该狭长板带部位仍然属于比较薄弱的部位，设计中应重点加强。增加的梁承担了部分压力，卸载了狭长板带中的拉应力，导致楼板应力大幅度下降，下降幅度达 50%。

6. 由该工程案例得出的结论

（1）按照该结构方案进行设计时，由于狭长板与周边楼板无法达到真正的刚性板，如果工程中是这种 U 形板，按照分块刚性板计算，会夸大这种约束效应，导致计算的梁、

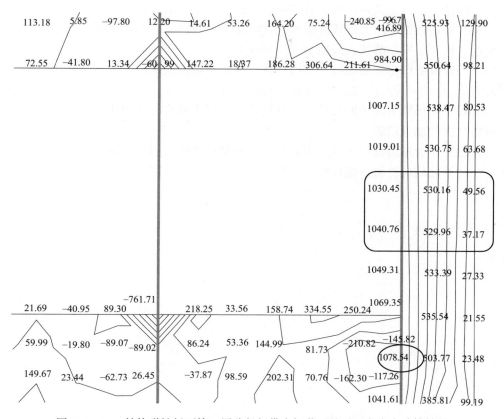

图 2.37.22　结构弹性板下第三层狭长板带在恒载下的平面主应力计算结果

柱配筋均严重偏小，不安全。

（2）这种结构的楼板是无法达到分块刚性板假定的，尤其是该结构中 U 形板的狭长部分，如果在设计中按照刚性板处理，就无法计算得出板中很大的拉应力，按照常规分块板计算，静力手册纯弯构件算法会导致板配筋严重偏小，不安全。

（3）该结构这种狭长板在设计中应该定义为弹性板，通过楼板的变形可以准确计算得到楼层中其他梁、柱的配筋结果，计算结果正确。

（4）对这狭长板定义弹性板，通过楼板整体有限元分析可以计算出楼板的主拉应力，并按照拉弯构件进行板的配筋设计，计算结果才能正确，不能仅仅按照静力手册简化算法计算该楼板的配筋。

（5）不同的设计软件在处理具体工程时，可能由于处理原则的不同，导致同样的建模方法但是计算模型会有很大差异，甚至计算模型与用户建立的模型有差别。设计中需仔细核查软件计算模型。

7. 对设计师的启示及设计建议

（1）特殊情况下，结构按照分块刚性板计算与按照弹性板计算内力与配筋可能会有很大的差异，甚至不考虑板的变形，梁柱配筋结果会得到错误的结果。

（2）设计中特别避免对不符合分块刚性板假定的楼板错误采用刚性板进行结构内力分析与配筋设计。

（3）设计中是否定义弹性板需具体问题具体分析，如果判断出结构中存在这种大变形的板，建议在进行结构内力计算与配筋设计时定义弹性板。比如，连体部位的楼板，转换层的楼板、桁架层所在的楼板及地下室的顶板等。

（4）当楼板变形比较明显时，结构整体计算要将楼板视作弹性板，同时楼板本身考虑有限元整体分析进行设计，按照拉弯构件进行设计。

（5）对于变形较大部位的楼板，尤其狭长板，属于结构设计的薄弱部位，在设计中应提出有针对性的加强措施。

（6）软件作为辅助设计工具，生成的计算模型有可能与用户实际输入的模型有一定的出入，在计算之前应该做仔细校核，查看是否符合设计的预期。

2.38　为何不用计算基底平均压力？

《建筑地基基础设计规范》GB 50007—2011 第 5.2.1 条规定基础底面的压力，应符合下列规定：

（1）当轴心荷载作用时

$$p_k \leqslant f_a \tag{2.38.1}$$

式中　p_k——相应于作用的标准组合时，基础底面处的平均压力值（kPa）；

　　　f_a——修正后的地基承载力特征值（kPa）。

（2）当偏心荷载作用时，除符合式（2.38.1）要求外，尚应符合下式规定

$$p_{kmax} \leqslant 1.2f_a \tag{2.38.2}$$

式中　p_{kmax}——相应于作用的标准组合时，基础底面边缘的最大压力值（kPa）。

也就是说，当偏心荷载作用时，我们要同时计算基底平均压力和基础底面最大压力，但对于 $e>b/6$ 的情况，《建筑地基基础设计规范》GB 50007—2011 第 5.2.2 条只给出了 p_{kmax} 的计算公式。

当基础底面形状为矩形且偏心距 $e>b/6$ 时（图 2.38.1），p_{kmax} 应按下式计算

$$p_{kmax} = [2(F_k+G_k)]/3la \tag{2.38.3}$$

式中　l——垂直于力矩作用方向的基础底面边长（m）；

　　　a——合力作用点至基础底面最大压力边缘的距离（m）。

规范为啥不给出基础底面的平均压力值 p_k 的计算公式呢？很多工程师还在苦苦推导此时的 p_k 计算方法，因为不能直接用 $p_k=(F+G)/(lb)$ 计算。其实，当偏心距 $e>b/6$ 时，基底压力出现重分布，如图 2.38.1 所示。当最大压力为 $p_{max}=1.2f_a$ 时，平均压力 $p_k=(p_{kmax}+p_{kmin})/2=(p_{kmax}+0)/2=0.6f_a<f_a$。也就是说，当 $e>b/6$ 时，应力重分布后我们只用验算最大压力 p_{max}，当最大压力满足时，平均压力肯定是够的，没有必要再去研究计算平均压力了。

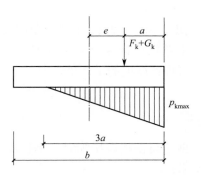

图 2.38.1　偏心荷载（$e>b/6$）下基底压力计算示意图

b—力矩作用方向基础底面边长

2.39 如何确定混凝土梁钢筋与钢骨柱连接钢板厚度?

张利军 北京交大建筑勘察设计院有限公司

在钢骨混凝土结构中，钢筋混凝土梁与钢骨混凝土柱常用的连接方式是在柱钢骨上焊接钢牛腿，将钢筋混凝土梁的纵筋焊在钢牛腿的翼缘板上；关于翼缘连接钢板厚度的取值，目前尚查不到可供参考的规定；在实际工程过程中，基本都是较保守地取为同钢筋直径，这明显是太大了。

1. 按构造要求推算钢板厚度与钢筋直径的关系

依据《钢筋焊接及验收规程》JGJ 18—2012 第 4.5.11 条，钢筋与钢板搭接焊的构造要求如图 2.39.1 所示。

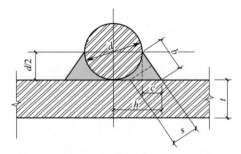

图 2.39.1 钢筋与钢板搭接焊的俯视图

图 2.39.1 中，d 为钢筋直径，焊缝宽度 $b=0.6d$；$c=\sqrt{(0.6d)^2-(0.5d)^2}=0.33d$；焊缝厚度 $s=\dfrac{0.5d}{0.33d}\times 0.3d=0.45d>0.35d$（满足构造要求）；钢板一侧的焊脚高度 $h=\dfrac{d}{2}+c=0.83d$。

尽管《钢结构设计标准》GB 50017—2017 未提及角焊缝最大焊脚高度的限值，为了保护钢板材性，现依然参照《钢结构设计规范》GB 50017—2003 第 8.2.7 条等 2 款，取角焊缝的焊脚尺寸不宜大于较薄焊件厚度的 1.2 倍，即：

$h\leqslant 1.2t$，

则钢板厚度 $t\geqslant\dfrac{h}{1.2}=\dfrac{0.83d}{1.2}=0.7d$。

也就是说，按构造要求，钢筋与钢板搭接焊时，钢板厚度可取为 $0.7d$。下面按此厚度验算钢板的强度是否满足要求。

2. 钢板抗拉剪撕裂验算

按钢筋混凝土梁的构造要求，取梁上筋最小中心距为 $2.5d$，以抗撕裂最不利的角筋为验算对象，钢筋与钢板搭接焊的铺面图见图 2.39.2。

考虑钢筋与钢板为单面连接，取有效截面系数 $\eta=0.85$，则钢板抗拉剪撕裂的强度设计值为：

$$F_k=0.85f\sum(\eta_i A_i)=0.85\times0.7d\times(5d\times0.58f+1.33df)=2.52d^2f$$

钢筋抗拉强度设计值：

$$F_s=\frac{\pi}{4}d^2f_y=0.785d^2f_y。$$

设钢板选用 Q235 钢，抗拉强度取最小值，$f=200$；

$$F_k=2.52d^2f=2.52\times d^2\times200=504d^2；$$

钢筋按 HRB500 考虑，$f_y=435$，则：

$$F_s=0.785d^2f_y=0.785\times d^2\times435=341d^2；$$

$F_k\gg F_s$，钢板抗撕裂强度足够。

3. 钢板抗拉强度验算

如图 2.39.2 所示，取中间钢筋对应的钢板受拉有效宽度 $b_e=2.5d$，并取有效截面系数 $\eta=0.85$，则钢板抗拉强度设计值：

$$F=0.85\times2.5d\times0.7d\times f=1.49d^2f；$$

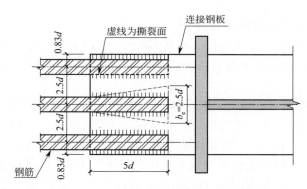

图 2.39.2　钢筋与钢板搭接焊的铺面图

对于常用的钢筋和强度等级较低的钢材，计算对比如下：

常用的钢筋和强度等级较低的钢材计算对比　　　　　　表 2.39.1

钢板 ＼ 钢筋	HRB400	HRB500
Q235	$F=298d^2$ $>F_s=283d^2$	$F=298d^2$ $<F_s=341d^2$
Q355	$F=402d^2$ $>F_s=283d^2$	$F=402d^2$ $>F_s=341d^2$

由表 2.39.1 可见，只有在钢板为 Q235、钢筋为 HRB500 时，才出现钢板抗拉强度小于钢筋的情况。实际上，钢骨混凝土工程中不可能出现这种组合，钢骨的强度等级不会低于 Q355。

4. 结论

钢筋与钢板搭接焊时，钢板厚度取为钢筋直径的 0.7 倍，可以满足要求。

2.40 偶然偏心和双向地震是否需要同时考虑？

1. 考虑质量偶然偏心的依据和方法

国外多数抗震设计规范认为，需要考虑由于施工、使用等因素所引起的质量偶然偏心或地震地面运动的扭转分量的不利影响。现行国家标准《建筑抗震设计规范》GB 50011—2010，对平面规则的结构，采用增大边榀结构地震作用效应的简化方法考虑偶然偏心的影响。

对于高层建筑而言，规定直接取垂直于地震作用方向的建筑物每层投影长度的 5% 作为该层质量偶然偏心来计算单向水平地震作用，是和国外有关标准的规定一致的。

实际计算时，可将每层质心沿参考坐标系的同一方向（正向或负向）偏移，分别计算地震作用和作用效应；也可近似按照原始质量分情况计算地震作用，再按规定的质量偶然偏心位置分别施加地震作用，计算结构的地震作用效应。

对于连体结构、多塔楼结构，相对分离的塔块可按自身的边长确定相应楼层的质量偶然偏心值。

2. 何时需要考虑计算双向地震作用

强震观测表明，几乎所有地震作用都是多向性的，尤其是沿水平方向和竖向的振动作用。《高层建筑混凝土结构技术规程》JGJ 3—2010 规定了考虑计算双向地震作用的情况，即质量与刚度分布明显不均匀、不对称的结构。

"质量与刚度分布明显不均匀、不对称"，主要看结构刚度和质量的分布情况以及结构扭转效应的大小，总体上是一种宏观判断，不同设计者的认识有一些差异是正常的，但不应该产生质的差别。一般而言，可根据楼层最大位移与平均位移之比值判断，若该值超过扭转位移比下限 1.2 较多（比如 A 级高度高层建筑大于 1.4、B 级高度或复杂高层建筑等大于 1.3），则可认为扭转明显，需考虑双向地震作用下的扭转效应计算，判断楼层内扭转位移比值时，可不考虑质量偶然偏心的影响。

3. 质量偶然偏心和双向地震作用是否同时考虑

质量偶然偏心和双向地震作用都是客观存在的事实，是两个完全不同的概念。在计算地震作用时，无论考虑单向地震作用还是双向地震作用，都有结构质量偶然偏心的问题；反之，不论是否考虑质量偶然偏心的影响，地震作用的多维性本来都应考虑。显然，同时考虑二者的影响计算地震作用原则上是合理的。但是，鉴于目前考虑二者影响的计算方法并不能完全反映实际地震作用情况，而是近似的计算方法，因此，二者何时分别考虑以及是否同时考虑，取决于现行规范的要求。

按照《高层建筑混凝土结构技术规程》JGJ 3—2010 的规定，单向地震作用计算时，应考虑质量偶然偏心的影响；质量与刚度分布不均匀、不对称的结构，应考虑双向地震作用计算。因此，质量偶然偏心和双向地震作用的影响可不同时考虑。如此规定，主要是考虑目前计算方法的近似性以及经济方面的因素。至于考虑质量偶然偏心和考虑双向地震作用计算的地震作用效应谁更为不利，会随着具体工程的不同，或同一工程的不同部位（不同构件）而不同，不能一概而论。

2.41 轴压比计算是否考虑活荷载折减

1. 关于活荷折减的规定

《建筑结构荷载规范》GB 50009—2012 第 5.1.2 条作为强制性条文，明确规定设计楼面梁、墙、柱及基础时的楼面均布活荷载的折减系数，作为设计必须遵守的最低标准。作用在楼面上的活荷载，不可能以标准值的大小同时布满在所有的楼面上，因此设计梁、柱、墙和基础时，还要考虑实际荷载沿楼面分布的变异情况，也即在确定梁、墙、柱和基础的荷载标准值时，允许按楼面活荷载标准值乘以折减系数。

折减系数的确定实际上比较复杂，无法采用简化的概率统计模型来解决这个问题。规范通过从属面积来考虑荷载折减系数。对于支撑单向板的梁，其从属面积为梁两侧各延伸 1/2 的梁间距范围内的面积；对于支撑双向板的梁，其从属面积由板面的剪力零线围成。对于支撑梁的柱，其从属面积为所支撑梁的从属面积的总和；对于多层房屋，柱的从属面积为其上部所有柱从属面积的总和。

2. 轴压比

《混凝土结构设计规范》GB 50010—2010（2015 年版）第 11.4.16 条表 11.4.16 注 1：柱轴压比指地震作用下柱组合的轴向压力设计值与柱全截面面积和混凝土轴心抗压强度设计值乘积之比值；第 11.7.16 条表 11.7.16 注：剪力墙肢轴压比指在重力荷载代表值作用下墙的轴压力设计值与墙的全截面面积和混凝土轴心抗压强度设计值乘积的比值。

柱轴压比 $=[1.2(\text{恒载}+0.5\text{活载})+1.3\text{地震}]/f_c A_c$，墙轴压比 $=1.2(\text{恒载}+0.5\text{活载})/f_c A_c$（假定活荷载组合值系数为 0.5）。柱轴压比计算中，考虑了地震作用下柱轴力设计值；而墙轴压比的计算中，则只考虑了重力荷载代表值的设计值，并没有计入地震作用。地震作用对墙轴压比的影响，只是粗略反映在轴压比限值中，因此墙轴压比限值比柱低很多。

3. 轴压比计算可否考虑活荷折减

重力荷载代表值组合值系数有两重含义，《建筑抗震设计规范》GB 50011—2010（2016 年版）第 5.1.3 条：

计算地震作用时，建筑的重力荷载代表值应取结构和构配件自重标准值和各可变荷载组合值之和。各可变荷载的组合值系数，应按表 5.1.3 采用。

组合值系数 表 5.1.3

可变荷载种类	组合值系数
雪荷载	0.5
屋面积灰荷载	0.5
屋面活荷载	不计入
按实际情况计算的楼面活荷载	1.0

续表

可变荷载种类		组合值系数
按等效均布荷载计算的楼面活荷载	藏书库、档案库	0.8
	其他民用建筑	0.5
起重机悬吊物重力	硬钩吊车	0.3
	软钩吊车	不计入

注：硬钩吊车的吊重较大时，组合值系数应按实际情况采用。

其一，因为地震是一个偶然事件，在地震发生的同时活荷载满布的概率是较小的，所以可以进行折减。所以，既然重力荷载代表值里面的活荷载已经考虑了折减，就不必再考虑荷载规范的折减了。另一方面，不同的活荷载在地震作用下参与程度也是不同的，比如水箱里的水，可能还会减震。

所以，重力荷载代表值中的活荷载，不应该再执行荷载规范关于楼层数的折减；活荷载地震作用的质量源，也不应该再执行荷载规范关于楼层数的折减。

2.42　悬挑板阳角配筋方式

张利军　北京交大建筑勘察设计院有限公司

一直以来，悬挑板阳角的配筋如图 2.42.1 所示，采用放射筋的配筋方式。

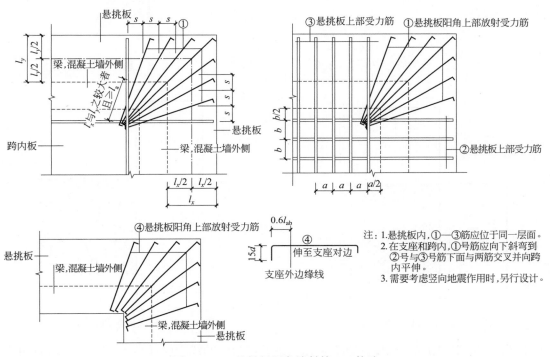

图 2.42.1　悬挑板阳角放射筋 Ces 构造

这种配筋方式存在以下问题：

（1）钢筋排布的特点是，只要不平行，钢筋层次就要多一层。放射筋只能置于 X 和 Y 方向悬挑筋的下面，即放射筋是悬挑板的第三层受力筋。带阳角的悬挑板多为露台、屋檐等露天构件，在寒冷地区，其钢筋保护层最小厚度应为 25mm。

现假定 X、Y 方向悬挑筋均为 $\phi 12$，则放射筋中心至悬挑板板面的最小距离为 55mm，如图 2.42.2 所示。对于常见厚度 120～150mm 的悬挑板而言，放射筋几乎接近悬挑板截面高度的中心线。可见，放射筋距离悬挑板表面太远了，对发挥钢筋强度、控制板面裂缝与板端挠度都是非常不利的。

（2）放射筋根部区域钢筋密集，混凝土密实度较难保证，放射筋锚固效果不佳；

（3）实际施工中，放射筋的排布费时费力；

（4）根据变形协调原则，荷载按刚度分配，放射筋并不能充分发挥作用。

将悬挑板图 2.42.3 分解为图 2.42.4 和图 2.42.5。阳角悬挑板 TB3 的悬挑长度 M 远

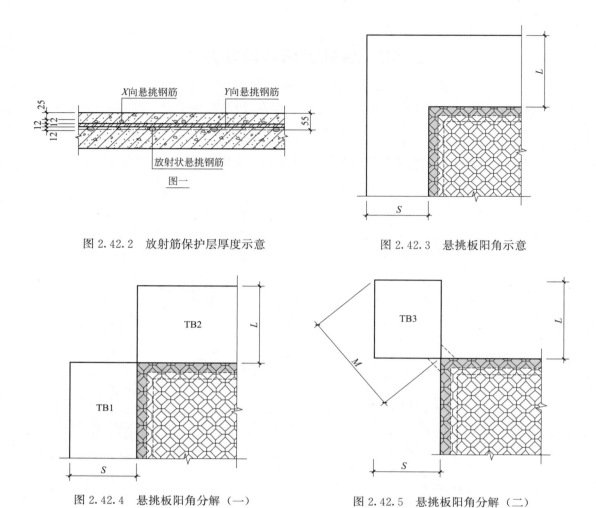

图 2.42.2　放射筋保护层厚度示意

图 2.42.3　悬挑板阳角示意

图 2.42.4　悬挑板阳角分解（一）

图 2.42.5　悬挑板阳角分解（二）

大于 TB1 和 TB2 的悬挑长度 S 和 L，也就是说，TB3 的线刚度远小于 TB1 和 TB2。由于变形协调，TB3 的荷载必然向一定宽度范围的 TB1 和 TB2 传递，从而加大了该范围内 TB1 和 TB2 的负荷。但传统的放射状配筋方式并没有对这些部位进行加强；而且，由于 TB3 一定程度上由 TB1 和 TB2 支承，其放射筋并不能充分发挥作用。

　　可见，放射筋配筋方式不仅施工不便，而且受力也不合理。悬挑板阳角的安全，很大程度上靠一定宽度的 X 和 Y 方向悬挑板（配筋加强带部位）的安全储备来保证。所以，现提出图 2.42.6 所示的配筋方式。

　　沿 X 和 Y 方向设配筋加强带。根据变形协调，悬挑长度较小的配筋加强带负荷最大，其总宽度参照无梁楼盖，取较大悬挑长度的 0.5 倍；悬挑长度较大的配筋加强带，其总宽度参照《高层建筑混凝土结构技术规程》JGJ 3—2010 中关于板柱剪力墙结构暗梁的设置，取较小悬挑长度的 0.3 倍；加强带的配筋量取相应悬挑方向板配筋量的两倍，加强带以外区域按相应悬挑方向的板配筋量均匀配置。

　　该配筋方式构造简单，受力清晰。悬挑钢筋共两层，相同方向的悬挑筋规格和长度一致，配筋加强带仅需将悬挑筋加密一倍即可，钢筋排布整齐，有利于充分发挥钢筋强度。

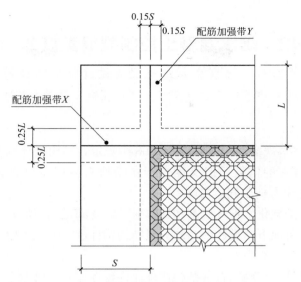

图 2.42.6 悬挑板阳角配筋方式示意（$S \leqslant L$）

有条件时，可实验验证该配筋方式的安全性和合理性。

2.43 防水混凝土控制裂缝宽度的作用

张利军　北京交大建筑勘察设计院有限公司

《地下工程防水技术规范》GB 50108—2008 中规定，结构裂缝宽度不得大于 0.2mm。很多人理解为这是防水的需要，但又困惑于：既然有裂缝，裂缝宽度是 0.2mm 还是 0.3mm，对于防水来说有何不同意义呢？

人防地下室需要抵抗化学毒气侵害和核辐射，需要满足相应的密闭要求，也要满足防水要求；但是，在人防地下室设计中，却只对结构构件进行承载力验算，并不需要验算变形和裂缝宽度，这是为什么呢？

规范给出的解释是，在确定各种结构构件允许延性比时，已考虑了对变形的限制和防护密闭要求；这理解起来不够直观；实际上，人防荷载组合下的结构构件主要是受弯构件或者大偏心受压构件，其横截面有受拉区也有受压区，不会出现贯通全截面的受力裂缝，也就不会因空气冲击波作用下产生的受力裂缝而影响密闭性。同理，普通防水地下室的底板和外墙在土压力、水压力等作用下，也是受弯构件或者大偏心受压构件，不会出现贯通的受力裂缝。可见，《地下工程防水技术规范》GB 50108—2008 对裂缝宽度的限制，并不是单纯防水的考虑。

对于裂缝宽度的限值，《混凝土结构设计规范》GB 50010—2010 以环境类别为划分标准；可见，限制裂缝宽度也是考虑混凝土耐久性的需要。

《北京地区建筑地基基础勘察设计规范》DBJ 11-501—2009（2016 版）的有关规定很有参考价值：

8.1.13　当地下室外墙外侧设有建筑防水层时，外墙最大裂缝宽度的限值可取 0.4mm；

8.1.15　基础结构构件（包括筏板基础的梁和板；厚板基础的板；条形基础的梁等）可不验算混凝土裂缝宽度。

条文说明　长期以来，我国许多工程的基础受力钢筋实测拉应力都很小，一般在（20～50）MPa 之间。影响结构构件混凝土裂缝宽度的最主要因素，是钢筋的实际拉应力，既然基础构件的钢筋拉应力在多年的各种工程的实测中都很小，因此规定，无需验算基础结构构件的裂缝宽度。但处于强侵蚀环境中者，仍需验算裂缝。

综上所述，《地下工程防水技术规范》GB 50108—2008 中对于混凝土裂缝的要求可理解为：

（1）不能产生贯通横截面的裂缝，无论裂缝的宽度是多少；从施工养护和构造方面着手，控制混凝土凝固收缩和温差影响；

（2）控制受力裂缝宽度的目的，一是耐久性，二是控制裂缝开展深度从而保证未开裂混凝土的厚度；这主要靠增加配筋量，钢筋尽量细而密；

（3）不管是受力裂缝还是构造裂缝，宽度均不得大于 0.2mm；宽度小于 0.2mm 的裂缝多数可以自行愈合；

（4）实际工程中，裂缝宽度限值的确定应综合考虑环境类别、腐蚀强弱、构件性状等因素；并主动与有关各方尤其是审图机构沟通，达成共识，做到安全经济合理；一味套用规范，过于严格地控制受力裂缝宽度，会大幅增加用钢量，造成不必要的浪费。

2.44 如何确定特征周期插值图数据？

根据《建筑抗震设计规范》GB 50011—2010（以下简称《抗规》）第 4.1.6 条的条文说明可知，当土层的等效剪切波速和场地覆盖层厚度处于场地类别相应数值的分界线附近时，允许使用插入方法确定边界线附近（指相差±15％的范围）的 T_g 值。

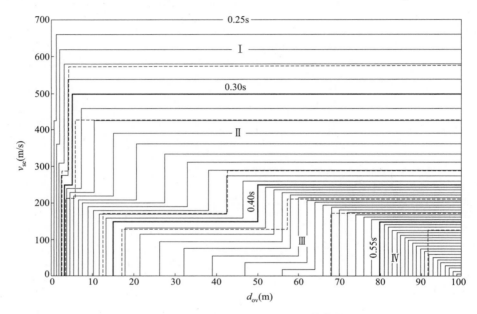

图 2.44.1　在 d_{ov}-v_{se} 平面上的 T_g 等值线图

(用于设计特征周期一组，图中相邻 T_g 等值线的差值均为 0.01s)

图 2.44.1 中的中粗线表示各场地类别分界线处的特征周期为 0.55s、0.4s、0.3s、0.25s，这些数据是怎么来的呢？

比如图示中Ⅲ类、Ⅳ类场地分界线的特征周期 0.55s 是如何得出的？查《抗规》的特征周期表（表 2.44.1）可知，设计地震分组为第一组时，Ⅲ类场地 T_g=0.45s，Ⅳ类场地 T_g=0.65s，按加权平均的原则，处于Ⅲ类、Ⅳ类场地分界线的特征周期 T_g=（0.45+0.65)/2=0.55s。

特征周期值（s）
表 2.44.1

设计地震分组	场地类别				
	I_0	I_1	Ⅱ	Ⅲ	Ⅳ
第一组	0.20	0.25	0.35	0.45	0.65
第二组	0.25	0.30	0.40	0.55	0.75
第三组	0.30	0.35	0.45	0.65	0.90

　　按同样方法可计算其他场地分界线的特征周期，Ⅱ类、Ⅲ类场地分界线的特征周期 $T_g=(0.35+0.45)/2=0.4s$，Ⅰ类、Ⅱ类场地分界线的特征周期 $T_g=(0.25+0.35)/2=0.3s$。

　　同理，如果设计地震分组为第二组，也可计算各场地分界线附近的特征周期。查《抗规》的特征周期表，设计地震分组为第二组时，Ⅲ类场地 $T_g=0.55s$，Ⅳ类场地 $T_g=0.75s$，处于Ⅲ类、Ⅳ类场地分界线的特征周期 $T_g=(0.55+0.75)/2=0.65s$。Ⅱ类、Ⅲ类场地分界线的特征周期 $T_g=(0.40+0.55)/2=0.475s$，Ⅰ类、Ⅱ类场地分界线的特征周期 $T_g=(0.3+0.4)/2=0.35s$。

　　基于上述计算，可得出不同分组的场地类别分界的设计参数，如图 2.44.2 所示。

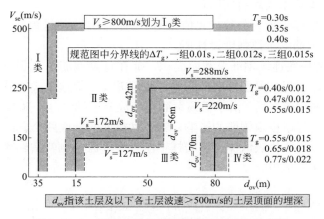

图 2.44.2　不同分组的场地类别分界的设计参数

　　还有一个问题，设计地震分组为第一组时，Ⅱ类、Ⅲ类场地相邻等值线的 T_g 值相差 0.01s（步长），那对于第二组、第三组相邻等值线的 T_g 值相差多少呢？

　　比如对于第一组，Ⅱ类场地时，其上下特征周期分界线 $T_g=0.3s$、$0.4s$，按 10 等分，相邻等值线的 T_g 值相差 $\Delta T_g=(0.4-0.3)/10=0.01s$，这样就可得出第二组 $\Delta T_g=(0.47-0.35)/10=0.012s$，第三组 $\Delta T_g=(0.55-0.40)/10=0.015s$。按这样的方法可计算出其他场地类别的特征周期步长，绘制于图 2.44.2 中。

2.45　板柱结构通过柱截面的板底连续钢筋的总面积计算

《建筑抗震设计规范》GB 50011—2010（以下简称《抗规》）第 6.6.4 条第 3 款的规定：板柱-抗震墙结构的板柱节点构造，沿两个主轴方向通过柱截面的板底连续钢筋的总面积应符合下式的要求。

$$A_s \geqslant N_G / f_y$$

式中　　A_s——板底连续钢筋总截面面积；

　　　　N_G——在该层楼板重力荷载代表值作用下的柱轴压力设计值；

　　　　f_y——楼板钢筋的抗拉强度设计值。

公式中的 A_s 为板底连续钢筋总截面面积，那在计算钢筋总面积 A_s 时，应按 2 个截面，还是 4 个截面计算呢？要了解这个问题，我们需要了解这个式子的由来。

板柱节点发生冲切破坏后，由于板顶钢筋上部混凝土的剥落，造成板顶钢筋与水平方向的夹角很小，因而忽略板顶钢筋的影响，穿过柱截面的板底两个方向钢筋的受拉承载力应满足该层楼板重力荷载代表值作用下的柱轴压力设计值，也就是说楼板竖向荷载全部由通过柱子的板底钢筋来承担。

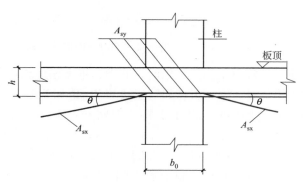

图 2.45.1　板柱节点示意图

如图 2.45.1 所示，某中柱节点，板柱节点发生冲切破坏后，通过柱子的板底钢筋与水平方向的夹角为 θ，A_{sx}、A_{sy} 分别为 x、y 方向通过柱截面的板底连续钢筋的截面面积，由力的平衡可得出：

$$2(A_{sx} + A_{sy}) f_y \sin\theta \geqslant N_G$$

θ 近似取 30°，并假定 $A_{sx} + A_{sy} = A_s$，则上式可转化为 $A_s f_y \geqslant N_G$，可得 $A_s \geqslant N_G / f_y$。

从上述推导过程可以看出，计算钢筋总面积 A_s 时应按 2 个截面计算。

2.46 第二平动周期是否考虑周期比？

《高层建筑混凝土结构技术规程》JGJ 3—2010（以下简称《高规》）第 3.4.5 条规定："结构扭转为主的第一自振周期 T_t 与平动为主的第一自振周期 T_1 之比，A 级高度高层建筑不应大于 0.9，B 级高度高层建筑、超过 A 级高度的混合结构及本规程第 10 章所指的复杂高层建筑不应大于 0.85。"研究表明，结构扭转第一自振周期与地震作用方向的平动第一自振周期之比值，对结构的扭转响应有明显影响，当两者接近时，结构的扭转效应限制增大。《高规》对结构扭转为主的第一自振周期与平动为主的第一自振周期之比值进行了限制，其目的就是控制结构扭转刚度不能过弱，以减小扭转效应。扭转周期与平动周期的比值要求，是否对两个主轴方向平动为主的振型都要考虑呢？

先看看《高规》中 T_t 和 T_1 的具体含义是什么？扭转为主的振型中，周期最长的称为第一扭转为主的振型，其周期就是《高规》3.4.5 条规定的扭转为主的第一自振周期 T_t。平动为主的振型中，根据确定的两个水平坐标轴方向 X、Y，可区分为 X 向平动为主的振型和 Y 向平动为主的振型。假定 X、Y 方向平动为主的第一振型（即两个方向平动为主的振型中周期最长的振型）的周期分别记为 T_{1X} 和 T_{1Y}，并定义：

$$T_1 = \max(T_{1X}, T_{1Y})$$
$$T_2 = \max(T_{1X}, T_{1Y})$$

则 T_1 即为《高规》第 4.3.5 条中所说的平动为主的第一自振周期，T_2 为平动为主的第二自振周期。对特定的结构，T_1、T_2 的值是恒定的，究竟是 T_{1X} 还是 T_{1Y}，与水平坐标轴方向 X、Y 的选择有关。

《高规》只规定了扭转为主的第一自振周期 T_t 与平动为主的第一自振周期 T_1 的比值限制，对 T_t 与平动为主的第二自振周期 T_2 之比值没有进行限制。主要考虑到实际工程中，单纯的一阶扭转或平动振型的工程较少，多数工程的振型是扭转和平动相伴随的，即使是平动振型，往往在两个坐标轴方向都有分量。针对上述情况，限制 T_t 与 T_1 的比值是必要的，也是合理的，具有广泛适用性；如对 T_t 与 T_2 的比值也加以同样的限制，对一般工程是偏严的要求。对特殊工程，如比较规则、扭转中心与质心相重合的结构，当两个主轴方向的侧向刚度相差过大时，可对 T_t 与 T_2 的比值加以限制，一般不宜大于 1.0。实际上，按照《建筑抗震设计规范》GB 50011—2010 第 3.5.3 条规定，结构在两个主轴方向的侧向刚度不宜相差过大，以使结构在两个主轴方向上具有比较相近的抗震性能。

2.47 刚度比限值的解读与探讨

刚度比是结构整体指标中一项重要内容，主要为限制结构竖向布置的不规则性，避免结构刚度沿竖向突变，形成薄弱层。

《高层建筑混凝土结构技术规程》JGJ 3—2010（以下简称《高规》）第3.5.2条规定了各种结构的刚度比算法和限值，框架-剪力墙、板柱-剪力墙结构、剪力墙结构、框架-核心筒结构、筒中筒结构的楼层与其相邻上层的刚度比值不宜小于0.9，结构底部嵌固层刚度比限值不宜小于1.5。

为啥结构底部嵌固层的刚度比限值为1.5，远大于上部各层的0.9呢？

图2.47.1和图2.47.2是两个除了竖向构件底部嵌固不同以外，其他所有构件都相同的结构，很显然图2.47.1的首层侧向刚度要大于图2.47.2的首层侧向刚度。我们结构计算时，假定嵌固层的竖向构件底部是嵌固的，但实际结构中，竖向构件底部达不到完全固结，也就是说我们的计算数据高估了嵌固层的侧向刚度，所以《高规》提高了嵌固层的刚度比限值要求。这也说明，在考虑嵌固层刚度比限值时，要用嵌固层底部嵌固的模型去计算刚度。

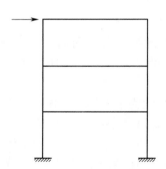

图2.47.1 竖向构件底部固结的结构

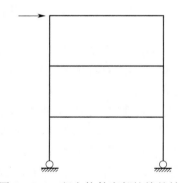

图2.47.2 竖向构件底部铰接的结构

这里的刚度计算方法，《高规》采用的是地震剪力标准值 V 除以地震作用标准值作用下的层间位移 Δ，也就是用单位位移所需的力作为楼层侧向刚度，第 i 层的侧向刚度为 $K_i = V_i/\Delta_i$，故其刚度比为：

$$\gamma_1 = \frac{V_i \Delta_{i+1}}{V_{i+1} \Delta_i}$$

但上述 γ_1 只用于框架结构，对于框架-剪力墙、板柱-剪力墙结构、剪力墙结构、框架-核心筒结构、筒中筒结构的刚度比，在《高规》γ_1 的基础上考虑了层高 h 修正：

$$\gamma_1 = \frac{V_i \Delta_{i+1}}{V_{i+1} \Delta_i} \frac{h_i}{h_{i+1}}$$

刚度比的规定中，为啥框架结构的刚度比不考虑层高修正，而带有剪力墙的结构要考虑层高修正呢？

如图 2.47.3 所示，框架结构梁柱线刚度比差别不大，在水平力作用下，框架柱有反弯点，呈现以剪切变形为主，楼面体系对侧向刚度贡献较大，当层高变化时刚度变化也比较明显，采用 V_i/Δ_i 计算刚度，已能较明显的反应出层高变化的影响。

剪力墙结构如图 2.47.4 所示，其变形呈现的是以整体弯曲为主，楼面体系对侧向刚度贡献较小。当层高变化时刚度变化不明显，采用 V_i/Δ_i 计算刚度不能明显地反应出层高的变化影响，所以《高规》采用考虑了层高修正的楼层侧向刚度比作为判定侧向刚度变化的依据。

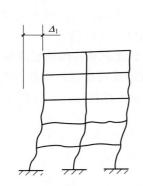

图 2.47.3　剪切变形的框架结构

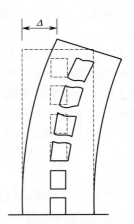

图 2.47.4　弯曲变形的剪力墙结构

2.48 柱剪跨比简化计算的问题

为简化计算，一般用柱净高除以 2 倍柱截面有效高度得出剪跨比，规范规定如下：

《混凝土结构设计规范》GB 50010—2010（2015 年版，以下简称《混规》）第 11.4.6 条：当框架结构中的框架柱的反弯点在柱层高范围内时，可取 λ 等于 $H_n/(2h_0)$，H_n 为柱净高。

《建筑抗震设计规范》GB 50011—2010（2016 年版，以下简称《抗规》）第 6.2.9 条反弯点位于柱高中部的框架柱可按柱净高与 2 倍柱截面高度之比计算。

如果按上述方法计算柱剪跨比大于 2，一定要按短柱的要求将柱箍筋全高加密吗？

从《混规》和《抗规》的条文可以看出，只有框架柱的反弯点在层高范围内时，剪跨比才可用 $H_n/(2h_0)$ 计算，这种计算方法虽然简单，但是比较粗略。正统的剪跨比应按下式计算：

$$\lambda = M/(Vh_0)$$

式中　M——柱上、下端考虑地震组合的弯矩设计值的较大值；

　　　V——与 M 对应的剪力设计值；

　　　h_0——柱截面的有效高度。

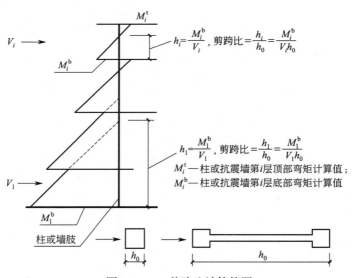

图 2.48.1　剪跨比计算简图

当反弯点在层间 $H_n/2$ 处时，$M=V(H_n/2)$，则 $\lambda=M/(Vh_0)=[V(H_n/2)]/(Vh_0)=H_n/(2h_0)$。当反弯点在层间 $H_n/2$ 处时，$M\neq V(H_n/2)$，则 $\lambda\neq H_n/(2h_0)$。

所以，只要按 $\lambda=M/(Vh_0)$ 计算的剪跨比不超 2，就可以不用按照规范要求进行箍筋全高加密，不用看柱净高和截面之比是否小于 4。

2.49 反梁抗剪能力可能降低的

上翻梁（也叫反梁，如图 2.49.1）在实际工程中应用很多。但在跨高比较小时，其斜截面受剪承载能力低于普通梁。

图 2.49.1 上翻梁

《人民防空地下室设计规范》GB 50038—2005（以下简称《人防规范》）附录 E 给出了反梁斜截面受剪计算公式：

$$V \leqslant 0.4\psi_1 f_{td}bh_0 + f_{yd}h_0 A_{sv}/s$$
$$\psi_1 = 1 + 0.1 l_0/h_0$$

式中　V——等效静荷载和静荷载共同作用下梁斜截面上最大剪力设计值（N）；

　　A_{sv}——配置在同一截面内箍筋各肢的全部截面面积（mm²）；

　　s——沿构件长度方向的箍筋间距（mm）；

　　h_0——梁截面的有效高度（mm）；

　　b——梁的宽度（mm）；

　　ψ_1——梁跨高比影响系数，当 $l_0/h_0 > 7.5$ 时，取 $l_0/h_0 = 7.5$；

　　f_{td}——混凝土动力抗拉强度设计值（N/mm²）；

　　f_{yd}——箍筋动力抗拉强度设计值（N/mm²）；

　　l_0——梁的计算跨度。

《混凝土结构设计规范》GB 50010—2010（2015 年版）第 6.3.4 条给出正常梁斜截面受剪承载力计算公式

$$V_{cs} = \alpha_{cv} f_t b h_0 + f_{yv} \frac{A_{sv}}{s} h_0$$

式中　V_{cs}——构件斜截面上混凝土和箍筋的受剪承载力设计值；

　　　α_{cv}——斜截面混凝土受剪承载力系数，对于一般受弯构件取 0.7。

因为《人防规范》公式中 l_0/h_0 最大值为 7.5，则 ψ_1 最大值为 $1 + 0.1 \times 7.5 = 1.75$，$0.4\psi_1$ 的最大值为 $0.4 \times 1.75 = 0.7$，也就是当 l_0/h_0 小于 7.5 时，上翻梁的斜截面受剪承载能力低于普通梁。

试验研究表明：

（1）间接加载梁（图 2.49.2）的抗剪能力低于直接加载梁，跨高比愈小时降低愈多。试验还表明，梁的抗剪强度与间接加载荷载在梁腹板高度上的位置有关，底部加载时降低最多，荷载沿梁腹往上移时，降低幅度减少。

（2）混凝土强度对抗剪强度的影响在间接加载梁中小于直接加载梁。在间接加载梁中，混凝土对抗剪强度的贡献，宜取与 f_c 的平方根或立方根成正比，而不应取 f_c 成正比（f_c 为混凝土抗压设计强度）。

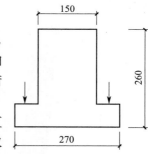

图 2.49.2　间接加载梁

（3）间接加载梁的抗剪强度随含箍特征值的增加而增加。

（4）全部间接加载梁都出现了程度不一的、发生在底部翼缘与梁腹交界面上的水平面裂缝。

反梁的荷载不直接作用在梁顶，而是将楼面荷载加在梁的受拉区，属于间接作用。非反梁，垂直于梁轴截面处应力是压应力，作用在反梁下部（梁受拉区），垂直于梁轴截面处应力是拉应力。由于应力变号，受剪时破坏形态和破坏程度发生一定的改变，造成梁受剪承载力降低。从上面试验结论也可以看出，间接作用下梁的抗剪能力可能降低，需要适当增加箍筋。

2.50　特定水池内壁配筋如何考虑满水试验?

水池,是结构中常见的构筑物,水池池壁的配筋计算,大家也很熟悉,不会遗漏地面荷载、水土荷载等。水池受力示意图如图 2.50.1 所示。

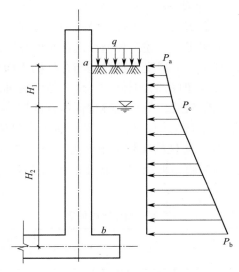

图 2.50.1　水池受力示意图

但很多同行认为,水池池壁外侧竖筋是受力筋,因为外侧有土的侧压力,水池内侧竖筋是不受力的,仅配很小的防裂钢筋。但他们忽略了一个工况,就是满水试验工况。对于特定的水池,规范要求要进行满水试验,比如,《给水排水构筑物工程施工及验收规范》GB 50141—2008 第 6.1.4 条规定,水处理构筑物施工完毕必须进行满水试验;《城镇污水处理厂工程施工规范》GB 51221—2017 第 6.1.4 条规定,池类构筑物施工完毕交付安装前,必须进行满水试验。

在满水试验时,水池外侧是没有回填土的,所以水池内壁是存在受力工况的,不能简单按构造配筋。虽然满水试验工况是短期荷载,但若不适当考虑,也可能造成池壁裂开、防水破坏等较严重后果。

2.51 轴压比限值提高后如何查最小配箍特征值?

《混凝土结构设计规范》GB 50010—2010(以下简称《混规》)第 11.4.16 条、《建筑抗震设计规范》GB 50011—2010(以下简称《抗规》)第 6.3.6 条、《高层建筑混凝土结构技术规程》JGJ 3—2010(以下简称《高规》)第 6.4.2 条均有规定,沿柱全高采用井字复合箍或复合螺旋箍,且箍筋满足一定间距、肢距和直径时,轴压比限值可增加 0.10,但不同的是《抗规》多了一个规定,上述三种箍筋的最小配箍特征值均应按增大的轴压比查表确定。且三本规范同时规定,上述复合箍措施与在柱的截面中部附加芯柱措施共同采用时,轴压比限值可增加 0.15,但箍筋的体积配箍率仍可按轴压比增加 0.10 的要求确定。在采取措施提高了轴压比限值后,最小配箍特征值到底按哪个轴压比查表呢?

以抗震等级为三级的框架结构为例,查《抗规》轴压比限值表(表 2.51.1)可得框架柱的轴压比限值为 0.85,如果某柱的实际轴压比为 0.90,超出轴压比限值 0.05,此时可采取上述规范规定的复合箍措施,轴压比限值可达到 0.95,大于此柱实际轴压比 0.9,满足轴压比限值要求。

《抗规》轴压比限值表　　　　　　　　　　　　　　表 2.51.1

结构类型	抗震等级			
	一	二	三	四
框架结构	0.65	0.75	0.85	0.90
框架-抗震墙,板柱-抗震墙、框架-核心筒及筒中筒	0.75	0.85	0.90	0.95
部分框支抗震墙	0.6	0.7	—	

根据《抗规》规定,此柱的最小配箍特征值均应按增大的轴压比查表确定(表2.51.2),也就是按照实际轴压比为 0.9 查表,可得最小配箍特征值为 0.15。

《抗规》柱箍筋加密区的箍筋最小配箍特征值　　　　　　表 2.51.2

抗震等级	箍筋形式	柱轴压比								
		≤0.3	0.4	0.5	0.6	0.7	0.8	0.9	1.0	1.05
一	普通箍、复合箍	0.10	0.11	0.13	0.15	0.17	0.20	0.23	—	—
	螺旋箍、复合或连续复合矩形螺旋箍	0.08	0.09	0.11	0.13	0.15	0.18	0.21	—	—
二	普通箍、复合箍	0.08	0.09	0.11	0.13	0.15	0.17	0.19	0.22	0.24
	螺旋箍、复合或连续复合矩形螺旋箍	0.06	0.07	0.09	0.11	0.13	0.15	0.17	0.20	0.22
三、四	普通箍、复合箍	0.06	0.07	0.09	0.11	0.13	0.15	0.17	0.20	0.22
	螺旋箍、复合或连续复合矩形螺旋箍	0.05	0.06	0.07	0.09	0.11	0.13	0.15	0.18	0.20

如果此柱的实际轴压比为 0.98,超出轴压比限值 0.13,此时可采取复合箍并在柱中附加芯柱,轴压比限值可达到 1.0,大于此柱实际轴压比 0.98,满足轴压比限值要求。此

时柱的最小配箍特征值应按哪个轴压比查表确定呢？根据上述规范规定，箍筋的体积配箍率仍可按轴压比增加 0.10 的要求确定，也就是不按照此柱实际轴压比为 0.98 查表，而是按照未提高的轴压比限值 0.85 增加 0.10 去查表，也就是 0.95 查表，可得最小配箍特征值为 0.185。

《混凝土结构剪力墙边缘 S 构件和框架柱构造钢筋选用（框架柱）》14G330-2 指出，当轴压比增加 0.15 时，按《建筑抗震设计规范》GB 50011—2010 表 6.3.6 注 4 确定 λ_v，取方框内的数值（表 2.51.3），而方框内的数值就是按照原未提高的轴压比限值增加 0.10 得到的。

框架结构框架柱柱端箍筋加密区最小配箍特征值 λ_v　　　表 2.51.3

箍筋形式	抗震等级	柱轴压比											
		≤0.30	0.40	0.50	0.60	0.70	0.75	0.80	0.85	0.90	0.95	1.00	1.05
普通箍、复合箍	特一	0.12	0.13	0.15	0.17	0.19	0.205	0.205	—	—	—	—	—
	一	0.10	0.11	0.13	0.15	0.17	0.185	0.185	—	—	—	—	—
	二	0.08	0.09	0.11	0.13	0.15	0.16	0.17	0.18	0.18	—	—	—
	三	0.06	0.07	0.09	0.11	0.13	0.14	0.15	0.16	0.17	0.185	0.185	—
	四	0.06	0.07	0.09	0.11	0.13	0.14	0.15	0.16	0.17	0.185	0.20	0.20

2.52 柱选筋是否可随意改变角筋面积？

当选用的柱角筋实配面积比软件给出的计算值大时，有可能造成柱全截面配筋不足，反而违反了强条。

《建筑抗震设计规范》GB 50011—2010（以下简称《抗规》）第6.3.7条作为强条规定了纵向受拉钢筋的最小配筋百分率：

《抗规》规定的纵向钢筋的最小配筋百分率 ρ_{min}（%）　　表 2.52.1

类别	抗震等级			
	一	二	三	四
中柱和边柱	0.9(1.0)	0.7(0.8)	0.6(0.7)	0.5(0.6)
角柱、框支柱	1.1	0.9	0.8	0.7

假设某柱截面尺寸为800mm×800mm，抗震等级为二级，钢筋强度等级为400MPa，截面面积为640000mm²，单侧计算配筋为17cm²，如果角筋选用直径为20mm的钢筋，则每侧柱中部筋面积为1700－2×314.2＝1071.6mm²，每侧配置3根中筋，每根中筋直径不小于1071.6/3＝357.2mm²，可选直径为22的钢筋，配筋如图2.52.1所示：

此时柱全截面钢筋面积为4×314.2＋12×380.1＝5818mm²，5818（800×800）＝0.9%，大于《抗规》第6.3.7条规定的0.85%，满足要求。

一般认为，单偏压计算的柱配筋，可以不管软件选择的角筋直径，实配钢筋截面积只要满足柱每侧的钢筋计算面积即可，所以有人觉得上述配筋中，角筋比中部筋还小，就选用直径为22的钢筋作为角筋，这样，每侧柱中部筋面积1700－2×380.1＝939.8mm²，每侧配置3根中筋，每根中筋直径不小于939.8/3＝313mm²，选用直径为20的钢筋作为中筋，配筋如图2.52.2所示。

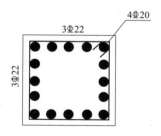

图 2.52.1　柱配筋方式1

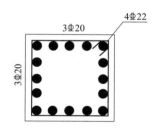

图 2.52.2　柱配筋方式2

此时柱全截面钢筋面积为4×380.1＋12×314.2＝5290.8mm²，5290.8（800×800）＝0.83%，小于《抗规》第6.3.7条规定的0.85%，这样调整，虽然保证了角筋直径不小于柱的其他纵向钢筋直径，但却违反了强条，所以在调整角筋时，要注意复核全截面钢筋面积是否满足规范要求。

　　为什么会出现这个情况呢? 假定对称配筋的矩形柱两侧边总配筋面积分别为 A_{sx}、A_{sy}, 选用的角筋面积为 A_{sc}, 则此柱的全截面配筋面积为 $A_s = (A_{sx} + A_{sy}) \times 2 - 4 \times A_{sc}$, 在计算得出的 A_{sx}、A_{sy} 不变的情况下, 增大 A_{sc}, 则 A_s 就会减少。

　　对于按单偏压设计的柱, 在保证单边总计算钢筋面积和全截面钢筋面积满足规范要求的情况下, 可以适当调大或调小角筋的截面面积。但对于按双偏压设计的柱, 如果按照软件计算的某一双偏压计算结果选筋, 即使保证单边总计算钢筋面积和全截面钢筋面积满足规范要求, 也不应随意改变角筋面积, 因为柱的双向偏心受压计算过程属于配筋确定后对柱承载力的验算过程, 一般软件按照《混凝土结构设计规范》附录 E 进行设计, 首先根据截面尺寸和柱纵向钢筋最大间距布置角筋和侧面钢筋, 然后针对柱所有组合内力进行承载力验算, 如有某一组内力不满足要求, 分别增加钢筋 A_{sc}、A_{sx} 和 A_{sy} 的面积, 直到钢筋面积达到最大直径。如果此时仍有某一组内力不满足要求, 则分别调整钢筋 A_{sx} 和 A_{sy} 的直径和根数, 重新进行上述计算, 直到满足所有内力组合的承载力要求。也就是说, 双偏压柱的设计过程, 是预先选定钢筋后, 柱承载力的验算过程。不同的角筋大小、不同的钢筋布置方式, 得出的构件承载能力是不同的。所以, 双偏压设计的柱, 柱配筋必须按照软件计算时预先选定的角筋直径, 根据总的纵向钢筋面积按角筋共用原则确定除角筋外的其他周边钢筋, 如果要改变角筋大小, 就必须按改变后的角筋和侧筋面积及排布重新复核柱承载力是否满足要求。

2.53 纵筋连接方式引起箍筋的变化

至今，有部分同行还认为，剪力墙边缘构件纵筋搭接长度范围内箍筋不需要加密，因为边缘构件属于剪力墙的一部分，不是普通梁、柱，不用满足有关规范中关于梁、柱纵筋搭接长度范围内箍筋的相关要求。

其实，在《混凝土结构施工图平面整体表示方法制图规则和构造详图（现浇混凝土框架、剪力墙、梁、板）》16G101-1 第 73 页注 2 中有明确表示，剪力墙约束边缘构件阴影部分、构造边缘构件、扶壁柱及非边缘暗柱的纵筋搭接长度范围内，箍筋直径应不小于纵向搭接钢筋最大直径的 0.25 倍，箍筋间距不大于 100mm，这与《混凝土结构设计规范》GB 50010—2010（以下简称《混规》）第 11.1.8 条、《高层建筑混凝土结构技术规程》JGJ 3—2010（以下简称《高规》）第 6.5.1 条第 2 款及第 6.3.5 条第 2 款第 4 项等关于受拉纵向受力钢筋采用搭接做法时，在钢筋搭接长度范围内箍筋要求是相同的，《混规》及《高规》关于受压纵向受力钢筋采用搭接做法时箍筋间距要求为不应大于搭接钢筋较小直径的 10 倍，且不应大于 200mm，因为一般剪力墙暗柱的纵向钢筋都会在某一工况下承担拉力，所以可以认为剪力墙暗柱的纵向钢筋搭接区箍筋与普通梁、柱没有区别。

因剪力墙暗柱纵向钢筋采用搭接做法时，有箍筋加密的要求，所以很多优化公司经常提出剪力墙暗柱纵向钢筋宜采用电渣压力焊连接，而不宜采用搭接连接，这样可以节省出加密的箍筋。有人曾拿 10 层剪力墙住宅结构做过对比，暗柱纵向钢筋采用绑扎搭接方式的箍筋根数约为采用电渣压力焊方式或机械连接方式箍筋的 1.67 倍，在《钢筋焊接及验收规程》JGJ 18—2012 第 4.6.2 条已根据工程中墙体钢筋连接的需要和多个试点工程的实践，规定钢筋电渣压力焊从原规程钢筋下限直径为 14mm，降低至 12mm，这也为剪力墙暗柱纵筋采用电渣压力焊连接铺平了道路。

16G101-1 给出了纵向受力钢筋搭接区箍筋构造，如图 2.53.1 所示。

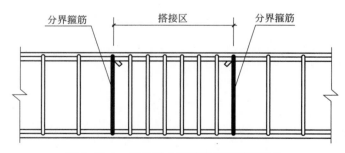

图 2.53.1 纵向受力钢筋搭接区箍筋构造

这个搭接区的箍筋加密是为了保证搭接接头区域搭接钢筋传力，与抗震要求的箍筋加密作用是不同的，所以加密区的箍筋要求也比抗震要求降低很多，比如《高规》第 6.5.1 条第 2 款只要求钢筋搭接长度范围内箍筋直径不应小于搭接钢筋较大直径的 1/4，间距不大于搭接钢筋较小直径的 5 倍，且不应大于 100mm，比如搭接区纵向钢筋直径最大为 25，箍筋直径为 6.5mm 即可，而抗震柱、梁的箍筋直径一般都是不小于 8mm，按此规定，显然搭接区加密的箍筋直径一般可小于原梁、柱箍筋设计的直径。所以如果为了节省箍筋用量，搭接区的加密箍筋可以单独配置，不用跟原梁、柱箍筋配置相同。不过这样肯定会增加施工难度，所以一般图纸不会这么设计，优化公司也很少这么要求。

其实，现场更多见的是在纵筋搭接区箍筋完全不加密，这是监管问题，不是技术问题，因为实际工程中这样做不但费工，可能在有些情况下，增加的箍筋量也不小，比如梁纵筋采用搭接连接，包括上部纵筋和下部纵筋，还要按接头百分率错开搭接，那箍筋加密的长度就很长了。

2.54 防震缝宽度计算

某 7 度区相邻的两栋住宅和公寓建筑，总高度分别为 45m 和 60m，结构形式分别为剪力墙结构和框剪结构，此两栋建筑的防震缝宽度 δ 应该为多少呢？

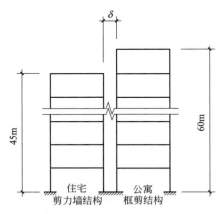

图 2.54.1 相邻两栋建筑的立面示意

有同行认为，图 2.54.1 中的住宅和公寓总高度不同，根据《高层建筑混凝土结构技术规程》JGJ 3—2010（以下简称《高规》）第 3.4.10 条第 4 款规定，防震缝两侧的房屋高度不同时，防震缝宽度可按较低的房屋高度确定，即可按住宅部分来计算防震缝宽度。根据《高规》第 3.4.10 条第 1 款规定，剪力墙结构房屋的防震缝宽度不应小于框架结构的 50%，则防震缝宽度可取（100＋(45－15)/4×20）×0.5＝125mm。

其实，这是不准确的，《高规》第 3.4.10 第 2 款规定，防震缝两侧结构体系不同时，防震缝宽度应按不利的结构类型确定。《建筑抗震设计规范》GB 50011—2010（以下简称《抗规》）第 6.1.4 条规定，防震缝两侧结构类型不同时，宜按需要较宽防震缝的结构类型和较低房屋高度确定缝宽。因为框剪结构防震缝宽度要比剪力墙结构防震缝宽度大，综合两规范的精神可知，图 2.54.1 中防震缝宽度既不按照住宅部分取值，也不按照公寓部分取值，而应按照 45m 高的框剪结构取值，应为（100＋(45－15)/4×20）×0.7＝175mm。

图 2.54.1 中的结构，为何要按住宅部分的高度和公寓部分的结构形式去取值呢？防震缝的宽度应能满足相邻建筑物在预期地震作用下不会发生相互碰撞破坏的要求，如图 2.54.2 所示，在不考虑基础转动的情况下，防震缝的最小宽度 δ 应不小于 $\delta_1＋\delta_2$，其中 δ_1 为住宅部分在预期地震作用下的结构顶点位移，δ_2 为公寓部分在预期地震作用下的住宅部分屋顶高度处的结构位移。如果 $\delta_1＝\delta_2$，防震缝的最小宽度 $\delta＝2\delta_1＝2\delta_2$，当 $\delta_2＞\delta_1$ 时，显然防震缝的最小宽度应取 $2\delta_2$ 更为安全，也就是按照较低房屋处的高度，并同时考虑最不利的结构形式。

要注意，不能一遇到体型、平立面有点复杂的结构，就考虑设置结构缝将其分成体型

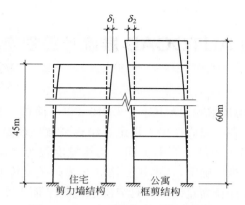

图 2.54.2　防震缝宽度计算原理图

简单的结构，因为凡是设防震缝的结构，在大震下就很难避免碰撞，即使防震缝宽度严格按照《高规》和《抗规》要求设置，所以不提倡设置防震缝。体型复杂、平立面不规则的建筑，应根据不规则程度、地基基础条件和技术经济等因素的比较分析，确定是否设置防震缝。

2.55 利用 AUTOCAD 准确计算复杂结构高宽比

《高层建筑混凝土结构技术规程》JGJ 3—2010（以下简称《高规》）第 3.3.2 条对钢筋混凝土高层建筑结构的高宽限值作出了规定。结构高宽比就是结构高度 H 与结构所考虑方向宽度 B 的比值。对于矩形或圆形平面，结构宽度很容易确定，但对于复杂体型的高层建筑，其宽度就比较难以确定，《高规》第 3.3.2 条条文说明指出，一般情况下，可按所考虑方向的最小宽度计算高宽比，但对突出建筑物平面很小的局部结构（如楼梯间、电梯间等），一般不应包含在计算宽度内；对于不宜采用最小宽度计算高宽比的情况，应由设计人员根据实际情况确定合理的计算方法；对带有裙房的高层建筑，当裙房的面积和刚度相对于其上部塔楼的面积和刚度较大时，计算高宽比的房屋高度和宽度可按裙房以上塔楼结构考虑。

对于不宜采用最小宽度计算高宽比的复杂平面建筑，宽度如何取值，比较认可的说法是取等效宽度 $B=3.5R$，R 为建筑平面（不计外挑部分）最小回转半径。回转半径 R 等于平面惯性矩 I 除以平面面积开平方。

对于异形平面，手算这个回转半径还是比较麻烦的，本文介绍一种采用 AutoCAD 计算任意平面回转半径的简便方法。

（1）使用"UNITS"命令，调整 AutoCAD 精度，也就是各种值的小数位数，建议选取小数位数最多的那项，如图 2.55.1 所示。

图 2.55.1 AutoCAD 图形精度设置界面

（2）使用"PLINE"命令绘制结构的外轮廓线，注意轮廓线要封闭，此处的轮廓线不应包括结构外挑部分，注意参考《高规》第 3.3.2 条条文说明的相关规定。

（3）使用"REGION"，绘制结构的封闭外轮廓线，转换为面域，也就是将线属性变成面属性，流程为：输入"REGION"命令→选中封闭线→空格或回车→生成面域。

（4）使用"MASSPROP"命令获取平面的质心坐标，该命令是对面域进行分析的命令，输入命令后，弹出选择面域的对话框，用鼠标左键点击选择一个面域，松开左键再点右键，分析结果就出来了。同时可以得到面积、周长、质心、惯性矩、旋转半径等，如图 2.55.2 所示。

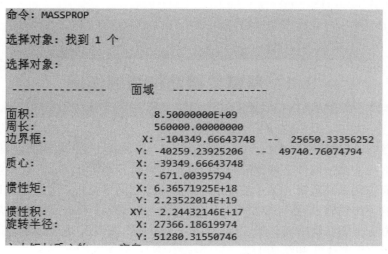

命令: MASSPROP

选择对象: 找到 1 个

选择对象:

---------------- 面域 ----------------

面积: 8.50000000E+09
周长: 560000.00000000
边界框: X: -104349.66643748 -- 25650.33356252
                Y: -40259.23925206   -- 49740.76074794
质心: X: -39349.66643748
                Y: -671.00395794
惯性矩: X: 6.36571925E+18
                Y: 2.23522014E+19
惯性积: XY: -2.24432146E+17
旋转半径: X: 27366.18619974
                Y: 51280.31550746

图 2.55.2　使用"MASSPROP"命令输出的结果

（5）使用"UCS"命令，将坐标原点移动到建筑平面的质心，流程为输入"UCS"命令→指定 UCS 的新原点，即使用"MASSPROP"命令输出的质心→指定 UCS 的 x 轴→指定 UCS 的 y 轴。这样就把质心坐标改为（0.000，0.000）。

（6）再次使用"MASSPROP"命令，此时得出的旋转半径就是我们所需要的回转半径 R。

我们常用的 YJK 和 PKPM 软件也可以计算回转半径，但软件都是以轴网尺寸来计算的，没有考虑到结构外轮廓，所以不会那么精确。使用本文的方法还可以计算异形钢结构构件的惯性矩、面积等，非常方便。

第三章　结构设计构造问题解析

3.1　悬臂梁钢筋构造的作用

《混凝土结构设计规范》GB 50010—2010 第 9.2.4 条规定："在钢筋混凝土悬臂梁中，应有不少于 2 根上部钢筋伸至悬臂梁外端，并向下弯折不小于 12d；其余钢筋不应在梁的上部截断，而应按本规范第 9.2.8 条规定的弯起点位置向下弯折，并按本规范第 9.2.7 条的规定在梁的下边锚固。"在《混凝土结构施工图　平面整体表示方法制图规则和构造详图（现浇混凝土框架、剪力墙、梁、板）》16G101-1 第 92 页中也是按规范的规定采取的钢筋构造措施（图 3.1.1 和图 3.1.2）。

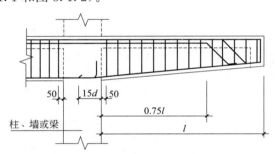

图 3.1.1　悬臂梁配筋图

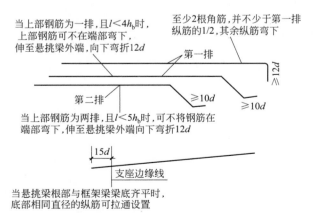

图 3.1.2　悬臂梁钢筋放样图

悬臂梁的钢筋如此规定有何用意呢？

因为悬臂梁剪力较大，容易发生斜裂缝，如图 3.1.3 所示，当斜裂缝穿过负弯矩钢筋时，该处钢筋可能承受裂缝端部截面的弯矩，引起"斜弯现象"。如图 3.1.4 所示，如果出现 AB 斜裂缝，则悬臂梁斜截面弯矩 $M_{AB} = M_{BC}$。梁上部钢筋伸至悬臂梁外端，并向下弯折不小于 $12d$，这 $12d$ 是为了斜截面抗弯而设。虽然悬臂端正截面弯矩为 0，但若出现 AB 斜裂缝，悬臂端斜截面弯矩为 M_{BC}，就不是 0 了，故需 $12d$。

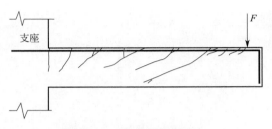

图 3.1.3　悬臂梁斜弯现象

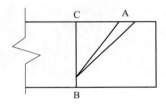

图 3.1.4　悬臂梁出现斜裂缝示意

此外，如果切断上部负筋，断点以外方向还会因纵筋受到销栓剪切作用，而产生斜向的撕裂裂缝，大大影响钢筋与混凝土间的粘结锚固，使未切断的受力钢筋应力居高不下，造成"应力延伸"，悬臂梁同样存在"斜弯现象"和"应力延伸现象"，而且悬臂梁弯矩、剪力均较大，悬臂梁的伸臂部分斜裂缝不仅开裂较早，而且数量多、范围广，上述影响比一般梁更为严重，因此在梁中切断钢筋，有斜弯失效的危险！但上部钢筋向下弯折锚固在受压区就可大大减小斜弯失效的概率。再加上悬臂梁结构冗余度小，所以更应该从严控制！

3.2 板负筋须在梁角筋内侧弯钩的解析

很多施工现场是将板负筋勾住梁角筋在外侧弯钩，如图 3.2.1 所示。

图 3.2.1　板负筋施工现场

图 3.2.1 做法是不合理的，板负筋在端部支座的正确做法是锚固应在梁角筋内弯钩，如图 3.2.2 所示。

《G101 系列图集常见问题答疑图解》17G101-11 第 5～7 页规定："……上部纵筋伸至梁角筋内侧弯折……"，如图 3.2.3 所示。

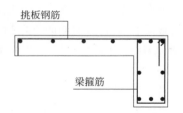

图 3.2.2　板负筋正确做法示意

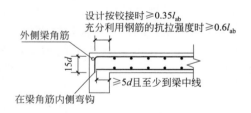

图 3.2.3　端部支座为梁时板钢筋锚固示意

弯钩是通过钢筋弯折处的挤压作用增大锚固力，而挤压作用会产生对保护层的翘力，锚在纵筋内侧，原理上就是避开保护层的无约束区，因此应在梁筋内侧弯折以避免保护层脱落，锚固失效。

3.3 板负筋须向下弯折的解析

在工地经常可以看到楼板负筋都做了一个 90° 向下的弯钩（图 3.3.1），为什么要设置这个弯钩呢？

图 3.3.1 板负筋弯折现场图

《混凝土结构施工图 平面整体表示方法制图规则和构造详图（现浇混凝土框架、剪力墙、梁、板）》16G101-1（以下简称"16G101-1"）第 99 页里也表示了类似构造（图 3.3.2）。

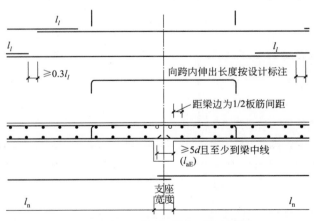

图 3.3.2 有梁楼盖楼面板和屋面板钢筋构造图

从图 3.3.2 中可以看出，有梁楼盖楼面板 LB 和屋面板 WB 钢筋，其支座负筋和双层双向通长配筋的支座附加筋须向下弯折。

但在《16G101-1》第 104 页示意的无梁楼盖的支座附加筋，是没有向下弯折的（图 3.3.3）。

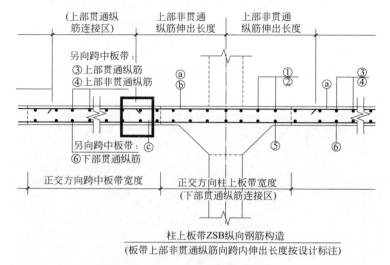

图 3.3.3 柱上板带纵向钢筋构造图

有梁楼盖楼面支座负筋之所以要弯折，是因为这种板比较薄，而且板筋直径比较小，需要设置弯折来支承支座负筋，避免负筋被踩踏下沉，保护层加大，板受力截面减小，影响结构安全，《混凝土结构施工图 平面整体表示方法制图规则和构造详图（现浇混凝土楼面与屋面板）》04G101-4 第 25 页（图 3.4.4）中，直接将弯钩支撑在模板上，$a = h - 15$，很明显地表达了这个意图。

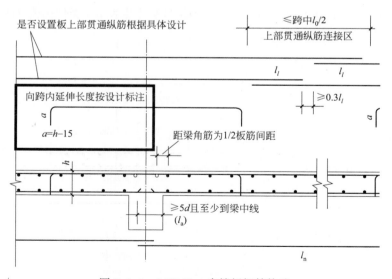

图 3.3.4 04G101-4 中楼板钢筋构造

但弯钩端部直达板底，钢筋头肯定会返锈影响装修，也会给大家造成心理影响，以为钢筋外露，影响结构安全，所以在 16G101-1 中缩回去了，改为支撑在下层钢筋网上。

　　无梁楼盖的支座附加筋为什么不用弯折呢？因为通常情况下无梁楼盖板都比较厚，而且板钢筋直径比较大，板筋刚度大，又有通长的钢筋网片，有足够的刚度，保证上皮筋不被踩踏下沉。

　　当然，如果弯折筋施工不当，就难以起到支撑作用，如图3.3.5所示，弯钩转向水平方向了，自然没什么作用了。

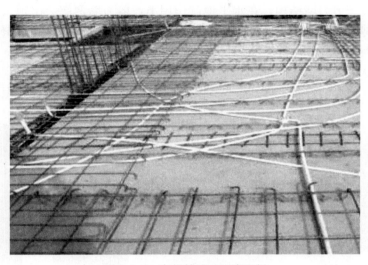

图3.3.5　弯折筋施工不当现场

3.4 如何确定边缘构件长度？

我们知道对于剪力墙结构，在水平地震作用下，剪力墙两端会出现反复拉压力的作用，所以要在剪力墙墙肢两端设置边缘构件，增加剪力墙的抗震延性。那图 3.4.1 剪力墙的边缘构件如何设置呢？

一般都会认为分成 AB 段和 CD 段两段墙肢，按图 3.4.2 所示在 A、B、C、D 位置设四个边缘构件，边缘构件长度分别按 AB 段和 CD 段两段墙肢长度根据规范计算。

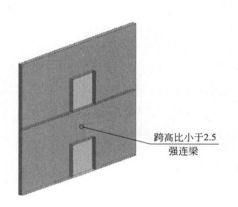

图 3.4.1　剪力墙中的强连梁

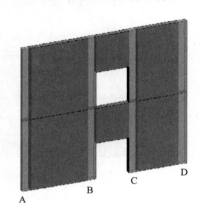

图 3.4.2　边缘构件位置编号

但我们看下此墙的拉压力分布图（图 3.4.3）。

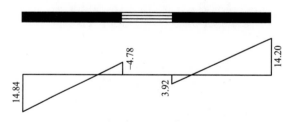

图 3.4.3　墙肢在地震作用下拉压应力分布图（MPa）

可以看出，墙体 A、D 端拉压力很大，B、C 端拉压力很小，此墙整体弯矩占比很大，如果仅针对墙肢设置以单肢墙肢长度计算出来的边缘构件，是达不到抗震墙整体延性要求的。

因强连梁的作用，使得整片墙工作状态犹如小开洞抗震墙，故宜按整片墙考虑设置A、D 边缘构件，B、C 可按构造边缘构件设计。

3.5 如何确定板支座负筋向跨内延伸长度？

板支座负筋向跨内延伸长度取多少合适呢？为了绘图方便，不管板的受力情况是怎么样的，大家普遍统一按净跨的 1/4 来取值。延伸长度统一这么取值在有些情况下可能不安全。

首先，我们看看《混凝土结构设计规范》GB 50010—2010 是怎么规定这个延伸长度的。

第 9.1.4 条：采用分离式配筋的多跨板，板底钢筋宜全部伸入支座；支座负弯矩钢筋向跨内延伸的长度应根据负弯矩图确定，并满足钢筋锚固的要求。

第 9.1.6 条：按简支边或非受力边设计的现浇混凝土板，应设置板面构造钢筋，钢筋从混凝土梁边、柱边、墙边伸入板内的长度不宜小于 $l_0/4$，砌体墙支座处钢筋伸入板边的长度不宜小于 $l_0/7$，其中计算跨度 l_0 对单向板按受力方向考虑，对双向板按短边方向考虑。

可以看出，规范仅对于板的非受力钢筋向跨内的延伸长度取为 $l_0/4$（或 $l_0/7$），而受力钢筋延伸的长度应根据负弯矩图确定，这就说明统一取为 $l_0/4$ 不一定安全！

我们再来看看《钢筋混凝土构造手册》中关于板钢筋的某一附图（图 3.5.1）。

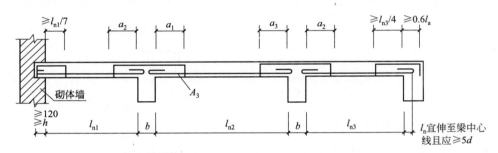

图 3.5.1　跨度相差不大于 20% 的不等跨单向连续板的分离式配筋

当 $q \leqslant 3g$ 时，$a_1 \geqslant l_{a1}/4$，$a_2 \geqslant l_{a2}/4$，$a_3 \geqslant l_{a3}/4$；

当 $q > 3g$ 时，$a_1 \geqslant l_{a1}/3$，$a_2 \geqslant l_{a2}/3$，$a_3 \geqslant l_{a3}/3$

式中　q——均布活荷载设计值；

　　　g——均布恒荷载设计值

从图中可以看出，当活载大于恒载的 3 倍时，考虑到可能的活载不均匀分布的影响，负弯矩钢筋向跨内延伸的长度应取 $l_n/3$，而不是笼统的都取 $l_n/4$，并且，$l_n/4$ 取值不只是根据本跨净跨，而是根据相邻两跨情况确定。

所以对于活荷载很大时，比如很多工业建筑楼板，板支座负筋向跨内延伸长度可能取小了。

3.6 框架在顶层端节点处梁柱纵筋搭接的要求

在《混凝土结构施工图平面整体表示方法制图规则和构造详图（现浇混凝土框架、剪力墙、梁、板）》16G101-1 第 76 页规定 KZ 边柱和角柱柱顶纵向钢筋应以搭接为主，其构造主要有以下几种，如图 3.6.1～图 3.6.4 所示。

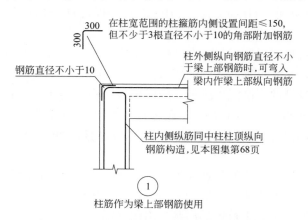

图 3.6.1　柱外侧纵向钢筋作为梁上部钢筋使用

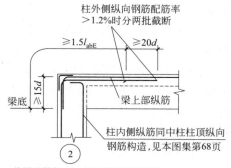

图 3.6.2　柱筋伸入梁内搭接 1

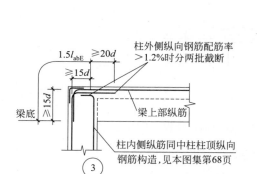

图 3.6.3　柱筋伸入梁内搭接 2

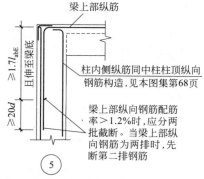

图 3.6.4　梁筋伸入柱内搭接

从上面的各节点钢筋构造做法可以看出，梁柱钢筋均不允许梁筋在柱内锚固或柱筋在梁内锚固，这是为什么呢？

因为框架顶层端节点的梁、柱端均主要承受负弯矩作用，相当于 90°折梁受力，节点外侧钢筋不是锚固受力，而属于搭接传力问题，所以不允许柱外侧纵向钢筋伸入框架梁内锚固，而应按搭接构造处理。

3.7 规范中对贯通中柱钢筋的要求

规范对于框架梁内贯通中柱的纵向钢筋直径是有限制的，这个限制的原理是什么？是对各种框架梁都有要求吗？

我们先看看各个规范对这个问题是如何规定的：

《建筑抗震设计规范》GB 50011—2010 第 6.3.4 条第 2 款：一、二、三级框架梁内贯通中柱的每根纵向钢筋直径，对框架结构不应大于矩形截面柱在该方向截面尺寸的 1/20，或纵向钢筋所在位置圆形截面柱弦长的 1/20；对其他结构类型的框架不宜大于矩形截面柱在该方向截面尺寸的 1/20，或纵向钢筋所在位置圆形截面柱弦长的 1/20。

《混凝土结构设计规范》GB 50010—2010 第 11.6.7 条：贯穿中柱的每根梁纵向钢筋直径，对于 9 度设防烈度的各类框架和一级抗震等级的框架结构，当柱为矩形截面时，不宜大于柱在该方向截面尺寸的 1/25，当柱为圆形截面时，不宜大于纵向钢筋所在位置柱截面弦长的 1/25；对一、二、三级抗震等级，当柱为矩形截面时，不宜大于柱在该方向截面尺寸的 1/20，对圆柱截面，不宜大于纵向钢筋所在位置柱截面弦长的 1/20。

《高层建筑混凝土结构技术规程》JGJ 3—2010 第 6.3.3 条第 3 款：一、二、三级抗震等级的框架梁内贯通中柱的每根纵向钢筋的直径，对矩形截面柱，不宜大于柱在该方向截面尺寸的 1/20；对圆形截面柱，不宜大于纵向钢筋所在位置柱截面弦长的 1/20。

首先，从上面的各个规范条文可以看出，对于框架结构中的框架梁内贯通中柱钢筋要求比较严格，《建筑抗震设计规范》的条文用"应"来表示，而对于非框架结构（如框剪结构）中的框架梁内贯通中柱钢筋可以适当放松，各规范均以"宜"来表示。

其次，各规范都只对贯通中柱框架梁内纵向钢筋有要求，对于锚固于边柱的框架梁内纵向钢筋没有要求。

实际上，规范对于框架梁内贯通中柱的纵向钢筋直径的要求，就是要求框架梁上部贯通中柱的纵筋要有一定的锚固长度，一般不小于 $20d$（有的要求 $25d$）。因为在水平地震作用下，框架结构中的框架梁在中柱两侧端部弯矩是反号的，也就是说，框架梁上部贯通纵筋一侧受压另一侧受拉（图 3.7.1），而且地震作用是双向反复作用的，上述的拉压状态会不断变化地重复，这样两侧的拉-压受力容易引起"拉风箱"式的锚固破坏。而边柱的框架梁，它只有一侧受力，所以它的纵筋锚固条件较中柱框架梁要好得多，所以可以不作要求。

再者，如图 3.7.2 所示，对于中柱的梁下部纵筋一般是在柱周边锚固，而不是贯通，所以一般也不用考虑上述限制条件。

当框架梁上部贯通中柱的纵筋实在满足不了锚固长度要求时，也可以按照混凝土规范中机械锚固的方法（如加焊短筋等），将 $20d$ 的要求（有的要求 $25d$）减小，当然因为大部分框架节点钢筋已经比较密集，不宜大量采用加焊短筋的方法，只能作为个别情况下的应急措施。

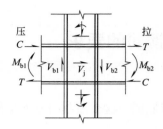

图 3.7.1　框架梁受力示意图

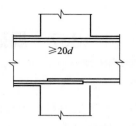

图 3.7.2　中柱的梁纵筋锚固示意图

3.8 混凝土梁箍筋活口位置设置

我们都知道混凝土梁中箍筋的作用是解决梁斜截面抗剪问题，而箍筋是由直线钢筋弯折加工而成，所以箍筋必有一角为活口，如图 3.8.1 所示，规范要求的箍筋活口构造如图 3.8.2 所示。

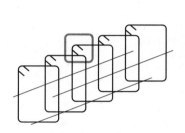

图 3.8.1 混凝土梁箍筋活口

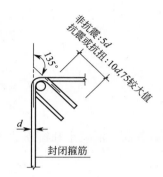

图 3.8.2 规范中箍筋活口构造

那这个箍筋活口是设置在受压区还是受拉区呢？很多人认为此活口是受力薄弱部位，应设置在受压区。是不是这样呢？

首先，我们看看矩形混凝土梁在截面上的剪应力分布，从下面公式和剪应力分布图（图 3.8.3）中可以看出，剪应力最大点在梁截面的中和轴处，混凝土上下边剪应力几乎为零。

$$\tau = \frac{Q}{2I_z}\left(\frac{h^2}{4} - y^2\right) \tag{3.8.1}$$

$$\tau_{max} = \frac{Qh^2}{8I_z} = \frac{Qh^2}{8\frac{bh^3}{12}} \tag{3.8.2}$$

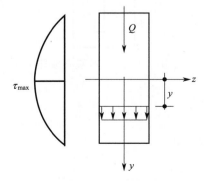

图 3.8.3 剪应力分布图

$$\tau_{\max} = \frac{3}{2} \cdot \frac{Q}{bh} \tag{3.8.3}$$

其次，我们看看《混凝土结构设计规范》GB 50010—2010 第 6.3.2 条关于斜截面计算的简图（图 3.8.4），可以看出规范的示意图中不管是 1-1 斜截面，还是 2-2 斜截面，都仅与箍筋的各竖向肢切割，也就是说梁箍筋抗剪是竖肢受拉，横肢不参与抗剪工作，不起任何作用。

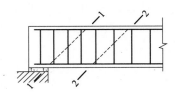

1-1 支座边缘处的斜截面

2-2 箍筋截面面积或间距改变处的斜截面

图 3.8.4 斜截面计算简图

构件斜截面上混凝土和箍筋的受剪承载力设计值

$$V_{cr} = \alpha_{cv} f_t b h_0 + f_{yv} \frac{A_{sv}}{s} h_0 \tag{3.8.4}$$

式中 A_{sv} 为配置在同一截面内箍筋各肢的全部截面面积，即 nA_{sv1}，此处 n 为在同一个截面内箍筋的肢数，A_{sv1} 为单肢箍筋的截面面积。

综上可知，梁中箍筋解决的是梁斜截面抗剪问题，从剪应力分布和规范斜截面破坏示意图中都可以看出，箍筋仅是竖向各肢参与抗剪受力。所以，梁封闭箍筋活口可以设置在梁的任意一角。

上面的讨论也佐证了三肢箍等奇数肢配箍（图 3.8.5）是可以满足梁抗剪需要的，虽然它比偶数多出来的一根拉筋是两头带钩的，拉筋同样组成箍筋竖向肢的箍筋截面面积。

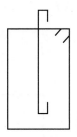

图 3.8.5 三肢箍配箍图

3.9 如何确定框架梁不伸入柱内的下筋量?

张利军　北京交大建筑勘察设计院有限公司

按照传统做法，框架梁下部纵筋要贯通全跨，锚入柱内不小于 l_{aE}，且伸过柱中心线

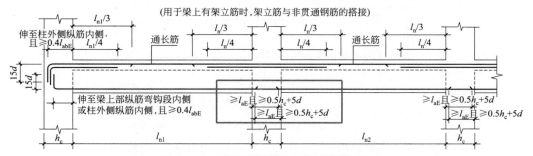

图 3.9.1　楼层框架梁 KL 纵向钢筋构造

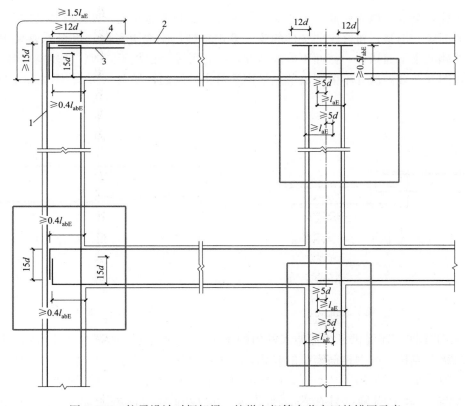

图 3.9.2　抗震设计时框架梁、柱纵向钢筋在节点区的锚固示意

1—柱外侧纵向钢筋；2—梁上部纵向钢筋；3—伸入梁内的柱外侧纵向钢筋；

4—不能伸入梁内的柱外侧纵向钢筋，可伸入板内

247

的长度不小于 $5d$。如图 3.9.1 和图 3.9.2 中方框所示。

此做法对于跨高比较小、配筋率较低的框架梁尚可；但对于目前常用的跨高比较大的梁，因配筋率较高，梁下筋全部锚入柱内的话，会造成梁柱节点核心区内钢筋过于密集，影响核心区内混凝土的浇捣质量，甚至给工程留下隐患。有鉴于此，《混凝土结构施工图平面整体表示方法制图规则和构造详图》16G101-1（以下简称 16G101-1）提供了"梁下筋在节点外搭接"的做法，见图 3.9.3。

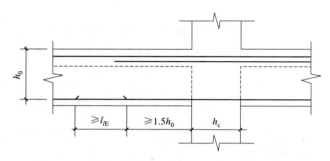

图 3.9.3 中间层中间节点梁下部筋在节点外搭接
（梁下部钢筋不能在柱内锚固时，可在节点外搭接。相邻跨钢筋
直径不同时，搭接位置位于较小直径一跨）

对于柱两侧的梁截面相同、中心对齐、纵筋拉通对直的情况，该法能够缓解节点内钢筋密集的问题。但是，符合这些条件的梁，采用机械接头会更方便，尽量不要采用搭接。对于柱两侧的梁平面错位、截面不等的情况，或者梁纵筋根数不同时，依然需要各自在柱内锚固，图 3.9.3 做法并不能解决节点区钢筋密集的问题，如图 3.9.4、图 3.9.5 所示。

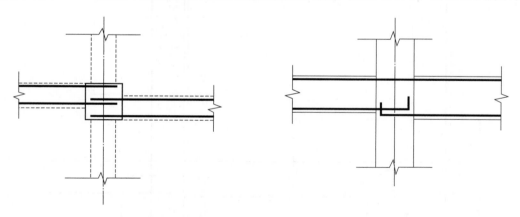

图 3.9.4 梁平面错位   图 3.9.5 梁高度不同

16G101-1 图集还提供了"不伸入柱内的梁下筋"的做法，如图 3.9.6 所示。该做法一来可缓解节点核心区内钢筋密集的问题，二来可简化钢筋的连接和锚固，方便施工并节约钢材。但图集中只给出了"不伸入柱内的梁下筋"的断点位置，对于不伸入柱内的梁下筋量如何确定未予明确，只在第 4.5.2 条中说应符合《混凝土结构设计规范》GB 50010—2010（2015 年版）的有关规定：

4.5.1 当梁（不包括框支梁）下部纵筋不全部伸入支座时，不伸入支座的梁下部纵

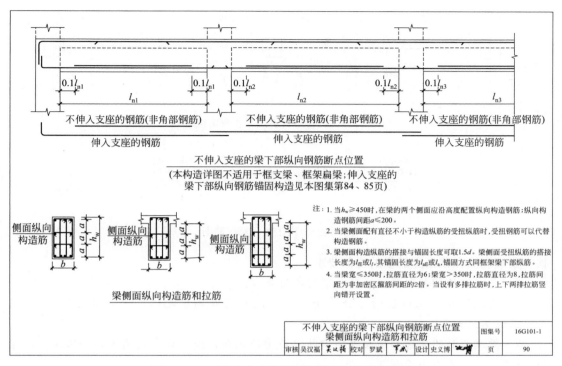

图 3.9.6　不伸入支座的梁下部纵向钢筋断点位置
梁侧面纵向构造筋和拉筋

筋截断点距支座边的距离，在标准构造详图中统一取为 $0.1l_{ni}$（l_{ni} 为本跨梁的净跨值）。

4.5.2　当按第 4.5.1 条规定确定不伸入支座的梁下部纵筋的数量时，应符合《混凝土结构设计规范》GB 50010—2010（2015 年版）的有关规定。

按《混凝土结构设计规范》GB 50010—2010（2015 年版）有关规定，那就是按弯矩包络图确定。对于工程应用来说，根据弯矩包络图确定钢筋的截断点和截断量，效率低可操作性差，必要性也不大。

针对此问题，现提出"不伸入柱内的梁下筋量"的确定方法，分两种情况：

1. 部分下筋可不伸入柱内

一般来说，即使在地震设计状况下，框架梁下筋通长配置，在支座处并不能充分发挥其强度，可从计算结果和构造要求两方面确定不伸入柱内的下筋量，取计算结果和构造要求的最小值。

1）按计算结果确定

从 PKPM 计算结果中，可查得正弯矩包络图和配筋简图如图 3.9.7 和图 3.9.8 所示。

见图中箭头所指，正弯矩和下筋在跨中最大，越靠近支座越小。可不伸入柱内的下筋量为跨中下筋减去支座下筋：

$$A'_{s1}=1100-800=300\text{mm}^2$$

2）按构造要求确定

（1）梁端下筋配筋量需满足《建筑抗震设计规范》GB 50011—2010 第 6.3.3 条第 2

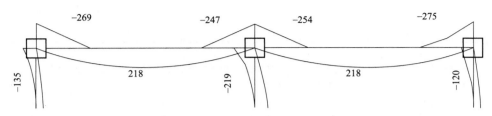

图 3.9.7　PKPM 计算结果正弯矩包络图

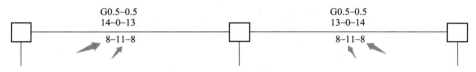

图 3.9.8　PKPM 计算配筋图

款中梁端底面和顶面配筋量的比值要求：

6.3.3　梁的钢筋配置，应符合下列各项要求：

1　梁端计入受压钢筋的混凝土受压区高度和有效高度之比，一级不应大于 0.25，二、三级不应大于 0.35。

2　梁端截面的底面和顶面纵向钢筋配筋量的比值，除按计算确定外，一级不应小于 0.5，二、三级不应小于 0.3。

3　梁端箍筋加密区的长度、箍筋最大间距和最小直径应按表 6.3.3 采用，当梁端纵向受拉钢筋配筋率大于 2% 时，表中箍筋最小直径数值应增大 2mm。

本例的抗震等级按二级，梁端底面和顶面配筋量的比值为 0.3，则梁端可不伸入柱内的下筋量为：

$$A'_{s2}=1100-0.3\times1400=680\text{mm}^2$$

（2）梁端下筋配筋量需满足《建筑抗震设计规范》GB 50011—2010 第 6.3.4-1 条中梁端底面最小配筋量的要求：

6.3.4　梁的钢筋配置，尚应符合下列规定：

1　梁端纵向受拉钢筋的配筋率不宜大于 2.5%。沿梁全长顶面、底面的配筋，一、二级不应少于 2ϕ14，且分别不应少于梁顶面、底面两端纵向配筋中较大截面面积的 1/4；三、四级不应少于 2ϕ12。

本例据此确定的不伸入柱内的下筋量为：

$$A'_{s3}=1100-\max\left\{\frac{1}{4}\times1400,2\times14\right\}=750\text{mm}^2$$

3）最终确定的不伸入柱内的下筋量取上面三项的最小值

$$A'_{s}=\min\{A'_{s1},A'_{s2},A'_{s3}\}=\min\{300,680,750\}=300\text{mm}^2$$

2. 全部下筋必须锚入柱内

查看计算结果，如果弯矩包络图和配筋简图如图 3.9.9 和图 3.9.10 所示，梁的端部正弯矩和下筋配筋量大于跨中，则全部下筋均须锚入柱内。

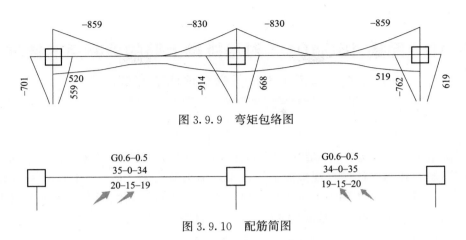

图 3.9.9 弯矩包络图

图 3.9.10 配筋简图

这种情况下，结构布置时要尽量将相邻跨的梁截面定义为相同，梁中心线对齐。相邻跨的配筋量变化时，尽量改变钢筋直径，不改变钢筋根数和排布，以方便使用机械接头，或者采用节点外搭接，避免钢筋密集。

3. 总结

构造越简单合理，越容易保证工程质量。对于梁柱节点核心区这么重要的连接，受力很复杂，更要为施工方便创造条件。另外，如《建筑抗震设计规范》GB 50011—2010 条文说明中所说，梁端底面的钢筋可增加负弯矩时的塑性转动能力，还能防止在地震中梁底出现正弯矩时过早屈服或破坏过重，从而影响承载力和变形能力的正常发挥。所以，框架梁不伸入柱内的下筋量应慎重确定，应人工检查校核，而不应单纯依靠电脑，更不应随意确定。

3.10 图集 16G101-1 对悬挑梁上筋的截断点的要求

张利军 北京交大建筑勘察设计院有限公司

在平法施工图中，构件的构造基本都是参照标准图《混凝土结构施工图 平面整体表示方法制图规划和构造详图（现浇混凝土框架、剪力墙、梁、板）》16G101-1（以下简称 16G101-1）执行，施工图中不再表示。但对于梁负弯矩筋的截断点，图集中只表示了无悬挑段的情况，截断点取为净跨的 1/3 或 1/4，见图 3.10.1。

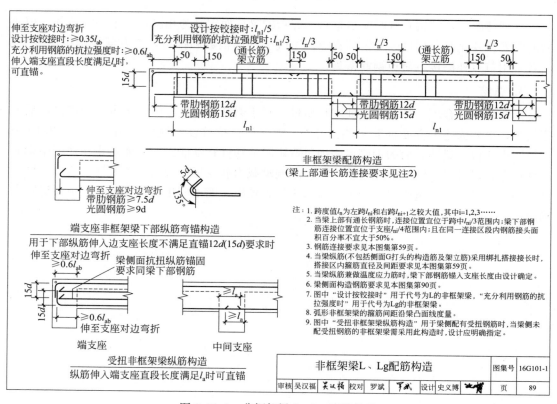

图 3.10.1 非框架梁 L、Lg 配筋构造

对于悬挑梁，人们一般都很重视悬挑梁的配筋量，却很容易忽视负弯矩筋在第一内跨的截断点位置，往往仍按图 3.10.1 执行。对于悬挑段较长的梁，标准图中的截断点就不一定够了。尤其对于活荷载较大的情况，或者在考虑竖向地震作用的情况下，负弯矩筋的截断点更要慎重。

以图 3.10.2 带悬挑段的简支梁为例，反弯点距离 $x_0 = \dfrac{m^2}{L}$，也就是说，反弯点距离的增长，是以悬挑长度 m 的二次方在增长；相应地，悬挑段负弯矩筋在第一内跨的截断点务必相应内移，其准确位置应根据弯矩包络图确定，必要时上筋通长。

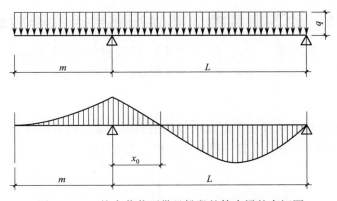

图 3.10.2　均布荷载下带悬挑段的简支梁的弯矩图

标准图中负筋截断点涵盖了两端固接梁的情况。为了简单起见，现以内跨两端固接、悬挑段根部弯矩等于内跨固接弯矩的状态，确定负筋按标准图截断还是拉通。$\dfrac{1}{2}qm^2=\dfrac{1}{12}qL^2$；

从而：$m=\dfrac{L}{\sqrt{6}}=0.4L$；

此时，反弯点距离 $x_0=0.16L<\dfrac{l_{\mathrm{n}}}{3}\approx0.33L\left(\dfrac{l_{\mathrm{n}}}{3}\text{是标准图中给出的负筋截断点位置}\right)$；

可见，此时负筋截断点是反弯点距离的两倍，应该是足够安全的。

综上所述，同时考虑到可操作性，建议如下：

(1) 当悬挑长度 $m\leqslant0.4L$ 时，负筋截断点按 16G101-1 执行；L 为第一内跨的跨度；

(2) 当悬挑长度 $m>0.4L$ 时，负筋在第一跨拉通，在第二跨的截断点按 16G101-1 执行。

3.11　地下室底板局部降标高是否需要放坡?

张利军　北京交大建筑勘察设计院有限公司

地下室底板由于设置电梯坑、集水坑或其他原因,常需将局部降低。常见的做法有两种,一种是放坡(图 3.11.1),另一种是砖胎模(图 3.11.2)。

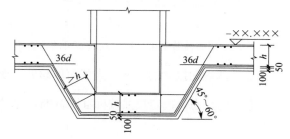

图 3.11.1　放坡做法(h 为底板厚度)

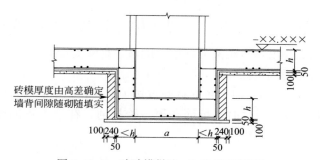

图 3.11.2　砖胎模做法(h 为底板厚度)

下面就放坡和砖胎模的优缺点及如何选用,做个简单的总结。

1. 放坡和砖胎模各自的优缺点

放坡是最常用的做法,对地基土的扰动较小,能较好地保持地基土的原始应力状态。但当变标高部位相距较近、高差较大时,尤其是消防电梯集水坑,深度至少在 3m 以上,放坡的工程量较大,挖坑的形状、底板配筋构造、防水层构造等均较复杂(图 3.11.3)。

对于桩基础,放坡会造成斜坡投影范围内的所有桩受影响,给桩顶标高的控制和桩头处理带来麻烦。

砖胎模的侧壁是直立的,构造简单,工程量较小。对于黏性土且高差不太大时,可直立开挖,坑底形状、底板配筋和防水层构造等均较简单。但砖胎模的背面是随砌墙随回填的填土,对原状地基土难以提供有效的侧向约束,故对地基承载力有一定的影响。

2. 天然地基和复合地基应放坡

天然地基和复合地基均由地基土(或桩土共同受力)承担上部荷载。所以,保持地基

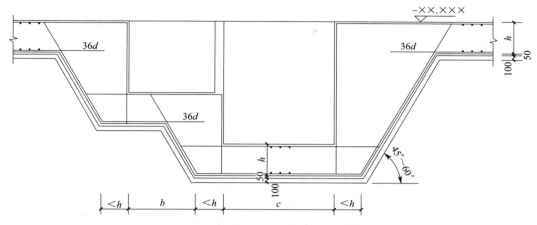

图 3.11.3　基坑开挖和底板配筋构造复杂（h 为底板厚度）

土的原始应力状态、尽量减少对地基土的扰动至关重要。基坑开挖时放坡，是保护地基免受扰动的有效措施。可见，天然地基和复合地基变标高时应放坡，不应采用砖胎模。

地下室底板的底面相应放坡，底板厚度有过渡段，钢筋锚固较顺，受力较好。

3. 桩周浅层为非软弱土时可采用砖胎模

桩基础主要由桩承担上部荷载，地基土的作用为次要因素，所以可采用砖胎模。尤其对于量大面广的"柱下独立承台＋抗水板"，由于承台厚度往往远大于防水板厚度，放坡将较多地增加工程量，采用砖胎模则构造简单，经济性较好。为了保证承台侧面能够提供水平抗力，应重视砖模背后回填土的压实质量，不应随意回填。回填的质量要求可参见《建筑桩基技术规范》JGJ 94—2008 第 4.2.7 条。

4. 桩周浅层为软弱土时应放坡

软弱土局部深挖，将对临近的桩产生侧压力，严重时还会引起桩的偏斜甚至断裂。所以桩周浅层为软弱土时，开挖时应放坡。此时的地下室底板有两种做法，一是底板放坡（图 3.11.4）；二是底板直立、垫层放坡（图 3.11.5）。垫层放坡需要在浇筑垫层和浇筑底

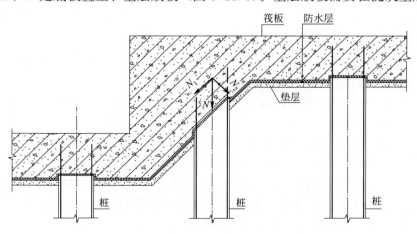

图 3.11.4　底板放坡

板时各支一次模。底板放坡只需支一次模，但桩顶标高的控制、桩头的处理均较复杂。而且，底板放坡造成"桩头与底板的斜面连接"，如图3.11.5所示。这种连接方式需要妥善处理，否则会有隐患。

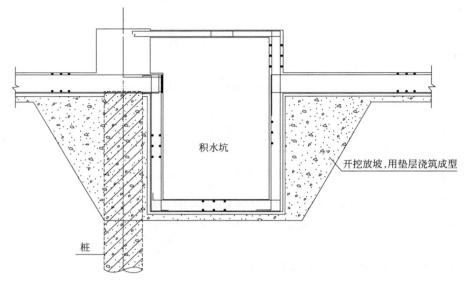

图 3.11.5　垫层放坡

5. "桩头与底板的斜面连接"构造

在标准图集《筏形基础平法配筋图集》04G101-3（以下简称04G101-3）中，给出了"桩头与底板的斜面连接"的构造做法，见图3.11.6。

但在随后的版本《混凝土结构施工图平面整体表示方法制图规则和构造详图》11G101-3和《混凝土结构施工图平面整体表示方法制图规则和构造详图（独立基础、条形基础、筏形基础、桩基础）》16G101-3（以下简称16G101-3）中，删去了有关内容，造成现在无图可参考。

在实际工程中，"桩头与底板的斜面连接"的情况非常普遍，所以很有必要对这种连接构造进行讨论。

1）标准图集04G101-3中做法存在以下问题

（1）在保留桩顶纵筋和箍筋的情况下，将桩头修成如图3.11.6所示的斜面难度较大，且影响桩头混凝土强度。

（2）桩头修成斜面后，桩头截面不完整。箍筋被截断，桩头混凝土失去约束，抗压承载力被削弱。

（3）桩头斜面与底板混凝土被防水层隔断，影响桩的受力状态。

如图3.11.4所示，底板作用于桩顶的压力 N 可分解为 N_1 和 N_2。

由于桩与底板被防水层隔开，二者之间只有桩的纵筋连接，所以 N_1 只能靠桩头与底板的摩擦承受，但防水层摩擦系数很低，几近忽略不计，则只有靠桩侧土的水平抗力来平衡水平分力。在桩周土质较差的情况下，这个水平抗力并不可靠，甚至造成力的不平衡。

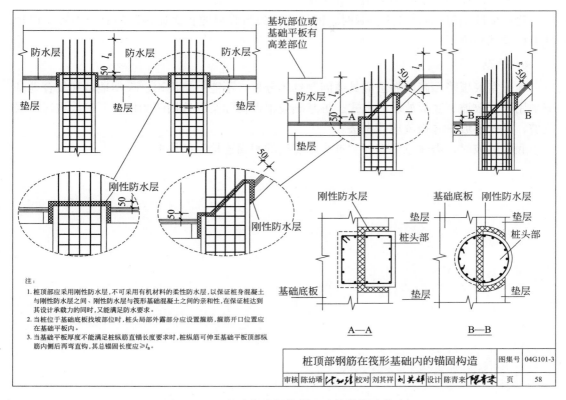

图 3.11.6　桩头与底板的斜面连接的构造做法

可见，04G101-3 的做法很难将上部压力可靠地传给桩，给结构安全留下隐患。

2）"桩头与底板斜面连接"做法的改进建议

桩与底板的连接构造，有两点要保证，一是桩头必须是平面，才能保证桩头箍筋的完整性；二是力的传递必须简单直接，不应衍生出更加不利的受力状态。

基于此，现提出如下的改进做法：在桩顶与底板斜面之间，做一个与底板一体整浇的墩台，将底板的斜面转换成平面，以便与桩顶连接，见图 3.11.7。

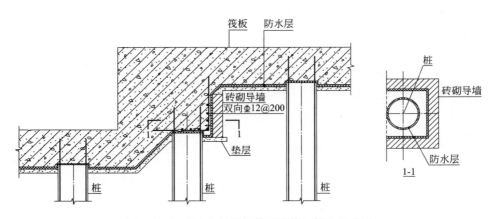

图 3.11.7　"桩头与底板斜面连接"做法的改进

该做法已在多个工程中应用，效果良好。

建议标准图集 16G101-3 再版时，恢复"桩头与底板的斜面连接"的有关内容，以指导工程设计和施工。

6. 总结

地下室底板降标高的做法应具体问题具体分析，不能一概而论。天然地基和复合地基应采用开挖放坡、底板放坡的方式。桩基础应根据实际情况选用砖胎模、开挖放坡＋垫层放坡、开挖放坡＋底板放坡等做法。

底板放坡时，需注意处理好"桩头与底板的斜面连接"的构造。

3.12 构造柱的由来

张利军 北京交大建筑勘察设计院有限公司

1. 构造柱的由来

在唐山地震之前,是没有构造柱的概念的。在 74 版《建筑抗震设计规范》中也没有关于构造柱的描述和要求。但有一位很有心的结构师,在设计唐山的一栋多层砖混结构时,总感觉这么高的楼,竖向一根钢筋也没有,总觉得缺点什么,于是执意设了 9 根构造柱。就是这 9 根构造柱,使得该建筑经受住了唐山大地震的考验。尽管裂缝很严重,但没有坍塌,可见这 9 根构造柱的强大作用。

78 版《工业与民用建筑抗震设计规范》在总结唐山震害经验的基础上,正式提出构造柱的设置要求,但只是作为结构"超高"以后的加强措施。比如 8 度区,超过 13m(大约四层)以后才设置构造柱,内容如下:

第 29 条 多层砖房的高度,不宜超过表 4 的规定。

多层砖房的高度限值(米) 表 4

墙体类型	设计烈度		
	7 度	8 度	9 度
24 厘米及 24 厘米以上实心墙	19	13	10
18 厘米墙	12	9	—

注:①房屋的高度指室外地面到檐口的高度。

②医院、学校等横墙少的房屋,高度限值应降低 3 米。

③房屋的层高不宜超过 4 米。

④砖的标号不宜低于 75 号,砂浆的标号不宜低于 25 号。

⑤本表及以后表中,"—"表示该类结构不宜采用。

第 30 条 多层砖房的高度超过本规范第 29 条表 4 规定时,可采用钢筋混凝土构造柱加强。当高度超过表 4 规定 3m 左右时,每隔 8m 左右在内外墙交接处及外墙转角处宜设构造柱;当高度超过表 4 规定 6m 左右时,每隔 4m 左右在内外墙交接处(或外墙垛处)及外墙转角处宜设构造柱。

后经 89 版、01 版、10 版、16 版《建筑抗震设计规范》修订,才形成现在的构造柱构造措施。

构造柱可以分为三类:承重墙构造柱、非承重墙构造柱、悬臂墙(围墙、女儿墙)构造柱。下面为了叙述的指向性更明确,将这三类构造柱分别叫作砖混结构构造柱、填充墙构造柱和悬臂构造柱。

2. 砖混结构构造柱

砖混结构的构造柱是砖墙的"边缘构件",其作用主要在墙的平面内。先砌墙并留马牙槎、后浇混凝土,使得构造柱与砖墙咬合粘结成整体,与圈梁一起形成砖墙的约束边框，提高砖墙的抗剪承载力，延缓地震作用下裂缝的出现，并在产生裂缝后控制裂缝的发展，增加砖墙的延性，做到裂而不倒。在地震作用过程中，构造柱侧面与砖墙的咬合力至关重要，这也就是留马牙槎的必要性所在。

另外，支承楼面大梁的砖墙一般要采用构造柱组合墙，马牙槎就是形成组合墙并保证大梁端部压力向下逐渐扩散的关键措施，如图3.12.1所示。正是这个扩散作用，使得梁端压力传到基底时已成为线荷载，所以只设置墙下条基即可，构造柱不需要单独设置基础。

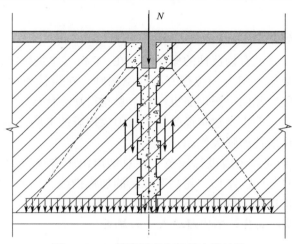

图3.12.1 梁端压力在砖墙内的扩散

3. 填充墙构造柱

填充墙构造柱是墙的平面外支承，类似于幕墙的竖向龙骨。其作用是保证墙的平面外稳定，避免墙在风荷载或地震作用下发生平面外倒塌。如果把墙看作竖放的楼板的话，则构造柱就是竖放的梁，上下楼层梁或板是构造柱的支座。

可见，填充墙构造柱与砖混结构构造柱的作用和受力完全不同。

填充墙承受的水平荷载要传给构造柱，则二者的连接强度至关重要。相对于填充墙与框架柱的连接，构造柱毕竟是先砌墙后浇混凝土，所以无论留不留马牙槎，连接强度均优于框架柱。如此推论的话，构造柱确实没必要留马牙槎。但是，砌墙总是要错竖缝的，留马牙槎完全可以随错缝一并完成，何乐而不为呢？毕竟，填充墙与框架柱相连的那端，仅靠水平拉结筋的销键作用和竖缝的砂浆粘结，而且宜弱不宜强，所以填充墙的另一端就要与构造柱连接牢固为好。

4. 悬臂构造柱

悬臂构造柱的关键是柱根的锚固。对于围墙来说，还要注意基础的倾覆。悬臂构造柱应留马牙槎。

5. 总结

（1）砖混结构构造柱和悬臂墙构造柱应留马牙槎。

（2）填充墙构造柱宜留马牙槎。

（3）填充墙构造柱与砖混结构构造柱的作用和受力完全不同，所以前者没必要套用后者的有关规定。

3.13 梁顶面贯通钢筋是否需要包络底部配筋的 1/4 的探讨

《建筑抗震设计规范》GB 50011—2010 第 6.3.4 条第 1 款规定，"……沿梁全长顶面、底面的配筋，……分别不应少于梁顶面、底面两端纵向配筋中较大截面面积的 1/4"，针对这条规定大家有两种理解，一种认为梁顶面贯通钢筋需要包络底部配筋的 1/4，另一种认为梁顶面贯通钢筋不应少于两端梁顶纵向配筋中较大截面面积的 1/4 即可，不用包络底部配筋的 1/4。

如图 3.13.1 所示，支座上筋为 7Φ18，底筋为 7Φ20，那顶部通筋 2Φ18 是否满足要求呢？如果按照支座上筋（7Φ18）的 1/4，2Φ18 满足要求，如果按照底筋（7Φ20）的 1/4，则 2Φ18 不满足要求。

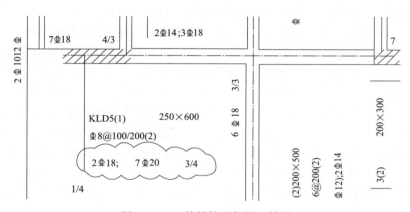

图 3.13.1　某结构局部梁配筋图

《混凝土结构设计规范》GB 50010—2010 第 11.3.7 条、《高层建筑混凝土结构技术规程》JGJ 3—2010 第 6.3.3 条也有要求框架梁顶底的通长筋分别不小于两端纵向配筋中较大截面面积的 1/4。

规范条文的"分别"二字是新规范加进去的，可以理解为各取各的，但条文中又有"较大"二字，很多人认为应该取包络。

为啥规范有此规定呢？因为地震作用是不能准确估计的，框架梁在地震作用下的反弯点位置可能出现移动（跟当前承载力计算相比）。以梁顶筋举例，如果因反弯点位置移动，梁顶中部可能出现负弯矩的变化只与梁顶端部弯矩大小有关，所以其通筋只用考虑梁顶端部配筋的 1/4 就可以了，不用考虑底筋包络。

3.14 高层建筑地下室埋深的探讨

王千秋　广东华悦建设工程技术有限公司

　　设计人员在设计高层地下室时，即使地下室的刚度满足《高层建筑混凝土结构技术规程》JGJ 3—2010（以下简称《高规》）第 5.3.7 条"地下一层与首层侧向刚度比不宜小于 2"，也要将嵌固端放在基础顶面，为什么呢？因为可以省钢筋，为什么省钢筋？因为（1）《高层建筑混凝土结构技术规程》JGJ 3—2010 第 12.2.1 条、《建筑抗震设计规范》GB 50011—2010（以下简称《抗规》）第 6.1.14 条地下室柱钢筋面积要乘以 1.1 倍的系数；（2）地下室顶板要求 180mm 厚，《高规》第 3.6.3 条有这个要求，但是不作为嵌固端。广东省标准《高层建筑混凝土结构技术规程》DBJ/T 15-92—2021（以下简称广东省《高规》）第 3.6.1 条"板厚要求 150mm 厚"，第 3.6.3 条的配筋率要求和《高规》相同，所以只是板厚由 180mm 变成 150mm，省了 30mm。但是如果将嵌固端由地面移到基础顶面，还有浪费的一面：（1）当嵌固端由地面移到基础顶面后，地震的计算高度提高一层，地震水平剪力增大一层，增大的水平地震剪力需要增加钢筋。（2）剪力系数的修正，根据《抗规》5.2.5 条剪力系数不能小于表 5.2.5 内数值，如果有地下室就不包括地下室，如果嵌固端在基础顶面，就应该不包括地下室，一旦地下室的楼层剪力小于以上楼层全部荷载时，就需要按比例增加剪力。这个也是需要增加钢筋的。至于第一种方案还需要按照《建筑地基基础设计规范》GB 50007—2011（以下简称《地基规范》）第 5.1.3 条验算稳定性，并按照广东省《高规》第 13.1.7 条验算桩基础在地震作用下的水平承载力。如果稳定性和水平承载力不满足，还要有加强措施。所以要进行方案对比以后才能知道哪个方案省钢筋。

　　（1）根据《高规》第 12.1.8 条：①天然地基或复合地基，可取房屋高度的 1/15；②桩基础，不计桩长，可取房屋高度的 1/18。

　　（2）根据《地基规范》第 5.1.3 条：高层建筑基础的埋深应满足地基承载力、变形和稳定性要求。位于岩石地基上的高层建筑，其基础埋深应满足抗滑稳定性要求。第 5.1.4 条：在地震设防区，除岩石地基外，天然地基上的箱形和筏形基础其基础的埋置深度不宜小于建筑物高度的 1/15；桩箱或桩筏基础的埋置深度（不计桩长）不宜小于建筑物高度的 1/18。

　　（3）根据广东省《高规》第 13.1.7 条：6、7 度区地下室不少于一层（条文说明　常规地下室层高约 4m 左右）及 8 度区地下室层数不少于两层时，可不验算基础（包括桩基础）在地震作用下的水平承载力。

　　评价：

　　（1）高规没有按地震烈度划分埋深，6～9 度的埋深都是建筑物高度的 1/15 或 1/18，但是 9 度的水平地震力是 6 度的 8 倍，8 度是 6 度的 4 倍，如果在不同的地震区是相同的埋深，那么在低烈度区合适，在高烈度区就不合适，反之在高烈度区合适，在低烈度区就不合适。所以今后在修订《高规》时，要注意这个问题。

（2）广东省《高规》，比《高规》有进步，对地震烈度区进行了划分，将6、7度作为一档，设置一层地下室，将8度区作为一档设置二层地下室，缺点是按照《高规》或者广东省《高规》10层及以上或高度大于28m的住宅建筑，高度大于24m的其他建筑是高层建筑，一个在汕头市或者潮州市8度区28.5m高的住宅需要两层2×4＝8m左右的地下室，埋深为建筑物高度的1/3.56，是不是有点浪费广东省《高规》虽然进行了划分，但是其合理性需要在修订规范时考虑。

（3）如果不满足以上三个规范的要求，把嵌固端放在基础顶面的情况：

根据《地基规范》第5.1.4条条文说明，张在明在8度区的试验，当25层建筑物的基础埋深为3.8m（1/17.8）时，则稳定安全系数达到1.64，如果该稳定安全系数是按照《地基规范》公式（6.7.5-2）进行抗倾覆稳定性计算的，就是不安全的。

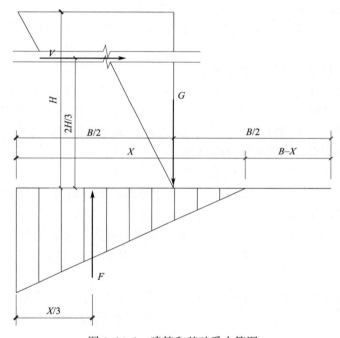

图3.14.1 建筑和基础受力简图

图中　B——基础宽度；

　　　F——基底反力的合力；

　　　X——非零应力区宽度；

　　　G——建筑结构上部重力；

　　　V——建筑上部水平力合力；

　　　H——建筑物高度。

零应力区所占基底面积比例公式

$$(B-X)/B=(3M_{ON}/M_O-1)/2 \qquad\qquad (3.14.1)$$

式中　M_{ON}——$V×2H/3$（倾覆力矩）；

　　　M_O——$G×B/2$（抗倾覆力矩）。

① 公式 (3.14.1) 当 $M_O/M_{ON}=3$ 时，$(B-X)/B=0$，零应力区所占基底面积比例为零，即没有零应力区。SAT3.14E 和其他软件的计算结果中抗倾覆验算，当抗倾覆力矩/倾覆力矩≥3 时，零应力区面积比例是 0，如果当抗倾覆力矩/倾覆力矩＜3 时零应力区面积比例就大于 0。

② 公式 (3.14.1) 当 $M_O/M_{ON}=1$ 时 $(B-X)/B=1$，零应力区所占基底面积比例为 1，即全部零应力区。建筑物处于倒塌的临界状态。

③ 按照《高规》第 12.1.7 条和《抗规》第 4.2.4 条，高宽比大于 4 的高层建筑零应力区所占基底面积比例小于 15%，按照公式 (3.14.1) 计算得 $M_O/M_{ON}=2.31$。

④ 按照张在明的 8 度区试验公式 (3.14.1)，当 $M_O/M_{ON}=1.64$ 时 $(B-X)/B=0.4146$，零应力区所占基底面积比例为 41.46%，即有 41.46% 是零应力区。

⑤ 按照《地基规范》公式 (6.7.5-6) 抗倾覆稳定性计算的要求：抗倾覆力矩/倾覆力矩＝1.6。$(B-X)/B=0.4375$，即有 43.75% 是零应力区。

以上④、⑤中 1.6 或者 1.64 的安全系数是指要倒塌的安全系数，不是零应力区的安全系数。

零应力区过大对建筑物的危害计算如下：

当按照①情况计算时最大荷载处是平均值的 2 倍，如果是桩基础，桩的承载力是按照极限承载力的 0.5 倍取值，也就是说，此时最大荷载处正好达到桩的极限承载力。

当按照②情况计算基础时，如果假定地基是刚性那是在倒塌的边缘，但是地基不是刚性的，当地基压缩变形时，实际楼已经倒塌了。

当按照③情况计算基础时，平均承载力由 $p/1$ 变为 $p/(1-0.15)=1.17p$，最大边缘处的压力为 $2\times1.17=2.35$，$2.35>2$，即大于桩的极限承载力，建筑物可能发生倾斜。

当按照④情况计算基础时，平均承载力 $p/(1-0.4146)=1.71p$，最大边缘处的压力为 $2\times1.71=3.42$，$3.42>2$，即远大于桩的极限承载力，建筑物倾斜很大，也可能倒塌。该情况是在 8 度区试验的结果，在 6、7 度区情况会比 8 度区好，因为没有试验，只能参考判断结果。

当按照⑤情况计算基础时，平均承载力 $p/(1-0.4375)=1.78p$，最大边缘处的压力为 $2\times1.78=3.42$，$3.56>2$，即远大于桩的极限承载力，建筑物倾斜很大，也可能倒塌。

按照《地基规范》附录 Q.0.10 条确定单桩竖向极限承载力（图 3.14.2）。

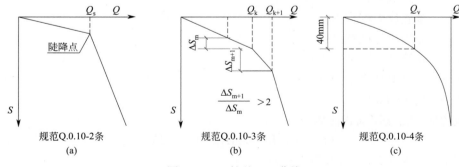

图 3.14.2 桩基 Q-s 曲线

（1）由图 3.14.2 可以看到不管用哪种方法确定的单桩极限承载力，如果单桩压力超过单桩极限承载力，单桩的沉降就会进入陡降段，随着压力的继续增大，由图 3.14.2 曲线就知道结果。

（2）如果把嵌固端放在基础顶面，按广东省《高规》第 13.1.7 条就需要验算基础（包括桩基础）在地震作用下的水平承载力，按照其条文说明原本由地下室承担的水平剪力，现在由桩基承担，就需要验算桩基的水平承载力。

（3）以上①～⑤的五种情况，只有④不知道是不是在大震情况下的试验，⑤是在静力情况下的计算，①、②、③都是在多遇地震情况下。

如果把嵌固端放在基础顶面，那么就需要根据《抗规》第 1.0.1 条基本的抗震设防目标"小震不坏，中震可修，大震不倒"的要求，进行大震不倒的计算。可以采用大震反应谱方法计算，也可以采用弹塑性静力或动力时程方法分析。

3.15 筏板何时封边钢筋？

《混凝土结构施工图平面整体表示方法制图规则和构造详图（独立基础、条形基础、筏形基础、桩基础）》16G101-3 第 93 页规定了筏板边缘侧面封边构造，如图 3.15.1 所示。

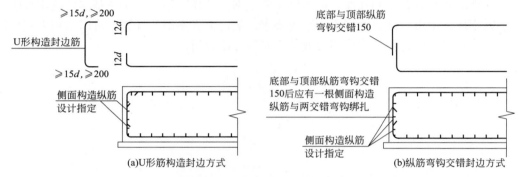

图 3.15.1　板边缘侧面封边构造（外伸部位变截面侧面构造相同）

筏板在什么情况下，需要采用筏板边缘侧面封边构造呢？此问题可参考《G101 系列图集常见问题答疑图解》17G101-11。

筏形基础平板什么部位需要封边？有何构造要求？

当筏形基础平板端部无支承时，应对自由边进行封边处理。根据现行的国家标准，这种处理方式有两种，并在封边处设置纵向构造钢筋。需要封边的筏形基础平面布置示意见图 3.15.2。

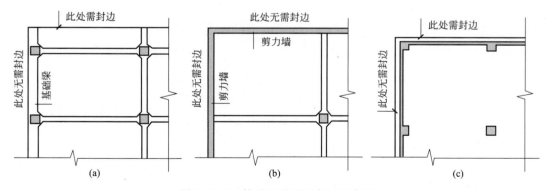

图 3.15.2　筏形基础平面布置示意图

当筏板的厚度较小时，可采用板的上层纵向钢筋与板下层纵向钢筋 90°弯折搭接，并在搭接范围内至少布置一道纵向钢筋。当筏板厚度较厚时，可在端面设置附加 U 形构造钢筋与板上、下层弯折钢筋搭接，并配置端面的纵向构造钢筋。

在施工图设计文件中应根据 16G101-3 图集中的两种做法指定一种对封边的处理方

式，这是很多设计人员容易忽略的。

基础平板（不包括基础梁宽范围）的封边构造做法列举如下：

（1）封边钢筋可采用 U 形钢筋，见图 3.15.3；间距宜与板上、下层纵向钢筋一致。

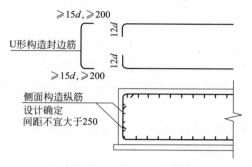

图 3.15.3　U 形筋构造封边

（2）可将板上、下纵向钢筋弯折搭接 150mm 作为封边钢筋，见图 3.15.4。

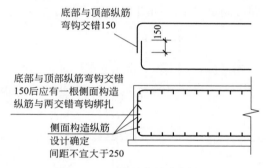

图 3.15.4　纵筋弯钩交错封边

（3）U 形封边钢筋直径，当施工图设计文件中未注明时，可参考以下要求处理，但需设计方确认：

板厚 $h_s \leqslant 500$mm 时，可取 $d=12$mm；

板厚 500mm$<h_s \leqslant 1000$mm 时，可取 $d=14$mm；

板厚 1000mm$<h_s \leqslant 1500$mm 时，可取 $d=16$mm；

板厚 1500mm$<h_s \leqslant 2000$mm 时，可取 $d=18$mm；

板厚 $h_s>2000$mm 时，可取 $d=20$mm。

（4）施工图设计文件应注明封边处纵向钢筋的设置要求。

3.16 吊环直锚长度大于 30d 的解析

《混凝土结构设计规范》GB 50010—2010（2015 年版）第 9.7.6 条规定吊环锚入混凝土中的深度不应小于 30d，因为规范措辞用的是"深度"，有设计人员就认为吊环钢筋锚入梁直锚段必须大于 30d，导致梁高要做到 700mm 高（假设吊筋直径 22mm），这么要求合理吗？

在实际工程中，因为混凝土构件尺寸的限制造成无法满足仅直锚的情况下，允许采用直锚＋弯锚的形式，但是弯折锚固要求弯钩之前必须有一定的直段锚固长度，这是为了控制锚固钢筋的滑移，使构件不至于发生较大的裂缝和变形。但关于吊环钢筋的锚固长度，规范用了"深度"一词，"深度"是不是就代表直锚，不能弯锚呢？其实不然，我们可以看到《混凝土结构构造手册》（第五版）第 808 页节点 C 中就有规定，当弯锚长度为 12d 时，直锚长度大于 20d 即可满足要求。如图 3.16.1 所示。

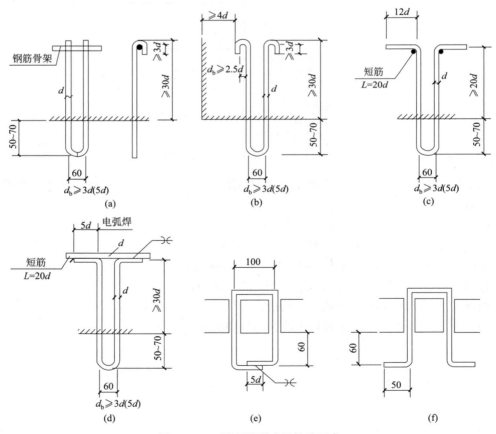

图 3.16.1 吊环的形式及构造要求

（a）、（c）、（d）末端有横向短钢筋吊环；（b）普通吊环；（e）、（f）活动吊环

（带肋钢筋 HRB400E 锚入端不设 180°弯钩，括号内数值用于 HRB400E 钢筋）

3.17　多跑楼梯荷载是否要乘以放大系数？

　　某设计人员在进行结构整体计算分析时，模型中楼梯的位置，板厚输入为 0，单独输入了楼面恒荷载和活荷载，其中楼面活荷载输入为 3.5kN/m²，标准层没有出现问题，但图审时提出此结构首层楼梯间位置活荷载值小于规范要求，违反了强条，因为首层为交叉楼梯，荷载应为双跑楼梯的两倍。首层楼梯示意如图 3.17.1 所示。

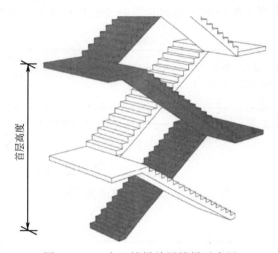

图 3.17.1　交叉楼梯首层楼梯示意图

　　对于层高较大的建筑，存在单层多跑楼梯或交叉楼梯的情况，当活荷载按面荷载输入为 3.5kN/m² 时，是不够的，因为活荷载有重叠，应按梯板实际层数输入恒荷载、活荷载，漏输或明显小于《建筑结构荷载规范》GB 50009—2012 表 5.1.1，是违反规范规定的，疏散楼梯是人们向安全区域撤离的生命通道，应保证其安全。

　　一般情况下应按构件的实际受力情况和荷载传递情况输入荷载，按平面简化方式输入，可能造成局部构件不安全。

3.18 悬挑板是否需要配置底筋？

一般认为，悬挑板考虑恒荷载及活荷载最不利组合（大多数情况为重力方向）下的情况计算配筋，考虑受拉区钢筋抵抗拉应力，受压区混凝土抵抗压应力，只需在受拉区配置钢筋即可，但《混凝土结构施工图平面整体表示方法制图规则和构造详图（现浇混凝土框架、剪力墙、梁、板）》16G101-1 第 103 页中的悬挑板钢筋构造（图 3.18.1、图 3.18.2）却又是上、下部均配筋的，那何时需要考虑在悬挑板下部配筋呢？

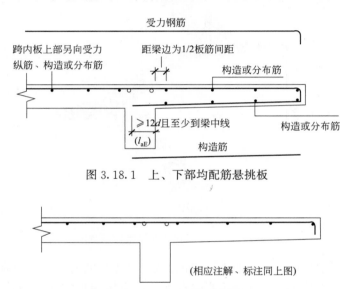

图 3.18.1 上、下部均配筋悬挑板

图 3.18.2 仅上部配筋悬挑板

其实，在考虑风、竖向地震等活荷载工况组合时，悬挑板底板也是可能承受拉力的，比如在地面粗糙度为 B 类、标高 60m 以上位置，有一 100mm 厚的悬挑板，当地基本风压为 0.5kN/m^2，风压高度变化系数为 1.71，阵风系数为 1.54，风荷载体型系数为 -2，则悬挑板承受的向上风压为 $0.5 \times (-2) \times 1.71 \times 1.54 = -2.6\text{kN/m}^2$，已大于楼板自重 $0.1 \times 25 = 2.5\text{kN/m}^2$。

当悬挑板存在下部受拉的组合荷载工况时，悬挑板底部必须按受力和构造要求配筋。在《混凝土结构构造手册》（第五版）第 127 页中指出，对离地面 30m 以上且悬挑长度大于 1200mm 的悬臂板，以及位于抗震设防区悬挑长度大于 1500mm 的悬臂板，均需配置不少于 $\phi8@200\text{mm}$ 的底部钢筋。

另外，悬臂板下部配置构造钢筋时，该钢筋应伸入支座内的长度不小于 $12d$，且至少伸至支座的中心线，节点示意如图 3.18.3～图 3.18.5 所示。

还有一个问题大家容易忽略，就是当抗震设防烈度为 7 度（0.15g）以上，且悬臂板跨度大于 2m 时，板上、下纵向钢筋伸入支座内的锚固长度需满足抗震锚固要求。

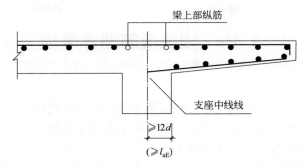

图 3.18.3 板面无高差

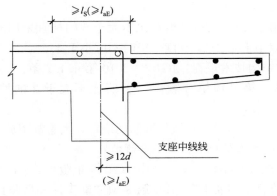

图 3.18.4 板面有高差

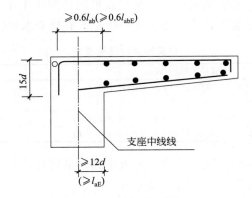

图 3.18.5 纯悬臂板

3.19 短柱箍筋注意事项

有不少设计人员反应，因为一个短柱箍筋问题，他们在设计项目质量大抽查中被查出到违反强条了，而这个短柱箍筋的规定，在各个规范里并不统一。

我们先看看抗规和高规对短柱箍筋的规定：

《建筑抗震设计规范》GB 50011—2010 第 6.3.7 条 "柱的钢筋配置，应符合下列各项要求"，其中第 2 项第 3 款："框支柱和剪跨比不大于 2 的框架柱，箍筋间距不应大于 100mm。

第 6.3.9 条其中第 2 项第 3 款："剪跨比不大于 2 的柱宜采用复合螺旋箍或井字复合箍，其体积配箍率不应小于 1.2%，9 度一级时不应小于 1.5%"。

《高层建筑混凝土结构技术规程》JGJ 3—2010 第 6.4.3 条："柱纵向钢筋和箍筋配置应符合下列要求"，其中第 2 项第 3 款："剪跨比不大于 2 的柱，箍筋间距不应大于 100mm"。

看到上面《抗规》和《高规》对短柱箍筋的规定，大家都很放心地将短柱箍筋间距控制在 100mm。但很多设计人员忘了再翻一本规范：

《混凝土结构设计规范》GB 50010—2010（2015 年版）第 11.4.12 条："框架柱和框支柱的钢筋配置，应符合下列要求"，其中第 3 项 "框支柱和剪跨比不大于 2 的框架柱应在柱全高范围内加密箍筋，且箍筋间距应符合本条第 2 款一级抗震等级的要求"。

对于剪跨比不小于 2 的框架短柱，不是只满足箍筋间距不小于 100mm 就行了，箍筋间距还要同时满足一级抗震框架柱的要求。一级框架有啥要求呢？请看表 3.19.1。

抗震框架柱箍筋要求　　　　　　　　　　　　　　　　　　　表 3.19.1

抗震等级	箍筋最大间距(mm)	箍筋最小直径(mm)
一级	纵向钢筋直径的 6 倍和 100 中的较小值	10
二级	纵向钢筋直径的 8 倍和 100 中的较小值	8
三级	纵向钢筋直径的 8 倍和 150(柱根 100)中的较小值	8
四级	纵向钢筋直径的 8 倍和 150(柱根 100)中的较小值	6(柱根 8)

也就是说，短柱箍筋间距同时要满足不大于纵向钢筋直径的 6 倍，当柱纵向钢筋直径不大于 18mm 时，短柱箍筋间距应小于 100mm。

3.20 腰筋注意事项

一设计院设计人员反映，某"优化"公司要求设计院将 250mm×550mm 的梁，全部改为 250mm×545mm，理由是，本项目板厚为 100mm，梁腹板高度为 550－100＝450mm，按规范要求，梁的腹板高度 h_w 不小于 450mm 时，在梁的两个侧面应沿高度配置纵向构造钢筋，故原图纸中 550mm 高度的梁设置了腰筋，而将梁截面改为 250mm×545mm 后，545－100＝445＜450mm，腰筋可以取消。

咱们先不谈"优化"公司这么钻规范空子抠钢筋是否妥当，只聊这么理解规范，将梁高改成碎数是否合适。先看看规范的要求：

《混凝土结构设计规范》GB 50010—2010（2015 年版）第 9.2.13 条：梁的腹板高度 h_w 不小于 450mm 时，在梁的两个侧面应沿高度配置纵向构造钢筋。每侧纵向构造钢筋（不包括梁上、下部受力钢筋及架立钢筋）的间距不宜大于 200mm，截面面积不应小于腹板截面面积（bh_w）的 0.1%，但当梁宽较大时可以适当放松。此处，腹板高度 h_w 按本规范第 6.3.1 条的规定取用。

《混凝土结构设计规范》GB 50010—2010（2015 年版）第 6.3.1 条：h_w——截面的腹板高度，矩形截面，取有效高度；T 形截面，取有效高度减去翼缘高度；I 形截面，取腹板净高。

规范规定得很清晰，无论是何种截面，梁的腹板高度 h_w 均按有效高度去相应核算，并不是按截面高度核算，如果还不理解规范具体要求的话，再看下《混凝土结构施工钢筋排布规则与构造详图（现浇混凝土框架、剪力墙、梁、板）》18G901-1 第 2.1 条的规定：当梁的腹板高度 $h_w \geqslant 450$mm 时，在梁的两个侧面应沿高度配置纵向构造钢筋，其间距 a 不宜大于 200mm（图 3.20.1 中 s 为梁底至梁下部纵向受拉钢筋合力点距离，当梁下部纵向钢筋为一层时，s 取至钢筋中心位置；当梁下部纵筋为两层时，s 可近似取值为 60mm）。当设计注明梁侧面纵向钢筋为抗扭钢筋时，侧面纵向钢筋应均匀布置。

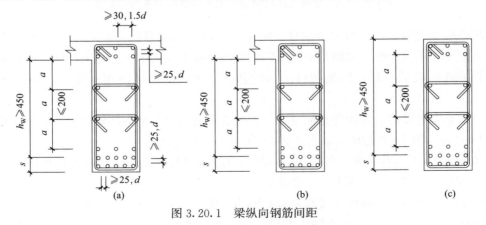

图 3.20.1 梁纵向钢筋间距

这么看来，"优化"公司要求设计院将梁高由 550mm 改为 545mm，是不合适的。

3.21 剪力墙水平筋是否必须伸至端柱对边?

某施工单位的人员反映一个问题,他们有一工程是框剪结构的,施工的时候是将剪力墙水平钢筋锚入端柱内 l_{aE},但监理坚持要求拆除整改,剪力墙水平钢筋应伸至端柱尽头并弯折。

监理的这个要求是否有依据呢?

剪力墙水平钢筋在边缘暗柱内如何构造?这在《混凝土结构施工图平面整体表示方法制图规则和构造详图(现浇混凝土框架、剪力墙、梁、板)》16G101-1(以下简称16G101-1)第71页的图示中已经表达得很明确,如图3.21.1所示,剪力墙水平钢筋应伸至剪力墙尽头并弯折。

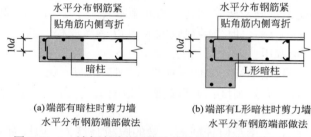

(a)端部有暗柱时剪力墙水平分布钢筋端部做法

(b)端部有L形暗柱时剪力墙水平分布钢筋端部做法

图 3.21.1 端部有暗柱时剪力墙水平分布钢筋端部做法

其做法基本等同于剪力墙端部无暗柱时的构造,如图3.21.2所示。

图 3.21.2 端柱无暗柱时剪力墙水平分布钢筋端部做法

理由也很简单,因为剪力墙暗柱、暗梁都是剪力墙墙身的加强边,是剪力墙的一部分,它们不是单独于剪力墙墙身而存在的构件,暗梁不是梁、暗柱也不是柱,因此剪力墙墙身钢筋进入暗梁和暗柱不是构件之间的锚固关系,剪力墙的水平筋也在暗柱纵筋的外侧。

但如果剪力墙的边缘构件是端柱,是否也要将剪力墙水平钢筋伸至剪力墙尽头并弯折呢?16G101-1第72页的图示如图3.21.3所示。

从图3.21.3中看墙水平钢筋在端柱内的构造貌似与边缘暗柱内的构造相同。但我们忽略了16G101-1中第72页的一个备注:

位于端柱纵向钢筋内侧的墙水平分布钢筋(端柱节点中图示黑色墙体水平分布钢筋)伸入端柱的长度$\geqslant l_{aE}$时,可直锚。其他情况,剪力墙水平分布钢筋应伸至端柱对边紧贴角筋弯折。

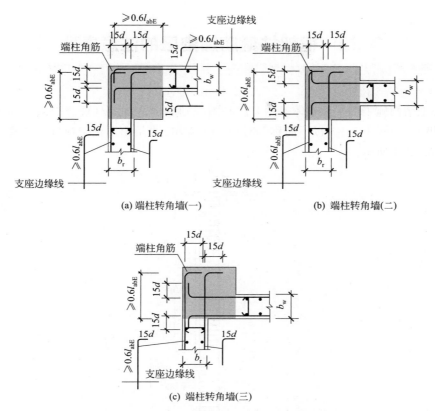

(a) 端柱转角墙(一)　　　　(b) 端柱转角墙(二)

(c) 端柱转角墙(三)

图 3.21.3　端柱转角墙水平分布钢筋端部做法

　　但现在又产生另外一个问题,上述可直锚的墙水平钢筋是否必须伸至剪力端柱尽头呢?其实在《混凝土结构施工钢筋排布规则与构造详图(现浇混凝土框架、剪力墙、梁、板)》18G901-1 中的表述非常清楚,"位于柱端纵向钢筋内侧的墙水平分布钢筋(图中红色墙体水平分布钢筋)伸入端部的长度≥l_{aE} 时,可直锚;弯锚时应伸至端柱对边后弯折 $15d$ 。"只有弯锚时应伸至端柱对边,当直锚长度满足≥l_{aE} 时,不用伸至端柱对边。

275

3.22 框架柱箍筋加密区的注意事项

《混凝土结构施工图平面整体表示方法制图规则和构造详图（现浇混凝土框架、剪力墙、梁、板）》16G101-1（以下简称 16G101-1）第 65 页给出了框架柱箍筋加密区范围示意，如图 3.22.1 所示。

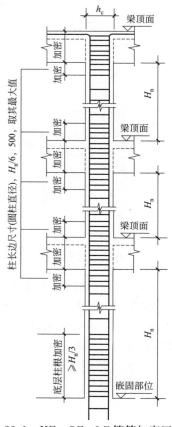

图 3.22.1　KZ、QZ、LZ 箍筋加密区范围
（QZ 嵌固部位为墙顶面，LZ 嵌固部位为梁顶面）

正常情况下，我们按图 3.22.1 所示位置设置框架柱箍筋加密区是没有问题的，但在《建筑抗震设计规范》GB 50011—2010 第 6.3.9 条还有一个规定，框架柱在刚性地面上下各 500mm 范围内，也要设置箍筋加密区，在有些情况下，仅按 16G101-1 图示设置柱箍筋加密区的范围是不足的。

假定基础顶面标高为 −1.0m，首层层高为 4m，梁高 0.8m，则底层柱净高 $H_n = 1 + 4 − 0.8 = 4.2$m，$H_n/3 = 4.2/3 = 1.4$m，则由 16G101-1 图示得出底层柱跟加密区范围为标高 −1.0~−0.4m，而刚性地面上 500mm 的标高为 0.5m，显然不满足要求。

所以，我们在设置框架柱箍筋加密区时应注意不要遗漏刚性地面上下各 500mm 范围。

3.23　为何顶层连梁在混凝土墙内要增设箍筋？

　　为何顶层连梁在混凝土墙内要增设箍筋，而中间楼层就不用呢？《建筑抗震设计规范》GB 50011—2010 第 6.4.7 条规定，顶层连梁的纵向钢筋伸入墙体的锚固长度范围内，应设置箍筋。

　　从《混凝土结构施工图平面整体表示方法制图规则和构造详图（现浇混凝土框架、剪力墙、梁、板）》16G101-1 中关于连梁的配筋构造图中（图 3.23.1 和图 3.23.2）也可以看出，连梁的纵向受力钢筋在墙内直线锚固，锚固长度为不小于 l_{aE} 且不小于 600mm，而且只有顶层连梁的纵向钢筋伸入墙肢长度范围内应设置箍筋，直径同跨中箍筋，箍筋间距不大于 150mm。LLK 与 KL 的区别也集中于此。

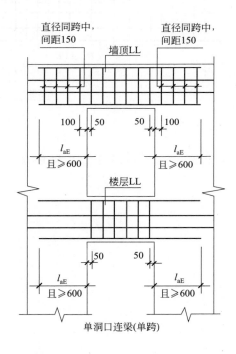

图 3.23.1　16G101-1 中关于 LL 配筋构造图

　　那么问题来了，为何只有顶层连梁的锚固钢筋，在混凝土墙内要设置箍筋呢？

　　主要是因为混凝土墙顶部对连梁纵筋的锚固效果差，尤其是对连梁最上皮钢筋，只有保护层厚度的混凝土包裹，锚固效果就更差，不利于连梁形成塑性铰和耗能，所以就在锚固区内增设箍筋，保证连梁纵向钢筋在剪力墙内的锚固效果。对于中间楼层，上下混凝土厚度大，还有较大压应力，能保证墙对连梁纵筋的锚固效果，就不需要增设箍筋。

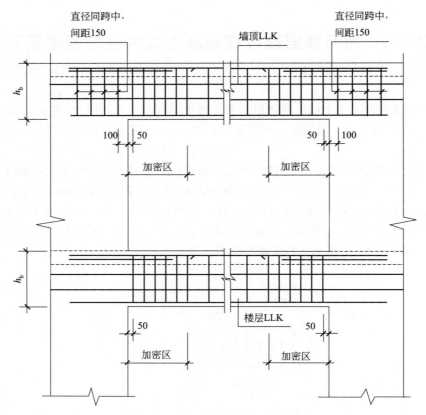

图 3.23.2　16G101-1 中关于 LLK 配筋构造图

3.24 板保护层厚度为什么比梁小？

《混凝土结构设计规范》GB 50010-2010（2015 年版）规定的混凝土保护层的最小厚度 c 见表 3.24.1。

混凝土保护层的最小厚度（mm） 表 3.24.1

环境类别	板、墙、壳	梁、柱、杆
一	15	20
二 a	20	25
二 b	25	35
三 a	30	40
三 b	40	50

从表中可以看出，板、墙、壳类构件的保护层厚度可以比梁柱类构件取得小，这是为什么呢？

混凝土保护层最小厚度是依据保证混凝土与钢筋的共同工作和耐久性的要求来确定的。处于一般室内环境中的构件，受力钢筋的混凝土保护层最小厚度主要按结构构造或耐火性的要求确定。处于露天或室内高湿度环境中的构件，结构的使用寿命基本上取决于保护层完全碳化所需的时间。总之受力钢筋的混凝土保护层的最小厚度应根据不同等级混凝土在设计基准期内碳化深度来确定。

对于梁、柱等构件，因棱角部分的混凝土双向碳化，且易产生沿钢筋的纵向裂缝，而板、壳是单向碳化，故保护层厚度要比梁、柱的小。

3.25 上柱配筋大时纵筋连接位置

一般情况下，框架柱纵筋的连接位置设置在上层柱的纵筋连接区，如图 3.25.1 所示。

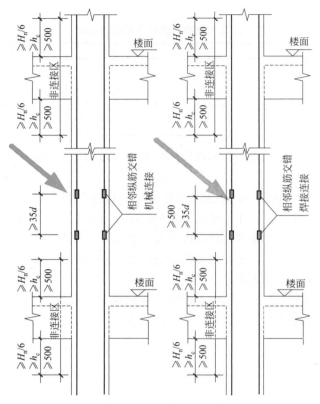

图 3.25.1 柱纵筋连接位置

图 3.25.2 柱纵筋采用直螺纹套筒连接

　　但框架结构柱有时也会遇到上柱钢筋直径比下柱钢筋直径大的情况。这时钢筋的连接位置应放在什么地方呢？很多人为了施工方便，也为了节省钢筋，习惯性地将钢筋连接位置设置在上柱连接区，采用变径套筒或焊接连接方式（图3.25.2）。

　　这样的连接位置是不对的，会造成上柱下端纵筋偏小，承载力不足。图集中有针对此种情况下的钢筋连接位置示意（图3.25.3），应将连接位置设置在下柱的连接区，这样才能保证上柱的承载力不低于设计要求。

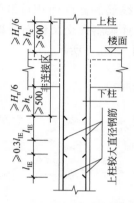

图 3.25.3　上柱配筋大时纵筋连接位置

3.26　连梁折线筋的作用

《混凝土结构设计规范》GB 50010—2010（2015 年版）（以下简称《混规》）中折线筋面积是按构造给出的，"单组折线筋的截面面积可取为单向对角斜筋截面面积的一半，且直径不宜小于 12mm。"《混规》连梁斜向交叉钢筋计算公式中对角斜筋的面积不包含折线筋。连梁中的斜筋和折线筋如图 3.26.1 所示。

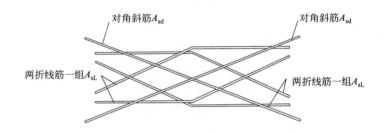

图 3.26.1　连梁中的斜筋和折线筋

《混规》第 11.7.10 条第 2 款关于斜向交叉钢筋计算如下：

2）斜截面受剪承载力应符合下列要求：

$$V_{wb} \leqslant \frac{1}{\gamma_{RE}}\left[0.4f_t bh_0 + (2.0\sin\alpha + 0.6\eta)f_{yd}A_{sd}\right] \tag{11.7.10-2}$$

$$\eta = (f_{sv}A_{sv}h_0)/(sf_{yd}A_{sd}) \tag{11.7.10-3}$$

式中：η——箍筋与对角斜筋的配筋强度比，当小于 0.6 时取 0.6，当大于 1.2 时取 1.2；

　　　α——对角斜筋与梁纵轴的夹角；

　　　f_{yd}——对角斜筋的抗拉强度设计值；

　　　A_{sd}——单向对角斜筋的截面面积；

　　　A_{sv}——同一截面内箍筋各肢的全部截面面积。

配置斜筋，可以增大剪压比限值，控制剪压比由 0.15 上升到 0.25，上调了 66.7%，通过改变小跨高比连梁的配筋方式，可在不降低或有限降低连梁相对作用剪力（即不折减或有限折减连梁刚度）的条件下提高连梁的延性，使该类连梁发生剪切破坏时，其延性能力能够达到地震作用时剪力墙对连梁的延性需求。

既然公式中没有折线筋计算，那折线筋的作用是什么呢？

不同于跨高比大于 5 的普通混凝土框架梁，连梁裂缝呈 "X" 形，故需设置四条起点位于梁端中部的弯起钢筋，即折线筋，垂直（或趋近垂直）于裂缝方向，在剪切破坏中保证连梁的延性需求。详见图 3.26.2。

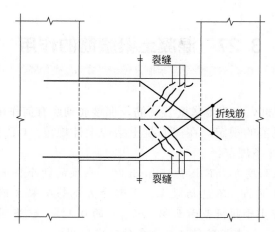

图 3.26.2 连梁中 "X" 形裂缝

3.27 混凝土梁腰筋的作用

在钢筋混凝土梁腹部，经常要求配置腰筋，那腰筋到底有何作用呢？

首先，我们看看规范的规定，在《混凝土结构设计规范》GB 50010—2010（以下简称《混规》）第 9.2.13 条规定：

9.2.13 梁的腹板高度 h_W 不小于 450mm 时，在梁的两个侧面应沿高度配置纵向构造钢筋。每侧纵向构造钢筋（不包括梁上、下部受力钢筋及架立钢筋）的间距不宜大于 200mm，截面面积不应小于腹板截面面积（bh_W）的 0.1%，但当梁宽较大时可以适当放松。此处，腹板高度 h_W 按本规范第 6.3.1 条的规定取用。

腰筋到底有什么作用呢？《混规》在第 9.2.13 条条文说明里，给出了解释：

现代混凝土构件的尺度越来越大，工程中大截面尺寸现浇混凝土梁日益增多。由于配筋较少，往往在梁腹板范围内的侧面产生垂直于梁轴线的收缩裂缝。为此，应在大尺寸梁的两侧沿梁长度方向布置纵向构造钢筋（腰筋），以控制裂缝。根据工程经验，对腰筋的最大间距和最小配筋率给出了相应的配筋构造要求。腰筋的最小配筋率按扣除了受压及受拉翼缘的梁腹板截面面积确定。

从上面条文说明里可以看出，腰筋最大的作用就是控制收缩裂缝，其实除了《混规》明确的控制收缩裂缝的作用以外，腰筋还有两个辅助作用：

1. 增加梁骨架的刚度

当混凝土梁截面较高时，作用在钢筋骨架上的施工荷载和钢筋自重等可能使钢筋骨架发生位移和变形，导致钢筋尺寸跑位，如果设置一定量的腰筋和拉筋，与钢筋骨架中的箍筋绑扎在一起形成一个整体钢筋笼，就能有效地约束钢筋骨架的变形，增大了钢筋骨架的刚度和稳定性。

2. 限制梁受拉区裂缝的伸展

当梁承受的荷载较大时，梁的受拉区混凝土会开裂（图 3.27.1），随着荷载的增加，这些裂缝会汇集成宽度较大的根状裂缝向梁的上部延伸，从而影响梁的受力性能。设置腰筋便可以约束这些根状裂缝的伸展，提高梁的承载力。

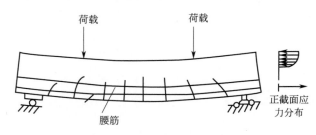

图 3.27.1 梁受力混凝土开裂

3.28　如何配置抗冲切箍筋？

《混凝土结构设计规范》GB 50010—2010（以下简称《混规》）第 9.1.11 条第 2 款规定，"按计算所需的箍筋及相应的架立钢筋应配置在与 45°冲切破坏锥面相交的范围内，且从集中荷载作用面或柱截面边缘向外的分布长度不应小于 $1.5h_0$。"这里面有个争议的问题，计算所需要的抗冲切箍筋是放置在 $1.5h_0$ 范围内，还是放置在 $1.0h_0$ 范围内并按相同直径间距延伸到 $1.5h_0$ 范围内？

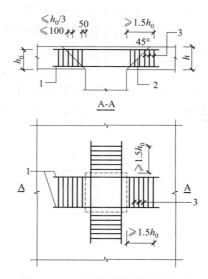

图 3.28.1　抗冲切箍筋布置示意
1—架立钢筋；2—冲切破坏锥面；3—箍筋

《混规》表达了两点：

1. 按计算所需的箍筋及相应的架立钢筋应配置在与 45°冲切破坏锥面相交的范围内；

2. 从集中荷载作用面或柱截面边缘向外的分布长度不应小于 $1.5h_0$。

第 1 点比较明确，就是计算所需的箍筋应配置在与 45°冲切破坏锥面相交的范围内，那如何达到第二点"分布长度不应小于 $1.5h_0$"呢？规范没说清楚，所以很多设计人员就迷糊了。

《混规》没表达清楚，但有一本规范表达清楚了，那就是《人民防空地下室设计规范》GB 50038—2005，在其附录 D.3.4 条指出，"在离柱（帽）边 $1.0h_0$ 范围内，箍筋……，并应按相同的箍筋直径与间距向外延伸不小于 $0.5h_0$ 的范围……"这里说得比较明确，按构造要求的最小配筋面积箍筋应配置在与 45°冲切破坏锥面相交范围内，然后再延长至 $1.5h_0$ 范围内。

3.29　梁、柱纵筋与箍筋是否可以焊接？

随着装配式混凝土结构的推行，有部分公司拟实现钢筋笼成型工业化，采用的工艺是通过点焊方式将箍筋固定到纵向钢筋上，这样是否可以呢？

《高层建筑混凝土结构技术规程》JGJ 3—2010（以下简称《高规》）第 6.3.6 条规定，"框架梁的纵向钢筋不应与箍筋、拉筋及预埋件等焊接。"第 6.4.5 条规定，"柱的纵筋不应与箍筋、拉筋及预埋件等焊接。"

从《高规》条文规定可以看出，纵向钢筋是不允许与箍筋焊接的。这是什么原因呢？一方面纵筋与箍筋、拉筋等做十字交叉形的焊接时，容易使纵筋变脆，对于抗震不利。另一方面，不规范的交叉点焊接容易损伤纵筋，尤其现场手工焊更容易损伤钢筋，会降低钢筋承载力。

如果是经过专门研究的工厂焊接工艺，对钢筋的损伤可以降低到最低，但也难以改变使纵筋变脆的可能，所以在非必要的情况下，不应采用梁、柱纵筋与箍筋焊接的工艺。

3.30 墙体拉结筋是否可植筋？

《建筑抗震设计规范》GB 50011—2010 第 13.3.4 条规定，"填充墙应沿框架柱全高每隔 500mm~600mm 设 2φ6 拉筋，拉筋伸入墙内的长度，6、7 度时宜沿墙全长贯通，8、9 度时应全长贯通。"可见填充墙的拉筋是必须设置的，但因施工麻烦且难以定位准确，现场大都不愿意采用预埋的方式将拉筋锚入混凝土梁或柱内，更愿意在填充墙砌筑前用植筋法进行拉结筋的后植入施工。

植筋法进行拉结筋的后植入施工是否可以呢?《砌体结构工程施工质量验收规范》GB 50203—2011 第 9.2.3 条规定，"填充墙与承重墙、柱、梁的连接钢筋，当采用化学植筋的连接方式时，应进行实体检测。"可见，规范也是允许采用植筋施工的，但很多工地的植筋施工并不按规范来严格操作，常常因锚固胶或灌浆料质量问题，钻孔、清孔、注胶或灌浆操作不规范，使钢筋锚固不牢，起不到应有的拉结作用。所以要严格要求植筋的锚固力检测的抽检数量及施工验收要有相关规定，对填充墙的后植拉结钢筋进行现场非破坏性检验，检验荷载值系根据现行行业标准《混凝土结构后锚固技术规程》JGJ 145—2013 确定，并按下式计算：

$$N_t = 0.90 A_s f_{yk} \tag{3.30.1}$$

式中　N_t——后植筋锚固承载力荷载检验值；

A_s——锚筋截面面积（以钢筋直径 6mm 计）；

f_{yk}——锚筋屈服强度标准值。

3.31 受拉植筋构造深度为何比受压小?

《混凝土结构加固设计规范》GB 50367—2013 第 15.3.1 条规定,植筋深度按构造要求时,钢筋受拉锚固深度比受压的还低,是什么原因呢? 受拉钢筋最小构造锚固长度为 max $\{0.3ls;10d;100mm\}$,受压最小构造锚固长度为 max $\{0.6ls;10d;100mm\}$。

对于钢筋混凝土现浇构件,钢筋与混凝土之间力的传递是通过钢筋与混凝土接触面的黏附力、摩擦力和机械咬合力等方式,如图 3.31.1 所示。

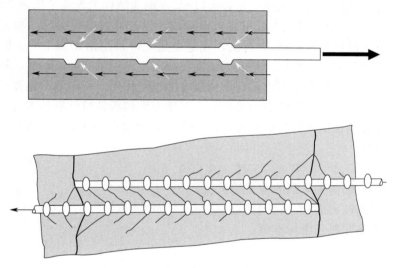

图 3.31.1 钢筋在混凝土中力的传递

而对于植筋构件,钢筋与混凝土之间力的传递通过植筋用胶粘剂的粘结抗剪强度实现。

植筋用胶粘剂弹性模量较小,在受压情况下变形较大,锚筋端部顶在混凝土基材上,作为受压的主要传力方式。锚筋和混凝土基材的弹性模量都较大,所以变形就比较小。这么小的变形,对于弹性模量大的胶粘剂来说,还没能发挥出其抗剪作用。有点类似于端承桩和摩擦桩的区别。要是桩端是基岩,几乎没什么变形,则桩侧阻力的作用很难发挥出来。

另外,试验研究表明:受压钢筋只有在达到一定长度后才能持力,其原因在于靠近混凝土表面的浅层区为受压劈裂区。钢筋对混凝土产生类似尖锥的劈力作用,致使该区混凝土对植筋受压区承载力没有贡献,亦即:其有效埋入长度小于锚固长度;而受拉钢筋则没有这个问题。

所以要加大受压植筋的构造锚固长度,保证胶粘剂能发挥出其抗剪作用。

3.32　跃层和单边无梁框架柱箍筋加密区设置要求

对于普通框架柱，在设计没有特殊注明时，柱箍筋加密区会按照《混凝土结构施工图平面整体表示方法制图规则和构造详图（现浇混凝土框架、剪力墙、梁、板）》16G101—1（以下简称《平法图集》）要求按照图3.32.1所示设置箍筋加密区。

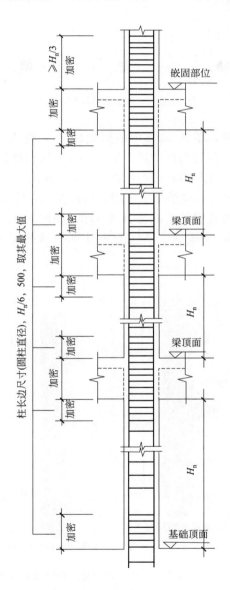

图3.32.1　柱箍筋加密区范围

对于普通柱，按照《平法图集》图示设置加密区范围没有争议，一般是根据层高计算出柱净高，然后按图 3.32.1 计算出箍筋加密区长度。但如果遇到图 3.32.2 所示 Z3 这样的跃层柱，要特别注意，不能按层高去计算加密区长度，而应按照跃层柱跨越各层的总高去计算。

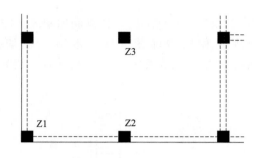

图 3.32.2　某结构平面布置图

还有另外一个特殊情况，图 3.32.2 中的框架柱 Z2，在 X 方向各层均有框架梁，但在 Y 方向跟跃层柱类似某一层没有框架梁，其箍筋加密区长度怎么计算呢？

《建筑抗震设计规范》GB 50011—2010 第 6.3.9 条规定，柱的箍筋加密范围均按照柱净高计算，所以 Z2 在 X 方向其箍筋加密区跟普通柱类似，按层高计算 H_n，但在 Y 方向应跟跃层柱类似，按照跨越各层的总高去计算 H_n，如图 3.32.3 所示。但箍筋不可能两个方向分别设置，所以此时应按 X、Y 向分别计算的箍筋加密区范围包络设置，如图 3.32.4 所示。

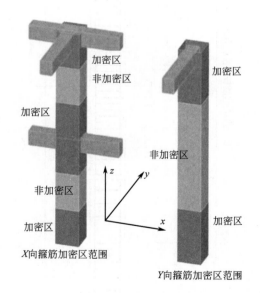

图 3.32.3　按 X、Y 向分别计算的箍筋加密区范围

遇到上述特殊柱，在设计图纸里应注明柱箍筋加密区的设置原则，不然施工时容易出错。

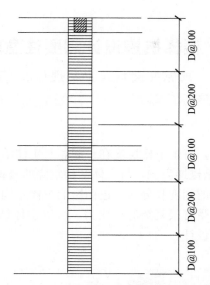

图 3.32.4 按包络设置箍筋加密区范围

3.33 楼梯抗震设计需要注意的细节

张利军　北京交大建筑勘察设计院有限公司

楼梯斜板就像斜撑一样，将上下楼层连在一起，对主体结构刚度产生影响。

以图 3.33.1 所示的双跑楼梯为例，与主体结构整浇的楼梯斜板和平台相当于 K 形支撑，一方面改变了主体结构的刚度和分布，进而影响主体结构的动力特性；另一方面，在地震作用下，楼梯自身也承受着很复杂的作用力，所以主体结构计算要计入楼梯的影响，同时应对楼梯自身进行抗震设计。

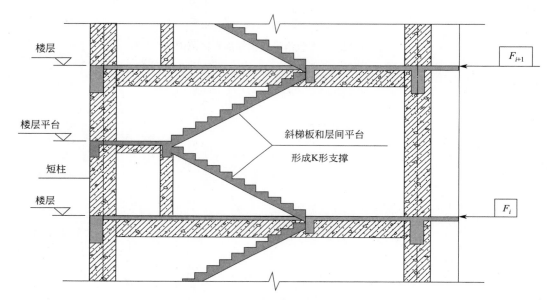

图 3.33.1　整浇楼梯相当于 K 形支撑

1. 楼梯抗震设计的规范要求

在 2008 年汶川地震之前，楼梯设计满足竖向承载力要求即可。汶川地震之后，在《建筑抗震设计规范》GB 50011—2010 中才第一次提出对楼梯间抗震设计的要求，内容如下：

6.1.15　楼梯间应符合下列要求：

1 宜采用现浇钢筋混凝土楼梯。

2 对于框架结构，楼梯间的布置不应导致结构平面特别不规则；楼梯构件与主体结构整浇时，应计入楼梯构件对地震作用及其效应的影响，应进行楼梯构件的抗震承载力验算；宜采取构造措施，减少楼梯构件对主体结构刚度的影响。

3 楼梯间两侧填充墙与柱之间应加强拉结。

也就是说：

（1）钢筋混凝土框架、剪力墙、框剪结构的楼梯优选现浇。换句话说，预制装配式楼梯不是抗震设防区的首选。

（2）对于框架结构，当楼梯与主体结构整浇时：

① 楼梯间的平面位置要考虑结构刚度与质量的均匀对称，减小扭转效应。

但是，楼梯的功能是交通疏散，其平面位置是由建筑专业确定的，很难与结构刚度的布置协调考虑。在主体结构计算中，若计入楼梯刚度，往往会导致位移比和周期比加大，进而出现特别不规则的情况。

② 楼梯自身构件的抗震承载力验算和构造都较复杂。按图集《建筑物抗震构造详图（多层和高层钢筋混凝土房屋）》20G329-1 的要求，要对楼梯自身进行大震验算，楼梯小柱应满足大震不倒；楼梯自身构件的抗震等级同主体框架，平台应与主体结构设缝脱开。

2. 框架结构的楼梯设计

由上可见，如果框架的楼梯与主体结构整浇，则会给主体结构带来不利影响，甚至是难以克服的影响。所以，每个梯板的下端与平台之间应优先采用滑动支座，以消除楼梯对主体结构的影响，从而楼梯无需参与整体结构计算，楼梯构件也不必进行抗震验算。但采用滑动支座后，楼梯构造仍要符合以下要求：

（1）楼梯斜板配筋是将分布筋置于外侧，受力筋置于内侧。上下分布筋扣合形成箍筋，配筋方式类似于梁。这与将纵向受力筋置于外侧的传统做法是不同的。所以，在配筋计算时，梯板截面有效高度的取值需要注意。

（2）上筋通长，且直径不小于 $\phi8$，配筋率不小于 0.15%。

（3）楼梯斜板两个侧面各配 $2\phi16$ 的纵筋，同时应不小于梯板纵筋，以提高梯板的抗弯扭能力。

配筋构造见图 3.33.2。

（4）与层间平台刚接的框架柱，当平台梁较强时，有可能形成短柱，所以该框架柱箍筋要全高加密。

（5）对于多跑楼梯，下端为滑动支座、上端与层间平台相连的梯板，侧向稳定完全靠楼梯小柱嵌固，如图 3.33.3 所示。所以楼梯小柱应通高，两端应可靠锚入上下楼层梁内，在图中应注明。

3. 并不是所有结构的楼梯均要按抗震设计

在日常设计中，甚至在一些外审意见中，部分主体结构形式，对楼梯提出一些抗震方面的要求，如采用滑动支座，上筋通长等。其实，并不是所有结构形式的楼梯均要按抗震设计。

从第 6.1.15 条内容可见，《建筑抗震设计规范》GB 50011—2010 只对框架结构的楼梯设计提出要求，未提及剪力墙、框剪和砌体结构。这是因为剪力墙、砌体结构自身刚度大，楼梯的斜撑作用相对较小。在图集《混凝土结构施工图平面整体表示方法制图规则和构造详图（现浇混凝土板式楼梯）》16G101—2 中，剪力墙、砖混结构的楼梯设计与传统做法一样，可不参与整体结构计算，不需要采取抗震措施。框剪结构中由剪力墙围合的楼梯也是一样的。

但框剪结构中位于框架部分的楼梯，或靠近单片剪力墙的楼梯，仍需要按抗震设计。另外，尽量避免在单片剪力墙侧面布置楼梯。如果楼梯不得已靠近单片剪力墙，则剪力墙的另一侧必须与楼板可靠连接，减少楼板开洞。

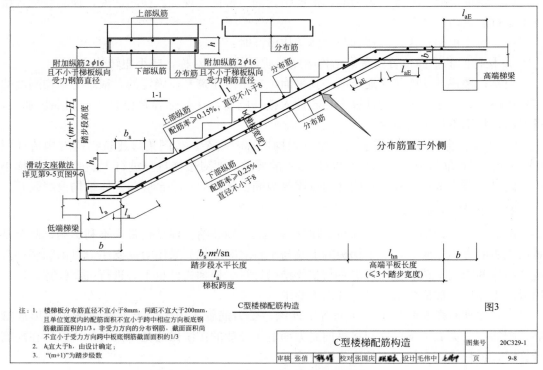

图 3.33.2　C 型楼梯板配筋构造

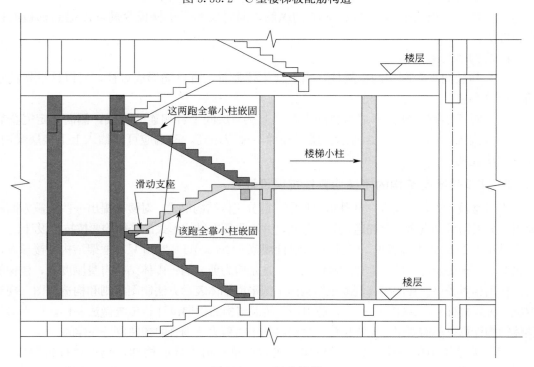

图 3.33.3　四跑楼梯

4. 滑动支座的改进建议

目前图集《混凝土结构施工图平面整体表示方法制图规则和构造详图（现浇混凝土框架、剪力墙、梁、板）》16G101-1 和《建筑物抗震构造详图（多层和高层钢筋混凝土房屋）》20G329-1 中，滑动支座的滑动面是与平台板的结构面齐平的，造成建筑面层会阻挡梯板的滑动。为此，图集在梯板下端第一个台阶的侧面预留 50mm 宽变形缝，用聚苯板填充，见图 3.33.4。

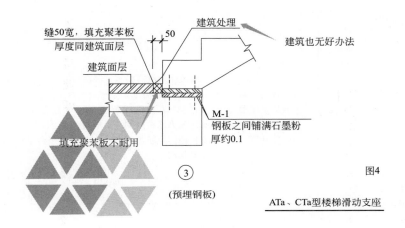

图 3.33.4　ATa、CTa 型楼梯滑动支座

该做法很容易破损，建议改为滑动面与建筑面层的完成面平齐，取消变形缝，见图 3.33.5。

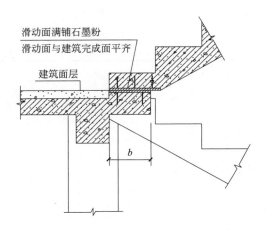

图 3.33.5　滑动面与建筑面平齐的滑动支座

5. 楼梯抗震措施的选用和要求

可归纳为表 3.33.1。

楼梯抗震措施的选用和要求 表 3.33.1

按结构形式将楼梯分类			抗震计算	抗震措施
1	剪力墙结构的楼梯		全部整浇 不参与整体计算	不需要采取抗震措施。 仅承受竖向荷载。 楼梯斜板按板式配筋:即纵向受力筋在外侧,分布筋在内侧。上筋可不通长,总之,楼梯按传统做法即可
	框剪结构中由剪力墙(或支撑)围合的楼梯(即筒体内部楼梯)			
	砌体结构的楼梯			
2	框架结构的楼梯;或框剪结构中位于框架部分的楼梯	方法 a	每梯板的下端与平台均采用滑动支座不参与整体计算	需要采取抗震措施。楼梯斜板受力复杂,除承受竖向荷载外,需从构造方面加强梯板抗弯扭能力。 楼梯斜板按梁式配筋:即分布筋在外侧(扣合形成箍筋),纵向受力筋在内侧。上筋设通长筋,配筋率≥0.15%,楼梯斜板两侧纵筋各不小于2ϕ16。与平台梁刚接的框架柱箍筋,全高加密
		方法 b	全部整浇参与整体计算(该法除非必要,尽量不采用)	需要采取抗震措施。层间平台与主体结构柱之间设缝。楼梯自身应进行大震验算,楼梯小柱应满足大震不倒,楼梯构件抗震等级同主体框架。楼梯斜板按梁式配筋:即分布筋在外侧(扣合形成箍筋),纵向受力筋在内侧。上筋设通长筋,配筋率≥0.15%上下筋之间设拉筋ϕ6@600,楼梯斜板两侧纵筋各不小于2ϕ16

第四章 结构加固设计及施工问题解析

4.1 锚栓及植筋有关问题

卡本科技集团股份有限公司

1. 锚栓锚固基材的种类

锚栓锚固基材有三种：钢筋混凝土、预应力混凝土或素混凝土构件（包括低配筋率构件）。见《混凝土结构后锚固技术规程》JGJ 145—2013（以下简称《后锚固规程》）第 3.1.1 条。

2. 锚栓的种类

锚栓分为机械锚栓和化学锚栓。

机械锚栓定义及分类（见《后锚固规程》第 3.2.1 条、附录 A 第 A.1.1 条）：

（1）定义：机械锚栓是指利用锚栓与锚孔之间的摩擦作用或锁键作用形成锚固的锚栓。

（2）按其适用范围可分为两种：

① 适合于不开裂混凝土的机械锚栓；

② 同时适合于开裂混凝土和不开裂混凝土的机械锚栓。

（3）按其工作原理可分为两种：

① 膨胀型锚栓；

② 扩底型锚栓。

化学锚栓定义及分类（见《后锚固规程》第 3.3.2 条、附录 A 第 A.1.4 条）：

（1）定义：化学锚栓是指由金属螺杆和锚固胶组成，通过锚固胶形成锚固作用的锚栓。

（2）按其适用范围可分为两种：

① 适合于不开裂混凝土的化学锚栓；

② 同时适合于开裂混凝土和不开裂混凝土的化学锚栓。

（3）按其受力机理可分为两种：

① 普通化学锚栓；

② 特殊倒锥形化学锚栓。

注：a. 特殊倒锥形化学锚栓，在安装时通过锚固胶与倒锥形螺杆之间滑移可形成类似于机械锚栓的膨胀力；b. "特殊倒锥形化学锚栓"在《混凝土结构加固设计规范》GB

50367—2013（以下简称《加固规范》）第 16.1.3 条中称作"特殊倒锥形胶粘型锚栓"，为了表达方便，本节统一称作"特殊倒锥形化学锚栓"。

3. 锚栓的适用范围有哪些？

锚栓适用范围

（1）适合于结构构件连接的锚栓类型：机械锚栓中的扩底锚栓、化学锚栓中的特殊倒锥形化学锚栓。

（2）适合于非结构构件连接的锚栓类型：满足加固规范及后锚固规程规定的锚栓均适用。

注：非结构构件指建筑中除承重骨架体系以外的固定构件和部件，主要包括非承重墙体（墙板），附着于楼面和屋面结构的构件、装饰构件和部件、固定于楼面的大型储物架、幕墙、广告牌等。见《建筑抗震设计规范》GB 50011—2010 第 13.1.1 条及条文说明。

4. 锚栓性能要求的相关规定？

（1）机械锚栓性能要求见《后锚固规程》第 3.2 节、《混凝土用机械锚栓》JG/T 160—2017；

（2）化学锚栓性能要求见《后锚固规程》第 3.3 节，对于开裂混凝土、不开裂混凝土有不同的性能要求。

5. 开裂混凝土和非开裂混凝土的假定分析？

1）《加固规范》第 16.1.7 条规定："承重结构锚栓连接的设计计算，应采用开裂混凝土的假定。"

2）《后锚固规程》规定

（1）抗震构件第 8.1.11 条规定"后锚固连接抗震验算时，混凝土的基材应按开裂混凝土计算。"

（2）非抗震构件

① 按《后锚固规程》第 4.3.7 条，对于素混凝土构件及低配筋率构件，当按《后锚固规程》第 5.1.3 条的规定判定为不开裂混凝土时，可按锚栓进行设计，否则就不能采用锚栓；

② 其他满足最小配筋率的钢筋混凝土、预应力混凝土，当按《后锚固规程》第 5.1.3 条的规定判定为不开裂混凝土时，可按不开裂混凝土计算，否则按开裂混凝土计算。

国标图集《混凝土后锚固连接》14G308 第 10 页第 3.12 条规定："后锚固连接设计时，锚栓锚固区的混凝土基材一般均按具有裂缝情况（即开裂混凝土）考虑。仅当满足《后锚固规程》JGJ 145—2013 第 5.1.3 条的要求时方可按不开裂混凝土基材考虑，但抗震设计的后锚固连接应按开裂混凝土考虑。"

6. 锚栓锚固深度、直径、间距的最小值？

1）机械锚栓

（1）最小锚固深度 h_{ef}

① 非抗震连接

《后锚固规程》第 7.1.4 条规定：承重结构锚栓不应小于 60mm。

《加固规范》第 16.4.2 条规定：按构造要求确定的锚固深度不应小于 60mm，且不应小于混凝土保护层厚度。

② 抗震连接

膨胀型锚栓：6、7、8 度时，最小深度分别为 5d、6d、7d。见《后锚固规程》第 8.3.1 条。

扩底型锚栓：《后锚固规程》第 8.3.1 条规定"6、7、8 度时，最小深度分别为 4d、5d、6d"；

《加固规范》第 16.4.3 条规定：扩底锚栓直径 12mm 时为 80mm（6.7d），锚栓直径 16mm 时为 100mm（6.3d），锚栓直径 20mm 时为 150mm（7.5d），锚栓直径 24mm 时为 180mm（7.5d）。

（2）最小直径 d：承重结构锚栓公称直径不应小于 12mm。见《后锚固规程》第 7.1.4 条、《加固规范》第 16.4.2 条。

（3）最小间距 s、边距 c

①《后锚固规程》第 7.1.2 条规定：群锚锚栓最小间距 s 和最小边距 c，应根据锚栓产品的认证报告确定；当无认证报告时，按以下规定执行（d_{nom} 为锚栓外径）：

膨胀型锚栓（位移控制式）：最小间距 s 为 6d_{nom}，最小边距 c 为 10d_{nom}；

膨胀型锚栓（扭矩控制式）：最小间距 s 为 6d_{nom}，最小边距 c 为 8d_{nom}；

扩底型锚栓：最小间距 s 为 6d_{nom}，最小边距 c 为 6d_{nom}；

②《后锚固规程》第 6.1.10 条规定：

6.1.10 锚栓安装过程中不产生劈裂破坏的最小边距 c_{min}、最小间距 s_{min} 及基材最小厚度 h_{min}，应根据锚栓产品的认证报告确定；无认证报告时，在符合相应产品标准及本规程有关规定情况下，可按下列规定取用：

1 h_{min} 取为 2h_{ef}，且 h_{min} 不小于 100mm；

2 当为膨胀型锚栓时，c_{min} 取为 2h_{ef}，s_{min} 取为 h_{ef}；

3 当为扩底型锚栓时，c_{min} 取为 h_{ef}，s_{min} 取为 h_{ef}。

③《加固规范》第 16.4.4 条规定（扩底锚栓、特殊倒锥形化学锚栓）：最小间距 s 为 h_{ef}，最小边距 c 为 0.8h_{ef}。

（4）基材厚度 h：

①《后锚固规程》第 7.1.1 条第 1 款规定：不应小于 2h_{ef}，且应＞100mm。

②《后锚固规程》第 6.1.10 条规定：锚栓安装过程中不产生劈裂破坏的基材最小厚度，应根据锚栓产品的认证报告确定；当无认证报告时，按以下规定执行：基材最小厚度为 2h_{ef}，且应≥100mm。

③《加固规范》第 16.4.1 条规定（扩底锚栓、特殊倒锥形化学锚栓）：基材厚度不应小于 1.5h_{ef}，且应≥100mm。

2）化学锚栓

（1）最小锚固深度 h_{ef}

① 非抗震连接：

《后锚固规程》第 7.1.7 条规定：锚栓直径≤10mm 时为 60mm；锚栓直径等于 12mm 时为 70mm（约 5.8d）；锚栓直径等于 16mm 时为 80mm（5d）；锚栓直径等于 20mm 时为 90mm（4.5d）；锚栓直径≥24mm 时为 4d。

《加固规范》第 16.4.2 条规定：按构造要求确定的锚固深度不应小于 60mm，且不应小于混凝土保护层厚度。

② 抗震连接：

普通化学锚栓：6~8 度时，最小深度为 $7d$。见《后锚固规程》第 8.3.1 条。

特殊倒锥型化学锚栓：

《后锚固规程》第 8.3.1 条规定：6~8 度时，最小深度为 $6d$。

《加固规范》第 16.4.3 条规定：锚栓直径 12mm 时为 100mm（$8.3d$），锚栓直径 16mm 时为 125mm（$7.8d$），锚栓直径 20mm 时为 170mm（$8.5d$），锚栓直径 24mm 时为 200mm（$8.3d$）。

（2）最小直径 d：承重结构锚栓公称直径不应小于 12mm。见《后锚固规程》第 7.1.4 条、《加固规范》第 16.4.2 条。

（3）最小间距 s、边距 c

①《后锚固规程》第 7.1.2 条规定：群锚锚栓最小间距 s 和最小边距 c，应根据锚栓产品的认证报告确定；当无认证报告时，按以下规定执行（d_{nom} 为锚栓外径）：

最小间距 s 为 $6d_{nom}$，最小边距 c 为 $6d_{nom}$。

②《后锚固规程》第 6.2.13 条规定：锚栓安装过程中不产生劈裂破坏的最小边距、最小间距，应根据锚栓产品的认证报告确定；当无认证报告时，按以下规定执行：

最小间距 s 为 h_{ef}，最小边距 c 为 h_{ef}。

③《加固规范》第 16.4.4 条规定（扩底锚栓、特殊倒锥形化学锚栓）：最小间距 s 为 h_{ef}，最小边距 c 为 $0.8h_{ef}$。

（4）基材厚度 h

①《后锚固规程》第 7.1.1.2 规定：不应小于 $h_{ef}+2d_0$，且应大于 100mm，d_0 为钻孔直径。

②《后锚固规程》第 6.2.13 条规定：锚栓安装过程中不产生劈裂破坏的基材最小厚度，应根据锚栓产品的认证报告确定；当无认证报告时，按以下规定执行：基材最小厚度为 $2h_{ef}$，且应≥100mm。

③《加固规范》第 16.4.1 条规定（扩底锚栓、特殊倒锥形化学锚栓）：基材厚度不应小于 $1.5h_{ef}$，且应≥100mm。

7. 锚板厚度及边距最小取值

锚板厚度不宜小于锚栓直径的 0.6 倍，受拉、受弯锚板厚度尚宜大于锚栓间距的 1/8；外围锚栓孔至锚板边缘的距离不应小于 2 倍锚栓孔直径和 20mm。见《后锚固规程》第 5.1.4 条。

8. 锚栓承载力计算

（1）《后锚固规程》

① 受拉承载力：单个锚栓、群锚的受拉承载力应通过计算确定，机械锚栓、化学锚栓均应进行锚栓钢材受拉破坏、混凝土锥体破坏及混凝土劈裂破坏承载力计算，普通化学锚栓还应进行混合破坏承载力计算。机械锚栓、化学锚栓分别见《后锚固规程》第 6.1.1 条、第 6.2.1 条。

② 受剪承载力：单个锚栓、群锚的受剪承载力应通过计算确定，机械锚栓、化学锚

栓均应进行锚栓钢材受剪破坏、混凝土边缘破坏及混凝土剪撬破坏承载力计算。机械锚栓、化学锚栓分别见《后锚固规程》第 6.1.13 条、第 6.2.16 条。

（2）《加固规范》

加固规范是对承重结构锚栓（扩底锚栓和特殊倒锥形化学锚栓）的规定，受拉承载力计算只有钢材受拉破坏、混凝土锥体破坏两种，受剪承载力计算只有钢材受剪破坏、混凝土边缘破坏两种，比《后锚固规程》少了混凝土劈裂破坏、混合破坏和混凝土剪撬破坏承载力计算。《加固规范》第 16.3.1 条规定："对混凝土剪撬破坏、混凝土劈裂破坏，以及特殊倒锥形胶粘锚栓（即《后锚固规程》中的特殊倒锥形化学锚栓）的组合破坏，应通过采取构造措施予以防止，不参与计算。"由于《后锚固规程》中混合破坏仅针对普通化学锚栓，而《加固规范》中不包括普通化学锚栓，因此《加固规范》没有混合破坏的计算。因此，《加固规范》有关构造（如边距、间距、有效深度等）规定一般比后锚固规程规定严些。

9. 国标图集 13G311-1、14G308 与《混凝土结构加固设计规范》GB 50367—2013 中锚栓承载力计算对比

不能直接采用国标图集《混凝土结构加固构造》13G311-1 第 198～200 页、《混凝土后锚固连接》14G308 第 47～58 页中锚栓受拉、受剪承载力，因为标准图中锚栓承载力与按照现行规范（规程）计算的结果不一致。

例如，规格为 M16×125 的特殊倒锥形化学锚栓，螺杆材质为 8.8 级，有效截面面积为 144mm²，7 度区，基材为 C25 混凝土，不受边距影响。

受拉承载力设计值：

锚栓钢材受拉承载力设计值按《加固规范》式（16.2-2）得：$N_t^a = 0.85 \times 490 \times 144 = 59976N = 60kN$；

基材混凝土的受拉承载力设计值按《加固规范》式（16.3.2-2）、式（16.3.3-1）得：$N_t^c = 2.4 \times 0.9 \times 0.95 \times 25^{0.5} \times 125^{1.5} = 14339N = 14.3kN$。

同理可求得 M12×80、M20×170、M24×220 特殊倒锥形化学锚栓钢材受拉及基材混凝土受拉承载力设计值，见表 4.1.1 和表 4.1.2。

锚栓钢材受拉承载力设计值（kN）　　　　　　　　　　　　　表 4.1.1

M12×80	M16×125	M20×170	M24×220
32	60	94	135

基材混凝土受拉承载力设计值（kN）　　　　　　　　　　　　表 4.1.2

M12×80	M16×125	M20×170	M24×220
7	14.3	23	33

锚栓受拉承载力设计值取两者较小值，均比国标图集 14G308 第 51 页和 13G311-1 第 199 页表中开裂混凝土拉力设计值小。

受剪承载力设计值：

锚栓钢材受剪承载力设计值（无杠杆臂受剪）：按《加固规范》式（16.2.4-1）得：$V^a = 0.80 \times 290 \times 144 = 33408N = 33.4kN$；

基材混凝土的受剪承载力设计值：当该锚栓位于梁侧面，距离梁底 100mm，梁宽 250mm，承受从上往下的剪力作用，发生边缘破坏时基材受剪承载力设计值按加固规范式（16.3.6）、式（16.3.7-1）得：$V_c = 0.18 \times (1 \times 1 \times 1 \times 1 \times 1) \times 25^{0.5} \times 100^{1.5} \times 16^{0.3} \times 125^{0.2} = 0.18 \times 1 \times 5 \times 1000 \times 2.3 \times 2.63 = 5443N = 5.4kN$。同理可求出锚栓距离梁底 150mm、200mm、250mm、300mm 时 V_c 分别等于 10kN、15kN、21kN、28kN。

同理可求得 M12×80、M20×170、M24×220 特殊倒锥形化学锚栓钢材受剪及基材混凝土受剪承载力设计值，见表 4.1.3 和表 4.1.4。

锚栓钢材受剪承载力设计值（kN）　　　　　　表 4.1.3

M12×80	M16×125	M20×170	M24×220
18	33	52	75

锚栓距离梁底不同高度时基材混凝土受剪承载力设计值（kN）　　　　　　表 4.1.4

锚栓距离梁底距离(mm)	M12×80	M16×125	M20×170	M24×220
100	4.5	5.4	6.3	6.8
150	8.3	10	12	13
200	13	15	18	19
250	18	21	25	27
300	23	28	33	35

锚栓受剪承载力设计值取两者较小值，均比国标图集 14G308 第 51 页和 13G311-1 第 199 页表中开裂混凝土剪力设计值小。

通过以上计算可知，不能直接采用国标图集 13G311-1 第 198～200 页、14G308 第 47～58 页中锚栓受拉、受剪承载力设计值，应计算确定锚栓承载力设计值。

10. 群锚总承载力与单个锚栓承载力之和对比

（1）当群锚中所有锚栓承载力均由钢材承载力控制时，群锚总承载力等于单个锚栓承载力之和（对于锚栓受剪，同时要求锚板孔径满足《加固规范》附录 F 表 F.2.1 规定值）。

（2）当群锚中锚栓承载力由基材混凝土承载力控制时：

① 群锚受拉承载力：从《加固规范》第 16.3.4 条、第 16.3.5 条可以看出，当锚栓间距 s 不小于 $3h_{ef}$ 时，群锚中各个锚栓单独呈锥形受拉破坏，总受拉承载力等于单个锚栓受拉承载力之和；当锚栓间距 s 小于 $3h_{ef}$ 时，群锚呈整体锥形受拉破坏，总受拉承载力小于单个锚栓受拉承载力之和。

② 群锚受剪承载力（假设剪力从上往下作用）：从《加固规范》第 16.3.8 条～第 16.3.10 条可以看出，当锚栓水平间距 s_2 不小于 $3c_1$（c_1 为平行于剪力方向的边距）时，最下排各个锚栓的下方混凝土单独呈楔形受剪破坏，群锚总受剪承载力等于最下排单个锚栓受剪承载力之和；当锚栓间距 s_2 小于 $3c_1$ 时，最下排所有锚栓下方混凝土呈整体楔形受剪破坏，群锚总受剪承载力小于最下排单个锚栓受剪承载力之和。

11. 特殊倒锥形化学锚栓与普通化学锚栓受拉承载力对比

《后锚固规程》第 6.2.2 条、第 6.2.4 条规定，普通化学锚栓需进行混合破坏（即普通化学螺栓受拉时形成以基材表面混凝土锥体及深部粘结拔出的组合破坏形式，见《后锚固规程》第 A.2.3 条）承载力计算，而特殊倒锥形化学锚栓不需进行该计算。例如 M16×125 普通化学锚栓用在室外环境，作为结构构件承受长期受拉荷载和地震作用，基材为 C25，开裂混凝土无边距影响时，混合破坏受拉承载力设计值按《后锚固规程》第 6.2.2 条、第 6.2.4 条。

$N_{sd,1}=0.55\times3.14\times16\times125\times1.3\times0.32/3=479N=0.479kN$。对于 M20×170、M24×210、M27×240、M30×270 普通化学锚栓，同样按上述方法可求得混合破坏受拉承载力设计值分别为 0.814kN、1.207kN、1.552kN、1.940kN，都比较小。因此，对于室外雨篷、连廊等钢结构（特别是悬挑结构）不应采用普通化学锚栓，应采用特殊倒锥形化学锚栓。

对于幕墙中经常采用的 M12 的普通化学锚栓，$h_{ef}=110mm$，当仅承受风荷载作用下的拉力时，不属于长期承受拉力，混合破坏受拉承载力设计值按《后锚固规程》第 6.2.4 条，$N_{sd,1}=3.14\times12\times110\times1.3\times0.8/1.8=2394N=2.394kN$；当用于幕墙中的钢架结构，长期承受拉力时，混合破坏受拉承载力设计值按《后锚固规程》第 6.2.2 条、第 6.2.4 条，$N_{sd,1}=0.55\times3.14\times12\times110\times1.3\times0.32/3=316N=0.316kN$，很小。因此，幕墙中的钢架结构长期承受拉力时应采用特殊倒锥形化学锚栓，不应采用普通化学锚栓。

12. 锚栓受剪承载力计算应注意事项

按《加固规范》第 16.2 节、第 16.3 节，锚栓受剪承载力计算分为锚栓钢材受剪承载力计算和混凝土边缘呈楔形受剪破坏受剪承载力计算。锚栓钢材受剪承载力设计值的计算见《加固规范》第 16.2.4 条，混凝土边缘呈楔形受剪破坏承载力设计值计算见《加固规范》第 16.3.6 条。至于锚栓剪力作用值如何考虑，加固规范正文中未具体涉及，仅在第 18.1.8 条规定："锚栓受力分析应符合本规范附录 F 的规定。"规范附录 F 规定如下：

1）作用于锚板上的剪力和扭矩在群锚中的内力分配，按下列三种情况计算：

（1）当锚板孔径与锚栓直径符合表 4.1.5 的规定，且边距大于 $10h_{ef}$ 时，则所有锚栓均匀承受剪力（图 4.1.1）；

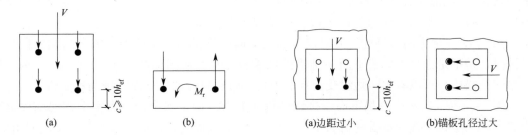

| (a) | (b) | (a)边距过小 | (b)锚板孔径过大 |

图 4.1.1　锚栓均匀受剪　　　　　　　　图 4.1.2　锚栓处于不利情况下受剪

（2）当边距小于 $10h_{ef}$（图 4.1.2a）或锚板孔径大于表 4.1.5 的规定值（图 4.1.2b），则只有部分锚栓承受剪力；

（3）为使靠近混凝土构件边缘锚栓不承受剪力，可在锚板相应位置沿剪力方向开椭圆形孔（图 4.1.3）。

锚板孔径（mm）　　　　　　　　　　　　　　　　　　　　　　　表 4.1.5

锚栓公称直径 d_0	6	8	10	12	14	16	18	20	22	24	27	30
锚板孔径 d_f	7	9	12	14	16	18	20	20	24	26	30	33

2）剪切荷载通过受剪锚栓形心（图 4.1.4）时，群锚中各受剪锚栓的受力应按下列公式确定：

（1）图 4.1.1、图 4.1.2 中最下排锚栓至基材下边缘的边距分别为 $c\geqslant10h_{ef}$ 和 $c<$

$10h_{ef}$。例如，抗震连接时，加固规范第 16.4.3 条规定 h_{ef} 最小值为：锚栓直径 12mm 时为 100mm，锚栓直径 16mm 时为 125mm，锚栓直径 20mm 时为 170mm，锚栓直径 24mm 时为 200mm；$10h_{ef}$ 最小值为：锚栓直径 12mm 时为 1000mm，锚栓直径 16mm 时为 1250mm，锚栓直径 20mm 时为 1700mm，锚栓直径 24mm 时为 2000mm。很明显，当基材为梁时，必然为 $c<10h_{ef}$，此时只能考虑部分锚栓承受剪力。

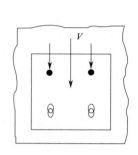

图 4.1.3 控制剪力分配方法

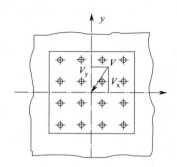

图 4.1.4 受剪力作用

这里的规定包括锚栓钢材受剪承载力计算和混凝土边缘呈楔形受剪破坏受剪承载力计算两种情况，但后锚固规程规定，在 $c<10h_{ef}$ 时锚栓钢材受剪承载力计算仍能考虑全部锚栓均承受剪力（见《后锚固规程》第 5.3.1.1 条），只是在混凝土边缘呈楔形受剪破坏受剪承载力计算时才按部分锚栓承受剪力进行设计（见《后锚固规程》第 5.3.1.2 条）。笔者认为，《后锚固规程》的规定是正确的，因为当 $c<10h_{ef}$ 时如果不发生混凝土边缘呈楔形受剪破坏，则锚栓受力与 $c\geqslant10h_{ef}$ 时情况完全一样。

图 4.1.2a 中为两排锚栓，此时仅考虑最下面一排锚栓承受剪力，那么当锚栓排数为三排时，是不是也只考虑最下面一排锚栓承受剪力呢？从国标图集 14G308 第 42 页示例六（三排锚栓）可以看出，边缘受剪承载力计算时也只考虑最下面一排锚栓受剪。

当 $c<10h_{ef}$ 时只考虑最下面一排锚栓承受剪力是偏于安全的，事实上其他锚栓也承受剪力，只是各个锚栓承受的剪力不均匀而已。《后锚固规范》第 5.3.1 条条文说明指出："发生混凝土边缘破坏，各锚栓受力很不均匀，因混凝土脆性而产生各个击破现象，参照《欧洲技术指南——混凝土用金属锚栓》（ETAG）规定，计算上仅考虑部分锚栓受力。"

（2）当锚板所有孔径大于表 4.1.5 规定时，无论锚栓数量多少，都只能考虑 2 根锚栓承受剪力，因为锚板承受剪力后同时挤压 3 根及以上锚栓的可能性很小。当锚板部分孔径大于表 4.1.5 规定时，只能考虑孔径满足表 4.1.5 的锚栓且不少于 2 根承受剪力。

（3）《加固规范》附录 F 第 F.2.1 条第 3 款的方法是为了提高混凝土边缘破坏的承载力。当最下排锚栓距离基材边缘较小，锚栓承力由混凝土边缘破坏控制时（如基材为梁时），这样做非常必要，因为以上排锚栓为顶点的呈楔形受剪破坏的承载力大于以最下排锚栓为顶点的呈楔形受剪破坏的承载力。

13. 抗震设计注意事项

答：（1）锚栓螺杆应满足《建筑抗震设计规范》GB 50011—2010 第 3.9.2 条第 2 款第 2）项规定：钢筋的抗拉强度实测值与屈服强度实现值的比值不应小于 1.25；钢筋的屈

服强度实测值与屈服强度标准值的比值不应大于 1.3，且钢筋在最大拉力下的总伸长率实测值不应小于 9％（见《后锚固规程》第 8.1.7 条）（本条同样适合于植筋）。

（2）锚栓宜布置在构件的受压区或不开裂区（见《后锚固规程》第 8.1.8 条）。

（3）后锚固连接不应位于基材混凝土结构塑性铰区（见《后锚固规程》第 8.1.9 条）（本条同样适合于植筋）。

（4）后锚固连接破坏宜控制为锚栓钢材受拉延性破坏或连接构件延性破坏（见《后锚固规程》第 8.1.10 条）（本条同样适合于植筋）。

（5）后锚固连接抗震验算时，混凝土基材应按开裂混凝土计算（见《后锚固规程》第 8.1.11 条）（本条同样适合于植筋）。

14. 锚栓（植筋）对基材位置、长期使用温度及环境的要求

后锚固连接不应位于基材混凝土结构塑性铰区（见《后锚固规程》第 8.1.9 条）。

锚固区基材的长期使用温度不应高于 50℃（见《后锚固规程》第 3.3.10 条、第 3.4.6 条）（《加固规范》第 15.1.6 条规定为 60℃）。

处于特殊环境（如高温、高湿、介质腐蚀等）的混凝土结构采用后锚固连接时，除应按国家现行有关标准的规定采取相应的防护措施外，尚应采用耐环境因素作用的锚固胶，并按专门的工艺要求设计（见《后锚固规程》第 3.3.10 条、第 3.4.6 条及《加固规范》第 15.1.6 条）。

15. 植筋与混凝土边缘距离（边距）c 及植筋间距 s 的最小取值

（1）边距 c：

①《后锚固规程》第 7.2.3 条规定：植筋与混凝土边缘距离 c 不宜小于 $5d$（d 为钢筋直径），且不宜小于 100mm。当植筋与混凝土边缘之间有垂直于植筋方向的横向钢筋，且横向钢筋配筋量不小于 $\phi8@100$ 或其等量截面面积，植筋锚固深度范围内横向钢筋不少于 2 根时，植筋与边缘的最小距离可适当减小，但不应小于 50mm；

②《加固规范》表 15.2.4、《后锚固规程》表 6.3.3 规定：$c \geqslant 2.5d$。

（2）间距 s：《后锚固规程》第 7.2.3 条、《加固规范》表 15.2.4、《后锚固规程》表 6.3.3 规定：植筋间距 $s \geqslant 5d$。

16. 在素混凝土构件及低配筋率构件中植筋可行性

《加固规范》第 15.1.1 条规定"不适用于素混凝土，包括纵向受力钢筋一侧配筋率小于 0.2％的构件的后锚固设计。素混凝土构件及低配筋率构件的植筋应按锚栓进行设计"。但该条条文说明指出，"在素混凝土中要保证植筋的强度得到充分发挥，必须有很大的间距和边距"，对比《后锚固规程》第 7.2.3 条规定，这里"边距"可理解为"$5d$（d 为钢筋直径），且不宜小于 100mm"。因此，在素混凝土构件及低配筋率构件中植筋，植筋与混凝土边缘的距离不得小于 $5d$，且不宜小于 100mm；当植筋与混凝土边缘的距离小于 $5d$ 和 100mm，但不小于锚栓最小边距规定，且按《后锚固规程》第 5.1.3 条判断为不开裂混凝土时（见后锚固规程第 4.3.7 条规定），可按锚栓进行设计。

17. 植筋深度设计值 L_d 最小取值

植筋深度设计值 L_d 最小值按《加固规范》第 15.2.2 条计算，笔者计算出了各种情况下的植筋深度设计值 L_d 最小值，现列出如表 4.1.6 所示，供读者使用。

各种情况下的植筋深度设计值 L_d 最小值　　　　表 4.1.6

HRB400 级钢植筋锚固深度设计值 L_d

注 1. 使用环境温度≤60℃；2. S_1≥=5d，S_2≥=25d；3. 原构件保护层厚度为 25mm；4. HRB400；5. 表中系数是 φ_{ae}（见第 15.2.2 条）、φ_{spt}（见第 15.2.3 条）、φ_{br}（见第 15.2.2 条中的 φ_N 转第 15.2.5 条）、φ_w（见第 15.2.2 条中的 φ_N 转第 15.2.5 条）；6. 重要构件指失效影响或危及整体结构的承重构件（见加固规程 P2），如框架梁柱。

原构件 强度 C20	6 度区及 7 度一、二 类场地	原构件箍筋 直径为 6mm	植筋直径 ≤20mm	重要构件	$L_d=1.1\times1.0\times1.15\times1.1\times(0.2\times360/2.3)d=44d$
				一般构件	$L_d=1.1\times1.0\times1.0\times1.1\times(0.2\times360/2.3)d=38d$
				悬挑构件	$L_d=1.1\times1.0\times1.5\times1.1\times(0.2\times360/2.3)d=57d$
			植筋直径 25mm	重要构件	$L_d=1.1\times1.1\times1.15\times1.1\times(0.2\times360/2.3)d=48d$
				一般构件	$L_d=1.1\times1.1\times1.0\times1.1\times(0.2\times360/2.3)d=42d$
				悬挑构件	$L_d=1.1\times1.1\times1.5\times1.1\times(0.2\times360/2.3)d=63d$
			植筋直径 32mm	重要构件	$L_d=1.1\times1.25\times1.15\times1.1\times(0.2\times360/2.3)d=55d$
				一般构件	$L_d=1.1\times1.25\times1.0\times1.1\times(0.2\times360/2.3)d=48d$
				悬挑构件	$L_d=1.1\times1.25\times1.5\times1.1\times(0.2\times360/2.3)d=71d$
		原构件箍筋 直径为 8mm 或 10mm	植筋直径 ≤20mm	重要构件	$L_d=1.1\times1.0\times1.15\times1.1\times(0.2\times360/2.3)d=44d$
				一般构件	$L_d=1.1\times1.0\times1.0\times1.1\times(0.2\times360/2.3)d=38d$
				悬挑构件	$L_d=1.1\times1.0\times1.5\times1.1\times(0.2\times360/2.3)d=57d$
			植筋直径 25mm	重要构件	$L_d=1.1\times1.05\times1.15\times1.1\times(0.2\times360/2.3)d=46d$
				一般构件	$L_d=1.1\times1.05\times1.0\times1.1\times(0.2\times360/2.3)d=40d$
				悬挑构件	$L_d=1.1\times1.05\times1.5\times1.1\times(0.2\times360/2.3)d=60d$
			植筋直径 32mm	重要构件	$L_d=1.1\times1.15\times1.15\times1.1\times(0.2\times360/2.3)d=50d$
				一般构件	$L_d=1.1\times1.15\times1.0\times1.1\times(0.2\times360/2.3)d=44d$
				悬挑构件	$L_d=1.1\times1.15\times1.5\times1.1\times(0.2\times360/2.3)d=65d$
	8 度区及 7 度三、四 类场地	原构件箍筋 直径为 6mm	植筋直径 ≤20mm	重要构件	$L_d=1.25\times1.0\times1.15\times1.1\times(0.2\times360/2.3)d=50d$
				一般构件	$L_d=1.25\times1.0\times1.0\times1.1\times(0.2\times360/2.3)d=43d$
				悬挑构件	$L_d=1.25\times1.0\times1.5\times1.1\times(0.2\times360/2.3)d=65d$
			植筋直径 25mm	重要构件	$L_d=1.25\times1.1\times1.15\times1.1\times(0.2\times360/2.3)d=55d$
				一般构件	$L_d=1.25\times1.1\times1.0\times1.1\times(0.2\times360/2.3)d=48d$
				悬挑构件	$L_d=1.25\times1.1\times1.5\times1.1\times(0.2\times360/2.3)d=72d$
			植筋直径 32mm	重要构件	$L_d=1.25\times1.25\times1.15\times1.1\times(0.2\times360/2.3)d=62d$
				一般构件	$L_d=1.25\times1.25\times1.0\times1.1\times(0.2\times360/2.3)d=55d$
				悬挑构件	$L_d=1.25\times1.25\times1.5\times1.1\times(0.2\times360/2.3)d=81d$
		原构件箍筋 直径为 8mm 或 10mm	植筋直径 ≤20mm	重要构件	$L_d=1.25\times1.0\times1.15\times1.1\times(0.2\times360/2.3)d=50d$
				一般构件	$L_d=1.25\times1.0\times1.0\times1.1\times(0.2\times360/2.3)d=43d$
				悬挑构件	$L_d=1.25\times1.0\times1.5\times1.1\times(0.2\times360/2.3)d=65d$
			植筋直径 25mm	重要构件	$L_d=1.25\times1.05\times1.15\times1.1\times(0.2\times360/2.3)d=52d$
				一般构件	$L_d=1.25\times1.05\times1.0\times1.1\times(0.2\times360/2.3)d=45d$
				悬挑构件	$L_d=1.25\times1.05\times1.5\times1.1\times(0.2\times360/2.3)d=68d$
			植筋直径 32mm	重要构件	$L_d=1.25\times1.15\times1.15\times1.1\times(0.2\times360/2.3)d=57d$
				一般构件	$L_d=1.25\times1.15\times1.0\times1.1\times(0.2\times360/2.3)d=50d$
				悬挑构件	$L_d=1.25\times1.15\times1.5\times1.1\times(0.2\times360/2.3)d=74d$

续表

原构件 强度 C25	6 度区及 7 度一、二 类场地	原构件箍筋 直径为 6mm	植筋直径 ≤20mm	重要构件	$L_d=1.1\times1.0\times1.15\times1.1\times(0.2\times360/2.7)d=37d$
				一般构件	$L_d=1.1\times1.0\times1.0\times1.1\times(0.2\times360/2.7)d=32d$
				悬挑构件	$L_d=1.1\times1.0\times1.5\times1.1\times(0.2\times360/2.7)d=48d$
			植筋直径 25mm	重要构件	$L_d=1.1\times1.1\times1.15\times1.1\times(0.2\times360/2.7)d=41d$
				一般构件	$L_d=1.1\times1.1\times1.0\times1.1\times(0.2\times360/2.7)d=36d$
				悬挑构件	$L_d=1.1\times1.1\times1.5\times1.1\times(0.2\times360/2.7)d=54d$
			植筋直径 32mm	重要构件	$L_d=1.1\times1.25\times1.15\times1.1\times(0.2\times360/2.7)d=47d$
				一般构件	$L_d=1.1\times1.25\times1.0\times1.1\times(0.2\times360/2.7)d=41d$
				悬挑构件	$L_d=1.1\times1.25\times1.5\times1.1\times(0.2\times360/2.7)d=60d$
		原构件箍筋 直径为 8mm 或 10mm	植筋直径 ≤20mm	重要构件	$L_d=1.1\times1.0\times1.15\times1.1\times(0.2\times360/2.7)d=37d$
				一般构件	$L_d=1.1\times1.0\times1.0\times1.1\times(0.2\times360/2.7)d=32d$
				悬挑构件	$L_d=1.1\times1.0\times1.5\times1.1\times(0.2\times360/2.7)d=48d$
			植筋直径 25mm	重要构件	$L_d=1.1\times1.05\times1.15\times1.1\times(0.2\times360/2.7)d=39d$
				一般构件	$L_d=1.1\times1.05\times1.0\times1.1\times(0.2\times360/2.7)d=34d$
				悬挑构件	$L_d=1.1\times1.05\times1.5\times1.1\times(0.2\times360/2.7)d=51d$
			植筋直径 32mm	重要构件	$L_d=1.1\times1.15\times1.15\times1.1\times(0.2\times360/2.7)d=43d$
				一般构件	$L_d=1.1\times1.15\times1.0\times1.1\times(0.2\times360/2.7)d=37d$
				悬挑构件	$L_d=1.1\times1.15\times1.5\times1.1\times(0.2\times360/2.7)d=55d$
	8 度区及 7 度三、四 类场地	原构件箍筋 直径为 6mm	植筋直径 ≤20mm	重要构件	$L_d=1.25\times1.0\times1.15\times1.1\times(0.2\times360/2.7)d=43d$
				一般构件	$L_d=1.25\times1.0\times1.0\times1.1\times(0.2\times360/2.7)d=37d$
				悬挑构件	$L_d=1.25\times1.0\times1.5\times1.1\times(0.2\times360/2.7)d=55d$
			植筋直径 25mm	重要构件	$L_d=1.25\times1.1\times1.15\times1.1\times(0.2\times360/2.7)d=47d$
				一般构件	$L_d=1.25\times1.1\times1.0\times1.1\times(0.2\times360/2.7)d=41d$
				悬挑构件	$L_d=1.25\times1.1\times1.5\times1.1\times(0.2\times360/2.7)d=61d$
			植筋直径 32mm	重要构件	$L_d=1.25\times1.25\times1.15\times1.1\times(0.2\times360/2.7)d=53d$
				一般构件	$L_d=1.25\times1.25\times1.0\times1.1\times(0.2\times360/2.7)d=47d$
				悬挑构件	$L_d=1.25\times1.25\times1.5\times1.1\times(0.2\times360/2.7)d=69d$
		原构件箍筋 直径为 8mm 或 10mm	植筋直径 ≤20mm	重要构件	$L_d=1.25\times1.0\times1.15\times1.1\times(0.2\times360/2.7)d=43d$
				一般构件	$L_d=1.25\times1.0\times1.0\times1.1\times(0.2\times360/2.7)d=37d$
				悬挑构件	$L_d=1.25\times1.0\times1.5\times1.1\times(0.2\times360/2.7)d=55d$
			植筋直径 25mm	重要构件	$L_d=1.25\times1.05\times1.15\times1.1\times(0.2\times360/2.7)d=44d$
				一般构件	$L_d=1.25\times1.05\times1.0\times1.1\times(0.2\times360/2.7)d=38d$
				悬挑构件	$L_d=1.25\times1.05\times1.5\times1.1\times(0.2\times360/2.7)d=58d$
			植筋直径 32mm	重要构件	$L_d=1.25\times1.15\times1.15\times1.1\times(0.2\times360/2.7)d=48d$
				一般构件	$L_d=1.25\times1.15\times1.0\times1.1\times(0.2\times360/2.7)d=43d$
				悬挑构件	$L_d=1.25\times1.15\times1.5\times1.1\times(0.2\times360/2.7)d=63d$

原构件强度 C30					
	6度区及 7度一、二 类场地	原构件箍筋 直径为6mm	植筋直径 ≤20mm	重要构件	$L_d=1.1\times1.0\times1.15\times1.1\times(0.2\times360/3.7)d=27d$
				一般构件	$L_d=1.1\times1.0\times1.0\times1.1\times(0.2\times360/3.7)d=23d$
				悬挑构件	$L_d=1.1\times1.0\times1.5\times1.1\times(0.2\times360/3.7)d=35d$
			植筋直径 25mm	重要构件	$L_d=1.1\times1.1\times1.15\times1.1\times(0.2\times360/3.7)d=30d$
				一般构件	$L_d=1.1\times1.1\times1.0\times1.1\times(0.2\times360/3.7)d=26d$
				悬挑构件	$L_d=1.1\times1.1\times1.5\times1.1\times(0.2\times360/3.7)d=39d$
			植筋直径 32mm	重要构件	$L_d=1.1\times1.25\times1.15\times1.1\times(0.2\times360/3.7)d=34d$
				一般构件	$L_d=1.1\times1.25\times1.0\times1.1\times(0.2\times360/3.7)d=30d$
				悬挑构件	$L_d=1.1\times1.25\times1.5\times1.1\times(0.2\times360/3.7)d=44d$
		原构件箍筋 直径为8mm 或10mm	植筋直径 ≤20mm	重要构件	$L_d=1.1\times1.0\times1.15\times1.1\times(0.2\times360/3.7)d=27d$
				一般构件	$L_d=1.1\times1.0\times1.0\times1.1\times(0.2\times360/3.7)d=23d$
				悬挑构件	$L_d=1.1\times1.0\times1.5\times1.1\times(0.2\times360/3.7)d=35d$
			植筋直径 25mm	重要构件	$L_d=1.1\times1.05\times1.15\times1.1\times(0.2\times360/3.7)d=28d$
				一般构件	$L_d=1.1\times1.05\times1.0\times1.1\times(0.2\times360/3.7)d=25d$
				悬挑构件	$L_d=1.1\times1.05\times1.5\times1.1\times(0.2\times360/3.7)d=537d$
			植筋直径 32mm	重要构件	$L_d=1.1\times1.15\times1.15\times1.1\times(0.2\times360/3.7)d=31d$
				一般构件	$L_d=1.1\times1.15\times1.0\times1.1\times(0.2\times360/3.7)d=27d$
				悬挑构件	$L_d=1.1\times1.15\times1.5\times1.1\times(0.2\times360/3.7)d=40d$
	8度区及 7度三、四 类场地	原构件箍筋 直径为6mm	植筋直径 ≤20mm	重要构件	$L_d=1.25\times1.0\times1.15\times1.1\times(0.2\times360/3.7)d=31d$
				一般构件	$L_d=1.25\times1.0\times1.0\times1.1\times(0.2\times360/3.7)d=27d$
				悬挑构件	$L_d=1.25\times1.0\times1.5\times1.1\times(0.2\times360/3.7)d=40d$
			植筋直径 25mm	重要构件	$L_d=1.25\times1.1\times1.15\times1.1\times(0.2\times360/3.7)d=35d$
				一般构件	$L_d=1.25\times1.1\times1.0\times1.1\times(0.2\times360/3.7)d=30d$
				悬挑构件	$L_d=1.25\times1.1\times1.5\times1.1\times(0.2\times360/3.7)d=44d$
			植筋直径 32mm	重要构件	$L_d=1.25\times1.25\times1.15\times1.1\times(0.2\times360/3.7)d=38d$
				一般构件	$L_d=1.25\times1.25\times1.0\times1.1\times(0.2\times360/3.7)d=34d$
				悬挑构件	$L_d=1.25\times1.25\times1.5\times1.1\times(0.2\times360/3.7)d=50d$
		原构件箍筋 直径为8mm 或10mm	植筋直径 ≤20mm	重要构件	$L_d=1.25\times1.0\times1.15\times1.1\times(0.2\times360/3.7)d=31d$
				一般构件	$L_d=1.25\times1.0\times1.0\times1.1\times(0.2\times360/3.7)d=27d$
				悬挑构件	$L_d=1.25\times1.0\times1.5\times1.1\times(0.2\times360/3.7)d=40d$
			植筋直径 25mm	重要构件	$L_d=1.25\times1.05\times1.15\times1.1\times(0.2\times360/3.7)d=32d$
				一般构件	$L_d=1.25\times1.05\times1.0\times1.1\times(0.2\times360/3.7)d=28d$
				悬挑构件	$L_d=1.25\times1.05\times1.5\times1.1\times(0.2\times360/3.7)d=42d$
			植筋直径 32mm	重要构件	$L_d=1.25\times1.15\times1.15\times1.1\times(0.2\times360/3.7)d=35d$
				一般构件	$L_d=1.25\times1.15\times1.0\times1.1\times(0.2\times360/3.7)d=31d$
				悬挑构件	$L_d=1.25\times1.15\times1.5\times1.1\times(0.2\times360/3.7)d=46d$

18. 植筋深度不满足时承载力要求时，承载力计算说明

《后锚固规程》第 6.3.5 条规定：植筋锚固深度不满足时，可按化学锚栓的有关规定进行设计。

19. 植筋考虑抗剪时的计算说明

《后锚固规程》第 4.2.2 条规定：植筋宜仅承受轴向力，应按照充分利用钢筋强度设计值的计算模式进行设计。但该条条文说明指出：考虑植筋承受剪力时，应按锚栓进行设计，并应满足锚栓的相应构造要求。

20. 植筋用钢筋材料的要求

用于植筋的钢筋应使用热轧带肋钢筋或全螺纹螺杆，不得使用光圆钢筋和锚入部位无螺纹的螺杆。见《后锚固规程》第 3.4.1 条、《加固规范》第 15.1.1 条。

21. 植筋焊接注意事项

答：图标图集 14G308 第 16 页第 5.17 条规定：

（1）宜采用机械连接接头，也可采用焊接接头。

（2）如采用焊接接头，应符合下列规定：

① 焊接宜在注胶前进行，确需注胶后焊接时，应进行同条件焊接后现场破坏性检验；

② 焊接施工时，应断续施焊，施焊部位距离注胶孔顶面的距离不应小于 $20d$（d 为植筋钢筋的公称直径），且不应小于 200mm，同时应用水浸渍多层湿巾包裹植筋外露部分，钢筋根部的温度不应超过胶粘剂产品说明书规定的短期最高温度（《加固规范》第 15.3.6 条规定：施焊部位距离注胶孔顶面的距离不应小于 $15d$，同时应用冰水浸渍多层湿巾包裹植筋外露部分）；

③ 焊接时，不应将焊接的接地线连接到植筋的根部。

4.2 粘钢法和增大截面法基面处理要点

卡本科技集团股份有限公司

加固工程界面处理的好坏，直接影响着结构加固设计的结果，如果出现空鼓、脱落、"两层皮"等质量问题，就会影响结构改造的安全性。

《建筑结构加固工程施工质量验收规范》GB 50550—2010 第 3.0.4、3.0.5 条中明确表示，建筑结构加固工程与新建工程相比增加了清理、修整原结构、构件以及界面处理的工序。第 11.1.2 和 5.1.2 条中规定粘钢法和增大截面法均需要进行界面处理。

以下为两种加固方法在基面处理的对比分析：

1. 相同之处

两种加固方法都需要进行基面处理，进行必要的打毛、糙化处理。

2. 不同之处

（1）基层强度要求不同：《混凝土结构加固设计规范》GB 50367—2013 第 9.1.2 条规定，采用粘钢法加固时，现场实测混凝土强度等级不低于 C15，且表面正拉粘结强度不低于 1.5MPa，第 5.1.2 条规定，采用增大截面法加固时要求混凝土的现场实测强度不应低于 C13。

（2）具体处理工艺不同：增大截面加固法中，原构件混凝土界面（粘合面）经修整露出骨料新面后，尚应采用花锤、砂轮机或高压水射流进行打毛；必要时，也可凿成沟槽。而粘钢法规定在任何情况下均不应凿成沟槽。

① 花锤打毛：宜用 1.5～2.5kg 的尖头錾石花锤，在混凝土粘合面上錾出麻点，形成点深约 3mm、点数为 600～800 点/m² 的均匀分布；也可錾成点深 4～5mm、间距约 30mm 的梅花形分布。

② 砂轮机或高压水射流打毛：宜采用输出功率不小于 340W 的粗砂轮机或压力符合本规范附录 C 要求的水射流，在混凝土粘合面上打出方向垂直于构件轴线、纹深为 3～4mm、间距约 50mm 的横向纹路。

③ 人工凿沟槽：宜用尖锐、锋利凿子，在坚实混凝土粘合面上凿出方向垂直于构件轴线、槽深约 6mm、间距为 100～150mm 的横向沟槽。

根据《建筑结构加固工程施工质量验收规范》GB 50550—2010 中规定，当采用三面或四面新浇混凝土层外包梁、柱时，尚应在打毛同时，凿除截面的棱角。

在完成上述加工后，应用钢丝刷等工具清除原构件混凝土表面松动的骨料、砂砾、浮渣和粉尘，并用清洁的压力水冲洗干净。若采用喷射混凝土加固，宜用压缩空气和水交替冲洗干净。

在《建筑结构加固工程施工质量验收规范》GB 50550—2010 第 9.3.4 条中规定，粘钢法的原构件混凝土截面的棱角应进行圆化打磨，圆化半径应不小于 20mm，磨圆的混凝土表面应无松动的骨料和粉尘。

（3）棱角处理不同：增大截面法仅需要凿除截面的棱角，而粘钢法则需要对截面棱角进行圆滑打磨，且半径不应小于 20mm。

通过规范的解读，对于混凝土结构增大截面法、粘钢加固法的混凝土基面处理，应按《建筑结构加固工程施工质量验收规范》GB 50550—2010 的相关规定即可，在加固设计时也应该参考此项。

根据经验，混凝土加大截面的基面凿毛，一般不平整的要求为 1cm 内即可，并必须剔除浮浆层；对粘钢或外包钢的混凝土基面应打毛掉表面浮浆层约 1～2mm 厚。

4.3 影响粘钢加固效果的因素

卡本科技集团股份有限公司

粘钢加固法属于一种传统加固方法，具有加固效果好、适用范围广、技术成熟、施工难度低、经济合理等优势，在建筑梁、板、柱以及桥梁墩柱等领域应用广泛。因此，清楚知晓影响粘钢总体加固效果的因素至关重要。本文从施工和材料两方面进行分析。

1. 粘钢加固技术简介

粘钢加固亦称粘贴钢板加固，是通过环氧胶粘剂将钢板与混凝土构件粘结形成统一的整体，利用钢板良好的抗拉强度达到增强构件承载能力及刚度的目的。

粘钢加固的施工工艺如下：

定位放线—基面钻孔植锚栓—钢板剪切钻孔—钢板表面打磨—基面处理—配置粘钢胶—粘贴钢板—防腐处理。

施工时注意事项如下：

（1）基层要求：被加固的混凝土结构构件，其现场实测混凝土强度等级不得低于C15，且混凝土表面的正拉粘结强度不得低于 1.5MPa。此外，混凝土基面应保持干净、干燥，无疏松层等，对于潮湿基面需选择水下结构胶。

（2）防锈蚀处理：粘贴在混凝土构件表面上的钢板，其外表面应进行防锈蚀处理。

（3）服役温度：环境温度不得长期超过 60℃，否则会导致粘钢胶强度急剧下降。若需要长期使用温度 60℃以上，应选用高温胶或其他措施。

（4）施工温度：宜在 5℃～35℃环境施工，高于 35℃时，需采取可靠措施保证粘钢胶的粘贴质量。低于 5℃时，采用低温固化型的结构胶粘剂或采取加温措施。

（5）卸除荷载：采用粘钢法进行加固时，应采取措施卸除或大部分卸除作用在结构上的活荷载。

（6）防火要求：当被加固构件的表面有防火要求时，应满足现行国家标准《建筑设计防火规范》GB 50016—2014（2018 年版）规定的耐火等级及耐火极限要求。

以上内容参考：《混凝土结构加固设计规范》GB 50367—2013。

2. 影响粘钢效果的六大因素

结合施工经验和相关的规范要求（《混凝土结构加固设计规范》《工程结构加固材料安全性鉴定技术规范》《建筑结构加固工程施工质量验收规范》等），我们总结出了六条影响粘钢效果的主要因素：钢板的选择、加固前的表面处理、配套使用的结构胶是否达标、加固的胶层厚度、粘接面所受到的力、施工单位的选择等。

（1）钢板质量和规格

钢板是重要的加固材料，设计单位会根据结构加固的需求进行钢板的选择，并体现在图纸上，在加固前按照设计要求选择即可。

粘钢加固使用的钢板宽度不宜大于 100mm。采用手工涂胶粘贴的钢板厚度不应大于 5mm；采用压力注胶粘接的钢板厚度不应大于 10mm，且应按外粘型钢加固法的焊接节点构造进行设计，具体可根据工程实际需要设计确定（参考《混凝土结构加固设计规范》GB 50367—2013）。加固钢板的加工，应符合国家标准《钢结构工程施工质量验收标准》GB 50205—2020 的规定。

（2）加固前的表面处理

加固之前是需要做表面处理的，不然就会影响到加固的效果。在加固之前进行表面处理，不但可以提高粘钢加固的强度，而且也可以保证加固的效果。

混凝土基面的好坏会直接影响到施工质量，如果存在蜂窝、麻面、起砂、腐蚀等混凝土基面缺陷，应先对基面进行修补处理。在修整完成后，按规范要求进行打毛和糙化处理（具体可参考《建筑结构加固工程施工质量验收规范》GB 50550—2010）。

同时，外粘钢板部位的混凝土，其表层含水率不宜大于 4%，且不应大于 6%。

（3）粘钢胶的质量

① 选择对应类型的粘钢胶

粘钢胶的质量和类型会直接影响粘钢加固效果，因此选择合适的粘钢胶尤为重要。

《工程结构加固材料安全性鉴定技术规范》GB 50728—2011 第 4.1 节明确规定了选择结构胶，务必考虑基材、适用温度范围、设计使用年限等因素。

② 选择质量符合要求的粘钢胶

《工程结构加固材料安全性鉴定技术规范》GB 50728—2011 第 3.0.1 条明确要求：凡涉及工程安全的工程结构加固材料及制品，必须按本规范的要求通过安全性鉴定。

安全性鉴定报告是选择粘钢胶必须要参考的一个重要报告。但是为防止在实际工程供应时"偷梁换柱"，因此还需要掌握一些简单实用的鉴别优质粘钢胶的方法。

第一，看细腻度

粘钢胶为改性环氧树脂胶粘剂，所选用填料一般为微米级硅微粉，因此优质粘钢胶会很细腻。一般情况下，禁止使用粗骨料，比如石英砂。这是因为石英砂和硅微粉虽然都是晶型的二氧化硅粉末，但是石英砂和硅微粉无论生产工艺和用途区别都比较大。石英砂粒径较大且分布较宽，杂质较多，若用作粘钢胶的填料极易导致粘钢胶的断裂伸长率和耐久性不合格，且性能波动较大，存在安全风险。

鉴别是否含有粗骨料常见的方法有：

用手（戴手套）去触摸粘钢胶，有粗骨料的粘钢胶会有明显的颗粒感。

测密度，加石英砂的粘钢胶一般密度会比未加石英砂的密度大。

测试断裂伸长率，加石英砂的粘钢胶断裂伸长率一般不合格。

除了粗骨料以外，尽量选择没有或很少有气泡的粘钢胶。这样会避免施工时由于过多气泡存在，导致实际粘接效果不好的问题。

第二，看触变性

粘钢胶的工艺性能中非常重要的一点是触变性。

Ⅰ类结构胶工艺性能鉴定标准　　　　　　　　　　　　　　表 4.3.1

结构胶粘剂类别及其用途				工艺性能鉴定合格指标					
				混合后初黏度（mPa·s）	触变指数	25℃下垂流度（min）	在各季节试验温度下测定的适用期(min)		
							春秋用（23℃）	夏用（30℃）	冬用（10℃）
适用于涂刷	底胶			≤600	—	—	≥60	≥30	60～180
	修补胶			—	≥3.0	≤2.0	≥50	≥35	50～180
	纤维复合材结构胶	织物	A级	—	≥3.0	—	≥90	≥60	90～240
			B级	—	≥2.2	—	≥80	≥45	80～240
		板材	A级	—	≥4.0	≤2.0	≥50	≥40	50～180
	涂布型粘钢结构胶		A级	—	≥4.0	≤2.0	≥50	≥40	50～180
			B级	—	≥3.0	≤2.0	≥40	≥30	40～180
适用于压力灌注	压注型粘钢结构胶		A级	≤1000	—	—	≥40	≥30	40～210
	裂缝修复胶	0.05≤ω<0.2	A级	≤150	—	—	≥50	≥40	50～210
		0.2≤ω<0.5	A级	≤300	—	—	≥40	≥30	40～180
		0.5≤ω<1.5	A级	≤800	—	—	≥30	≥20	30～120
	锚固用快固型结构胶		A级	—	≥4.0	≤2.0	10～25	5～15	25～60
锚固用非快固型结构胶			A级	—	≥4.0	≤2.0	≥40	≥30	40～120
			B级	—	≥4.0	≤2.0	≥40	≥25	40～120

注：1 表中的指标，除已注明外，均是在（23±0.5）℃试验温度条件下测定；

　　2 表中符合 ω 为裂缝宽度，其单位为毫米。

（表 4.3.1 摘自《工程结构加固材料安全性鉴定技术规范》GB 50728—2011 表 4.8.1）触变性差不仅导致施工效率低，且容易发生流挂，尤其是夏季高温天气。流挂会导致粘贴钢板出现空鼓等风险。

测试触变性可以测触变指数（实际操作适合实验室进行），而工地上简易的定性测试方法是看胶层较厚时，在高温环境下胶的抗流挂性。

工厂考察也是非常有效的一个办法，一般具备优秀的研发实力和先进的生产设备的厂家，其产品的质量和供应能力都是比较有保障的。

（4）加固胶层厚度

在粘钢加固时需要着重注意是加固的胶层厚度，因为不同的胶层厚度会呈现出不同的加固效果。在粘钢加固时，对加固的胶层厚度必须要掌握好，还要防止胶层产生气泡，这些都是需要考虑的因素。

一般情况下，粘钢完毕后胶层厚度要保持在 2～3mm（参考《建筑结构加固工程施工质量验收规范》GB 50550—2010）。工人在施工过程中需要将粘钢胶按中间厚两边薄的效果涂抹在钢板上，并且需要将胶层平均厚度保证在 3～4mm，在钢板受到临时压力时胶层从两边挤压出来，这样既能保证粘钢胶胶层饱满，与钢板、混凝土都能充分接触，也能保证胶层厚度 2～3mm。不熟练的工人很难控制涂抹的胶层以及化学锚栓（《建筑结构加固工程施工质量验收规范》GB 50550—2010 规定应采用化学锚栓，不得采用膨胀锚栓）的压力，这样会导致材料浪费或者钢板空鼓。

（5）粘接面所受到的力

粘钢加固时，在粘接面的垂直压力作用下，胶体更容易渗透和深入。在施工时如果粘接面的垂直压力不够，容易产生缺胶的现象，从而影响到粘钢加固的最终效果，在进行粘钢加固时需要适当地调整胶的黏度，以求获得更好的粘接效果。

（6）施工单位

虽然粘钢加固是一种传统的加固方法，但是对于施工工艺的掌握要求却很高。如果是经验丰富的施工单位，那就可以做到保证工程的质量，提高施工效率。

在粘钢加固工程中，有很多需要注意的地方，这些因素都会影响到粘钢加固的效果。了解并重视影响粘钢加固法的因素不仅能提高加固的效果，而且能提高加固的效益。

4.4 如何布置粘钢加固锚栓问题

卡本科技集团股份有限公司

粘钢加固是通过环氧类胶粘剂将钢板粘接在混凝土构件的表面，使钢板与混凝土形成统一整体，利用钢板良好的抗拉强度达到增强构件承载能力及刚度的目的。粘钢加固也是一种常见的加固技术，由于其施工快捷、坚固耐用、灵活多样并且具有良好的经济价值得到了广泛的应用。

在粘钢过程中需要植一些锚栓，这些锚栓在压力注胶粘钢和涂布粘钢时起到的作用还是有所区别的。

压力注胶粘钢，这些锚栓只起到固定钢板的作用，在固定钢板时要注意锚栓不要拧太紧，需要保证钢板与被加固构件之间有一个 2～3mm 的畅通缝隙，以备压注胶液。

涂布粘钢时锚栓不仅起到临时固定的作用，还会起到加压的作用，以保证胶体均匀有效地将钢板与被加固构件粘接。锚栓在粘钢过程中起到的作用还是非常大的，所以在选用和布置时都有很严格的要求。

首先锚栓应采用化学锚栓，不得采用膨胀螺栓。因为膨胀螺栓受力不稳定，如果在粘钢胶没有完全固化的情况下，膨胀螺栓出现受力失效的情况会导致该锚栓附近位置出现空鼓现象。

然后要求锚栓不应大于 M10。很多人会认为锚栓直径越大，起到的锚固作用会越大。其实这句话本身并没有错，但在粘钢时，锚栓起到的主要作用是临时固定和临时加压，所以根本不需要多大的锚固力，如果锚栓太大，反而会需要在钢板和被加固构件上开较大的螺栓孔，在钢板上开孔太大会减小钢板的受力截面面积，削弱钢板受力，被加固构件开孔太大会破坏原有构件。

同理锚栓间距也不应太小，规范规定锚栓的边距和间距分别不小于 60mm 和 250mm。而在锚栓起加压作用时，间距也不应大于 500mm，故在粘钢加固时锚栓距离控制在 250～500mm 是比较合理的。需要重点强调的是在任何情况下都不得考虑锚栓参与胶层的受力。

在粘钢过程中，看似一个小小的锚栓，如果布置不合理也会影响到整个加固效果，所以在进行加固时不管是施工单位还是材料供应商一定要选择专业的合作单位，才能保证加固效果。

4.5 多层粘钢加固施工要点

卡本科技集团股份有限公司

结构由于使用年限增长、使用功能改变，会出现耐久性降低、承载力不足的情况，最终产生结构病害。近年来，随着我国建筑老龄化的加剧，包括房屋、桥梁、隧道等结构在内，病害发生率正呈现上升的趋势。结构加固的兴起，为病害结构带来了解决方案，对资源的可持续发展有着重要意义。

钢板加固和碳纤维布加固有较高的相似程度，因此二者经常被互相参照、对比。碳纤维布加固中，存在多层运用的情况，粘钢加固是否同样适用呢？

1. 粘钢厚度的确定

在粘钢加固中，加固钢板的厚度与截面承载力提高幅度有直接的关联。钢板厚度的计算过程，类似于钢筋混凝土结构中钢筋的用量计算。当采用钢板对混凝土受弯构件（例如混凝土梁）进行加固时，首先需要通过加固后构件弯矩值求出混凝土受压区高度，再通过受压区高度计算出加固钢板所需截面面积，最后根据梁体宽度确定合理的钢板宽度，算出所需钢板厚度。在矩形截面受弯构件的受拉面和受压面粘贴钢板进行加固时的正截面承载力计算规定（摘自《混凝土结构加固设计规范》GB 50367—2013 第 9.2.3 条）：

$$M \leqslant \alpha_1 f_{c0} bx\left(h - \frac{x}{2}\right) + f'_{y0} A'_{s0}(h - a') + f'_{sp} A'_{sp} h - f_{y0} A_{s0}(h - h_0)$$

$$\alpha_1 f_{c0} bx = \psi_{sp} f_{sp} A_{sp} + f_{y0} A_{s0} - f'_{y0} A'_{s0} - f'_{sp} A'_{sp}$$

$$\psi_{sp} = \frac{(0.8\varepsilon_{cu} h/x) - \varepsilon_{cu} - \varepsilon_{sp,0}}{f_{sp}/E_{sp}}$$

$$X \geqslant 2 a'$$

经过上述计算过程，便可以求证出钢板的厚度，但并不能够代表可以无限地增加钢板厚度来无限制地提高结构承载力。一方面，钢板过厚，易导致钢板与混凝土基材间发生粘接的劈裂破坏，使加固失效；另一方面考虑到结构整体的安全性，以及控制加固后构件的裂缝与变形，钢板的厚度不应大于 10mm。

2. 多层粘钢加固分析

从钢板厚度的要求可以看出，多层钢板要比多层碳布限制更多，而对于钢板来说，无论是单层钢板还是多层钢板，厚度上同样都有 10mm 的最高限制，为何还要采用多层钢板？

这是由于根据大量工程经验来看，厚度较高的钢板，不宜采用人工施工的方式，规范也要求，采用人工涂胶粘贴钢板的厚度不应大于5mm，大于5mm的情况下，应采用压力注胶的形式，与外粘型钢加固法较为类似。

也就是说，当根据计算得出 5mm 厚钢板无法满足加固需求时，若要采用单层钢板的形式，就需要采用注胶机进行注胶施工，相对常规粘钢加固来说要稍显烦琐。多层粘钢，便在一定程度上弥补了这样的问题，在实际操作中，也有较多使用。

然而，多层粘钢是否能够起到理想效果，还是有待商榷的。类似于多层碳布，多层粘钢从第二层起（包含第二层），钢板提供的强度便会发生折减，造成同样 10mm 厚，多层粘钢提供强度低于单层粘钢提供强度的现象；受弯构件粘贴钢板时，钢板两端由于边缘效应会产生应力集中，是粘钢中最薄弱的部位，尤其对于多层粘钢更是如此，因此在多层粘钢加固中，必须高度重视钢板端部锚固措施，防止发生剥离破坏。

多层粘钢加固，对于所用粘钢胶，也是一种考验。胶体性能与钢板是否能与基材形成整体，以及钢板与钢板间不发生剥离破坏有直接关系。应通过安全性鉴定，选择性能稳定的粘钢胶。

4.6 灌钢胶施工要点

卡本科技集团股份有限公司

建筑加固中经常会用到灌钢胶（图4.6.1），同时在施工过程中也会经常出现灌钢胶的一些施工问题，比如空鼓、注射速度慢、如何控制用量及避免不必要的浪费等问题。下面对这些常见问题进行原因分析及问题解答。

图4.6.1 柱体包钢加固

1. 空鼓原因分析及解决方法

原因：

（1）密封不严产生漏胶。

（2）注胶孔及排气孔位置不当，注胶施工顺序不妥。

（3）钢板与混凝土间隙不均匀，注胶速度过快。

（4）由于胶液向混凝土中渗透，造成顶部或边角位置胶层空缺。

解决方法：

（1）保证钢板、注胶嘴、排气孔周边不漏胶且及时封堵注胶嘴、排气孔。

（2）注胶孔及排气孔的设置间距应根据实际情况而定，一般间距不得超过100cm；粘贴钢板的最底端应设有注胶孔，最高位置、边缘、边角位置应设有排气孔，确认排气孔附近已注胶饱满并均匀出胶后，再对排气孔进行封堵；注胶时应遵循从低到高、从一端到另一端的原则，避免无序操作，保证邻近注胶嘴及排气孔出胶后再移换注胶位置。

（3）尽可能保证钢板与混凝土间隙均匀一致；低速均匀注胶，保证胶液渗透、流动时间。

（4）采用低速慢注施工；最高位置的注胶孔及排气孔应保压灌注一段时间，当胶液位置下降时应及时补充；最高位置或边角位置必须设置排气孔。

2. 胶液流量小、注胶速度慢原因分析及解决方法

原因：

（1）管道堵塞或漏气。

（2）高压灌浆机压力不足。

（3）灌钢胶品质不良，黏度太大。

解决方法：

（1）检查灌浆机和注胶工具，保证管道密封及畅通，确保灌浆机压力正常，有问题及时维修等。

（2）长时间灌注，每隔一定时间要用丙酮清洗灌胶机及管道。

（3）灌钢胶选用低黏度结构胶，有利于后期胶体灌注以及注胶饱满度，同时灌钢胶黏度应在合适的范围，兼顾材料的力学性能和安全性能。

3. 用粘钢胶代替灌钢胶的可行性分析

粘钢胶无法替代灌钢胶，具体体现在以下几个方面：

（1）密度不同：灌钢胶为 $1.1\sim1.2g/cm^3$，为液体胶；粘钢胶为 $1.7\sim1.8g/cm^3$，为膏体胶。灌钢胶流动性更好，更适宜作为灌胶料。

（2）施工工艺不同：灌钢胶是先固定钢板，使钢骨架与原构件之间留有 $2\sim3mm$ 左右的缝隙，将胶液注入钢板与混凝土之间。粘钢胶是先将混匀的胶料均匀覆于混凝土表面或钢材表面，然后进行钢板固定。

4. 粘钢胶用胶量控制

型钢骨架与混凝土基材间缝隙的宽度决定了胶缝的厚度，对灌钢胶的用量起到了直接的影响。正常情况下，可以通过控制胶缝厚度最低，来减少灌钢胶的用量（图 4.6.2）。

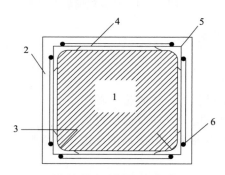

图 4.6.2　外粘型钢加固

1—原柱；2—防护层；3—注胶；4—缀板；5—角钢；6—缀板与角钢焊缝

（1）缀板部位的用胶量，首先受角钢与混凝土基材间缝隙宽度的影响。另外，焊接则是影响缀板部位灌钢胶用量的另一重要因素。若焊接较粗糙，缀板与角钢焊接部位厚度会增加，导致缀板与混凝土基材间缝隙增大，注胶时用胶量也将上升。

（2）灌钢胶自身的性质也会影响到胶体的用量。由于密度不相同，不同灌钢胶在相同体积下质量也存在差异。同样质量的灌钢胶，低密度型体积更大、更有优势，能够起到节约造价的作用。

5. 高低温、潮湿环境用灌钢胶

常规的灌钢胶是无法同时满足这些情况的。针对高温、低温、潮湿环境，均有对应的定制化产品：

（1）卡本高温结构胶：120℃以下的高温环境可正常固化、使用。

（2）卡本低温结构胶：-15℃以上的低温环境可正常固化、使用。

（3）卡本潮湿结构胶：相对湿度80％以上，以水下环境可正常固化、使用。

卡本的浸渍胶、粘钢胶、灌钢胶、植筋胶等均有针对低温、高温、潮湿环境的定制产品，可以满足不同环境下的使用要求。

6. 钢材与基材之间预留缝隙

《混凝土结构加固设计规范》GB 50367—2013 第 8.3.4 条规定：外粘型钢的胶缝厚度宜控制在 3～5mm；局部允许有长度不大于 300mm、厚度不大于 8mm 的胶缝，但不得出现在角钢端部 600mm 范围内。

7. 灌钢胶的验收指标

根据《建筑结构加固工程施工质量验收规范》GB 50550—2010 第 9.6 节可知：

（1）胶粘强度检验。粘贴后，应该在接触压条件下，静置养护 7d。到期后应立即进行现场检验与合格评定。具体检测内容参考《建筑结构加固工程施工质量验收规范》GB 50550—2010 附录 U。

（2）注胶饱满度探测。用仪器或敲击法进行探测，探测结果以空鼓率不大于 5％ 为合格。若检测空鼓率超限，应在探明的确切位置上钻孔，并通过注射器补胶。

4.7 碳纤维布加固能否替代粘钢加固？

卡本科技集团股份有限公司

碳纤维布加固与粘钢加固，二者存在诸多相似之处，那么在实际的应用中，能否互相替换呢？

1. 粘碳纤维布与粘钢相似之处

从适用范围上看，碳纤维布与粘钢同样可用于受弯构件、大偏心受压构件与受拉构件，例如在梁底粘贴碳纤维布或者钢板，均可提高结构承载力，达到加固补强的目的。另外，从原理上来看，碳纤维布与粘钢都是利用结构胶将碳纤维布或钢板粘贴至混凝土基材上，使加固材料与基材形成整体，共同受力。

从施工流程看，碳纤维布与粘钢也十分相似。两种方法都受结构胶影响较大，若结构胶质量不合格，加固材料会与基材剥离，产生安全隐患甚至造成事故。同时两种方法加固前均需要卸载，未进行卸载或卸载不彻底都会产生二次受力，造成加固材料受力滞后。除此之外包括表面处理、施工温度等都有高度的重合。

事实上，碳纤维布与钢板在结构加固中起到的作用，可以等同为增加钢筋混凝土结构中的配筋率。因此，在一定程度上，碳纤维布加固与粘钢加固可以相互替换。按照规范中要求的设计值，我们可以进行简单的对比，规范中针对重要构件，高强度Ⅰ级碳纤维布的强度设计值为 1600MPa，Q235 钢板的设计强度取 215MPa，也就是说，在材料宽幅相同的情况下，可以大体认为厚度 1mm 的碳纤维布与厚度 8mm 的钢板加固效果相似。

2. 碳纤维布的优势

如果将碳纤维布抗拉强度设计值取为 2000MPa（该值为针对一般构件，高强度Ⅱ级碳纤维布的强度设计值），钢材（Q235）抗拉强度设计值取为 200MPa，可按照 0.1mm 厚的碳纤维布相当于 1mm 厚的钢板。

此外，碳纤维布轻、薄，不需要大型施工机械，运输储存、施工简便，同样工程量，粘贴碳纤维布施工工期约是粘钢的 40%。碳纤维布和钢材相比，属惰性材料，不锈蚀，也不易被有害介质腐蚀，在恶劣环境下耐久性好。

碳纤维布还具有较好的柔韧性，能够包裹复杂外形的构件，并非很光滑的钢筋表面基本有效粘贴率也可以达到 100%（图 4.7.1），粘贴钢板一般来说有效粘贴面只能达到 70%～80%。

3. 粘钢的优势

如果仅凭借上面的结果，就认为碳纤维布加固效果远高于粘钢，那就大错特错了。强度等级不同的碳纤维布厚度也不相同，加固中采用的Ⅰ级 300g 碳纤维布也不过 0.167mm。虽然碳纤维布加固中存在多层加固的情形，但最多不允许超过四层，且从第二层起加固效果就会发生折减，与 5mm 厚钢板的加固效果相比还是存在差距的。

碳纤维布和钢材弹性模量基本一致,但碳纤维布的抗拉强度是钢材的10倍左右,所以要充分发挥加固材料的强度,粘贴碳纤维布需要加固构件产生更大的形变。也就是说,在小变形情况下,粘贴碳纤维布加固应力滞后显著,所以当构件承载力相差较多时,应优先选用粘钢加固(图4.7.2)。

图 4.7.1 粘贴碳纤维布加固板

图 4.7.2 粘钢加固梁

碳纤维布和钢材弹性模量基本一致,达到同样的力值,钢材截面要大得多,所以粘钢加固提高构件刚度的幅度要超过碳纤维布加固。也就是说,若补充同样的抗弯能力,粘钢加固的挠度变化小于碳纤维布加固。

钢板上可以焊接锚筋,也可钻孔设植筋锚固,所以粘钢加固的锚固方式较粘碳纤维布灵活。

上述对比情况是出于理想的角度,若想实际替换,则还需要进行详细的计算求证。碳纤维布与粘钢的替换还有很多需要考虑的事宜,二者弹性模量相近,抗拉强度却相差较多,因此若要充分发挥碳纤维布的强度,就需要原有结构能够产生较大的变形。因此,当原结构卸载不明显或结构变形较小时,粘钢加固要明显优于碳纤维布加固。

碳纤维布与粘钢,适用环境也不完全相同。碳纤维布除了具有较高的强度之外,耐磨耐腐蚀也是其优点之一。从材料自身角度看,碳纤维布不会锈蚀,对于长期处于恶劣环境下的混凝土结构,将是更好的选择。另外,同规模的加固工程,粘钢施工的造价,可能会达到碳纤维布加固的2~3倍,需要引起注意。

4. 总结

在加固工程中,单采用一种加固工法就将问题完全解决,少之又少,换言之,任何加固工法都会有自己的使用局限,我们就需要掌握每种加固工法的优势,将每种加固工法的优势充分发挥出来。加固设计、方案的改动,要经由专业人士设计、审核与最终确定,切莫随意而为,忽视结构生命安全。

4.8 纤维复合材加固砌体结构和混凝土结构的区别

卡本科技集团股份有限公司

随着使用年限增长、环境恶化，建筑结构也在不断面临着新的挑战。耐久性下降、承载力不足，已成为大多数工程结构所共同面临的问题，对结构进行加固改造，保障结构安全，正成为越来越普及的现象。

那么砌体结构加固与混凝土结构加固能否相同对待呢？本文通过粘贴纤维复合材在两者结构上应用差别来解析砌体结构加固和混凝土结构加固的区别。

1. 适用基面

砌体结构（摘自《砌体结构加固设计规范》GB 50702—2011 第 9.1.2 条）：

被加固的砖墙，其现场实测的砖强度等级不得低于 MU7.5；砂浆强度等级不得低于 M2.5；现已开裂、腐蚀、老化的砖墙不得采用本方法进行加固。

混凝土结构（摘自《混凝土结构加固设计规范》GB 50367—2013 第 10.1.2 条）：

被加固的混凝土结构构件，其现场实测混凝土强度等级不得低于 C15，且混凝土表面的正拉粘结强度不得低于 1.5MPa。

2. 适用范围

砌体结构：

粘贴纤维复合材加固法仅适用于烧结普通砖墙平面内受剪加固和抗震加固。

混凝土结构：

适用于钢筋混凝土受弯、受压及受拉构件的加固。

3. 设计使用年限

砌体结构：

《砌体结构加固设计规范》GB 50702—2011 规定：结构加固后的使用年限可由业主和设计单位共同商定，一般情况下宜按 30 年考虑，到期后重新进行可靠性鉴定，检查的时间间隔可由设计单位确定，但第一次检查时间不得超过 10 年。

混凝土结构（摘自《混凝土结构加固设计规范》GB 50367—2013 第 3.1.7 条）：

混凝土结构的加固设计使用年限，应按下列原则确定：

（1）结构加固后的使用年限，应由业主和设计单位共同商定；

（2）当结构的加固材料中含有合成树脂或其他聚合物成分时，其结构加固后的使用年限宜按 30 年考虑；当业主要求结构加固后的使用年限为 50 年时，其所使用的胶和聚合物的粘结性能，应通过耐长期应力作用能力的检验；

（3）使用年限到期后，当重新进行的可靠性鉴定认为该结构工作正常，仍可继续延长其使用年限；

（4）对使用胶粘方法或掺有聚合物材料加固的结构、构件，尚应定期检查其工作状态；检查的时间间隔可由设计单位确定，但第一次检查时间不应迟于 10 年；

（5）当为局部加固时，应考虑原建筑物剩余设计使用年限对结构加固后设计使用年限的影响。

4. 对结构胶要求

砌体结构（摘自《工程建设标准强制性条文房屋建筑部分 2013 版》第 4.6.1～4.6.3 条）：

砌体加固工程用的结构胶粘剂，应采用 B 级胶。使用前，必须进行安全性能检验。检验时，其粘结抗剪强度标准值应根据置信水平 c 为 0.90、保证率为 95% 的要求确定。

浸渍、粘结纤维复合材的胶粘剂及粘贴钢板、型钢的胶粘剂必须采用专门配制的改性环氧树脂胶粘剂，其安全性能指标必须符合现行国家标准《混凝土结构加固设计规范》GB 50367—2013 规定的对 B 级胶的要求。承重结构加固工程中不得使用不饱和聚酯树脂、醇酸树脂等胶粘剂。

种植后锚固件的胶粘剂，必须采用专门配制的改性环氧树脂胶粘剂，其安全性能指标必须符合现行国家标准《混凝土结构加固设计规范》GB 50367—2013 的规定。在承重结构的后锚固工程中，不得使用水泥卷及其他水泥基锚固剂。种植锚固件的结构胶粘剂，其填料必须在工厂制胶时添加，严禁在施工现场掺入。

混凝土结构（摘自《混凝土结构加固设计规范》GB 50367—2013 第 4.4.1～4.4.3 条）：

（1）承重结构用的胶粘剂，宜按其基本性能分为 A 级胶和 B 级胶；对重要结构、悬挑构件、承受动力作用的结构、构件，应采用 A 级胶；对一般结构可采用 A 级胶或 B 级胶。

（2）承重结构用的胶粘剂，必须进行粘结抗剪强度检验。检验时，其粘结抗剪强度标准值，应根据置信水平为 0.90、保证率为 95% 的要求确定。

（3）承重结构加固用的胶粘剂，包括粘贴钢板和纤维复合材，以及种植钢筋和锚栓的用胶，其性能均应符合国家标准《工程结构加固材料安全性鉴定技术规范》GB 50728-2011 第 4.2.2 条的规定。

5. 设计计算

从《砌体结构加固设计规范》GB 50702—2011 第 9 章可知，砌体结构粘贴碳纤维复合材加固法需要进行砌体受剪、抗震加固等相关设计，而从《混凝土结构加固设计规范》GB 50367—2013 第 10 章可知，混凝土结构粘贴碳纤维复合材加固法需要进行受弯构件正截面、斜截面加固计算，受压构件正截面加固计算，框架柱斜截面加固计算，大偏心受压构件加固计算，受拉构件正截面加固计算，提高柱的延性计算等。通过上述对比可以看出，在砌体结构加固中，保证结构整体性是加固的重点所在。

6. 根本原因

砌体结构与混凝土结构相比，性能存在一定的差距。砌体结构通过砌块砌筑而成，抗压强度较好但仍低于混凝土结构。另一方面，砌体结构中，上下相邻砌块间通过砂浆进行连接，而砂浆强度较低，且与砌块粘结强度较弱，在水平方向荷载作用下易受到剪切破坏。

7. 总结

砌体结构与混凝土结构在加固时，存在较大的差异，二者不能混为一谈，了解其加固重点并选择合适的加固方法，从而保证结构安全至关重要。

4.9 粘贴多层纤维复合材料设计及施工要点

卡本科技集团股份有限公司

碳纤维布因其轻质高强、耐久性好等特点，在混凝土结构加固中得到广泛应用（图4.9.1）。碳纤维布粘贴层数对提高混凝土受弯构件正截面承载力的提高幅度有着根本的影响，例如：混凝土梁、板加固工程中，存在应用粘贴多层碳纤维布加固的情况。

图 4.9.1 梁底粘贴碳纤维布加固

1. 碳纤维布粘贴层数的确定

在《混凝土结构加固设计规范》GB 50367—2013 中，对采用纤维复合材加固的受弯构件正截面计算，规定如下：

在矩形截面受弯构件的受拉边混凝土表面上粘贴纤维复合材进行加固时其正截面承载力应按下列公式确定（图 4.9.2）：

$$M \leqslant \alpha_1 f_{c0} bx \left(h - \frac{x}{2} \right) + f'_{y0} A'_{s0} (h - a') - f_{y0} A_{s0} (h - h_0)$$

$$\alpha_1 f_{c0} bx = f_{y0} A_{s0} + \psi_f f_f A_{fe} - f'_{y0} A'_{s0}$$

$$\psi_f = \frac{(0.8\varepsilon_{cu} h/x) - \varepsilon_{cu} - \varepsilon_{f0}}{\varepsilon_f}$$

$$x \geqslant 2a'$$

式中：M——构件加固后弯矩设计值（kN·m）；

$\quad\quad x$——混凝土受压区高度（mm）；

$\quad\quad b$、h——矩形截面宽度和高度（mm）；

f_{y0}、f'_{y0}——原截面受拉钢筋和受压钢筋的抗拉、抗压强度设计值（N/mm²）；

A_{s0}、A'_{s0}——原截面受拉钢筋和受压钢筋的截面面积（mm²）；

a'——纵向受压钢筋合力点至截面近边的距离（mm）；

h_0——构件加固前的截面有效高度（mm）；

f_f——纤维复合材的抗拉强度设计值（N/mm²）；

A_{fe}——纤维复合材的有效截面面积（mm²）；

ψ_f——考虑纤维复合材实际抗拉应变达不到设计值而引入的强度利用系数，当$\psi_f >$ 1.0时，取$\psi_f = 1.0$；

ε_{cu}——混凝土极限压应变，取$\varepsilon_{cu} = 0.0033$；

ε_f——纤维复合材拉应变设计值；

ε_{f0}——考虑二次受力影响时纤维复合材的滞后应变，应按《混凝土结构加固设计规范》GB 50367—2013第10.2.8条的规定计算，若不考虑二次受力影响，取 $\varepsilon_{f0} = 0$。

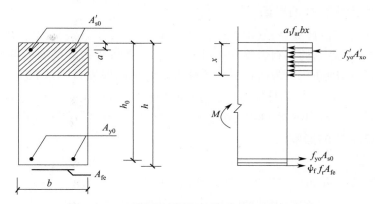

图4.9.2 矩形截面构件正截面受弯承载力计算

对以上内容进行总结：

（1）根据已知构件加固后设计弯矩值算出纤维复合材（碳布、碳板等）有效截面面积。

（2）根据算出的纤维复合材有效截面面积计算实际粘贴截面面积。

（3）截面面积÷宽度＝厚度。

（4）厚度÷单层厚度＝层数。

2. 碳纤维布粘贴层数的上限

根据上面介绍的内容貌似是没有上限，但在《混凝土结构加固设计规范》GB 50367—2013中表示：纤维复合材的加固量，对预成型板，不宜超过2层，对湿法铺层的织物，不宜超过4层，超过4层时，宜改用预成型板，并采取可靠的加强锚固措施。

《加固规范》指出碳布不宜超过4层，查阅本条条文说明内容如下：为了纤维复合材的可靠锚固以及节约材料，本条对纤维复合材的层数提出了指导性意见。

究其根本就是接下来要讲的厚度折减系数。

3. 厚度折减系数

上面我们提到根据算出的纤维复合材有效截面面积计算实际粘贴截面面积。下列公式引入了厚度折减系数。

实际应粘贴的纤维复合材截面面积 A_f，应按下式计算：

$$A_f = A_{fe}/k_m$$

纤维复合材厚度折减系数 k_m，应按下列规定确定：

（1）当采用预成型板时，$k_m = 1.0$；

（2）当采用多层粘贴的纤维织物时，k_m 值按下式计算：

$$k_m = 1.16 - \frac{n_f E_f t_f}{30800} \leqslant 0.90$$

式中：E_f——纤维复合材弹性模量设计值（MPa）；

　　　n_f——纤维复合材（单向织物）层数；

　　　t_f——纤维复合材（单向织物）的单层厚度（mm）。

4. 引入厚度折减系数的原因

《混凝土结构加固设计规范》GB 50367—2013 第 10.2.4 条条文说明中表明：本条是考虑纤维复合材多层粘贴的不利影响，而对第 10.2.3 条计算得到的有效截面面积进行放大，作为实际应粘贴的面积。为此，引入了纤维复合材的厚度折减系数 k_m。该系数系参照 ACI440 委员会于 2000 年 7 月修订的 "Guide for the design and construction of externally bonded frp systems for strengthening concrete structures" 而制定的。

5. 厚度折减系数的影响

简单演示计算：

贴 4 层一级 300g 碳布（弹性模量按设计值）的厚度系数为：

$$1.16-(4 \times 2.3 \times 100000 \times 0.167) \div 308000 \approx 0.66 \leqslant 0.90 \text{ 成立}$$

可见，（不考虑其他因素，单从厚度折减系数）有效粘贴截面面积为实际粘贴截面面积的 66%，损失约 34%，理论上 4 层碳纤维布贴上去也约等于实际利用 2.64 层碳纤维布效果。如果粘贴 5 层或更多，对于材料浪费值得引起我们注意。

4.10 嵌入式碳板加固的问题

卡本科技集团股份有限公司

在我国，粘贴碳纤维板加固混凝土结构的加固方法已较为普及，国家标准《混凝土结构加固设计规范》GB 50367—2013 对其也有明确规定。而嵌入式粘贴碳纤维板加固方法（图 4.10.1），最初是为避免外贴碳板与混凝土间发生剥离破坏而成为研究热点。

图 4.10.1 嵌入式碳板加固技术

1. 嵌入式碳板加固简介

在结构构件表层开槽，将碳纤维板嵌入其中，利用环氧胶粘剂使其与构件结合紧密，达到加固和补强的目的。

2. 与外贴式碳板加固对比

本文参考某论文[1] 通过用内嵌碳纤维板条加固法，对加固混凝土梁抗弯性能进行试验研究，利用相关数据解析不同胶粘剂、不同加固方法（内嵌与外贴）的加固效果。

试验方案：抗弯静载试验

选用 5 根试验梁进行抗弯静载试验，对比梁 L1、外贴碳板加固梁 L2 与内嵌不同胶粘剂的碳板加固梁（环氧树脂结构胶 L3、环氧砂浆 L4、水泥砂浆 L5），加固梁的开槽尺寸为 10mm×22mm，外贴加固梁碳纤维板的粘结长度为 1800mm×40.37mm，并在板条两端附加碳布锚固措施，对加固梁的破坏形态、刚度、荷载-应变、极限承载力、裂缝等进行分析。

（1）抗弯承载力及破坏形态分析

<table>
</table>

| | | | | | | | 表 4.10.1 |

试验梁抗弯承载力及破坏形态　　　　　　　　　　　　　　　　　表 4.10.1

试件编号	粘结材料	粘结长度（mm）	开槽数量	板条尺寸（mm）	抗弯极限承载力/(kN)	比 L1 梁提高幅度（%）	破坏形态
L1	—	—	—	—	99	—	c
L2 外贴	环氧树脂	1800	—	40.37	116	17	b
L3	环氧树脂	1800	2	20.19	136	37	a
L4	水泥砂浆	1800	2	20.19	129	30	a
L5	环氧砂浆	1800	2	20.19	120	21	a

通过对比发现（表 4.10.1），①加固梁极限承载力比未加固梁 L1 提高幅度 17%～37%；②以环氧树脂为粘结材料的内嵌碳板效果最好。

（2）荷载-应变分析

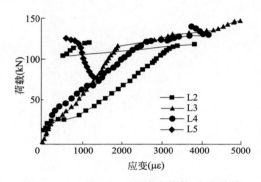

图 4.10.2　梁 L2～L5 跨中荷载-应变曲线

从加固梁跨中碳板荷载-应变关系曲线（图 4.10.2）可以看出，在开裂荷载后，外贴梁 L2 与内嵌梁的应变差很大，即碳板承担的力相差很大。由于外贴梁发生剥离破坏，碳板退出工作；内嵌加固梁则呈现一定的塑性。

（3）裂缝分析

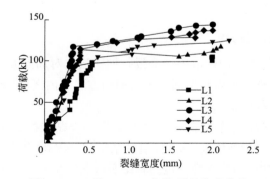

图 4.10.3　梁 L1～L5 荷载-裂缝宽度曲线

通过试验梁荷载-裂缝宽度曲线（图 4.10.3）可以看出，未加固梁在混凝土开裂后，曲线斜率变小，裂缝变化较快，平均裂缝间距增大。而加固梁在受拉钢筋屈服前，裂缝缓慢发展，直到碳板失效，裂缝才迅速增大。

从以上试验数据和分析，得出以下结论：

碳板加固梁对比未加固梁抗弯承载力有较大程度提高，抑制了裂缝的发展，裂缝的间距和裂缝的宽度都有减小。

内嵌碳板粘结材料性能最好的为环氧树脂，其结果显而易见，但对于内嵌碳板条加固梁的极限承载力提高幅度要高于外贴碳板加固梁，主要是因为出现剥离破坏现象，但试验并未对所用外贴碳板环氧树脂胶粘剂指标进行说明（是否满足国家标准使用要求），这会不会影响试验结果有待考究。

另外需补充的是：针对外贴碳板加固出现剥离破坏，可以从两方面进行优化处理。

（1）增加碳布U形箍，起到对碳板进行锚固、防止剥离破坏作用，且U形箍对受弯构件中斜截面承载力有提升作用。

（2）选用优质的碳板胶，满足国家标准《工程结构加固材料安全性鉴定技术规范》GB 50728—2011 对其相关性能要求。尤其不能用粘钢胶代替碳板胶使用，两者性能指标有较大差别，特别是伸长率指标，如果碳板胶伸长率只有 1.2%（粘钢胶的伸长率要求），那么碳板胶会先破坏，不能充分发挥碳板的强度。

参考文献

[1] 董蛟震，梁玉国，魏志涛．内嵌碳纤维板条加固混凝土梁抗弯性能试验研究 [J]．河北工业科技，2015，30（6）．

4.11　植筋后焊接施工要点

卡本科技集团股份有限公司

植筋加固通常是将钢筋植入混凝土结构，梁增大截面，柱上新增设梁等都会用到植筋加固技术（图 4.11.1）。在植筋加固和改造过程中，有时会需要对植入的钢筋进行焊接，然而焊接产生的高温可能会对植筋胶的粘结性能及承载能力造成不良影响，造成植筋滑移，从而影响加固效果。

1. 植筋后焊接的影响

手工电弧焊，直流时的温度为 1000～2000℃，而交流时为 2400～2600℃。而环氧植筋胶的热分解温度一般为 180～300℃。如果不采取保护措施进行直接焊接，胶体就会完全丧失掉粘结性，造成植筋脱锚。

图 4.11.1　植筋工艺

关于胶体的适用温度范围在《工程结构加固材料安全性鉴定技术规范》GB50728—2011 第 4.1.2 条条文说明中做出如下解释：

在胶粘工艺不受限制的情况下，胶粘剂一般按常温、中温、高温和特高温分成四类，使用温度的范围，分别为−55～80℃、−55～120℃、−55～150℃和−55～210℃。但这在工程结构施工现场常温胶结的条件下，是很难达到的。为此，本规范根据调查和验证性试验的结果，分为−55～60℃、−45～95℃、−45～125℃、−45～150℃四类，仅列Ⅰ、Ⅱ、Ⅲ类，面对Ⅳ类胶则作为个案处理。因为前三类已有较成熟的工艺，而第Ⅳ类胶的常温固化工艺还很不成熟，需要采取特殊的措施。

综上所述，不采取任何防护措施的植筋后焊接是不可取的，胶体无法直接承受焊接的热量。

2. 解决高温焊接不良影响的方法

当必须进行植筋后焊接时，可以通过合理控制胶体部位的温度、适当增加锚固深度、采用其他的连接方式等来降低高温焊接造成的影响。

（1）合理控制胶体部位的温度

相关规范和专家论证都说明采取适当保护措施后，焊接是可行的。原理就是通过各种措施使得胶体附近温度始终保持在一个相对安全的区间范围，从而不影响或较小影响胶体性能。

若个别钢筋确需后焊接时，除应采取断续施焊的降温措施外，尚应要求施焊部位距注胶孔顶面的距离不应小于 $15d$，且不应小于 200mm；同时必须用冰水浸渍的多层湿巾包裹植筋外露的根部（参考《建筑结构加固工程施工质量验收规范》GB 50550—2010 第 19.1.5 条）。

对于成批的植筋仍坚持先焊接后植筋的原则，以确保胶层不致因高温作用而受损伤（参考《建筑结构加固工程施工质量验收规范》GB 50550—2010 第 19.1.5 条条文说明）。

（2）适当增加锚固深度

适当增加锚固深度，既可以提高植筋的抗拉极限承载能力，也能减小植筋的滑移量，从而降低后焊接的影响。

（3）采取其他的连接方式

可以采取其他的连接方式，比如绑扎搭接、机械连接。

① 绑扎搭接。钢筋搭接是指两根钢筋相互有一定的重叠长度，用扎丝绑扎的连接方法，适用于较小直径的钢筋连接，一般用于板筋和墙体钢筋。《高层建筑混凝土结构技术规程》JGJ 3—2010 第 6.5.3 条规定：当受拉钢筋直径大于 25mm、受压钢筋大于 28mm 时，不宜采用绑扎搭接接头。

优点：施工简单，效率高，不损害钢筋。

缺点：钢筋浪费太多，骨架容易变形，传力性能差。

② 机械连接。钢筋机械连接是通过钢筋与连接件的机械咬合作用或钢筋端面的承压作用，将一根钢筋中的力传递至另一根钢筋的连接方法。

优点：操作简便，施工速度快，可连续无限接长，传力性能好，超强连接，质量稳定且好。

缺点：相比而言主要还是费用较高。

连接方式的选用需要结合实际情况，参照标准规范等，做出合理选择。

3. 总结

植筋工程尽量采用先焊后植，若植筋需要后焊接时可采用断续施焊、增大施焊部位距注胶孔顶面的距离、用冰水浸渍的多层湿巾包裹植筋外露的根部，或采用适当的其他连接方法等，从而达到良好的植筋效果。

4.12　植筋施工及验收的若干问题

卡本科技集团股份有限公司

建筑植筋技术是一种简单有效的混凝土结构连接锚固技术，可植入普通钢筋或螺栓式锚杆，广泛应用于既有建筑加固改造工程中。

关于植筋施工及验收常见的问题如下：

1. 植筋施工工序

植筋施工工序如图 4.12.1 所示。

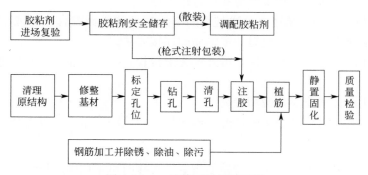

图 4.12.1　植筋工程施工工序

2. 植筋施工适宜的环境

《建筑结构加固工程施工质量验收规范》GB 50550—2010 规定，植筋过程应该满足的环境要求如下：

（1）基材表面温度应符合胶粘剂使用说明书要求；若未标明温度要求，应按不低于15℃进行控制；

（2）基材孔内表层含水率应符合胶粘剂产品使用说明书的规定；

（3）严禁在大风、雨雪天气进行露天作业。

注：当基材孔内表层含水率无法降低至胶粘剂使用说明书的要求时，应改用高潮湿面适用的胶粘剂。

3. 植筋施工适宜的温度

《混凝土结构加固设计规范》GB 50367—2013 第 15.1.6 条规定，采用植筋锚固的混凝土结构，其长期使用温度不应高于 60℃。焊接钢筋时其产生的高温环境通常会对植筋胶十分不利，影响锚固效果，在《建筑结构加固工程施工质量验收规范》GB 50550—2010 中也明确表示植筋焊接应在注胶前进行。若个别钢筋确需后焊接时，除应采取断续施焊的降温措施外，尚应要求施焊部位距注胶孔顶面的距离不应小于 $15d$，且不应小于200mm；同时必须用冰水浸渍的多层湿巾包裹植筋外露的根部。所以，有效控制高温焊接对植筋的影响具有非常重要的现实意义。

4. 植筋对混凝土基材质量的要求

根据《混凝土结构加固设计规范》GB 50367—2013 的规定，采用植筋技术，包括种植全螺纹螺杆技术时，原构件的混凝土强度等级应符合下列规定：

（1）当新增构件为悬挑结构构件时，其原构件混凝土强度等级不得低于 C25；

（2）当新增构件为其他结构构件时，其原构件混凝土强度等级不得低于 C20。

采用植筋和种植全螺纹螺杆锚固时，其锚固部位的原构件混凝土不得有局部缺陷。若有局部缺陷，应先进行补强或加固处理后再植筋。

5. 植筋用钢筋质量的要求

植筋技术中的钢筋一般选用 HPB300 级或者 HRB335 级钢筋，其强度应符合现行《碳素结构钢》GB/T 700—2006 的规定。

6. 植筋胶要求

对设计使用年限为 50 年的植筋胶，应通过耐湿热老化和耐长期应力作用能力测试。《混凝土结构工程用锚固胶》GB/T 37127—2018 将锚固胶分为改性环氧树脂类、改性乙烯基脂类、不饱和聚酯类三类，前面两类适用于承重结构的锚固，第三类适用于非承重结构的锚固。

7. 植筋锚固深度计算

《混凝土结构加固设计规范》GB 50367—2013 规定，单根植筋锚固的承载力设计值应满足下列要求：

（1）单根植筋锚固的承载力设计值应符合下列公式规定：

$$N_t^b = f_y A_s \tag{4.12.1}$$

$$l_d \geqslant \psi_N \psi_{ae} l_s \tag{4.12.2}$$

式中：N_t^b——植筋钢材轴向受拉承载力设计值（kN）；

f_y——植筋用钢筋的抗拉强度设计值（N/mm²）；

A_s——钢筋截面面积（mm²）；

l_d——植筋锚固深度设计值（mm）；

l_s——植筋的基本锚固深度（mm）；

ψ_N——考虑各种因素对植筋受拉承载力的影响而需加大锚固深度的修正系数；

ψ_{ae}——考虑植筋位移延性要求的修正系数，当混凝土强度等级不高于 C30 时，对 6 度区及 7 度区一、二类场地，取 $\psi_{ae}=1.10$；对 7 度区三、四类场地及 8 度区，取 $\psi_{ae}=1.25$；当混凝土强度等级高于 C30 时，取 $\psi_{ae}=1.00$。

（2）植筋的基本锚固深度 l_s 应按下式确定：

$$l_s = 0.2\alpha_{spt} d f_y / f_{bd} \tag{4.12.3}$$

式中：α_{spt}——防止混凝土劈裂引用的计算系数，按表 4.12.1 的确定；

d——植筋公称直径（mm）；

f_{bd}——植筋用胶粘剂的粘结抗剪强度设计值（N/mm²），按表 4.12.2 的规定值采用。

考虑混凝土劈裂影响的计算系数 α_{spt}　　　　　表 4.12.1

混凝土保护层厚度 c(mm)		25		30		35	≥40
箍筋设置情况	直径 ϕ(mm)	6	8 或 10	6	8 或 10	≥6	≥6
	间距 s(mm)	在植筋锚固深度范围内，s 不应大于 100mm					
植筋直径 d(mm)	≤20	1.00		1.00		1.00	1.00
	25	1.10	1.05	1.05	1.00	1.00	1.00
	32	1.25	1.15	1.15	1.10	1.10	1.05

注：当植筋直径介于表列数值之间时，可按线性内插法确定 α_{spt} 值。

粘结抗剪强度设计值 f_{bd}　　　　　表 4.12.2

胶粘剂等级	构造条件	基材混凝土的强度等级				
		C20	C25	C30	C40	≥C60
A 级胶或 B 级胶	$s_1 \geq 5d$；$s_2 \geq 2.5d$	2.3	2.7	3.7	4.0	4.5
A 级胶	$s_1 \geq 6d$；$s_2 \geq 3.0d$	2.3	2.7	4.0	4.5	5.0
	$s_1 \geq 7d$；$s_2 \geq 3.5d$	2.3	2.7	4.5	5.0	5.5

注：1. 当使用表中的 f_{bd} 值时，其构件的混凝土保护层厚度，不应低于现行国家标准《混凝土结构设计规范》GB 50010 的规定值；

　　2. s_1 为植筋间距；s_2 为植筋边距；

　　3. f_{bd} 值仅适用于带肋钢筋或全螺纹螺杆的粘结锚固。

（3）当按构造要求植筋时，其最小锚固长度 $l_{\min}$ 应符合下列构造规定：

受拉钢筋锚固：max $\{0.3l_{\text{s}}$；$10d$；100mm$\}$；

受压钢筋锚固：max $\{0.6l_{\text{s}}$；$10d$；100mm$\}$；

对悬挑结构构件尚应乘以 1.5 的修正系数。

（4）当所植钢筋与原有钢筋搭接时，其受拉搭接长度 l_1，应根据位于统一连接区段内的钢筋搭接接头面积百分率，按下列公式确定：

$$l_1 = \zeta_1 l_{\text{d}} \qquad\qquad (4.12.4)$$

式中：ζ_1——纵向受拉钢筋搭接长度修正系数，按表 4.12.3 取值。

纵向受拉钢筋搭接长度修正系数　　　　　表 4.12.3

纵向受拉钢筋搭接接头面积百分率(%)	≤25	50	100
ζ_1 值	1.2	1.4	1.6

同时在《建筑结构加固工程施工质量验收规范》（GB 50550—2010）中也明确提出了植筋钻孔孔径、钻孔深度、垂直度和位置的允许偏差，见表 4.12.4 和表 4.12.5。

植筋钻孔孔径允许偏差（mm）　　　　　表 4.12.4

钻孔直径	孔径允许偏差	钻孔直径	孔径允许偏差
<14	≤+1.0	22～32	≤+2.0
14～20	≤+1.5	34～40	≤+2.5

植筋钻孔深度、垂直度和位置的允许偏差　　　　　表 4.12.5

植筋部位	钻孔深度允许偏差(mm)	钻孔垂直度允许偏差(mm/m)	位置允许偏差(mm)
基础	+20,0	50	10

续表

植筋部位	钻孔深度允许偏差（mm）	钻孔垂直度允许偏差（mm/m）	位置允许偏差（mm）
上部构件	+10,0	30	5
连接节点	+5,0	10	5

注：当钻孔垂直度偏差超过允许值时，应由设计单位确认该孔洞是否可用；若需返工，应由施工单位提出技术处理方案，经设计单位认可后实施。对经处理的孔洞，应重新检查验收。

检查数量：每种规格植筋随机抽查5%，且不少于5根。

检验方法：量角规、靠尺、钢尺量测；重新钻孔时，尚应检查技术处理方案。

综上所述，包含施工环境要求在内的六大因素共同决定着植筋效果，一般胶体性能越好、基材强度越高、钻孔越深、基材配筋越密，锚固力也就越高。

8. 植筋工程施工质量检验

检验锚固拉拔承载力的加荷制度分为连续加荷和分级加荷两种，可根据实际条件进行选用。

检验结果的评定，应符合《建筑结构加固工程施工质量验收规范》GB 50550—2010的要求。

（1）非破损检验的评定，应根据所抽取的锚固试样在持荷期间的宏观状态，按下列规定进行：

① 当试样在持荷期间锚固件无滑移、基材混凝土无裂纹或其他局部损坏迹象出现，且施荷装置的荷载示值在2min内无下降或下降幅度不超过5%的检验荷载时，应评定其锚固质量合格。

② 当一个检验批所抽取的试样全数合格时，应评定该批为合格批。

③ 当一个检验批所抽取的试样中仅有5%或5%以下不合格（不足1根，按1根计）时，应另抽3根试样进行破坏性检验。若检验结果全数合格，该检验批仍可评为合格批。

④ 当一个检验批抽取的试样中不止5%（不足1根，按1根计）不合格时，应评定该检验批为不合格批，且不得重做任何检验。

（2）破坏性检验结果的评定，应按下列规定进行：

① 当检验结果符合下列要求时，其锚固质量评为合格：

$$N_{u,m} \geqslant [\gamma_u] N_t \text{ 且 } N_{u,min} \geqslant 0.85 N_{u,m} \tag{4.12.5}$$

式中：$N_{u,m}$——受检验锚固件极限抗拔力实测平均值；

$N_{u,min}$——受检验锚固件极限抗拔力实测最小值；

N_t——受检验锚固件连接的轴向受拉承载力设计值；

$[\gamma_u]$——破坏性检验安全系数，按表4.12.6取用。

② 当$N_{u,m} < [\gamma_u] N_t$，或$N_{u,mim} < 0.85 N_{u,m}$时，应评定该锚固质量不合格。

检验安全系数 $[\gamma_u]$ 表 4.12.6

锚固件种类	破坏类型	
	钢材破坏	非钢材破坏
植筋	≥1.45	—
锚栓	≥1.65	≥3.5

9. 植筋现场拉拔原理和测试方法

植筋抗拔现场检验分为非破损检验和破坏性检验。重要结构构件、悬挑结构、对该工程锚固质量有怀疑、仲裁性试验均要采用破坏性试验，对于一般构件可以采用非破坏性试验进行检测。在做破坏性试验时允许在加固结构附近，找同强度等级的混凝土作为基材进行植筋，然后进行代替试验。

植筋现场检验抽样时，应以同品种、同规格、同强度等级的锚固件安装于锚固部位基本相同的同类构件为一检验批，并应从每一检验批所含的锚固件中进行抽样。现场破坏性检验的抽样，应选择易修复和易补种的位置，取每一检验批植筋总数的千分之一，且不少于 5 件进行检验，植筋数量不足 100 件时，可仅取 3 件进行检验。现场非破损检验抽样时，对于重要构件，应按其检验批植筋总数的 3%，且不少于 5 件进行随机抽样，对于一般构件，应按 1%，且不少于 3 件进行随机抽样。现场拉拔建议在植筋后的第七天进行。

拉拔张拉时可以采用连续加荷或者分级加荷。连续加荷是以均匀速率在 2~3min 时间内拉至检验荷载或破坏荷载。分级加荷是指将设定的检验荷载或破坏荷载分为 10 个等级。非破损检验时，张拉力应取 $1.15N_t$ 进行持荷。非受损检验张拉至每一级应持荷几分钟。

非破损检验的评定，应根据所有植筋在持荷期间的宏观状态，按下列规定进行：

（1）当试样在持荷期间锚固件无滑移、基材混凝土无裂纹或其他局部损坏迹象出现，且施荷装置的荷载示值在 2min 内无下降或下降幅度不超过 5% 的检验荷载时，应评定其锚固质量合格。

（2）当一个检验批所抽取的试样全数合格时，应评定该检验批为合格批。

（3）当一个检验批所抽取的试样中仅有 5% 或 5% 以下不合格时，应另抽取 3 根试样进行破坏性试验。若检验结果全数合格，该检验批仍可评为合格。

（4）当一个检验批抽取的试样中不止 5% 不合格时，应评定为不合格检验批，且不得做任何检验。

破坏性检验结果评定，当 $N_{u,m} \geqslant 1.45N_t$ 且 $N_{u,min} \geqslant 0.85N_{u,m}$ 时，植筋质量评定为合格。其中：$N_{u,m}$ 表示受检验植筋极限抗拔力实测平均值；$N_{u,min}$ 表示受检验植筋极限抗拔力实测最小值；N_t 表示受检验植筋连接的轴向受拉承载力设计值。N_t 值应由设计单位提供，检验单位及其他单位均无权自行确定。

4.13 植筋锚固深度对加固效果的影响

卡本科技集团股份有限公司

随着建筑施工技术的飞速发展，混凝土后锚固技术得到广泛应用。混凝土后锚固技术包括膨胀型锚栓、扩孔型锚栓和化学植筋，其中化学植筋技术越来越多地应用到工程施工中，主要用于混凝土结构改扩建工程的钢筋锚固（图 4.13.1）。但在工程实践中植筋技术仍普遍存在个别不统一的做法和不规范的行为。植筋工程的施工质量直接影响到整个工程的质量，应当引起工程人员的重视，特别是某些植筋工程与生命线工程发生直接联系，如果植筋过程处理不当，可能为工程留下影响结构安全的隐患。

图 4.13.1　现场植筋工程施工照片

现行国家标准、行业标准、地方标准对植筋技术的要求不尽统一，个别工程项目人员对植筋技术的认识和掌握不够全面，容易导致工作中出现一些非故意错误。其中植筋深度是植筋技术中一项重要指标，清楚植筋深度要求和计算方法有重要意义。

1. 植筋对混凝土基层的要求

根据《混凝土结构加固设计规范》GB 50367—2013 的相关内容，对混凝土结构植筋锚固长度做如下介绍，当新增构件为悬挑结构构件时，其原构件混凝土强度等级不得低于 C25；当新增构件为其他结构构件时，其原构件混凝土强度等级不得低于 C20。

2. 植筋深度对植筋效果的影响

植筋锚固深度不同，产生的锚固破坏形态各不相同，主要分为混凝土锥体破坏、植筋胶与混凝土或钢筋黏性破坏、钢筋屈服破坏以及应力传递性破坏，如图 4.13.2 所示。

（1）混凝土锥体破坏（图 d）

混凝土植筋深度不足，在拉应力作用下，植筋胶与钢筋紧密粘结，钢筋强度未达到或刚刚达到其屈服强度，而混凝土的拉应力已达到极限而产生混凝土锥体破坏。

（2）植筋胶与混凝土或钢筋黏性破坏（图 4.13.2b、c）

由于植筋胶的粘结力而发生破坏，植筋胶与混凝土或钢筋粘结力不足，在拉应力作用下与混凝土或者钢筋产生脱离，使钢筋和混凝土的抗拉强度等都没有充分发挥，这种破坏

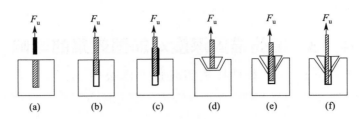

图 4.13.2　植筋的破坏形态

（a）钢筋拉断破坏；（b）结构胶粘结破坏（与钢筋接触面）；（c）结构胶粘结破坏（与混凝土接触面）；
（d）混凝土锥体破坏；（e）复合破坏-锥体破坏与钢筋拔出；（f）复合破坏-锥体破坏与钢筋拉断

形式不仅与植筋胶的质量有关，还与植筋深度、施工工艺等各方面因素都息息相关。

（3）钢筋屈服破坏（图 a）

钢筋屈服破坏在这三种破坏形态中属于较为理想的一种破坏方式，是钢筋在产生屈服后直至钢筋发生屈服破坏，植筋胶仍未发生破坏的形态，属于一种延性破坏，然而产生这种破坏形态的原因之一就是植筋深度够深（一般为 $15d$ 以上）。

（4）应力传递性破坏

此破坏形态是在植筋深度超过最小植筋深度时发生的。钢筋与植筋胶、植筋胶与混凝土以及钢筋的粘结应力均未达到平均粘结强度。当植筋外部混凝土发生局部粘结破坏或锥体破坏后，随着拉力的增加植筋屈服直至被拉断。这时混凝土的抗拉强度还未充分发挥，粘结也未破坏，只是植筋过深会造成浪费。

3. 植筋不足时的处理方法

（1）降低植筋用钢筋抗拉强度设计值

植筋锚固深度与植筋用的钢筋抗拉强度设计值成正比关系，设计时植筋用的钢筋抗拉强度设计值可以在满足工程要求的基础上将其取到最小值，这样就可以更准确地计算出锚固深度的最小值。此种方法既保证了结构安全，也满足了设计施工要求。

（2）穿孔塞焊（图 4.13.3）

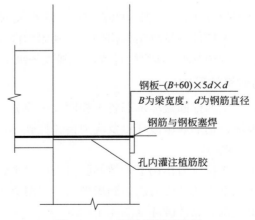

钢板-$(B+60) \times 5d \times d$
B 为梁宽度，d 为钢筋直径
钢筋与钢板塞焊
孔内灌注植筋胶

图 4.13.3　穿孔塞焊示意图

当钢筋锚固深度不足时可在钢板上打个透孔，并在透孔位置满焊进行连接，以起到增加钢筋锚固深度的作用。钢板宽度应$\geq 5d$（d 为钢筋直径），厚度应$\geq d$，长度应大于梁宽。其他要求按照相关技术规范的规定执行。

（3）钢筋等强度代换

当钢筋数量较少且直径较大时，可采用等强度代换的方式，对于相同等级的钢筋可采用等截面代换，即用小截面钢筋代替大截面钢筋。例如 3 根 25 的 HRB335 级钢筋可以采用 5 根 18＋1 根 16 相同等级的钢筋进行等截面代换，钢筋的截面面积都为 $1473\mathrm{mm}^2$。钢筋截面积变小以后植筋深度也会变小，可以满足植筋锚固深度要求的可能性也更大。

植筋工程中，一方面，锚固深度足够就能够杜绝混凝土劈裂破坏的发生，劈裂破坏属脆性破坏，征兆不明显易引发事故。另一方面，植筋胶是植入钢筋正常受力的重要前提，选择植筋胶时，应避免选购早期强度足够而耐久性差的品类，防止后期出现脱胶现象。

4.14 后锚固植筋的技术要点

卡本科技集团股份有限公司

结构加固植筋不同于二次结构填充墙植筋，属于后锚固植筋，后锚固植筋的结构需要承担结构本身和上面的附着物的荷载，有些还涉及动荷载、风雪荷载等，如果植筋工序上马虎了，造成的后果会比较严重。

虽说要求较为严格，但植筋技术作为一项较简捷、有效的连接与锚固技术已经很成熟，在加固领域应用广泛。植筋后锚固技术不必进行大量的开凿，只需在植筋部位钻孔后，利用锚固剂作为钢筋与混凝土的粘合剂就能保证钢筋与混凝土的良好锚固粘结，不但减少工作量，而且减轻对原有混凝土结构构件的损伤。

植筋除了参照《混凝土结构加固设计规范》GB 50367—2013 之外，还需参照行业标准《混凝土结构后锚固技术规程》JGJ 145—2013（以下简称《后锚固规程》），其中第4.3.15 条为该规程唯一的强制性条文，必须强制执行：

未经技术鉴定或设计认可，不得改变锚固连接的用途和使用环境。（解读：没有经过技术鉴定或者设计许可，必须严格按照指定的后锚固连接的用途使用，且不能更换使用的环境，因为环境不同对植筋胶的耐久性也会有很大影响，这是该规程唯一强制性要求的条文。）

举个例子：假设要后植筋一个飘窗板，需要如何开始一个完整的植筋操作流程呢？

因为是后植筋的飘窗板，必须有设计出的经过审图中心核准的图纸，按照图纸准备材料。图纸要求：上排：Φ8@150，下排Φ8@150，植筋深度 180mm，植筋胶为 A 级。

1. 混凝土基底材料

植筋锚固的基材应为钢筋混凝土或者预应力混凝土构件，其纵向受力钢筋的配筋率不应低于现行国家标准《混凝土结构设计规范》GB 50010—2010 中规定的最小配筋率。基材混凝土强度等级不应低于 C20，且不得高于 C60，安全等级为一级的后锚固连接，其基材混凝土等级不应低于 C30。

2. 钢筋选材及直径

设计验算后满足荷载的要求即可，但需满足下列要求：植筋加固禁止使用光圆钢筋，带肋钢筋宜采用 HRB400，钢筋强度按照现行 GB 50010 规定采用，钢材等级符合 Q355级。钢筋直径与对应的钻孔直径相关要求可参考《后锚固规程》相关数据，见表 4.14.1。

钢筋直径与对应的钻孔直径 表 4.14.1

钢筋直径 d（mm）	钻孔直径 D（mm）	
	有机胶	无机胶
8	12	≥12
10	14	≥14

钢筋直径 d(mm)	钻孔直径 D(mm)	
	有机胶	无机胶
12	16	≥16
14	18	≥18
16	20	≥20
18	22	≥24
20	25	≥26
22	28	≥28
25	32	≥32
28	35	≥36
32	40	≥40

本工程钢筋直径为 8mm，植筋孔径为 12mm。

3. 植筋深度

因为本植筋工程采用直径 8mm 的钢筋，选用 100mm 为基准深度，$h=100mm+2\times 8mm=116mm$，本植筋的对象是悬挑板，还要乘以 1.5 的修正系数，$h=116mm\times 1.5=174mm$，设计要求为 180mm，满足图集计算要求。直径深度相关要求可参考《后锚固规程》第 7.2.1 条和第 7.2.2 条。

《后锚固规程》第 7.2.1：植筋的最小锚固长度 l_{min}，对受拉钢筋，应取 $0.3l_s$、$10d$ 和 100mm 三者之间的最大值；对受压钢筋，应取 $0.6l_s$、$10d$ 和 100mm 三者之间的最大值；对悬挑构件尚应乘以 1.5 的修正系数。l_s 为植筋的基本锚固深度，d 为钢筋直径。

《后锚固规程》第 7.2.2：基材在植筋方向的最小尺寸 h_{min} 应满足下式要求：

$$h_{min} \geq l_d + 2D \tag{4.14.1}$$

式中：D——钻孔直径。

4. 植筋胶的选择

本例选择了 A 级植筋胶，因为安全等级为一级的后锚固连接植筋时须为 A 级植筋胶（若安全等级为二级，可采用 B 级植筋胶和无机胶），符合行业标准《混凝土结构工程用锚固胶》JG/T 340—2011 的相关规定。

5. 拉拔、锚固深度对混凝土构件的影响

第一个施工样板，应由有资质的第三方检测机构进行现场植筋拉拔试验，植筋拉拔试验合格后方可进行大规模植筋施工。

植筋锚固深度不同，产生的锚固破坏形态各不相同，主要分为混凝土椎体破坏、植筋胶与混凝土或钢筋黏性破坏以及钢筋屈服破坏。

4.15 混凝土裂缝类型及解决方法

卡本科技集团股份有限公司

混凝土因其性能稳定、材料来源广泛、耐久性好、养护需求低、成型工艺简单等优势，在工程建设中得到广泛应用。但混凝土也存在较多难以克服的缺点，主要表现在抗拉性能差，容易形成裂缝（图4.15.1），如果这些裂缝没有得到及时正确的处置，任其进一步发展，最终将产生严重的工程危害。

图 4.15.1　混凝土裂缝病害

1. 混凝土裂缝产生的原因分析

1）塑性收缩裂缝（图4.15.2）

塑性裂缝多在新浇筑的混凝土构件暴露于空气中的上表面出现，塑性收缩是指混凝土在凝结之前，表面因失水较快而产生的收缩。塑性收缩裂缝一般在干热或大风天气出现，裂缝多呈中间宽、两端细且长短不一、互不连贯状态，较短的裂缝一般长20～30cm，较长的裂缝可达2～3m，宽1～5mm。

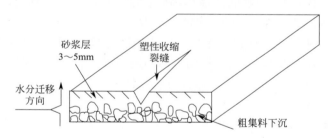

图 4.15.2　塑性收缩裂缝

混凝土在终凝前几乎没有强度或强度很小，或者混凝土刚刚终凝而强度很小时，受高温或较大风力的影响，混凝土表面失水过快，造成毛细管中产生较大的负压而使混凝土体积急剧收缩，而此时混凝土的强度又无法抵抗其本身收缩，因此产生龟裂。

2）沉降收缩裂缝（图4.15.3）

沉陷裂缝的产生是由于结构地基土质不匀、松软或回填土不实或浸水而造成不均匀沉降所致，或者因为模板刚度不足、模板支撑间距过大或支撑底部松动等导致，特别是在冬季，模板支撑在冻土上，冻土化冻后产生不均匀沉降，致使混凝土结构产生裂缝。

此类裂缝多为深进或贯穿性裂缝，裂缝呈梭形，其走向与沉陷情况有关，一般沿与地面垂直或呈30～45°角方向发展，较大的沉陷裂缝，往往有一定的错位，裂缝宽度往往与沉降量成正比关系。裂缝宽度0.3～0.4mm，受温度变化的影响较小。地基变形稳定之后，沉陷裂缝也基本趋于稳定。

344

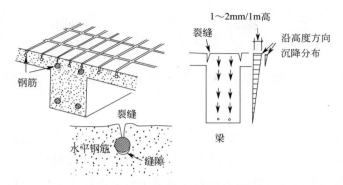

图 4.15.3　混凝土下沉引起的裂缝

3）温度裂缝（图 4.15.4）

温度裂缝多发生在大体积混凝土表面或温差变化较大地区的混凝土结构中。混凝土浇筑后，在硬化过程中，水泥水化产生大量的水化热，由于混凝土的体积较大，大量的水化热聚积，这样就形成内外的较大温差，造成内部与外部热胀冷缩的程度不同，使混凝土表面产生一定的拉应力。当拉应力超过混凝土的抗拉强度极限时，混凝土表面就会产生裂缝，这种裂缝多发生在混凝土施工中后期。

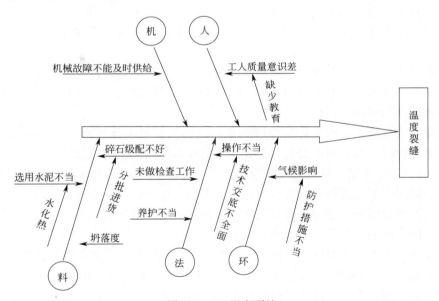

图 4.15.4　温度裂缝

温度裂缝的走向通常无一定规律，裂缝宽度大小不一，受温度变化影响较为明显，冬季较宽，夏季较窄。高温膨胀引起的混凝土温度裂缝通常中间粗两端细，而冷缩裂缝的粗细变化不太明显。此种裂缝的出现会引起钢筋的锈蚀、混凝土的碳化，降低混凝土的抗冻融、抗疲劳及抗渗能力等。

4）荷载作用下产生的裂缝

（1）弯曲裂缝

在混凝土梁上施加弯矩时，将产生弯曲裂缝。对受弯构件和压弯构件来说，弯曲裂缝首先出现在弯矩最大截面的混凝土受拉区。梁板结构的正弯矩裂缝一般位于跨中，从底边开始向上发展。负弯矩裂缝位于连续或悬臂梁板的支座附近，自上而下发展。

随着荷载的增大，裂缝宽度增大，长度延伸，数量增多，裂缝区域逐渐向两侧发展。

（2）剪切裂缝

剪切裂缝也称斜裂缝，首先发生在剪应力最大的部位。对受弯构件和压弯构件，裂缝往往发生于支座附近。由下部开始，沿着与轴线成 $25°\sim50°$ 的角度裂开。随着荷载增大，裂缝长度将不断增长并向受压区发展，裂缝数量不断增多并分岔，裂缝区也逐渐向跨中方向扩大。

剪切裂缝一旦出现，就应加强观察。如果裂缝发展缓慢并限制在受拉区，裂缝宽度在限值以内，可以继续观察；但如果裂缝不断发展或者裂缝已接近受压区，则不论其宽度和长度如何都应及时予以必要的加固处理。

（3）断开裂缝

钢筋混凝土构件受拉时，进入整个截面的裂缝称为断开裂缝。受拉构件在荷载作用下产生的裂缝均沿正截面开裂，裂缝间距有一定规律。受拉构件在内力较小时，混凝土和钢筋均匀承受拉力，随着内力增大，混凝土内拉应力达到其受拉极限，产生裂缝并退出工作，但裂缝宽度小于规定限值，全部拉力由钢筋承担，这是允许出现裂缝构件的工作状态。

当荷载继续增大，钢筋应力达到屈服极限，钢筋伸长率较大，裂缝很宽，超过设计规范允许宽度的许多倍，这时多为使用所不允许的或构件将接近破坏的状态。

5）钢筋锈蚀引起的裂缝

因混凝土质量较差，或保护层厚度不足，或保护层被碳化使钢筋周围混凝土碱度降低，或有氯化物浸入等，均可引起钢筋表面氧化膜破坏而发生锈蚀反应。锈蚀物氢氧化铁体积比原来增长 $2\sim4$ 倍，从而对周围混凝土产生膨胀应力，导致保护层混凝土开裂、剥离，沿钢筋纵向产生裂缝并有锈迹渗到混凝土表面。钢盘锈蚀使得钢筋有效断面减小，钢筋与混凝土握裹力削弱，结构承载力下降，继而将诱发其他形式的裂缝，而其他裂缝的产生又会加剧钢筋锈蚀，最后可能导致结构破坏。

要防止钢筋锈蚀。主要应确保钢筋有足够的保护层厚度（保护层亦不能太厚，否则构件有效高度减小，受力时将加大裂缝宽度）；施工时应控制混凝土的水灰比，并应加强振捣，保证混凝土的密实性；还要严格控制含氯盐的外加剂用量，对沿海地区或其他存在腐蚀性强的空气、地下水地区尤其应慎用含氯盐的外加剂。

6）冻胀引起的裂缝

大气气温低于零度时，吸水饱和的混凝土出现冰冻，游离的水转变成冰，体积膨胀 9%，因而混凝土产生膨胀应力；同时混凝土凝胶孔中的过冷水在微观结构中迁移和重分布引起渗透压，使混凝土中膨胀力加大，混凝土强度降低，并导致裂缝出现。

7）施工质量引起的裂缝

混凝土主要由水泥、砂、骨料、拌合水及外加剂组成。配置混凝土所采用的材料质量不合格，可能导致结构出现裂缝。在混凝土结构浇筑、构件制作、起模、运输、堆放、拼装及吊装过程中，若施工工艺不合理、施工质量低劣，容易产生纵向的、横向的等各种裂缝，特别是细长薄壁结构更容易出现。

2. 常见的裂缝修补方法

1）表面封闭修补法

包括表面涂抹和表面贴补法。表面涂抹适用范围是浆材难以灌入的细而浅的裂缝、深度未达到钢筋表面的发丝裂缝、不漏水的裂缝、不伸缩的裂缝以及不再扩展的裂缝。通常在混凝土表面沿宽度较小的裂缝涂抹树脂保护膜，在裂缝宽度有可能变动时，可采用具有跟踪性的焦油环氧树脂等材料。在裂缝多而且密集或者混凝土老化、砂浆离析的结构物上也可大面积涂抹保护膜。

表面贴补法一般用于大面积漏水的防渗堵漏。

2）凿深槽修补法

宽度小于 0.3mm、深度较浅的裂缝以及小规模裂缝的简易处理可采用槽深槽修补法。先沿裂缝凿一条深槽，槽形根据裂缝位置和填补材料而定，然后在槽内嵌补各种粘结材料，如环氧砂浆、沥青、甲凝等，作业简单，费用低。

3）表面喷浆法

表面喷浆法是在经凿毛处理的裂缝表面，喷射一层密实而且强度高的水泥砂浆保护层来封闭裂缝的一种修补方法。根据裂缝的部位、性质和修补要求与条件，还可采用无筋素喷浆修补方法。

4）打箍加固封闭法

当钢筋混凝土产生主应力裂缝时，可采用在裂缝处加箍使裂缝封闭的方法。箍可用扁钢焊成或圆钢制成，可以直箍也可以斜箍。其方向应和裂缝方向垂直。箍与梁的上下面接触处可垫角钢或钢板。角钢或钢板面积及箍的横截面面积，按修补加固部位主应力的大小、箍的安全应力及混凝土的抗压强度通过计算确定。

5）结构补强法

因超荷载产生的裂缝、裂缝长时间不处理导致的混凝土耐久性降低、火灾造成裂缝等影响结构强度，可采取结构补强法、锚固补强法、预应力法等。

（1）粘钢：将整个钢板粘贴于待修补的裂缝位置上，使其与原有的混凝土成为整体，从而提高对活荷载的抵抗力。用于粘贴的钢板厚度一般为 4.5～6mm，而混凝土与钢板的胶粘剂一般采用环氧基液胶粘剂。

（2）灌胶：在混凝土表面与钢板之间加垫块，使两者之间保持一定空隙，并用环氧树脂胶泥封闭四周，而后注入环氧树脂，同时排出空隙中的空气。由于是从一方注入因而容易残留气泡，施工时一般用木槌随时敲打钢板来确定是否灌实。这种施工法虽然费时，但即使混凝土表面不平整也可进行施工。

6）仿生自愈合法

仿生自愈合法是一种新的裂缝处理方法，它模仿生物组织对受创伤部位自动分泌某种物质而使创伤部位得到愈合的机能，在混凝土的传统组分中加入某些特殊组分，在混凝土内部形成智能型仿生自愈合神经网络系统，当混凝土出现裂缝时分泌出部分液芯纤维可使裂缝重新愈合。

7）裂缝处理效果检查

包括修补材料试验、钻芯取样试验、压水试验、压气试验等。

3. 总结

由上述可知，设计疏漏、施工低劣、监理不力，均可能使混凝土结构出现裂缝。因此，严格按照国家有关规范、技术标准进行设计、施工和监理，是保证结构安全耐用的前提和基础。在运营管理过程中，进一步加强巡查和管理，及时发现和处理问题，也是相当重要的环节。

4.16 砌体裂缝类型及解决方法

卡本科技集团股份有限公司

砌体结构在使用过程中经常产生裂缝损坏的现象，究其原因大致有承载力不足或稳定性不足、温度变形、地基不均匀沉降等，对砌体结构裂缝要仔细甄别。

1. 不同类型裂缝的识别方法

温度裂缝一般出现在顶层墙体，呈对称分布，一年后趋于稳定，不再发展。

沉降裂缝一般出现在底层墙体，呈 45°向上发展，裂缝下宽上窄。

承载力不足的裂缝分为受压裂缝、受弯裂缝、受剪裂缝、受拉裂缝和局部受压裂缝：

受压裂缝为沿轴力作用方向，砌体中有断砖现象；

受弯裂缝分为垂直于受力现象和砖砌平拱出现竖向和斜向裂缝；

受剪裂缝成水平或阶梯状态；

受拉裂缝与拉力方向垂直；

局部受压裂缝为出现在梁支座处竖向及斜向的裂缝。

2. 不同类型裂缝的成因和解决办法

1）温度裂缝

温度裂缝采用封闭或局部修复的方法：沉降裂缝应先加固地基，待地基稳定后再处理墙体裂缝；对于影响结构安全的承载力不足引起的裂缝必须采用加固补强的方法处理。

由于温度裂缝一般不影响结构安全，采用水泥灌浆的方法做封闭处理，常用的方法有重力灌浆和压力灌浆两种。重力灌浆施工工艺为：清缝（1：2 水泥砂浆封闭裂缝表面，埋设灌浆口，形成灌浆空间）——冲洗裂缝（使用水灰比为 10：1 的纯水泥浆）——灌浆（水灰比为 7：3 的纯水泥浆）——养护。压力灌浆为用灰浆泵将水泥浆压入裂缝进行补强。

2）沉降裂缝

首先要加固地基，待基础沉降稳定后再处理墙体裂缝。处理此类墙体裂缝的方法有两种：对于较窄的裂缝采用水泥灌浆的方法；对于较宽的裂缝采用局部更换的方法。局部更换的施工方法为将裂缝两侧的砖拆除，自下而上用高强度等级砂浆补砌。注意每次拆除不得超过 5 皮砖。

3）承载力不足

对于承载力不足的砌体加固方法有扩大截面法、组合配筋砌体加固法、增设扶壁柱法、外包钢法、碳纤维加固法、托梁加垫法和托梁换柱（托梁加柱）法等。

（1）扩大截面法

扩大截面法用于一般独立柱、砖壁柱、窗间墙和其他承载能力不足的情况，适用于砌体增大截面不影响建筑使用功能的部位。砌体增加部分的砖强度等级与原砌体的一致，砂浆较原砌体提高一级。为使新旧砌体共同受力，两者之间的连接要求紧密牢固。

连接方法有砖槎连接和钢筋连接两种。砖槎连接为每隔 4 皮砖高，剔出深 120mm 的凹槽，增加砌体部分与原砌体用此凹槽连接。钢筋连接为每隔 6 皮砖在灰缝中植入 $\phi6$ 钢筋（水平间距 300mm），利用此钢筋将新旧砌体连接成整体。新增砌体部分要做基础与原基础相连。对于存在结构安全的砌体加固前要卸荷加临时支撑，待新砌体强度达到设计要求后，才能拆除临时支撑。

（2）组合配筋法

组合配筋砌体加固法有钢筋水泥夹板墙和外包钢筋混凝土两种方法。

① 钢筋水泥夹板墙法适用于承载力不足的墙体加固。钢筋水泥夹板墙是采用钢筋网水泥浆法加固砖墙，将待加固的砖墙装修层剔除，清理干净，两面铺设 $\phi4$ 钢筋网片，喷射水泥砂浆或细石混凝土。采用水泥砂浆时，面层厚度不超过 45mm，超过 45mm 时采用细石混凝土，两侧钢筋网要用穿墙 "S" 形拉结钢筋与墙体固定，面层水泥砂浆强度等级宜为 M7.5～M15，面层混凝土强度等级宜为 C15 或 C20。"S" 筋间距不大于 500mm。钢筋网中的受力钢筋按计算确定，并不得小于相关规范的最小配筋率要求。

② 外包钢筋混凝土法适用于砖柱承载力不足的加固。分为单侧、两侧和四周外包钢筋混凝土层的情况。

单侧加固时，在原砖柱上射钉或植筋来固定箍筋；两侧和四周加固时，采用连通的矩形箍筋，其中两侧加固时，箍筋需要穿过原砖柱。对原砖柱的角部砖块每隔 5 皮打掉一块，使新混凝土与原砖柱连接紧密。混凝土强度等级宜为 C15 或 C20，受力钢筋直径不应小于 8mm。四周加固时，如外包层较薄，也可采用砂浆，砂浆强度等级大于等于 M7.5。

（3）增设扶壁柱法

增设扶壁柱法可以提高砌体承载力和稳定性，分为砖扶壁柱和混凝土扶壁柱两种情况。扶壁柱有单面增设和双面增设两种。新增壁柱大小和间距须经计算确定。

砖扶壁柱与原墙连接可采用植筋方法和挖镶法。植筋法同扩大截面法，钢筋植入深度不小于 120mm，竖向间距 300mm，在开口边绑扎三面封口筋。挖镶法为先将墙上的顶砖挖去，然后在砌新壁柱时，将砖镶入。镶砌时，宜采用微膨胀砂浆。

砖扶壁柱材料要求：强度等级不低于 MU10 的砖和强度等级为 M5～M10 的混合砂浆。混凝土扶壁柱材料要求：混凝土强度等级宜为 C15 或 C20。砖扶壁柱宽度不应小于 240mm，厚度不应小于 125mm，砌至楼板或梁底时，应采用膨胀砂浆砌筑最后 5 皮砖，以便顶紧。

混凝土扶壁柱截面宽度不宜小于 250mm，厚度不宜小于 70mm。混凝土扶壁柱具有更强的承载能力。单侧混凝土扶壁柱与原砖墙的连接采用植筋方法连接，单侧加固时采用 U 形箍筋，双面加固时采用闭合箍筋，箍筋需穿透砖墙。但当墙体厚度小于 240mm 时，U 形箍筋需穿透墙体并在背面弯折。箍筋竖向间距不应大于 240mm，纵筋直径不宜小于 12mm。

混凝土扶壁柱加固补浇的混凝土最好采用喷射法施工。

（4）外包钢法

外包钢法用于砖柱或窗间墙承载力不足时的加固。外包钢加固法基本不改变原构件尺寸，基本不影响建筑功能。

加固砖柱的方法为在砖柱四角粘贴角钢，用卡具加紧，用缀板将角钢连成整体，去除卡具，抹水泥砂浆保护角钢。角钢下部锚入基础，顶部与上部结构顶紧可靠传力。加固窗间墙时除在四角安装角钢外，在窗间墙中部增设扁钢与缀板连接，抹砂浆保护角钢和扁钢。

（5）碳纤维加固法

被加固结构上的荷载对加固效果有一定影响，因此，加固施工前宜卸除作用在结构上的活荷载。

表面处理：应凿除被加固砌体结构的抹灰层，当砌体粘贴表面出现风化、疏松和腐蚀等劣化现象时，应予清除；被加固砌体存在裂缝、孔洞等缺陷时，应按设计进行灌缝或封闭处理；砌体粘贴表面应清理干净并保持干燥。

找平：应按国家标准规定的性能指标要求配备找平材料，采用找平材料对砌体灰缝、表面凹陷部位填补平整，且不应有棱角。

（6）托梁加垫法

托梁加垫法主要用于梁下砌体局部承压能力不足时的加固，分为预制和现浇两种。

加预制梁垫的施工方法：对梁端进行可靠的临时支撑，拆除梁底破坏的砌体，用与原墙相同强度等级的砖和强度等级提高一级的砂浆重新砌筑砌体，预留出梁垫的位置。待补砌砌体强度达到一定后，安装预制梁垫，梁垫下用1:2水泥砂浆坐浆，梁垫顶与梁底用楔铁楔紧顶牢，楔铁处的空隙用较干的微膨胀砂浆填塞密实。待砂浆强度达到要求后，才可撤除临时支撑。

加现浇梁垫的施工方法基本与加预制梁垫的方法相同，只是在梁垫处支模现浇，待梁垫强度达到要求时才能拆除临时支撑。

（7）托梁换柱法、托梁加柱法

① 托梁换柱法主要用于独立砖柱承载力严重不足时加设临时支撑卸荷，拆除原砖柱，按设计要求重新按新尺寸砌筑砖柱，在梁下设置梁垫。

② 托梁加柱法主要用于梁下窗间墙承载能力严重不足时加设临时支撑，按设计要求部分拆除原墙，注意拆成锯齿形，绑扎钢筋，支模浇筑混凝土。

3. 总结

砌体改造加固应综合考虑结构布局的改变对结构整体性和相关受力构件的影响，特别是在施工过程中对特殊改造应特殊处理，制定合理有效的施工方法与施工进度。另外，对改造加固的部位应注意监控，防止由于施工不当引起的不确定因素产生。

4.17　裂缝是如何影响结构耐久性的?

卡本科技集团股份有限公司

裂缝是混凝土结构中普遍存在的一种现象，裂缝的出现不仅会降低建筑物的抗渗能力，而且还影响着建筑物的使用功能，会引起钢筋的锈蚀、混凝土的碳化，降低材料的耐久性，最终影响到建筑物的承载能力。

1. 关于裂缝的解读

1) 裂缝的本质

水泥混凝土易于开裂是由于其脆性材料的本质，粒子与粒子之间仅存在弱物理键的相互作用，抗拉强度比抗压强度要小一个数量级。

2) 裂缝是不可避免的

裂缝是加速混凝土耐久性劣化的最为不利的因素之一，不可避免但程度可控。混凝土耐久性不良，大部分情况下都是受周围环境影响或与周围环境介质发生反应，伴随有胀裂、剥落和溃散或其他性能失效的现象。

3) 材料因素

近年来我国混凝土开裂主要是由于水泥发生了变化、泵送混凝土（外加剂、浆骨比）、混凝土强度等级增加以及大体积混凝土用量增加等原因。

2. 混凝土早期裂缝

1) 裂缝是一切侵蚀性介质侵入的通道

已有裂缝的扩展比新生成裂缝容易，所以控制早期裂缝可减少后期裂缝的生成和扩张。

2) 混凝土开裂的复杂原因

收缩开裂是混凝土结构开裂的主要诱因，过大的内外温差引起的温度应力足以导致混凝土开裂。混凝土是否开裂与开裂应力大小、混凝土抗拉强度、水胶比配比、养护施工等有关。

3) 高强度不等于高耐久性

高强混凝土密实、耐久的前提是不开裂。高强混凝土本身水泥用量就大，早期强度提高快，前期水化热高，水灰比小，早期失水快，稍不注意，就会形成温差而开裂。

3. 找准对策防裂缝于未然

1) 配合比做到"三低"

为了获得很好的抗裂性，需在保证和易性的前提下遵循低水泥用量、低水胶比、低单位体积用水量的"三低"的混凝土配合比技术路线。

2) 生产工艺优化

首先，要控制温度和湿度；其次，要减少约束；第三，降低混凝土开裂敏感性，尽量降低强度，减少用水量，使用开裂敏感性的水泥，优化骨料，使用抗裂性好的矿物掺合料；第四，成型工艺的施工是最后的关键性环节。

3）重视早期养护

混凝土早期裂缝控制的关键点是要重视早期养护，在实际施工中各地区可用的技术和材料较多，比如养护剂、覆盖养护、单分子膜养护剂等。

4. 裂缝修复技术

混凝土裂缝修补的方法主要有表面封闭法、注射法、压力注浆法和填充密封法，分别适用于不同情况。应根据裂缝成因、性状、宽度、深度、裂缝是否稳定、钢筋是否锈蚀以及修补目的的不同对症下药。

1）表面封闭法

利用混凝土表层微细独立裂缝（裂缝宽度 $w \leqslant 0.2\text{mm}$）或网状裂纹的毛细作用，使裂缝主动吸收低黏度且具有良好渗透性的修补胶液，封闭裂缝通道。对楼板和其他需要防渗的部位，尚可在混凝土表面粘贴碳纤维复合材料以增强封护作用。

2）注射法

以一定的压力将低黏度、高强度的裂缝修补胶注入裂缝内，一般采用专用的注射器配套专用底座将裂缝胶注射到裂缝内。

此方法适用于 $0.15\text{mm} \leqslant w \leqslant 1.5\text{mm}$ 静止的独立裂缝、贯穿性裂缝以及蜂窝状局部缺陷的补强和封闭。注射前，应按产品说明书的规定，对裂缝周边用封缝胶进行密封。

3）压力注浆法

在一定时间内，采用高压注浆机以较高压力将修补用的裂缝胶压入裂缝内。此法适用于处理大型结构贯穿裂缝、大体积混凝土的蜂窝状严重缺陷以及深而蜿蜒的裂缝。

4）填充密封法

在构件表面沿裂缝走向骑缝凿除槽深和槽宽分别不小于 20mm 和 15mm 的 V 形沟槽，然后用改性环氧树脂的裂缝胶或弹性填缝材料充填，并粘贴碳纤维复合材料附加约束。此法适用于处理 $w \geqslant 0.5\text{mm}$ 的活动裂缝和静止裂缝。填充完毕后，其表面应做防护层。

混凝土裂缝的存在及超限会引起钢筋的锈蚀，降低结构使用年限等，所以裂缝产生后要及时进行处理，保证结构安全使用。

4.18 预应力碳纤维板加固施工要点

卡本科技集团股份有限公司

预应力碳纤维板加固系统是指对需要加固的构件，采用涂覆有环氧结构胶的碳纤维板进行预应力张拉，修复构件的变形和闭合裂纹，而后将碳纤维板粘贴、锚固在构件上，形成新的受力平衡，提高其承载能力。示意图见图4.18.1。

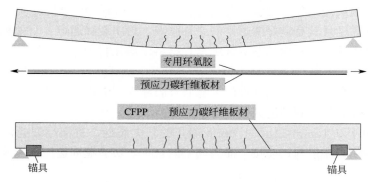

图4.18.1 预应力碳纤维板加固示意图

1. 适用范围

工业与民用建筑大跨度结构加固、板抗弯加固、控制裂缝加固，板梁、箱梁、T梁的抗弯加固，钢筋混凝土桥梁控制裂缝等。

1）碳纤维板材特点

（1）强度高。顺纤维方向抗拉强度远大于普通钢筋，比普通钢筋高7～10倍。

（2）密度小。同等截面下，其重量仅为钢材的1/7～1/5，强度与密度的比值较高（比钢材高10～15倍）。

（3）抗腐蚀性能良好。由于采用的主要材料是非金属材料，碳纤维电化学活性远小于钢材，具有非常好的抗腐蚀性能。

（4）具有不增加构件的截面尺寸和自重，加固修复不留痕迹，防水、抗腐蚀、耐疲劳、耐久性能好，施工快捷等优点，且因其质地柔软而适用于各种形状尤其是斜、弯、坡及异形结构桥梁的加固。

（5）碳纤维板材是将树脂、纤维丝按照一定的比例通过高温固化挤压形成的，包括碳纤维板和碳纤维板条。碳纤维板与粘贴多层碳纤维布相比，粘贴碳纤维板的产品质量更易保证，受力更均匀，强度发挥更充分。

2）预应力碳纤维板加固系统优点

（1）变被动加固为主动加固，可以使碳纤维板材高强特性得到提前发挥，在二次受力之前就有较大的应变，从而有效减小甚至消除碳纤维板材应变滞后的现象，达到更好的加固效果。

（2）预应力产生的反向弯矩，可抵消一部分初始荷载的影响，提高使用阶段的承载力，使构件中原有裂缝宽度减小甚至闭合，并限制新裂缝的出现，从而提高构件的刚度，减小原构件的挠度，改善使用阶段的性能。

（3）对碳纤维板施加预应力，可大幅度提高钢筋混凝土构件的强度和刚度，同时更有效地减小结构的挠曲变形，并能减少裂缝产生。

（4）产品结构尺寸小，材料轻且薄，基本不增加原结构自重，不影响原结构的使用空间，加固后不留痕迹。

（5）施工安装方便，几乎没有湿作业，不需要大型施工机具，施工占用场地少。

（6）具有良好的耐久性和耐腐蚀性。

3）预应力碳板加固技术主要技术指标

（1）静载锚固性能：锚固效率系数 ≥95%。

（2）疲劳性能：通过以碳纤维板抗拉强度标准值的 65% 为应力上限（应力幅为应力上限 100MPa），循环荷载次数 200 万次的疲劳试验。

（3）锚栓的设计剪应力不得大于锚栓材料抗剪强度设计值的 0.6 倍。

2. 工程案例

1）项目简介

（1）项目名称：228 国道青口河大桥桥梁病害维修加固工程

（2）桥梁病害：桥梁上部结构箱梁腹板、底板出现不同程度的裂缝。

（3）病害产生的主要原因有：

① 本桥箱梁底较宽，中跨跨中处底板厚度较薄，底板底面横向钢筋承载力低下，底板布置有较多波纹管，在中跨底板预应力钢束径向力的作用下，底板横向受到较大的正弯矩作用，在重载车辆作用下易产生裂缝。

② 合龙段前后几个节段底板预应力管道较为密集，下方局部混凝土振捣不密实易产生收缩裂缝。针对变截面连续钢构箱梁底板纵向裂缝采用横向预应力碳板进行加固。

2）加固方案

见图 4.18.2 和图 4.18.3。

3）工艺流程

定位放线—混凝土表面处理—钻孔植筋—安装支座—涂抹碳板胶粘剂—安装碳板和压条—张拉预应力碳板—喷涂表层防护涂料。

3. 预应力碳纤维板加固技术的注意点

（1）被加固的混凝土结构构件，其现场实测混凝土强度等级不得低于 C25，且混凝土表面的正拉粘结强度不得低于 2.0MPa，且符合《混凝土结构加固设计规范》GB 50367—2013 的相关规定。

（2）预应力筋-锚具组装件应通过 200 万次疲劳荷载试验，且符合《预应力筋用锚具、夹具和连接器》GB/T 14370—2015 的相关规定。

（3）夹具的静载锚固性能应达到 0.95，且符合《预应力筋用锚具、夹具和连接器》GB/T 14370—2015 的相关规定。

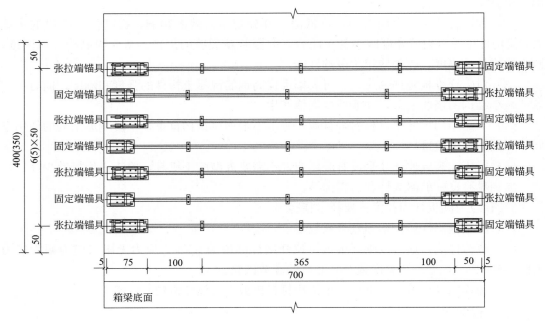

图 4.18.2　底板碳纤维板平面布置图

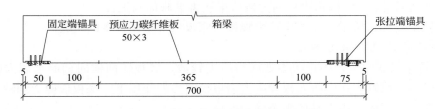

图 4.18.3　底板碳纤维板立面布置图

（4）当被加固构件的表面有防火要求时，应按现行国家标准《建筑设计防火规范》GB 50016—2014（2018 年版）规定的耐火等级及耐火极限要求，对胶粘剂和碳纤维复合板进行防护。

（5）预应力张拉过程中，必须保证张拉的应力满足设计要求，可在千斤顶部设置应力应变仪以监控张拉应力。

（6）施工过程中必须保证张拉端、固定端支座中心线与碳板支座中心线平行或重合，保证后期碳板张拉过程中碳板全截面受力，防止出现碳板部分截面受力的情况（一边紧一边松）。

4.19 碳纤维网格对混凝土梁抗弯性能的影响

卡本科技集团股份有限公司

碳纤维网格加固材料是以高强碳纤维、特制活性聚合物为主要材质经过特殊编织而成的一种新型纤维材料。采用配套砂浆实现碳纤维网格与混凝土构件粘结，共同受力，具有防火性能好、适用于潮湿环境、厚度薄、不需锚固、施工便捷等一系列优点。可用于隧道侧墙、拱顶，桥梁墩柱梁板，沟渠以及砌体结构抗震加固。

为探讨碳纤维网格加固材料对混凝土梁抗弯性能的影响，本文介绍了4根碳纤维网格加固梁抗弯性能试验，比较系统地分析了碳纤维网格材料加固层数、加固方式对混凝土梁受力过程、破坏形态、裂缝开展与分布规律的影响差异，并对实际工程中的粘结方式给出建议。

1. 试验概况

1）试件设计

共设计4根碳纤维网格加固梁，3根加固梁，1根未加固梁。加固方式有两种：①梁底粘贴碳纤维网格加固材料；②侧面设置宽度100mm、间距50mm的U形箍加固。梁加固方式见图4.19.1。梁长1400mm，截面尺寸100mm×200mm，保护层厚度20mm。混凝土梁纵向受力钢筋型号为HRB400，梁上部纵筋为2Φ8，梁下部纵筋为2Φ10。箍筋型号为HPB300，箍筋配筋Φ6@100，试验梁为适筋梁。试件编号如表4.19.1所示，其中，RC代表未加固钢筋混凝土梁，1或2代表梁底粘贴碳纤维网格加固层数，U代表加固梁侧面设置U形箍加固。如编号碳纤维网格1U代表加固梁梁底粘贴1层碳纤维网格加固材料，侧面设置U形箍加固。梁配筋如图4.19.2所示。

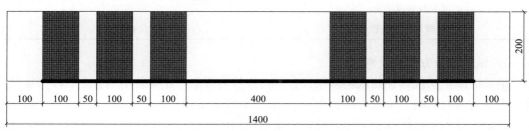

图4.19.1 梁加固方式

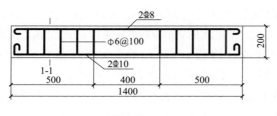

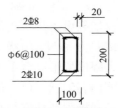

(a) 试件梁配筋示意图   (b) 试件梁截面配筋示意图

图4.19.2 梁配筋图

试件编号				表 4.19.1
试件编号	是否加固	梁底碳纤维网格层数	界面剂	是否 U 形箍加固
RC	—	—	—	—
碳纤维网格 1	是	1	刷	—
碳纤维网格 1U	是	1	刷	是
碳纤维网格 2U	是	2	刷	是

2）材料力学性能

试验采用的碳纤维网格加固材料和 CWSM 湿法喷射聚合物砂浆均由卡本复合材料（天津）有限公司提供，力学性能参数分别见表 4.19.2 和表 4.19.3。混凝土强度等级采用 C30，150mm×150mm×150mm 立方体 28d 抗压强度均值为 34.5MPa，弹性模量 $E_c = 4.87 \times 10^4$ MPa。钢筋屈服强度平均值为 $f_y = 357.10$ MPa，弹性模量 $E_c = 210$ GPa。

碳纤维网格性能参数	表 4.19.2
性能指标	性能参数
弹性模量	230MPa
每束碳纤维丝极限破坏荷载	6kN
设计抗拉强度	3600MPa

CWSM 湿法喷浆聚合物砂浆参数	表 4.19.3
性能指标	性能参数
劈裂抗拉强度	7MPa
抗折强度	12MPa
加固材与基材正拉粘结强度	2.5MPa
抗压强度（7d）	58MPa
抗压强度（28d）	65MPa
砂浆与网格握裹力	200kN/m

3）试验加载方案及量测内容

钢筋混凝土梁抗弯性能试验采用三分点对称静力加载，在梁跨中三分之一段形成纯弯段，不受剪力的影响。梁纯弯段长为 400mm，加载点及测点布置见图 4.19.3。加载装置采用北京工业大学结构试验室压力机，荷载由试验机在分配梁上施加。试验时，为防止支座及加载点处产生集中应力压碎混凝土，在集中力作用点处均设置厚度为 10mm、宽度为 150mm 的钢垫板。试件加载之前首先对试件进行预加载，检验支座是否平稳、沉降是否过大、仪器及加载设备是否正常。预加载完成后各仪器归零进行正式加载，采用分级加载机制：加载级差为 5kN。每级加载完成后持载 10min，承载力下降至峰值承载力的 85% 或试件产生大幅度变形以至于不能继续承载时视为破坏，停止加载。

试验量测内容包括：（1）荷载测量：通过压力传感器配合数据采集系统进行量测，重点对开裂荷载和极限荷载进行观测。（2）应变测量：应变测量包括钢筋应变与混凝土应变两部分。钢筋应变采用预埋式钢筋应变片测量，纵筋测点布置在跨中纯弯区外侧，箍筋测

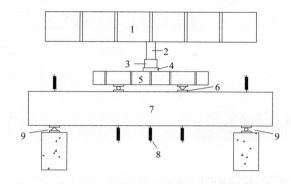

1—反力梁；2—千斤顶；3—荷载传感器；4—球铰；5—分配梁；
6—刚性垫板；7—试验梁；8—位移计；9—支座

图 4.19.3　梁加载图

点布置在两端弯剪区侧面。每根受力筋上粘贴 1 个应变片，每端箍筋粘贴 3 个应变片。钢筋应变片布置见图 4.19.4。混凝土应变采用在跨中位置沿截面高度均匀布置 5 个应变片，测量试验梁在加载过程中混凝土的应变情况。（3）挠度测量：为了精确反映试验梁在各级荷载下的挠度变化，在梁跨中位置放置 1 个位移计，测定相应荷载下梁跨中挠度，加载点设置 2 个，在支座处分别放置 1 个位移计，测量支座处的沉降，与跨中挠度测得值相结合，得出较为准确的梁跨中挠度。

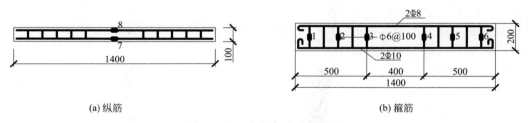

(a) 纵筋　　　　　　　　　　　　　　　(b) 箍筋

图 4.19.4　钢筋应变片布置图

2. 试验结果与分析

1）破坏形态、裂缝发展与分布

加固梁与非加固梁在整个加载过程中，裂缝发展呈现相似规律。加载初期，荷载达到 $0.25P_u$（P_u 为试验梁的极限荷载）附近时，首先在梁的纯弯段底部出现细微裂缝，缝宽 $0.1mm$ 左右。继续增加荷载，达到 $0.4P_u$ 附近，剪跨段开始出现裂缝，并且不断出现沿加载点附近斜向发展的新细微裂缝。纯弯段裂缝向梁顶延伸大约 $5cm$。荷载达到 $0.65P_u$ 附近，两侧斜裂缝宽度达到 $0.3mm$，并且有部分裂缝汇合，继续向加载点快速延伸。纯弯段裂缝宽度有所增加，但是向梁顶延伸速度降低。荷载达到 $0.85P_u$，纯弯段与剪跨段裂缝均快速发展，纯弯段两条主裂缝宽度达到 $1.2mm$，两加载点附近出现多条斜裂缝，继续加载，斜裂缝到达梁顶，梁顶混凝土压碎，并且伴有混凝土脱落。裂缝分布见图 4.19.5。

加载过程中，加固梁与非加固梁裂缝发展有以下几方面区别：①纯弯段与剪跨段出现裂缝后，荷载达到 $0.65P_u$ 左右，加固梁裂缝向梁顶发展的速度减慢，整体出现裂缝的条

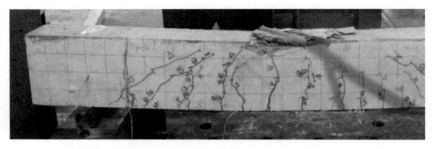

(a) 梁RC

(b) 梁碳纤维网格2U

图4.19.5　梁裂缝分布

数较非加固梁减少。②最终破坏时，由于承载能力的增大，加固梁裂缝宽度较非加固梁裂缝加宽。加固梁梁顶混凝土出现严重脱落，梁底混凝土出现多条贯通横缝，最大宽度达1.4cm。③试件碳纤维网格1U和碳纤维网格2U混凝土侧面有U形箍加固，纯弯段裂缝多沿U形箍与混凝土的分界面分布，并且逐渐沿梁顶延伸，整个加载过程未发生加固材料剥离现象。

2）跨中挠度

梁跨中挠度-荷载曲线如图4.19.6所示。由图可以看出非加固梁与加固梁抗弯受力过程均大致分成4个阶段。第1阶段，在荷载达到试件梁开裂荷载之前，荷载值随位移线性增长，且加固梁与非加固梁的荷载-位移曲线同步增长，说明这个阶段碳纤维网格加固对梁的整体刚度没有影响。第2阶段，试件开裂到钢筋屈服之前，观察图4.19.6可以发现加固梁荷载-位移曲线相对于非加固梁斜率变大，说明碳纤维网格加固提高了梁的刚度，使梁的承载能力加大。3根加固梁的荷载-位移曲线依然同步增长，说明碳纤维网格加固的粘结层数和侧面是否锚固在此阶段对梁的

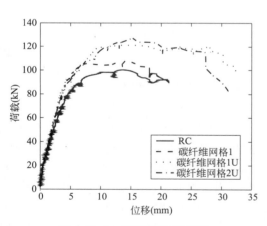

图4.19.6　试件荷载-挠度图

承载能力影响不显著。第3阶段，钢筋屈服达到极限承载力。在此阶段，未加固梁跨中挠度快速增加，刚度退化较快。加固梁的跨中挠度增加缓慢，刚度退化较慢，极限荷载增大，说明碳纤维网格加固在这个阶段充分发挥作用。第4阶段，梁达到极限荷载后，加固

梁跨中挠度仍有缓慢增加，说明碳纤维网格加固在梁达到极限荷载后，对梁的抗弯能力仍有增强作用。经过对比，由于碳纤维网格加固对梁抗弯能力的增强作用，极限荷载和跨中挠度增大，最终破坏程度更加明显。

3）应变

（1）混凝土应变

为研究加固梁与非加固梁在破坏过程中混凝土应变的差异，分别做了 RC 梁到碳纤维网格 2U 梁跨中混凝土表面与梁顶混凝土表面的荷载-应变曲线，如图 4.19.7 所示。跨中截面应变片粘贴位置为梁高中心处，主要研究梁在加载过程中中和轴位置的变化。试件开裂前，混凝土的应变与荷载呈线性增加。继续增加荷载，纯弯段梁底开始出现裂缝，曲线的斜率减小，此时混凝土的应变快速增加，梁的中和轴发生上移。当梁的受拉钢筋屈服后，混凝土应变再次快速增加，曲线的斜率再次减小。

由 RC 梁的荷载-应变曲线可以看出，梁的破坏过程经历了开裂到钢筋屈服再到梁达到极限状态三个阶段。与非加固梁 RC 相比，加固梁的荷载-位移曲线有以下几个特点：①提高了开裂荷载，减小了开裂荷载对应的混凝土应变；②试件开裂后，加固梁的应变曲线斜率普遍比未加固梁 RC 的应变曲线斜率大，说明碳纤维网格加固限制了混凝土裂缝的发展，从而减小了混凝土应变增大的速率；③梁碳纤维网格 1 到梁碳纤维网格 2U 荷载-位移曲线斜率依次减小，说明随着加固程度的增加，延长了梁的破坏过程，减小了混凝土应变增大的速率。

梁顶混凝土的荷载-应变曲线如图 4.19.7（b）所示，4 个梁的梁顶混凝土应变在钢筋屈服前差异不大，钢筋屈服后 4 条曲线的斜率均减小，说明混凝土发生了快速变形，与跨中混凝土应变曲线呈现相同的变化规律，随着约束的增强，混凝土应变增加速度减慢。碳纤维网格 1U 梁与碳纤维网格 2U 梁差异不大，但均与碳纤维网格 1 差异明显，也能说明加固梁侧面是否 U 形锚固比梁底碳纤维加固材料的层数对梁顶混凝土应变的影响程度大。

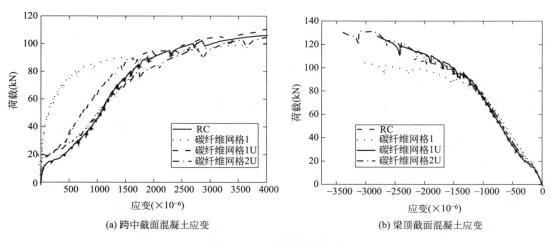

(a) 跨中截面混凝土应变　　　　　　　　(b) 梁顶截面混凝土应变

图 4.19.7　梁混凝土应变

（2）钢筋应变

梁纵筋应变变化规律如图 4.19.8 所示。混凝土开裂之前，试验梁钢筋应变均线性增长，加固梁与非加固梁混凝土开裂时对应的混凝土应变相近，但对应的开裂荷载变大。RC 梁曲线描述了一个完整的破坏过程，而加固梁对应的极限荷载更大，曲线中并没有体现加固梁整个破坏过程中纵筋应变曲线，因此只对比加固梁之间的钢筋应变曲线差异，加固梁碳纤维网格 1 到碳纤维网格 2U 在加载过程中，受拉钢筋应变增长趋势十分相近，由于试验梁碳纤维网格 1、碳纤维网格 1U、碳纤维网格 2U 的加固程度依次增大，最终的极限荷载也依次增大，破坏程度也依次增大，因此，加固梁碳纤维网格 1 到碳纤维网格 2U 在加载过程中，相同外加荷载下，对应的受拉钢筋应变逐渐增大。观察 4 条曲线可以发现：当对应相同应变时，加固梁所对应的外加荷载较小，说明碳纤维网格加固材料的加固作用，使加固梁受拉钢筋应变发展滞后于非加固梁。这种滞后现象在加载初期不明显，随着荷载增大，越来越显著。

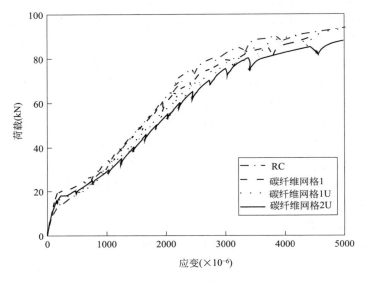

图 4.19.8 梁钢筋应变

4）影响承载力的主要因素分析

主要以碳纤维网格加固材料在试验梁梁底加固层数和试验梁侧面是否 U 形箍加固为研究因素，分析碳纤维网格加固材料对提高适筋梁承载能力的差异。试验中每个梁的实测荷载见表 4.19.4，其中 P_{cr}、P_y、P_u 依次代表每根试验梁在加载过程中的开裂荷载、屈服荷载、极限荷载，f 代表试验梁每个阶段对应的跨中挠度。

（1）加固层数

加载初期，碳纤维网格加固材料的存在，有效地限制了混凝土的开裂，因此加固梁的开裂荷载均有提高，梁碳纤维网格 1 比未加固梁 RC 提高 10.7%。混凝土开裂时对应的试验梁跨中挠度也相应提高，说明由于碳纤维网格加固材料对试验梁的加固作用，试验梁展现出较好的延性变形。对比碳纤维网格 2U 与碳纤维网格 1U 的实测荷载可以得出碳纤维网格加固材料在梁底粘贴层数对提高梁承载能力的影响差异：通过在梁底多粘贴一层碳纤维网格加固材料能继续提高梁的承载能力，碳纤维网格 2U 在碳纤维网格 1U 的基础上开裂荷载提高 2.3%，极限荷载提高 6.1%。

（2）加固方式

对比碳纤维网格 1U 与碳纤维网格 1 的实测荷载可以得出碳纤维网格加固材料是否在梁的侧面 U 形箍加固对提高梁承载能力的影响差异：加固梁侧面设置加固材料 U 形箍，有效地提高了梁的承载能力，碳纤维网格 1U 在碳纤维网格 1 的基础上开裂荷载提高 8.1%，极限荷载提高 8.6%。综合对比可以发现：粘贴一层碳纤维网格加固材料使梁的极限荷载提高了 12.4%。在此基础上，加固梁侧面设置 U 形箍加固使梁的极限荷载继续提高 8.6%，梁底增加一层加固材料使梁的极限荷载继续提高 6.1%。说明碳纤维网格加固材料在梁侧面设置 U 形箍加固比单纯增加梁底的粘贴层数对提高梁的抗弯承载力效果明显。

由表 4.19.4 可以发现：碳纤维网格加固材料对试验梁的加固作用在混凝土开裂前并不显著，加固梁极限荷载提高的程度比开裂荷载提高程度显著增大，最高达到 27.1%，说明碳纤维网格加固材料能有效地提高梁的承载能力，尤其能明显地提高梁的极限荷载。对比表 4.19.4 中的跨中挠度可以发现：随着试验梁锚固程度的增强，跨中挠度均有提高，但是提高的幅度不明显，说明碳纤维网格加固材料在今后实际工程应用中有很好的使用价值，在保证梁跨中变形少量增加的前提下，能够很大程度地提高梁的承载能力。

试验实测荷载

表 4.19.4

试件编号	P_{cr}(kN)	f_{cr}(mm)	P_{cr} 提高幅度(%)	P_y(kN)	f_y(mm)	P_y 提高幅度(%)	P_u(kN)	f_u(mm)	P_u 提高幅度(%)
RC	30.26	0.747	—	77.73	4.452	—	100.17	13.761	—
碳纤维网格 1	33.49	0.891	10.7	86.13	3.871	10.9	112.53	14.196	12.4
碳纤维网格 1U	35.96	1.291	18.8	91.76	4.201	18.0	121.17	15.854	21.0
碳纤维网格 2U	36.65	1.459	21.1	93.46	4.853	20.2	127.31	15.235	27.1

3. 结论

（1）粘贴碳纤维网格加固材料可明显地提高梁的抗弯承载力，有效地限制混凝土的变形，延缓混凝土开裂，减少混凝土裂缝的数量，裂缝由梁底到梁顶发展速度变慢。加固后梁的最终承载力大幅度提高，最终破坏时混凝土裂缝增宽，最大宽度达到 1.4cm。侧面设置 U 形箍的加固梁，裂缝多沿碳纤维网格加固材料与试验梁侧面未粘贴加固材料的混凝土分界面发展，并且延伸到梁顶。

（2）碳纤维网格加固材料降低了混凝土应变与钢筋应变的增长速率。并且滞后现象在加载初期不明显，在加载后期越来越显著。

（3）碳纤维网格加固材料在梁侧面设置 U 形箍加固比单纯增加梁底的粘贴层数对提高梁的抗弯承载力效果明显。因此，在实际加固时可首先选择梁底加固一层，侧面设置 U 形箍加固。如果加固不明显，再增加梁底粘贴层数。

（4）碳纤维网格加固材料对混凝土抗弯承载力的加强作用主要体现在钢筋屈服后，加固梁与非加固梁相比，跨中挠度增加缓慢，刚度退化较慢。到达极限荷载后，跨中挠度仍少量增加。加固程度提高，梁跨中挠度增大但不明显，说明碳纤维网格加固材料有很好的工程应用价值，即保证梁变形不大的前提下，大幅度提升梁的极限荷载。

4.20　碳纤维网格对双向板抗弯性能的影响

纤维编织网增强混凝土（Textile Reinforced Concrete，TRC）是一种把纤维编织网作为加筋材料，采用聚合物砂浆作为粘结剂的新型加固方法，具有良好的抗渗、承载和限裂能力。采用的聚合物砂浆具有高粘结性、高流动性等优良工作特性，可以很好地用于结构修复和加固，且几乎不改变结构的截面尺寸。碳纤维材料具有弹性模量高和抗拉强度高等优势，在腐蚀环境下也能很好地发挥其力学特性。

关于 TRC 加固 RC 板力学行为的研究鲜见报道。本文以纤维增强聚合物砂浆（FR-PM）作为粘结材料，实现碳纤维网格（CFN）与 RC 板基面的牢靠粘结和共同受力。对 3 个 RC 板进行了不同方式的单面加固，试验研究 CFN 加固 RC 板结构的抗弯性能，研究成果将为 RC 板的工程加固提供参考。

1. 试验概况

1）试验材料

碳纤维网格由卡本科技集团股份有限公司提供，包括经向和纬向的双向碳纤维网格，间距为 20mm×20mm，如图 4.20.1 所示。

其中经向为 2 股 1.2 万根连续碳纤维细丝，纬向为 1 股 2.4 万根连续碳纤维细丝，经纬纤维束平织、双向受力，纬向碳纤维束在正交点处穿过经向的 2 股碳纤维束中间，经向 2 股碳纤维束通过热熔胶线固定，形成一个强有力的网格状整体，再经过表面覆盖、加热固化成型。CFN 的力学性能参数见表 4.20.1。

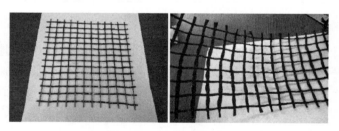

图 4.20.1　碳纤维网格

CFN 力学性能参数　　　　　　　　　　　表 4.20.1

弹性模量（GPa）	极限拉应力（MPa）	极限破坏荷载（kN）	设计抗拉强度（MPa）
230	200	6	3600

FRPM 专门针对 CFN 开发，具有防火性好、透气性良好、无收缩和粘结力强等优点。为增强 FRPM 的抗裂性，保证其与 CFN 的握裹力，使 CFN 有效地粘结在 RC 板表面，在拌制 FRPM 时掺入聚乙烯醇（PVA）短纤维 2.5kg/m³，搅拌均匀后在初凝之前使用。FRPM 的力学性能如表 4.20.2 所示。

FRPM 参数 表 4.20.2

劈裂抗拉强度(MPa)	抗折强度(MPa)	正拉粘结强度(MPa)	抗压强度(7d/28d)(MPa)	与CFN握裹力(kN/m)
7	12	2.5	58/65	200

2）试件设计

试验共设计 3 块 RC 双向板，混凝土强度等级均为 C30，尺寸为 1.8m×1.3m，板厚 80mm，钢筋保护层厚度为 20mm，板内配筋如图 4.20.2 所示。

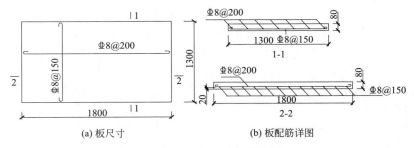

(a) 板尺寸　　　　(b) 板配筋详图

图 4.20.2　板尺寸及配筋图

3）试件加固方案

试件编号及加固方案见表 4.20.3，其中加固面区域为 1.6m×1.1m，FRPM 由人工涂抹。

试件编号及加固方案 表 4.20.3

试件编号	加固方案
B1	未加固，作对比试件
B2	板底双层 CFN 加固，刷环氧基界面剂
B3	板底双层 CFN 加固，不刷环氧基界面剂

加固施工过程为：（1）去除加固面表层浮灰，并对基面进行凿毛清理；（2）在试件 B2 基面涂抹一层环氧基界面剂，其性能参数见表 4.20.4；（3）拌制 FRPM，在界面剂达到指触干燥之前涂抹第一层 5mm 厚的 FRPM；（4）铺设第一层 CFN，其搭接长度为 20mm，铺设时保证 CFN 拉紧；（5）在第一层 CFN 表面涂抹 2～3mm 厚的 FRPM 砂浆，铺设第二层 CFN；（6）待第一层 FRPM 初凝后涂抹第二层 FRPM，厚度为 7～8mm，将 CFN 和 FRPM 总厚度控制在 15mm；（7）洒水养护 FRPM 至龄期。

环氧基界面剂性能参数 表 4.20.4

抗拉强度(MPa)	弯曲强度(MPa)	压缩强度(MPa)	拉伸剪切强度(MPa)
45	130	94	16

加固板施工示意图和截面详图如图 4.20.3 所示。

4）试验装置及加载制度

根据试验目的，加固 RC 板抗弯性能的试验采用静力加载法，加载方式为 4 点加载。为模拟加固板实际受力状态下的边界支撑条件，RC 板放置在工字形圈梁上，在板中心区域划分 4 个相同受力区，受力区施加的荷载通过反力架、千斤顶、分配梁和刚性垫板（尺寸为 90mm×170mm）传至 RC 板。RC 板在长、宽方向加载装置如图 4.20.4 所示。

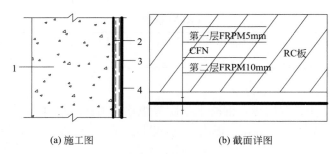

(a) 施工图   (b) 截面详图

图 4.20.3 加固板施工和截面详图

1—RC 板；2—第一层 FRPM；3—CFN；4—第二层 FRPM

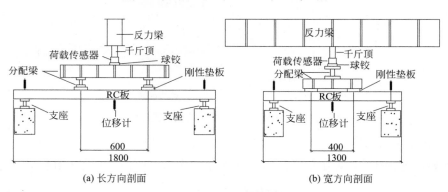

(a) 长方向剖面   (b) 宽方向剖面

图 4.20.4 试验加载装置

正式加载前，先对 RC 板进行预加载，检验各仪器装备是否正常。然后采用分级加载制度进行正式加载。在 RC 板开裂之前，每级加载 5kN，接近开裂时以每级 2kN 进行加载至板开裂，然后再以每级 5kN 加载；RC 板屈服后每级以 2kN 加载直至破坏，试验结束。每级加载完成后持荷 10min，待荷载稳定后观察记录板的破坏形态和裂缝的发展状况。

5）测点布置

在各级荷载作用下，RC 板钢筋的应变通过预先贴在板内钢筋上的应变片测得，测量混凝土及 FRPM 砂浆应变的应变片、RC 板挠度的位移计均布置于板底，布置位置如图 4.20.5 所示。所有挠度和应变数据由数据采集系统收集。

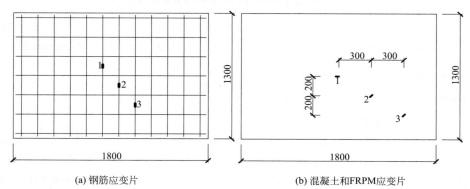

(a) 钢筋应变片   (b) 混凝土和FRPM应变片

图 4.20.5 测点位置

2. 试验结果分析

1) 破坏形态和破坏过程

3 个 RC 板试件的最终破坏形态见图 4.20.6。根据试验过程,各试件的破坏发展历程如下所述。

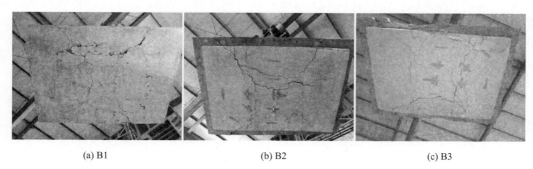

(a) B1　　　　　　　　(b) B2　　　　　　　　(c) B3

图 4.20.6　试件破坏形态

(1) 未加固板:试件 B1 屈服前,首先在板底中部沿纵筋方向出现一条正弯曲细裂缝;试件屈服后,有多条斜向受弯缝分布于板底,主要在板的 4 个角区;随着荷载的进一步施加,裂缝向角区迅速发展,板底中部长向和短向主裂缝与角区的斜裂缝逐渐交汇;试件破坏时,板底裂缝形态呈典型的线性塑性铰线形状。

(2) 加固板:试件 B2、B3 破坏过程大致相同,由于聚合物砂浆 FRPM 与板底的牢固粘接,不易剥除,难以看出板底的裂缝形态,但仍可根据 FRPM 的破坏形态分析加固板的破坏过程。以 B2 为例,对比 B1,在板底中部出现的第一条弯曲裂缝稍晚;试件屈服之后,板底中部的主裂缝和 4 个角区的斜裂缝发展速度减慢;持续加载能听到板底 FRPM 中纤维网格撕裂的声音,随着挠度的增加,板顶混凝土被击溃,试件破坏。

由各试件的破坏形态可知,CFN 加固系统能有效限制 RC 板的变形,增强 RC 板的抗弯性能。其中,加固板 B3 的 CFN 加固系统与混凝土基面存在少许剥离,而 B2 则未发生明显剥离,说明环氧基界面剂可实现 FRPM 与混凝土界面的牢固粘结和共同受力。

2) 承载力分析

各试验板在逐级荷载作用下的极限荷载如表 4.20.5 所示,由表 4.20.5 数据及试验现象可知:与未加固试件 B1 比较,采用 CFN 加固试件的承载力和刚度均有明显提高。其中,B2 的极限荷载提高 54.2%,B3 的极限荷载提高 43.8%。对比加固试件 B2 和 B3,B2 的极限承载力提高幅度更大,表明对 RC 板基面刷环氧基界面剂后再加固,承载效果更加优良。

试件极限荷载　　　　　　　　　　　　　　　　　　　　　　表 4.20.5

编号	极限荷载 P_u(kN)	提高率(%)
B1	150.43	—
B2	231.94	54.2
B3	216.28	43.8

3) 荷载-挠度曲线

3 块试验板在底部中心位置下的荷载-挠度曲线如图 4.20.7 所示。可以看出：在加载初期，各试验板的荷载与挠度呈线性关系，加固板中的 CFN 加固系统未发挥明显作用；当板顶荷载达到 50kN、100kN 时，对比板 B1 和加固板 B3 的挠度分别发生突变增大，而加固板 B2 挠度曲线仍继续呈线性发展；各试验板在加载后期，B1 和 B3 承载力下降明显，而 B2 承载力下降缓慢，存在较长的平台段，发展最充分。可见 CFN 加固系统可显著提高 RC 板的承载力和变形能力，使其安全储备得到有效保障。

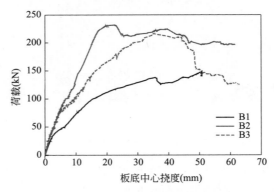

图 4.20.7　板底中心荷载-挠度曲线

4）荷载-应变曲线

图 4.20.8 为各试验板内钢筋和混凝土（FRPM）的应变曲线。由图 4.20.8 可以看

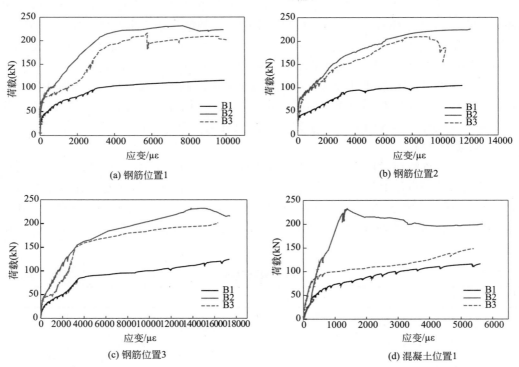

(a) 钢筋位置1

(b) 钢筋位置2

(c) 钢筋位置3

(d) 混凝土位置1

图 4.20.8　荷载-应变曲线（一）

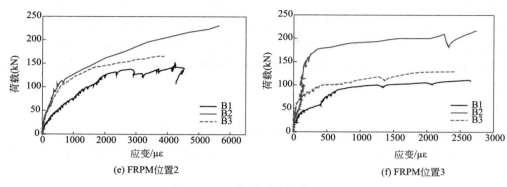

(e) FRPM位置2　　　　　　　　　　(f) FRPM位置3

图 4.20.8　荷载-应变曲线（二）

出：不同位置下钢筋的应变在加载初期均线性增加，三块板的应变曲线无明显区别；当荷载增至 50kN 时，试件 B1 内有三个位置处的钢筋屈服，应变有明显突变，由于 CFN 加固系统的贡献，加固板 B2 和 B3 仍能保持线性继续增加；持续加载中，加固板 B3 钢筋比加固板 B2 更早屈服，更早达到极限承载力，加固板 B2 在荷载达到 150kN 后，三个不同位置下的钢筋发生屈服。

　　由于对比板 B1 和加固板 B2、B3 底部材料不同，采用混凝土应变片分别对三块试验板进行定性分析。对比板 B1 混凝土最先开裂，应变曲线斜率减小，加固板 B2 底部 FR-PM 砂浆开裂最晚；各试件底部开裂后，持续加载中，B1 和 B3 应变曲线走势相近，与 B2 应变曲线区别明显，在同一应变数值下 B2 对应的荷载最大，B3 次之，B1 承载力最小。说明 CFN 加固系统与 RC 板粘结后受力，能最大程度限制 RC 板的开裂，提高其整体刚度。

　　5）弯曲韧性

　　弯曲韧性以不同挠度下的能量吸收值来表示，各 RC 板的能量吸收值由式（4.20.1）计算结果列于表 4.20.6。

$$Q = \int_0^a F(x)\,\mathrm{d}x \qquad (4.20.1)$$

式中　Q——能量吸收值；

　　　　a——板底中心挠度；

　　$F(x)$——随挠度变化的竖向荷载。

RC 板的能量吸收值　　　　　　　　　　　　　表 4.20.6

试件编号	挠度 $\Delta=10\mathrm{mm}$		挠度 $\Delta=20\mathrm{mm}$		挠度 $\Delta=30\mathrm{mm}$		挠度 $\Delta=40\mathrm{mm}$		挠度 $\Delta=50\mathrm{mm}$	
	能量值(J)	提高率(%)	能量值(J)	提高率(%)	能量值(J)	提高率(%)	能量值(J)	提高率(%)	能量值(J)	提高率(%)
B1	387.4	—	1342.8	—	2603.6	—	3913.7	—	5406.8	—
B2	657.5	69.7	2374.2	76.8	4707.5	80.8	6966.9	78.0	9313.7	72.3
B3	573.1	47.9	1934.2	44.0	3660.0	40.6	6435.9	64.4	8034.7	48.6

　　结合图 4.20.7，由表 4.20.6 可以看出：与对比板 B1 相比，加固板 B2 和 B3 的能量吸收值均有显著提高，试件 B2 平均提高 75.5%，试件 B3 平均提高 49.1%。两种加固方

式都能有效提高 RC 板的弯曲韧性，但在 RC 板基面刷环氧基界面剂对板的韧性提高作用更明显，主要是由于环氧基界面剂能增强板与 CFN 加固系统的有效粘结，充分发挥 CFN 的加固作用，而未刷界面剂的加固板在混凝土开裂后，CFN 加固系统与基体脱黏，产生滑移，消耗能量，随着承载力的增加，纤维网格中的纤维绷紧拉断，板的韧性不能得到充分提高。

3. 结论

（1）聚合物砂浆 FRPM 为 CFN 和 RC 板基面提供了有效粘结，与 CFN 共同受力，最大限度发挥优良的加固特性，有效限制 RC 板裂缝的发展，能显著提高 RC 板的承载力和变形能力。

（2）采用 CFN 加固的 RC 板，弯曲韧性可得到显著提高，RC 板能够获得充足的安全储备，可用于工程加固的实践。

（3）采用涂刷环氧基界面剂的加固方式，可实现 RC 板基面与 CFN 加固系统的牢靠粘结，充分发挥 CFN 的加固优点，使得 RC 板得到更优的加固效果，为工程界提供试验支持。

4.21 碳纤维网格对砌体结构抗震性能的影响

砌体结构取材容易、施工方便、造价低廉，在工业和民用建筑中广泛应用。与其他结构形式相比，砌体结构脆性大、强度低、整体性差，在地震中易发生屋面破坏和局部倒塌。我国是地震多发的国家，地震区分布范围广，抗震设防烈度 7 度以上的地区占全国国土面积的 1/3。近年来发生的数次地震中，如"5·12"汶川地震、青海玉树地震等，暴露出大量砌体结构的承载力和延性性能均不能抵抗强烈地震作用，而导致严重震害的现实问题，造成了较大的生命和财产损失。因此，砌体结构的抗震加固和修复已引起工程界的高度重视。

本文以纤维增强聚合物砂浆（FRPM）作为粘结材料，实现 CFN 与砌体结构界面的牢靠粘接和共同受力。对 4 个带构造柱的无筋砖砌体墙体，进行了 CFN 的单双面和端部锚固等不同方式的加固，试验研究 CFN 加固砌体墙体的抗震性能，研究成果将为砌体墙体加固提供参考。

1. 试验概况

1）试验材料

碳纤维网格由卡本科技集团股份有限公司提供，包括经向和纬向的双向碳纤维网格，网格尺寸为 20mm×20mm，如图 4.21.1 所示。

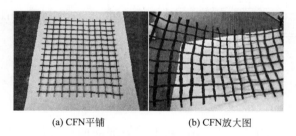

(a) CFN平铺   (b) CFN放大图

图 4.21.1　碳纤维网格

其中经向为 2 股 1.2 万根连续碳纤维细丝，纬向为 1 股 2.4 万根连续碳纤维细丝，经纬纤维束平织、双向受力，纬向碳纤维束在正交点处穿过经向的 2 股碳纤维束中间，经向 2 股碳纤维束通过热熔胶线固定，形成一个强有力的网格状整体，再经过表面覆盖、加热固化成型。CFN 的力学性能参数见表 4.21.1。

CFN 性能参数　　　　　　　　　　　　　　　　　　表 4.21.1

弹性模量（GPa）	极限拉应力（MPa）	极限破坏荷载（kN）	设计抗拉强度（MPa）
230	200	6	3600

为了增强 FRPM 的抗裂性，掺入聚乙烯醇（PVA）短纤维（2.5kg/m³），搅拌均匀后在初凝之前使用。该砂浆是专门针对 CFN 开发的，能保证 FRPM 与 CFN 的握裹力，

具有防火性好、透气性好、无收缩、抗裂性能高和粘结力强等优点，能有效地粘结在砌体表面。FRPM 的力学性能如表 4.21.2 所示。

FRPM 参数　　　　　　　　　　　　　　　　表 4.21.2

劈裂抗拉强度（MPa）	抗折强度（MPa）	正拉粘结强度（MPa）	抗压强度（7d/28d）（MPa）	与 CFN 握裹力（kN·m）
7	12	2.5	58/65	200

2) 试件设计

试验共设计 4 片无筋砌体砖墙，均为无窗洞、带构造柱，并在顶部设置圈梁的墙体，墙体厚均为 240mm，高宽比为 0.77，墙体尺寸及配筋如图 4.21.2 所示。制作试件时，墙体采用 MU10 黏土烧结砖（240mm×115mm×55mm），M7.5 混合砂浆，按照"一顺一丁"的方式砌筑，圈梁、构造柱和地梁混凝土的设计强度等级均为 C30。为增强底层砖与底梁之间的可靠粘结，防止试验时底梁上部墙体发生整体水平滑移，底层砂浆灰缝采用 1:3 水泥砂浆砌筑，砌筑前对底梁顶面进行凿毛浇带处理。

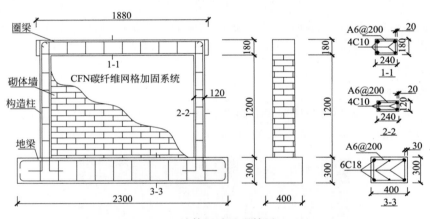

图 4.21.2　墙体尺寸及配筋图（mm）

3) 试件加固方案

试件编号及加固方案见表 4.21.3，其中墙体加固面均为包括圈梁、构造柱侧面在内的整个墙面，FRPM 由人工涂抹。

试件编号及加固方案　　　　　　　　　　　　表 4.21.3

试件编号	加固方案
W-1	未加固，作为对比试件
CFN-W-1	墙体单面双层 CFN 加固
CFN-W-2	墙体双面双层 CFN 加固
CFN-W-2R	墙体双面双层 CFN 加固，端部用钢条压铆

加固施工过程为：（1）将素墙表面整平，去掉表面疏松层，将浮灰清除干净，并对混凝土基面进行凿毛清理；（2）对墙体基面充分浸润并涂抹一层卡本环氧基界面剂，以增强 FRPM 与墙体基面的粘结力，其性能指标见表 4.21.4；（3）现场拌制 FRPM，搅拌时间

15min，待界面剂达到指触干燥之前（即胶体黏度增大，且表面未干）涂抹第一层 FR-PM，厚度为 5mm，并确保砂浆表面平整；（4）剪裁、铺设第一层 CFN，其中 CFN 沿受力方向上的搭接宽度为 20cm，摊铺时对 CFN 端部进行临时固定，用泥铲将 CFN 按压入砂浆层中，并保证 CFN 尽可能拉紧；（5）在第一层 CFN 表面涂抹 2～3mm 厚的 FRPM 砂浆，将第二层 CFN 摊铺到砂浆表面；（6）待第一层 FRPM 初凝后涂抹第二层 FRPM，最外层 CFN 表面 FRPM 砂浆厚度为 7～8mm，CFN 和 FRPM 砂浆总厚度为 15mm，并压光找平；（7）洒水养护 FRPM 砂浆至龄期。

环氧基界面剂性能参数　　　　　　　　　　　　　　表 4.21.4

抗拉强度（MPa）	弯曲强度（MPa）	压缩强度（MPa）	拉伸剪切强度（MPa）
45	130	94	16

施工示意图和截面详图见图 4.21.3。

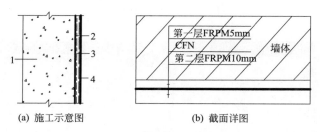

(a) 施工示意图　　　　　　　(b) 截面详图

图 4.21.3　加固墙施工和截面详图

1—墙体；2—第一层 FRPM；3—CFN；4—第二层 FRPM

4）试验装置及加载制度

加载装置如图 4.21.4 所示。为模拟墙体在地震作用下的受力状态，试验装置由水平和竖向两部分加载系统组成。试验过程中，由固定在反力架上的水平液压作动器施加水平荷载，作动器前端的拉压力传感器和墙体顶端的机电百分表分别连接到动态电阻应变仪，绘制逐级加载过程中墙顶的滞回曲线。竖向荷载的施加通过千斤顶上的压力传感器控制。为保证逐级加载中墙顶只有水平位移，在液压千斤顶和反力架之间安装一组滑轮以限制其竖向位移。

水平荷载的施加采用荷载-位移混合控制的方法。竖向荷载在试验前按 225kN（0.5MPa）一次加足保持不变，直至墙体破坏。在正式加载前，先施加 40kN（预估开裂荷载的 20%）水平荷载，反复推拉 2 次，以检查各仪器设备运转是否良好。正式加载过程中采用逐级加载方法，墙体开裂前按荷载控制，每级增加 25kN，各级循环 1 次；开裂后按位移控制，每级增加 $1\Delta cr$（开裂位移），各级循环 2 次。达到极限荷载后，继续按位移控制，每级增加 $2\Delta cr$，当墙体荷载下降至极限荷载的 85% 以下时，即认为墙体丧失承载能力而达到破坏状态，试验结束。

2. 破坏形态和破坏过程

4 个无筋砌体墙试件的破坏形态见图 4.21.5。根据试验结果，试件的破坏形态主要分为剪切破坏和弯剪破坏。

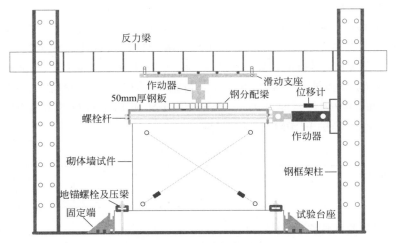

图 4.21.4　试验加载装置

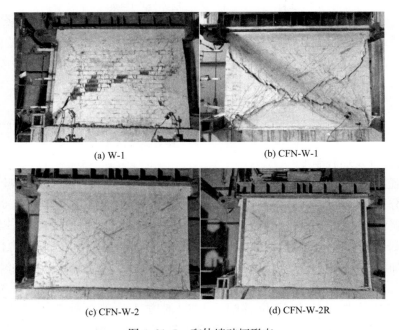

(a) W-1

(b) CFN-W-1

(c) CFN-W-2

(d) CFN-W-2R

图 4.21.5　砌体墙破坏形态

（1）剪切破坏：试件屈服前，墙体裂缝主要集中于两构造柱底部塑性区，且以水平裂缝为主。试件屈服后，墙身裂缝由底部水平缝沿阶梯形延伸形成斜裂缝，随着顶部水平位移的增加，沿斜裂缝伴有砂浆脱落现象。试件破坏时，墙身斜裂缝宽度较大，构造柱塑性区混凝土被压碎、剥落，纵筋外凸严重。试件 W-1、CFN-W-1 发生剪切破坏。

（2）弯剪破坏：试件屈服前，构造柱中下部边缘出现多条水平微裂缝，且底部侧面有多条水平、竖直交叉微裂缝向墙身中部发展，呈竖向分布。试件屈服后，墙身产生大量长30cm 左右、方向沿对角均匀分布的斜缝，裂缝宽度较小。试件破坏时，构造柱塑性区混凝土、砂浆层外鼓明显，墙身未出现较大宽度的斜裂缝，CFN 加固层保持较为完整。试件 CFN-W-2、CFN-W-2R 发生弯剪破坏。

由试验结果可知，CFN 加固系统未发生明显剥离，所用配套砂浆 FRPM 实现了与砌体基面的牢固粘结和共同受力，改变了砌体墙的破坏形态，能有效地改善其抗震性能。破坏形态的改变一方面是由于加固墙体的变形能力明显提高；另一方面是因为在加载过程中 CFN 可有效约束砌体结构，增强其抵抗外部剪切作用的能力，使得加固墙体两端中下部的弯曲裂缝有效地释放部分能量。其中，墙体双面加固能最大化发挥 CFN 加固系统的限裂能力，提高墙体的抗剪承载力。

3. 试验结果及分析

1）承载力分析

各试件在低周往复荷载作用下的试验结果如表 4.21.5 所示。由表可看出：

（1）与未加固试件 W-1 比较，采用 CFN 加固试件的开裂荷载有所提高。其中，CFN-W-1 平均提高 19.5%，CFN-W-2 平均提高 39.5%，CFN-W-2R 平均提高 52.2%；

（2）与 W-1 相比，CFN-W-1、CFN-W-2 和 CFN-W-2R 的极限荷载提高幅度明显，分别提高了 64.5%、87.0% 和 86.5%，加载后期 CFN 可显著提高砌体抗剪承载力，增强结构在弹塑性阶段抵抗往复荷载的能力；

（3）加固试件的平均极限荷载与开裂荷载的比值介于 2.09~2.33 之间，比 W-1 平均提高 30.4%。

试验结果一览表 表 4.21.5

试件编号	加载方式	开裂荷载 P_{cr}		开裂位移 Δ_{cr}		极限荷载 P_u		极限位移 Δ_u	
		试验值(kN)	提高率(%)	试验值(mm)	提高率(%)	试验值(kN)	提高率(%)	试验值(mm)	提高率(%)
W-1	推	126	—	1.1	—	227	—	6.4	—
	拉	125	—	1.0	—	201	—	8.2	—
CFN-W-1	推	151	19.8	1.7	54.5	338	48.9	10.1	57.8
	拉	149	19.2	1.8	80.0	362	80.1	13.2	60.1
CFN-W-2	推	175	38.9	2.3	109.1	386	70.0	10.0	56.3
	拉	175	40.0	2.7	170.0	410	104.0	15.2	85.4
CFN-W-2R	推	192	52.3	2.2	100.0	413	81.9	8.3	29.7
	拉	190	52.0	2.5	150.0	384	91.0	15.3	86.6

2）滞回曲线

墙体的滞回曲线是其抗震性能的综合体现，图 4.21.6 为各试件在低周往复加载下的墙顶实测荷载-位移滞回曲线。可以看出：

（1）在加载初期，各试件的滞回曲线近似为一条直线，几乎无残余变形；试件开裂后，各滞回曲线的区别才显现出来。因为对加固试件而言，当进入塑性阶段时，CFN 加固系统对墙体抗震性能的贡献凸显。

（2）各试件在塑性阶段初期，由于开裂墙体对能量的耗散作用，滞回环出现捏拢现象；其中试件 CFN-W-2 和 CFN-W-2R 的滞回环在加载初期呈弓形，加载后期逐渐演化为反 S 形，变形及耗能能力优势明显；试件 W-1 和 CFN-W-1 由于剪切作用影响大，滞回曲

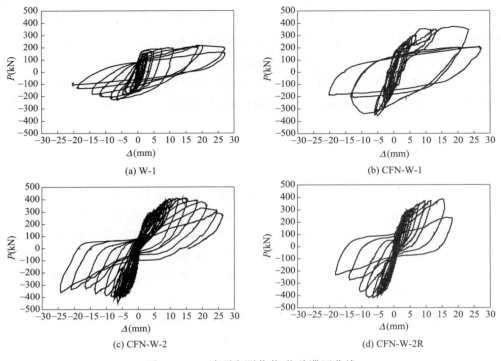

图 4.21.6 墙顶实测荷载-位移滞回曲线

线包围的面积缩小，耗能能力降低。

（3）试件 W-1 和 CFN-W-1 在承载力达到峰值后，滞回环面积明显减小，耗能能力降低，试件 CFN-W-2 和 CFN-W-2R 滞回环面积变化不大，仍具备较好的耗能能力。

（4）随着加固方式的变化，各试件的耗能能力表现不同，与剪切破坏试件相比，弯剪破坏试件 CFN-W-2 和 CFN-W-2R 的耗能能力更强，说明墙体双面加固对其抗震性能贡献突出。

3）骨架曲线

各试件骨架曲线如图 4.21.7 所示。从图中看出：

（1）对比未加固试件，经 CFN 加固的砌体墙，其极限荷载、极限位移、破坏荷载均有明显提高。墙体双面加固试件 CFN-W-2 和 CFN-W-2R 极限荷载提高幅度明显大于单面加固试件 CFN-W-1，但各加固试件的极限变形区别不明显。

（2）达到极限荷载之后，CFN-W-1 和 CFN-W-2R 骨架曲线下降相对较快，而

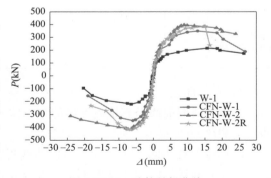

图 4.21.7 试件骨架曲线

CFN-W-2 在达到极限荷载之后骨架曲线下降最为平缓，平台段较长，侧向变形最大，发展最充分。

（3）采用 CFN 双面加固砌体墙能显著提高墙体的承载力和变形能力，而采用 CFN 双面加固并用钢条端部压铆后墙体承载能力和变形性能略有减弱，但仍显著强于 CFN 单面加固墙体。

4）刚度退化曲线

刚度退化反映结构刚度的变化特性，是结构在荷载作用下抗震性能降低的一个主要原因。拟静力试验中，砌体墙的刚度采用割线刚度表示，亦称为等效刚度。计算公式为

$$K_i = \frac{|+F_i| + |-F_i|}{|+\Delta_i| + |-\Delta_i|} \qquad (4.21.1)$$

式中　$|+F_i|$、$|-F_i|$——第 i 次循环荷载的正向、负向峰值荷载；

$|+\Delta_i|$、$|-\Delta_i|$——第 i 次循环荷载作用下峰值荷载所对应的正向、负向位移值。

各试件的等效刚度随墙顶水平位移的退化情况如图 4.21.8 所示，由图可知：

（1）与未加固试件 W-1 相比，各加固试件的等效初始刚度显著提高，其中 CFN-W-1、CFN-W-2 和 CFN-W-2R 的初始等效刚度分别为 213kN/mm、457kN/mm 和 315kN/mm，分别为试件 W-1 初始等效刚度（192kN/mm）的 1.11、2.38 和 1.64 倍，说明 CFN 加固系统在提高墙体初始刚度，增强砖墙在弹性阶段抗震变形方面优势明显。

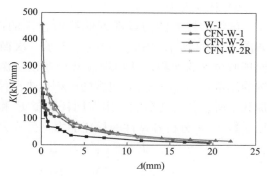

图 4.21.8　各试件刚度退化曲线

（2）随着荷载增加，试件 W-1 刚度退化最快，呈直线下降趋势，CFN-W-2 和 CFN-W-2R 在墙体开裂之后，两试件刚度下降明显后滞缓慢，且随着结构变形的加大，处于同一位移处的刚度，双面加固墙体均大于单面加固墙体。

（3）试验结束时，试件 CFN-W-2 和 CFN-W-2R 的破坏刚度最大，但 CFN-W-2R 略低于 CFN-W-2，这是因为随着砌体结构破损，钢条压铆所用的螺栓与 CFN 加固层、砌体基面的连接性能逐渐降低，导致 CFN-W-2R 的 CFN 加固系统不能充分发挥其抵抗变形的能力。

5）延性分析

延性是构件在失效之前承受非弹性变形而不显著降低承载力的能力，可分析结构的变形能力，是评价抗震性能的重要指标之一。试件的延性系数按如下公式计算：

$$\mu = \frac{\Delta_u}{\Delta_y} \qquad (4.21.2)$$

式中：Δ_u——破坏荷载对应的位移值；

Δ_y——等效屈服位移值，Δ_y 按照 park 法（通用屈服弯矩法）确定。

计算所得各试件延性系数如表 4.21.6 所示，可以看出：

（1）与未加固试件 W-1 相比，各加固试件的延性系数均有不同程度的提高，分别为 19.4％、52.2％和 21.1％，说明 CFN 加固系统能有效提高砌体墙的抗震延性；

（2）由破坏形态可知，试件 W-1 和 CFN-W-1 表现出明显的脆性破坏特征，但单面加固试件 CFN-W-1 较 W-1 有明显改善，峰值荷载后没有迅速达到破坏状态，延性较好；试件 CFN-W-2 和 CFN-W-2R 则表现出明显的塑性变形，荷载达到峰值后又经历多次循环加载，且试件在破坏前未出现明显的主裂缝，说明双面加固可以显著提高墙体的整体性和变形能力。

各试件延性系数　　　　　　　　　　　　表 4.21.6

试件编号	Δ_y(mm)	Δ_u(mm)	延性系数	提高幅度（%）
W-1	4.6	13.3	2.89	—
CFN-W-1	5.1	17.6	3.45	19.4
CFN-W-2	5.5	24.2	4.40	52.2
CFN-W-2R	4.8	16.8	3.50	21.1

6）耗能能力

试件的耗能能力以滞回曲线所包围的面积来衡量，如图 4.21.9 所示。$S_{ABC}+S_{CDA}$ 表示一次循环加载的滞回环所包含的面积，其物理意义为在该次循环加载中耗散的能量；$S_{OBE}+S_{ODF}$ 包含的面积代表试件在该次循环加载中所包含的变形能。用滞回耗能量 E 和等效黏滞阻尼系数 h_e 来分析各试件的耗能能力，公式为

$$E=S_{ABC}+S_{CDA} \tag{4.21.3}$$

$$h_e=\frac{1}{2\pi}\frac{S_{ABC}+S_{CDA}}{S_{OBE}+S_{ODF}} \tag{4.21.4}$$

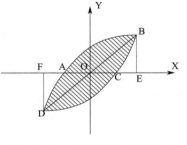

图 4.21.9　滞回耗能及等效黏滞阻尼系数计算示意图

分别求出各试件在屈服、极限和破坏状态下的滞回耗能和等效阻尼系数，如表 4.21.7 所示。可以看出，各试件的滞回耗能和等效阻尼系数随荷载的逐级加载而逐渐增大，同一变形状态下加固试件的滞回耗能及等效阻尼系数均大于未加固试件。说明 CFN 加固系统能有效提高砌体结构的耗能能力。

试件滞回耗能及等效阻尼系数　　　　　　表 4.21.7

试件编号	h_{ey}	h_{em}	h_{eu}
W-1	0.125	0.152	0.172
CFN-W-1	0.147	0.178	0.200
CFN-W-2	0.153	0.189	0.213
CFN-W-2R	0.147	0.181	0.192

注：h_{ey}、h_{em} 和 h_{eu} 分别为试件在屈服、极限和破坏状态下的等效阻尼系数。

图 4.21.10 为各试件在顶端水平位移下的滞回耗能，结合试件破坏状态可知：

（1）试件屈服之前能量耗散不明显；峰值荷载以前，墙体主要通过砂浆层的摩擦和产生的新裂缝来耗散能量；

（2）峰值荷载之后，砌体砖块及构造柱混凝土受压开裂产生的新裂缝进一步提高了试

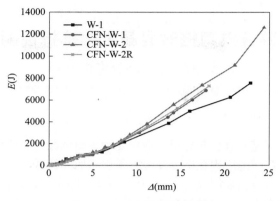

图 4.21.10　试件滞回耗能

件的耗能能力；

（3）对加固试件而言，CFN 加固系统与砌体基面之间的摩擦、纤维网格的塑性变形及聚合物砂浆产生的裂缝同样有效地提高了试件的耗能能力，使得加载后期各加固试件在同一位移下的滞回耗能均明显大于未加固试件 W-1。

4. 结论

（1）经试验验证，本文提出的 CFN 加固系统能有效增强无筋砌体墙的抗震性能，使加固墙体的破坏形态由脆性剪切破坏转化为具有延性特征的弯剪破坏。

（2）CFN 加固系统的限裂能力强，采用墙体双面加固方式效果最明显。双面加固能延缓砌体墙裂缝的发展，将具有危害性的主裂缝分散为众多的较细裂缝，可有效改善砌体墙裂缝的分布形态，保障地震作用下砌体结构的完整性，提高其可修复性能。

（3）聚合物砂浆 FRPM 为 CFN 和砌体基面提供了有效粘结，从而显著提高砌体墙在地震作用下的承载力和变形能力，墙体安全储备和延性得到有效提高，其中加固试件 CFN-W-2 比另外两种加固方式优势更明显。

（4）在低周反复荷载作用下，相比未加固试件，加固砌体墙的刚度均有大幅提高且进入塑性阶段后退化速度缓慢，各级滞回环面积更大，耗能能力更强。

（5）对加固试件 CFN-W-2R 端部用钢条压铆的抗震效果不理想。原因为 CFN 加固系统与砌体基面粘结力强，可以充分发挥其约束作用，而钢条中的螺栓易产生应力集中，不利于抗震加固。

4.22 碳纤维网格对混凝土梁抗折性能的影响

卡本科技集团股份有限公司

碳纤维网格增强水泥基复合材料凭借其双向受力、耐锈蚀、高比强度和对基面要求低等诸多优异性能，已经被广泛地应用在砌体及混凝土房屋加固领域。然而，由于目前国内外碳纤维网格增强水泥基复合材料加固混凝土梁的抗折性能的增强效果研究较少，使得碳纤维网格在加固领域的研究存在空白，阻碍了其广泛应用。本文通过碳纤维网格体系对混凝土梁进行加固，研究加固位置、加固层数等试验参数对混凝土梁抗折性能的影响。通过碳纤维网格加固得到的高抗折性能的混凝土梁对桥梁安全设施建设具有非常重要的意义。

1. 试验材料与方法

1）试验材料的制备

（1）试验基材及增强材料

试验所需湿法喷射聚合物砂浆由卡本科技集团股份有限公司提供，砂浆性能参数如表4.22.1所示。碳纤维网格和高强钢丝布的试验所需材料性能参数见表4.22.1，增强材料如图4.22.1所示。

试验所需材料性能参数　　　　　　　　　　　　表 4.22.1

	材料/机械性能	参数值
湿法喷射聚合物砂浆	抗压强度（28d）	55MPa
	抗折强度	12MPa
	劈裂抗拉	7MPa
	密度	$2.05g/cm^3$
碳纤维网格	极限破坏载荷	3200N
	设计拉伸强度	101.2MPa
	弹性模量	$230kN/mm^2$
	克重（受力方向）	$80g/m^2$
	间距	2mm
高强钢丝布	极限破坏载荷	1500N
	设计拉伸强度	2900MPa
	弹性模量	$209kN/mm^2$
	克重	$670g/m^2$
	理论截面积	$0.481mm^2$

（2）设计思路

为探究增强材料种类、养护时间、加固位置、加固层数、端部加固对混凝土梁的抗折性能的影响，共设计6组试验试样，试样模型图如图4.22.2所示，具体试样信息见表4.22.2。

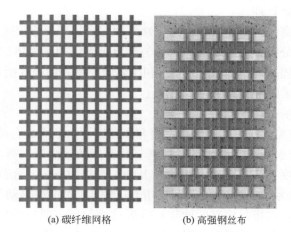

(a) 碳纤维网格   (b) 高强钢丝布

图 4.22.1 增强材料

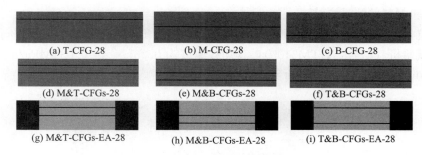

(a) T-CFG-28   (b) M-CFG-28   (c) B-CFG-28

(d) M&T-CFGs-28   (e) M&B-CFGs-28   (f) T&B-CFGs-28

(g) M&T-CFGs-EA-28   (h) M&B-CFGs-EA-28   (i) T&B-CFGs-EA-28

图 4.22.2 试样模型示意图

试样信息表   表 4.22.2

试样编号	增强材料	养护时间	加固层数	加固位置	端部锚固
C-7	—	7	—	—	否
C-14	—	14	—	—	否
C-28	—	28	—	—	否
B-CBSN-28	高强钢丝布	28	1	底端	否
B-CFG-7	碳纤维网格	7	1	底端	否
B-CFG-14	碳纤维网格	14	1	底端	否
B-CFG-28	碳纤维网格	28	1	底端	否
M-CFG-28	碳纤维网格	28	1	中部	否
T-CFG-28	碳纤维网格	28	1	顶端	否
M&T-CFGs	碳纤维网格	28	2	中部+顶端	否
B&T-CFGs	碳纤维网格	28	2	底端+顶端	否
B&M-CFGs	碳纤维网格	28	2	底端+中部	否
M&T-CFGs-EA-28	碳纤维网格	28	2	中部+顶端	是
B&T-CFGs-EA-28	碳纤维网格	28	2	底端+顶端	是
B&M-CFGs-EA-28	碳纤维网格	28	2	底端+中部	是
CFG-m-28	碳纤维网格	28	1	—	—

（3）增强体的表面处理

将碳纤维网格和高强钢丝布两端固定于铁质固定台，环氧涂层按照 A：B＝3：1 进行配置，利用玻璃棒充分搅拌。将环氧涂层均匀涂覆于固定的增强体织物表面，静置 5 min 后将多余树脂挤出。固化环境为 80℃/2h。利用角磨机将表面改性后的碳纤维网格和高强钢丝布裁剪成 40mm×40mm 的小块备用。

（4）混凝土梁抗折试样的制备

① 织物裁剪：将实验所需的碳纤维网格和高强钢丝布裁剪成合适的尺寸备用。

② 砂浆配置：按水/砂浆＝0.155 的比例将称量好的湿法喷射聚合物砂浆与水进行混合，搅拌时实验室温度为 24℃，利用电锤将其均匀搅拌 10min 后备用。

③ 注模：将规格为 40mm×40mm×160mm 的模具固定在振动设备上并向内填充搅拌均匀的聚合物砂浆，待模具内部的砂浆充分振动均匀后，通过钢尺测量砂浆块的厚度，在砂浆表面平铺一层裁剪好的增强材料，再将剩余的砂浆平铺到织物表面后继续振动，振动完成后将模具从振动设备上取下静置，养护完成后进行测试。

2）试验材料的测试方法

砂浆抗折测试按照《水泥胶砂强度检验方法》GB/T 17671—2021 标准进行，测试设备为万能试验机（型号：UTM5105），其加载速度为 0.05kN/s＝0.031MPa/s，预紧速度为 10mm/min。图 4.22.3 为抗折实验装置。

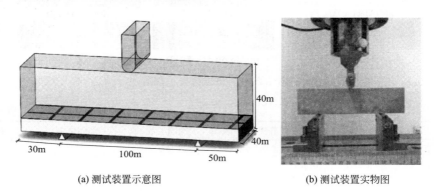

(a) 测试装置示意图　　　　　　　　(b) 测试装置实物图

图 4.22.3　试样抗折实验装置

抗折强度公式如下：

$$R_f = 1.5 L F_f / b^3 \qquad (4.22.1)$$

式中　F_f——折断时施加于棱柱体中部的载荷（N）；

　　　　L——支撑圆柱之间的距离（mm）；

　　　　b——棱柱体正方形截面的边长（mm）。

2. 试验结果与讨论

1）试验材料的力学性能分析

（1）加固材料种类对试样抗折性能的影响

图 4.22.4 中反映了不同加固材料对混凝土梁抗折性能的影响。C-28 试样达到极限荷载时荷载值下降，其主要原因是试样在承受荷载时，上表面受压，下表面受拉，裂纹首先在下表面的中部位置产生并向上延伸发展，此时试样所承受的荷载值迅速下降且裂纹扩展

速度最快。与 C-28 对比，B-CBSN-28 试样的抗折强度增加 21.1%。当达到砂浆的极限荷载时，裂纹从试块底部生成并向上延伸至高强钢丝布加固位置，荷载曲线停止下降后缓慢上升。荷载曲线缓慢下降时，高强钢丝布在试样内部出现滑移。主要原因是钢丝表面光滑且与砂浆接触面积小。该测试曲线发展趋势同样适用于 B-CFG-28 试样。如图 4.22.4 所示，相比于 B-CBSN-28 试样，B-CFG-28 试样的抗折强度增强 126.7%，其主要原因是碳纤维网格表面粗糙程度大，有利于其在界面处形成有效的机械互锁（图 4.22.5）。当裂纹扩展至加固位置时，碳纤维网格与其上部砂浆协同作用，且碳纤维网格可双向受力，有利于内部载荷的均匀传递，从而显著提高试样的抗折强度。表 4.22.3 中 CFG-m-28 抗折荷载平均值为 0.141kN，其与 C-7 试样抗折荷载之和远远小于 B-CFG-7 的测试荷载，说明碳纤维网格与砂浆之间的协同作用效果十分显著。

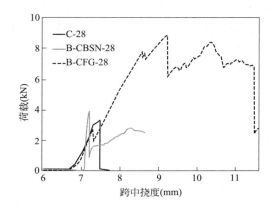

图 4.22.4　测试样品的抗折测试荷载-挠度曲线（不同增强材料）

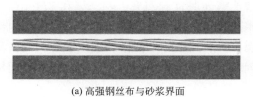

(a) 高强钢丝布与砂浆界面

(b) 碳纤维网格与砂浆界面

图 4.22.5　增强材料与砂浆界面

（2）养护时间对试样抗折性能的影响

图 4.22.6 反映了养护时间对混凝土梁抗折强度的影响。如图 4.22.6（a）所示，C-7 试样平均抗折载荷为 2.82kN，C-14 试样的平均抗折载荷为 4.64kN，增长率为 64.5%，

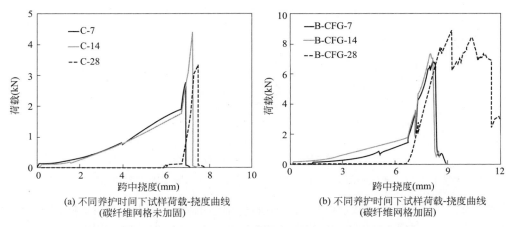

(a) 不同养护时间下试样荷载-挠度曲线（碳纤维网格未加固）

(b) 不同养护时间下试样荷载-挠度曲线（碳纤维网格加固）

图 4.22.6　测试样品的抗折测试荷载-挠度曲线（不同养护时间）

从表 4.22.3 中可以看出，相比于 C-14 试样，C-28 试样的测试数据离散度下降，更能客观反映试样抗折强度的真实水平。图 4.22.6（b）显示，养护条件对碳纤维网格增强混凝土梁的抗折强度的效果影响不明显。B-CFG-7 与 B-CFG-14 试样的平均抗折载荷分别是 7.38kN 和 7.33kN。主要原因是裂纹扩展至碳纤维网格加固位置时，碳纤维网格与砂浆协同作用。与 B-CFG-7 试样相比，B-CFG-28 试样的抗折强度和数据离散性均有提升。因此最能体现试样真实抗折强度的养护时间为 28d。

（3）加固位置与加固层数对试样抗折性能的影响

图 4.22.7 反映了碳纤维网格的加固位置和加固层数对混凝土梁试样抗折性能的影响。图 4.22.7a 说明了不同加固位置的单层碳纤维网格增强试样的抗折强度都会比 C-28 试样的抗折强度有不同程度的上升。T-CFG-28、M-CFG-28 和 B-CFG-28 试样的平均抗折强度增长率分别为 14.1%、74.6% 和 174.6%。与此同时，不同加固位置试样的曲线增长趋势相同。其主要原因是碳纤维网格在试样内部进行加固，其裂纹的产生和发展趋势相同。当裂纹扩展到碳纤维网格加固位置时，网格和其上部的砂浆协同作用，由于位置不同导致的碳纤维网格与砂浆的协同作用不同，进而导致增强效果存在明显的差异。

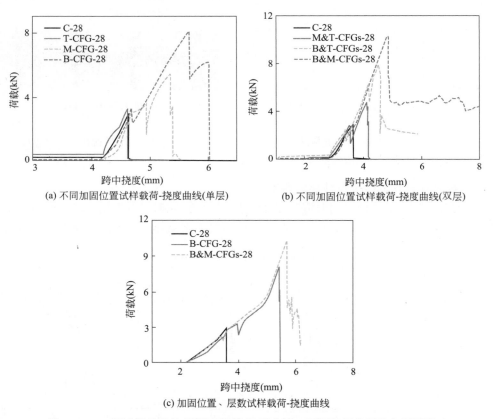

(a) 不同加固位置试样载荷-挠度曲线(单层)　　(b) 不同加固位置试样载荷-挠度曲线(双层)

(c) 加固位置、层数试样载荷-挠度曲线

图 4.22.7　测试样品的抗折测试载荷-挠度曲线（不同加固位置和加固层数）

图 4.22.7（b）说明了双层碳纤维网格通过调整加固位置可以得到不同的加固效果。相比于空白试样，M&T-CFGs-28、B&T-CFGs-28、B&M-CFGs-28 试样的平均抗折强度增长率分别为 71.8%、170.4% 和 231.0%。对比碳纤维网格单层加固和双层加固效果，

可知 M&T-CFGs-28 试样的加固强度略低于 B-CFG-28 试样加固强度，说明最佳的加固位置应是试样的底部。B&M-CFGs-28 试样抗折强度略高于 T-CFG-28、M-CFG-28 试样抗折强度的总和。说明最佳的加固位置不是试样的中部而是其底部。

图 4.22.7（c）说明不同的加固层数对砂浆试样抗折强度的影响存在明显的差异。与 C-28 试样相比，B-CFG-28 试样强度上升 174.6%。其主要原因是当达到极限荷载时，裂纹产生并向上扩展至碳纤维网格加固位置时开始沿向上及网格铺放的两个方向同时发展，此时曲线会继续直线上升，此时的砂浆试块已由脆性材料转化为半脆性材料。随着碳纤维网格会发生断裂，荷载曲线会逐步下降。对比 C-28 试样，B&M-CFGs-28 试样加固的平均抗折强度增长率 231.0%。双层碳纤维网格的加固效果不足单层碳纤维网格加固效果的 2 倍。因此，考虑到成本和加固效果，碳纤维网格最佳的加固层数为 1 层。

（4）端部锚固对试样抗折性能的影响

图 4.22.8 说明端部加固对试样的抗折强度具有增强作用，对比试样 B&M-CFGs-28 与 B&M-CFGs-EA-28 的抗折强度可以发现，B&M-CFGs-28 试样的抗折载荷平均为 10.05kN，B&M-CFGs-EA-28 试样抗折平均载荷为 12.75kN，抗折强度增长率 27.2%。对比两者曲线的发展趋势，当局部发生失效时，B&T-CFGs-EA-28 的曲线有一个回升的过程，说明端部锚固能有效减缓裂纹扩展的速度，进而增强砂浆试样的抗折性能。其主要原因是利用碳纤维布对试样两端进行端部锚固能有效减少斜裂纹从端部产生的可能性，进而有效抑制了斜截面失效的发生。对比未端部加固的试样，B&T-CFGs-EA-28 和 M&T-CFGs-EA-28 试样的抗折强度的增长率分别为 0.5% 和 15.6%。因此，端部锚固有助于碳纤维网格对于试样抗折强度增强效果的进一步发挥。

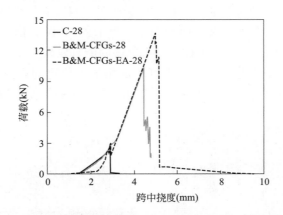

图 4.22.8　测试样品的抗折测试载荷-挠度曲线（端部锚固）

试样数据汇总表　　　　　　　　　　　　　　　　　　　　　　　表 4.22.3

试样编号	$F_{max,av}$(kN)	s	CoV(%)
C-7	2.82	0.03	1.1
C-14	4.64	0.64	13.7
C-28	3.04	0.25	8.3
B-CBSN-28	3.67	0.16	4.4
B-CFG-7	7.38	1.08	14.6

试样编号	$F_{max,av}$(kN)	s	CoV(%)
B-CFG-14	7.33	0.79	10.8
B-CFG-28	8.32	0.74	8.9
M-CFG-28	5.30	0.31	5.8
T-CFG-28	3.45	0.34	9.8
M&T-CFGs-28	5.19	0.68	13.1
B&T-CFGs-28	8.21	0.98	11.9
B&M-CFGs-28	10.05	0.94	9.3
M&T-CFGs-EA-28	6.03	0.85	14.1
B&T-CFGs-EA-28	8.24	0.23	2.8
B&M-CFGs-EA-28	12.75	1.01	7.9
CFG-m-28	0.14	0.03	14.8

2）失效形式和裂纹扩展分析

图4.22.9反映了试样的失效形式与实验参数有密切的联系。图4.22.9（a）展示了空白试样的失效形式均为竖直裂纹扩展且断口齐平（图4.22.10a），其主要原因是试样内部没有增强材料，当达到试样的极限荷载时，应力集中的试样底部开始产生裂纹。裂纹沿竖直方向延伸且扩展速度较快，因此断口处齐平。图4.22.9（b）说明高强钢丝布与砂浆之间的由于粘结强度低从而导致滑移失效形式的出现。图4.22.9（c）说明碳纤维网格对试样进行底端加固后能有效抑制裂纹的扩展，裂纹沿竖直和碳纤维网格铺放的两个方向扩展，因此失效试样的底端位置出现横向的裂纹（图4.22.10b），横向裂纹的产生伴随着能量的消耗。图4.22.9（d）说明对试样进行端部锚固能有效减少横向裂纹在端部出现的概率。此时的失效形式主要为竖直裂纹和碳纤维网格加固位置的横向裂纹（图4.22.10c）。说明碳纤维网格的内部加固和碳纤维布的端部加固都能有效抑制裂纹的扩展。

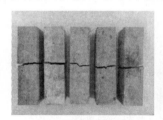
(a) 未加固试样失效形式

(b) 高强钢丝布加固试样失效形式

(c) 碳纤维网格加固试样失效形式

(d) 端部锚固试样失效形式

图4.22.9 测试试样的失效形式

(a) 未经碳纤维网格加固的抗折试样
的裂纹扩展方向

(b) 碳纤维网格加固的抗折试样的
裂纹扩展方向

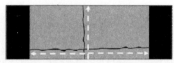

(c) 碳纤维网格加固且端部锚固的抗折
试样的裂纹扩展方向

图 4.22.10　裂纹扩展方向的对比

　　碳纤维网格对抗折试样的增强机理可通过裂纹的扩展形式解释，由于碳纤维网格的加入，裂纹的扩展方向由竖直扩展改为竖直扩展与横向扩展并存。横向裂纹的扩展伴随着能量的消耗，与此同时，碳纤维网格与其上部的砂浆协同受力，因而，其抗折强度得到提升。端部锚固抑制了端部裂纹的产生，防止横向裂纹延伸至端部后出现滑移失效，使其抗折强度得到进一步的发挥，端部锚固的试样抗折强度得到显著提升。

3. 结论

　　(1) 碳纤维网格对混凝土梁抗折强度有着明显的增强效果，最佳的加固位置为底部，最佳的加固层数为 1 层。

　　(2) 碳纤维网格增强混凝土梁抗折试样的破坏形式：空白试样为竖直齐平断口；碳纤维网格加固试样在竖直裂纹的基础上产生沿加固位置的横向裂纹；端部锚固碳纤维网格加固试样端部横向裂纹减少，说明端部锚固能有效抑制斜裂纹的产生。

　　(3) 碳纤维网格对于抗折试样的加固改变了裂纹的扩展方向，同时碳纤维网格与其上部砂浆协同受力增加试样抗折强度；端部锚固试样有效抑制了碳纤维网格滑移失效的出现，进一步提高试样的抗折性能。

4.23 梁、板、柱承载力不足的加固方法

梁、板、柱构件都是建筑中的主要承重构件。随着建筑服役时间的增长，由于前期缺陷或荷载、环境的不断变化等，会出现耐久性下降，强度与刚度不足的情况，严重时会导致结构局部承载力不足甚至整体失稳、坍塌等，因此对承载力有的缺陷梁、板、柱构件进行加固是必须且必要的。

1. 梁的加固方法

1) 增大截面加固法（图 4.23.1）

图 4.23.1　增大截面法加固梁体

增大截面加固法是通过增大原构件截面面积或增配钢筋，以提高其承载力、刚度和稳定性的一种直接加固方法。

技术要点：

（1）仅梁底正截面受弯承载力不足且与设计值相差不多时，可只增加钢筋，不增大混凝土截面；相反如果相差较多，则需增加钢筋用量和增大混凝土截面。

（2）新增混凝土强度应比原梁提高一级，且不应低于 C20。

（3）梁新增受力钢筋应由计算确定，纵筋直径一般≥16mm，箍筋直径一般≥8mm。

（4）在规定的范围内箍筋应加密，加密区范围和间距应满足相应的规范要求。

（5）新旧混凝土结合需要凿毛并涂刷界面剂。

2) 外粘型钢加固法（图 4.23.2）

对钢筋混凝土梁外包型钢、扁钢焊成构架并灌注结构胶粘剂，以达到整体受力、共同工作的加固方法，该方法适用于需要大幅提高截面承载能力和抗震能力的情况。

技术要点：

（1）外包型钢的规格应由计算确定，角钢的厚度不应小于 5mm，肢长不应小于

图 4.23.2　外粘型钢法加固梁柱

50mm，沿梁轴线方向应每隔一段距离用扁钢制作的箍板或缀板与角钢焊接。

（2）当有楼板时，附加螺杆穿过楼板，与 U 形箍板焊接。箍板或缀板截面不应小于 40mm×4mm，间距不应大于 20r（r 为单根角钢截面的最小回转半径），且不应大于 500mm，在节点区，其间距宜适当加密。

（3）角钢的两端应有可靠的连接和锚固，可采用穿孔螺栓或组合型钢箍并配以螺栓的锚固形式。

（4）外粘型钢注胶应在型钢构架焊接完成后进行，胶缝厚度宜控制在 3～5mm，局部允许有长度不大于 300mm、厚度不大于 8mm 的胶缝，但不得出现在角钢端部 600mm 范围内。

3）粘贴钢板加固法（图 4.23.3）

用胶粘剂将钢板粘贴于梁的上下受力表面，用以补充梁的配筋量不足，达到提高截面承载力的目的。

技术要点：

（1）本方法适用于对梁的受弯加固，尤其是简支梁的正截面抗弯加固。

（2）梁斜截面受剪加固采用此法时，因构造上较难处理，受力不理想，较少采用。

（3）粘贴钢板的规格需要计算确定，钢板层数宜为一层。为了保证加固质量，主要的受力钢板应采用锚栓进行附加锚固。锚栓不应大于 M10，一般采用 M8，锚栓间距不应小于 250mm，一般间距为 300mm。

（4）只有钢板厚度≤5mm 时，可采用手工涂胶，当钢板厚度＞5mm 时，应采用后灌工艺。

4）粘贴碳纤维布加固法（图 4.23.4）

粘贴碳纤维加固梁，是用胶粘剂将碳纤维布粘贴于受力表面，用以补充梁的配筋不足，达到提高梁的正截面受弯承载力和斜截面的受剪承载力的目的。

技术要点：

图 4.23.3　粘贴钢板法加固梁

图 4.23.4　粘贴碳纤维布法加固梁

（1）正截面受弯加固，碳纤维的方向应沿纵向贴于梁的受拉面；斜截面受剪加固，纤维方向应沿横向环绕贴于梁周表面。

（2）梁截面棱角应在粘贴前通过打磨加以圆化，圆化半径≥20mm。

（3）加固所用的碳纤维布规格需由计算确定。加固后的结构构件，其正截面受弯承载力提高幅度不应超过 40%。

（4）梁体粘贴 U 形箍，能够有效对梁底碳纤维布起到锚固的作用。U 形箍能确保碳纤维布与梁体共同工作，对剥离破坏的发生，起到了明显的抑制作用。

5）外加预应力加固法（图 4.23.5）

图 4.23.5　外加预应力法加固梁

外加预应力加固法是通过施加体外预应力，使原结构、构件的受力得到改善或调整的一种间接加固法。

技术要点：

（1）体外预应力加固混凝土梁的转向块、锚固块形式和布置应根据既有建筑结构和体外预应力筋的布置选用。

（2）对于正截面受弯承载力不足的梁，可采用预应力水平拉杆进行加固。

（3）对于正截面和斜截面均需加固的梁，可采用下撑式预应力拉杆进行加固。

6）增设支点加固法（图 4.23.6）

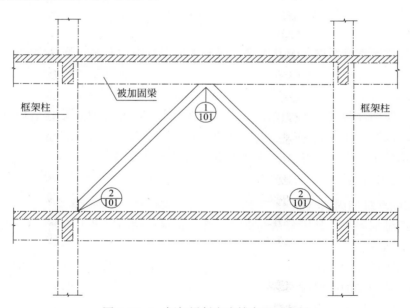

图 4.23.6　框架梁斜向支撑布置示意图

增设支点加固法是用增设支承点来减小结构计算跨度，从而减小结构内力并相应提高结构承载力的加固方法。

技术要点：

（1）增设支点加固法适用于提高梁的受弯、受剪承载力的加固。

（2）斜撑可采用圆形、十字形、角钢等截面形式。

（3）斜撑连接节点应按等强连接。

7）钢绞线网片-砂浆加固法（图4.23.7）

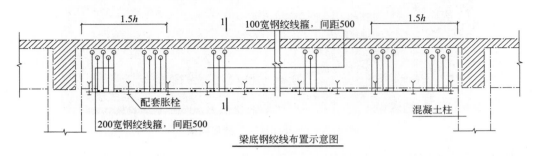

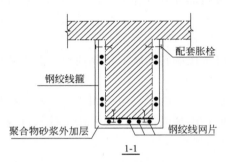

图4.23.7　梁底钢绞线布置示意图

采用专用预制钢绞线网片及其配件、混凝土加固专用界面剂、聚合物砂浆加固结构构件的技术。

技术要点：

（1）钢绞线网片与混凝土的固定可采用配套胀栓及U形卡具，胀栓呈梅花形布置。

（2）钢绞线网片需要搭接时，沿主筋方向的搭接长度应符合设计要求，如设计未注明，其搭接长度不应小于600mm，且不应位于受力较大位置。

2. 板的加固方法

1）粘贴碳纤维加固法（图4.23.8）

粘贴碳纤维加固法，是用胶粘剂将碳纤维复合材料粘贴于受力表面，达到提高板承载力的目的的加固方法。

（1）采用碳纤维加固法时首先要知道楼板是预制板还是现浇板，预制板受力属于简支板，采用粘贴碳纤维加固时应顺着板跨方向进行单向粘贴；现浇板多属于双向受力板，粘贴碳纤维布加固楼板采用双向粘贴。

（2）碳纤维的宽度由设计确定，一般取100～200mm，间距300～600mm，碳纤维布单位面积质量、宽度和间距均可根据实际需要进行调整。

（3）碳纤维布在粘贴完毕后要特别注意边梁处碳纤维布的锚固，当边梁处无外墙时，碳纤维布可弯粘贴于边梁外侧，并以钢板压条锚固收头；当有外墙时，可采用锚固角钢＋螺杆传力。碳纤维布端头可采用钢板压条＋锚栓进行锚固。

图 4.23.8　粘贴碳纤维法加固梁板

2）粘贴钢板加固法（图 4.23.9）

图 4.23.9　粘贴钢板法加固楼板

用胶粘剂将钢板粘贴于梁的上下受力表面，用以补充梁的配筋量不足，达到提高截面承载力的目的。

（1）需要了解楼板是现浇板还是预制板，预制板采用单向粘贴，现浇板采用双向粘贴。

（2）钢板一般采用定型扁钢，用粘钢胶进行粘贴。扁钢规格和间距由设计确定，一般取（100~200）mm×（3~4）mm，间距 300~600mm。

（3）为提高粘钢加固质量及效果，全部扁钢均采用锚栓进行附加锚固。锚栓规格不应大于 M10，一般取 M8，间距应不小于 250mm，一般取 300mm。

3）增大截面加固法（图 4.23.10）

增大截面法是于板面或者板底增做不小于 40mm 厚钢筋混凝土后浇层。

（1）从方便施工考虑，多采用板面浇叠合层的方式，以形成刚性楼盖和屋盖。

图 4.23.10 增大截面法加固楼板

（2）板底后浇钢筋混凝土层宜采用喷射法施工。

（3）板所增配筋由计算确定，一般采取 Φ8@150～200，板面钢筋应通长布置且在支座位置有可靠锚固。

（4）为增强新旧混凝土粘结咬合能力，板面需要进行凿毛，吹净灰层，并涂刷界面剂，板缝疏松混凝土应凿除，用 Φ8@600 拉筋连接后，浇筑混凝土。

3. 柱的加固方法

1）增大截面加固法（图 4.23.11）

图 4.23.11 增大截面法加固柱

增大截面加固法是通过增大原构件截面面积或增配钢筋，以提高其承载力、刚度和稳定性的一种直接加固方法。

（1）增大截面法用于提高柱的抗压能力。加固柱应根据柱的类型、截面形式、所处位置及受力情况等的不同，采取相应的加固构造方式。

（2）新增纵向受力钢筋应由计算确定，但直径不应小于14mm。钢筋在加固楼层范围内应通长布置。纵筋布置以不与梁相交为宜，若相交则应采用植筋技术锚固于梁中，且应满足植筋的相关要求。纵向受力钢筋上下两端都应有可靠的锚固。纵筋下端应伸入基础，满足锚固要求。上端应穿过楼板与上层柱连接或者在屋面板处封顶锚固。

（3）新增箍筋应使新旧两部分整体工作，箍筋直径宜与原箍筋相同，且不应小于8mm。箍筋在规定的范围内应加密，其间距和加密区范围应满足相关规范要求。

（4）新增混凝土强度等级应比原柱提高一级，且不应低于C25。

2）外粘型钢加固法（图4.23.12）

图4.23.12 外粘型钢法加固柱

外粘型钢加固法是对钢筋混凝土柱外包型钢、扁钢焊成构架并灌注结构胶粘剂，以达到整体受力，共同工作的加固方法，该法适用于大幅提高柱截面承载力和抗震能力的情况。

（1）该方法应根据柱的类型、截面形式、所处位置以及受力情况等的不同，采用相应的加固构造方式。

（2）柱的纵向受力角钢应由计算确定，但不应小于∟75×5。角钢在加固楼层范围内应通长布置。纵向角钢应有可靠锚固，角钢下端应锚固于基础，中间应穿过各楼层板，上端应伸至加固层的上一层楼板底或锚固于屋面顶板上。

（3）外粘型钢加固柱时，应将原构件截面的棱角打磨成圆角，其半径≥7mm。

（4）外粘型钢的注胶应在型钢构架焊接完成后进行，胶缝厚度宜控制在3~5mm。

（5）沿柱轴线方向应隔一定距离用扁钢制作箍板或者缀板与角钢进行焊接。箍板截面面积、间距以及角钢胶缝间距与梁加固一致。

3）粘贴碳纤维布加固法（图4.23.13）

图4.23.13 粘贴碳纤维布法加固柱

粘贴碳纤维布加固法是采用结构胶粘剂将碳纤维布粘贴于混凝土柱表面，使之形成具有整体性的复合截面，以提高其承载力和延性的一种直接加固方法。

技术要点：

（1）适用于提高柱轴心受压承载力、斜截面承载力以及位移延性的加固。

（2）当轴心受压柱的正截面承载力不足时，可采用沿其全长无间隔的环向连续粘贴纤维布的方法进行加固。

（3）当柱斜截面受剪承载力不足时，可将碳纤维布的条带粘贴成环形箍，且纤维方向与柱纵轴线垂直。

（4）当柱的延性不足而进行抗震加固时，可采用环向粘贴纤维布构成的环向围束作为附加箍筋。

4）绕丝加固法（图4.23.14）

通过缠绕退火钢丝使被加固的受压构件混凝土受到约束作用，从而提高其极限承载力和延性的一种直接加固方法。

（1）绕丝加固法适用于提高钢筋混凝土柱位移延性的加固。

（2）绕丝用的钢丝应为$\phi 4$冷拔钢丝，但应经退火处理后方可使用。采用该方法加固时要求原结构混凝土强度大于C10，小于C50。

（3）截面为长方形的柱时，长边尺寸与短边尺寸之比应不小于1.5，且柱的四角保护层应凿除，并打磨成半径不小于30mm的圆角。绕丝间距应分布均匀，对于重要构件，

图 4.23.14　绕丝法加固柱

应不大于 15mm，钢丝在端部应有可靠锚固。

（4）绕丝加固宜采用细石混凝土，混凝土强度应提高一个等级且不小于 C30。

5）外加预应力加固法（图 4.23.15）

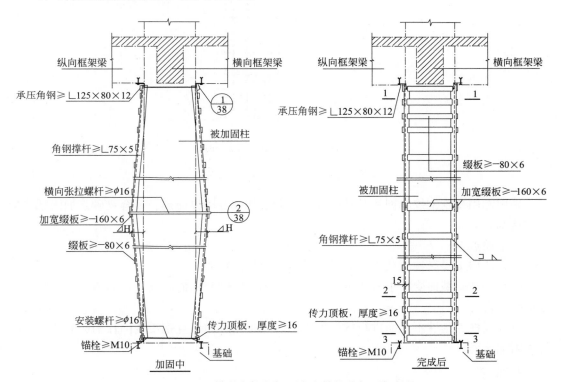

图 4.23.15　横向张拉双侧预应力撑杆法加固框架柱

外加预应力加固法是通过施加体外预应力，使原结构、构件的受力得到改善或调整的一种间接加固法。

技术要点：

（1）对受压承载力不足的轴心受压柱，小偏心受压柱以及弯矩变号（正负变化）的大偏心受压柱，可采用双侧预应力撑杆进行加固。

（2）若弯矩不变号（正负变化）也可采用单侧预应力撑杆进行加固。

6）钢绞线网片-砂浆加固法（图4.23.16）

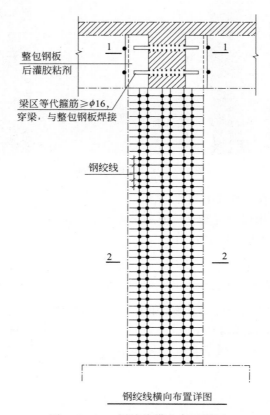

图4.23.16　钢绞线横向布置详图

采用专用预制钢绞线网片及其配件、混凝土加固专用界面剂、聚合物砂浆加固结构构件的技术。

技术要点：

（1）适用于提高柱斜截面承载力以及位移延性的加固。

（2）当柱斜截面受剪承载力不足时，可将钢绞线网片横向布置成环形箍，方向与柱的纵轴线垂直。

（3）当柱因延性不足而进行抗震加固时，可采用环向设置钢绞线网片构成的环向围束作为附加箍筋。

4. 总结

通过了解掌握混凝土柱的加固方法，根据梁、板、柱的类型、截面形式、所处位置及受力情况等不同，采用相应的加固构造方式进行加固，才能真正达到安全可靠的目的。

4.24 楼板开洞的施工要点

在现实的生产与生活中，经常会涉及结构的加固改造，这样就避免不了会在楼板上开洞（图 4.24.1）。楼板开洞后局部切断了原有传力路径和配筋，一方面促使洞口周边板的内力增大，会造成应力集中，另一方面板筋减少，承载力降低，需要根据实际情况进行有效的加固。

图 4.24.1 楼板开洞示意图

当垂直于板受力方向的洞口宽度 $b \leqslant 300mm$ 或孔洞直径 $D \leqslant 300mm$，且切断钢筋数量 $\leqslant 5\%$ 时，可不做处理。当 $b \leqslant 1000mm$ 或 $D \leqslant 1000mm$，切断钢筋数量 $\leqslant 20\%$，且开洞后对板的受力影响小，仅按构造加固时，可采用补偿配筋法，将板中切断的钢筋（$A_s f_y$）补设于洞口边。为便于施工，一般采用粘钢或碳纤维布作为后补偿筋，其总量应 $\geqslant 1.2 A_s f_y$。当超出以上情况时，则需要通过设计计算采用合适的型钢边梁或现浇混凝土边梁进行加固。

1. 粘钢加固（图 4.24.2）

现浇连续板开洞，当开洞位置位于板的负弯矩区，采用粘钢作为补偿加固时，应双面加固。对于粘贴钢板加固法，受力较大方向宜粘贴在最外层（即最后粘贴），受力较小方向钢板粘贴于里层（最先进行粘贴）。此时，先粘钢板应于混凝土贴面处开槽，开槽厚度≥钢板厚度＋3mm，以保证先粘钢板面与楼板地面齐平。亦可双向齐平粘贴，但需将受力较小方向钢板切成三段，现场焊接，局部后灌胶粘剂。

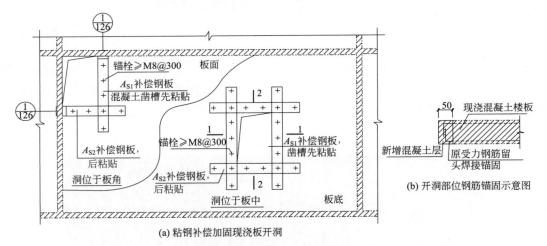

(a) 粘钢补偿加固现浇板开洞

图 4.24.2　粘钢补偿加固现浇板开洞及开洞部位钢筋锚固示意图

相关要求：

(1) 钢板选用规格宜采用宽为 100～200mm，厚度为 3～5mm。

(2) 开洞较小，构造加固才可采用此加固方法。

(3) 补偿钢板面积不得小于截断钢筋的等效截面面积的 1.2 倍。

2. 粘贴碳纤维布加固（图 4.24.3）

现浇连续板开洞，当开洞位置位于板的负弯矩区时，通过粘贴碳纤维布加固时，也应进行双面加固，纵横碳纤维布粘贴先后顺序可不受限制。

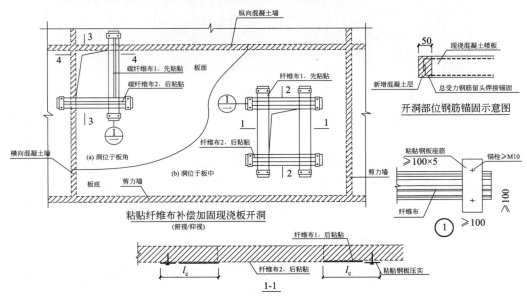

图 4.24.3　粘贴碳纤维布补偿加固现浇板开洞及开洞部位钢筋锚固示意图

相关要求：

（1）碳纤维布选用规格：宽为 200～300mm，质量为 200～300g。

（2）开洞较小，构造加固才可采用此加固方法。

（3）补偿碳纤维布最大拉力值不得小于截断钢筋的等效拉力值的 1.2 倍。

（4）碳纤维布与钢板接触时应涂一层胶粘剂，不可直接接触。

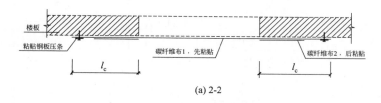

(a) 2-2

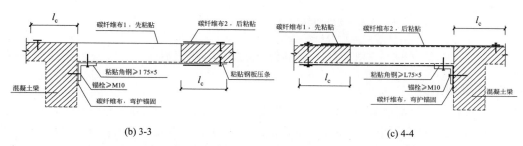

(b) 3-3   (c) 4-4

图 4.24.4　粘贴纤维布补偿加固现浇板开洞 2-2、3-3、4-4 剖面图

3. 粘钢与碳纤维布加固共性

无论是承担负弯矩的板面钢板还是碳纤维布，都会因墙体阻挡，无法贯通，此时可采用螺杆及短角钢穿墙拉结锚固传递拉力。对于框架结构现浇楼板角区开洞，承担负弯矩的板面钢板或碳纤维布，都应弯折锚固于边梁外侧，并满足锚固长度要求。

在对现浇楼板开洞改造时，开洞楼板的刚度与强度较不开洞时会有不同程度的削弱。一般来说，刚度的削弱更为明显。在洞口短边或转角处会出现较大的应力集中，板面筋的减少，导致承载力降低。因此应对开洞后的楼板进行内力分析和承载力验算之后，再结合楼板性质（梁式楼盖、无梁楼盖、简支板、连续板、单向板、双向板）、开洞部位（边缘、中部）、开洞大小及形状等差异，分别采用合适的加固处理方法。

采用这两种方法需注意，当在板的负弯矩区开洞时，应在板的上部与下部以双面加固的形式加固，同时要保证端部的锚固措施。

4. 增设混凝土边梁（图 4.24.5）

当楼板开洞进一步扩大，导致洞口宽度或洞口直径大于 1000mm，切断钢筋数量超过 20%，洞口存在较大集中荷载、预制板切断主肋等情况时，仅靠碳纤维布或钢板起到的加固作用将非常有限，应改变传力路径以减少应力集中对楼板受力产生的不利影响。可在洞口处新增梁进行支撑传递，采用此方法时需要注意原结构纵横向框架梁是否需要加固，同时应保障剪力的有效传递。

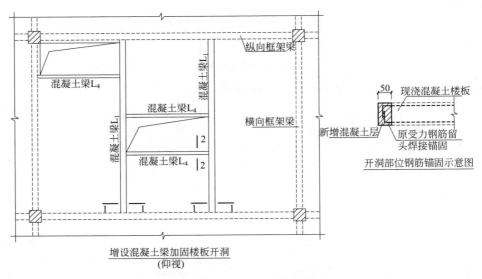

增设混凝土梁加固楼板开洞
(仰视)

图 4.24.5　增设混凝土梁加固楼板开洞

5. 增设型钢梁

后凿的洞口一般都要翻边，洞口的钢筋剪断向上弯起，把洞边凿毛做翻边，翻边高度不小于 100mm，厚度不小于 80mm，翻边混凝土强度等级不低于原混凝土板的强度等级。在洞边放置的钢梁，可采用工字钢、槽钢或角钢，具体用量根据计算确定。

钢梁之间采用普通螺栓或高强度螺栓进行连接，采用化学螺栓或膨胀螺栓把连接板固定在混凝土梁（柱）上，连接板厚度不小于 10mm，采用普通螺栓（或高强度螺栓）连接钢梁与混凝土。

施工时需要注意：凿洞口时必须轻打，不得用重锤猛击，以防洞口边破裂；必须把楼板底粉刷层铲除；为了使钢筋混凝土与钢梁贴紧，在钢梁与楼板之间打入钢架，然后与钢梁电焊牢固。

6. 总结

建筑结构受力复杂，且事关生命安全，侥幸心理切不可取。楼板开洞无论大小，都会对结构整体性造成一定的影响，并对楼板承载力造成一定的损害，只有重视后期的加固处理，选择适当的加固技术与优质安全的加固材料，才能保障结构安全。

4.25 剪力墙加固方法

卡本科技集团股份有限公司

剪力墙结构在承载力不满足规范要求或实际需求时如何进行加固呢？以下为常用的几种加固方法。

1. 增大截面加固法

当墙体承载力不满足规范要求，墙体尺寸、配筋及轴压比不符合规范规定，墙体混凝土强度偏低或施工质量存在严重缺陷时，均可采用原墙双面、单面或局部增设钢筋混凝土后浇层的方法进行加固。新增混凝土层厚度由计算确定，一般应≥60mm；新增混凝土强度等级应比原混凝土提高一个等级，且不应低于C25；墙体新增钢筋网规格由计算确定，一般情况下宜为：竖向钢筋直径≥10，间距150~200，横向钢筋直径≥8，间距150~200，竖筋在里，横筋在外。新增钢筋网与原墙应有可靠连接，一般可采用拉结筋对拉或植筋连接。拉结筋和植筋钢筋直径一般取6~8，拉结筋间距取900，植筋间距取600，一般采用梅花布置。

2. 粘贴钢板加固法

当墙体仅因横向配筋不足时，可采用粘贴钢板法加固，即在墙体表面设置水平横向扁钢。当墙体配筋不足时，粘贴钢板的构造不宜实施，不宜采用。扁钢规格及分布均由计算确定，一般取（80~120）×（3~4）@300~500，扁钢应采用化学锚栓附加锚固。扁钢端部应有可靠锚固，一般可于纵横墙相交处设锚固角钢，将扁钢与之焊接，焊接位置应先焊好再灌注结构胶。

3. 碳纤维网格加固法

当墙体抗震、抗裂不足、墙体偏心受压或者墙体混凝土强度不足时，可采用碳纤维网格加固系统进行加固。碳纤维网格加固系统是通过碳纤维材料与专用湿法喷射混凝土砂浆共同作用，实现碳纤维网格与混凝土构件粘结，达到共同受力的效果。一般的碳纤维与砂浆的握裹力很小，通过在碳纤维表面涂刷了一层专用界面处理剂，保证砂浆与碳纤维之间的握裹力。砂浆厚度与碳纤维网格层数根据现场实际情况确定，一般情况下一层碳纤维网格厚度为15mm。碳纤维网格防火性能优异，1cm砂浆保护层可达60min防火标准。

在剪力墙结构和框剪结构中，剪力墙是主要的受力构件，在结构中起着非常重要的作用，所以在发现病害时要及时进行加固，防止病害进一步扩大。

4.26 楼梯加固方法

卡本科技集团股份有限公司

以往震害表明，楼梯往往在主体结构破坏前产生种种严重破坏，影响使用。楼梯作为重要的紧急逃生竖向通道，在抗震加固研究中受到越来越多的重视。通过对建筑结构中楼梯的加固问题进行探讨，从规范规定和加固方案出发，提出关于楼梯加固的建议。

1. 楼梯的震害类型及其分析

在险情发生时，建筑物内人员主要通过楼梯进行疏散。楼梯若发生破坏，会造成大量的人员伤亡并阻碍后期的救援工作。为保证其安全性，楼梯不仅要有足够的承载力与整体性，还要确保非结构构件在极端情况下不会发生脱落。

1）梯段板破坏

震害发生时，楼梯梯板板底位置的混凝土出现大面积脱落、钢筋裸露现象，或者裂缝沿梯板宽度方向整条贯通。地震发生时，楼梯梯板相当于"K"形支撑构件，梯板底部受力主筋受压弯曲直至屈服破坏，最终造成梯板拉断。

2）楼梯平台梁破坏

梯梁侧面在两个梯板之间的混凝土开裂脱落。地震发生时，楼梯相当于"K"形支撑构件。楼梯的两个梯段在楼梯发生层间侧移的时候，交替承受外部挤压，此时梯梁受力属于弯剪扭复合受力，平台梁在跨中发生剪扭破坏。

3）楼梯平台板破坏

平台板的纵向与横向均有较明显的裂纹。地震发生时，楼梯在整体构造中属于斜向构件，与建筑物墙体一起作用，相当于"K"形支撑构件。而楼梯层间休息平台板，在整体构造中属于水平支撑，作用机理类似于"耗能梁"。此处吸收地震波能量，造成了震害。

4）楼梯小梯柱破坏

小梯柱柱端处出现柱头破损，混凝土碎裂脱落，梯梁端处纵筋外露，屈服破坏。楼梯发生这种破坏，是因为混凝土的强度不够（小梯柱处），或者抗震设计时没有充分考虑到地震实际发生时此处的"柱端弯矩"等情况。

5）楼梯间填充隔墙破坏

横墙出现 X 形裂缝，楼梯间填充墙处构造措施处理不符合规范；楼梯踏步与墙体连接处出现裂缝，梯板与填充墙连接处，拉结构造措施处理不符合规范。

2. 楼梯常用加固方法的优缺点和适用性

1）粘贴碳纤维复合材料布加固法

（1）优缺点

优点：具有良好的耐腐蚀性能和耐久性能；不增加构件的自重和体积；高强高效；纤维复合材料布是一种柔性材料，可广泛适用于各种结构类型；施工便捷且施工效率高。

缺点：加固构件材质及强度有一定要求，存在一定的局限性，例如被加固的混凝土构件强度等级不得低于 C15，且不能为素混凝土构件；使用后的碳纤维布，不能直接暴露在有害介质或者阳光下，且不能长期处于 60℃ 环境以上，对防护及防火要求较高，需增加一定的防护成本。

（2）适用性

本加固方法适用于受压、受拉、受弯构件，例如楼梯梯段板、平台梁、平台板等。被加固的楼梯构件的混凝土等级最低为 C15，且混凝土表面的正拉粘结强度必须大于等于 1.5MPa。在加固设计过程中，碳纤维布仅可计入拉应力计算。使用后的碳纤维布，不能直接暴露在有害介质或者阳光下，且不能长期处于 60℃ 环境以上，对防护及防火要求较高。针对部分处于特殊工作环境下的楼梯构件，加固时必须采用专门的胶粘剂，并配合相应的特殊粘贴工艺进行施工。

（3）加固原理

纤维复合材料加固楼梯，主要是利用纤维材料的抗拉性能强的特点，通过粘结物质，使纤维复合材料与楼梯结构混凝土产生良好的粘结性，弥补楼梯受拉纵向钢筋和受剪、抗扭箍筋的不足，以提高楼梯抗弯剪扭的承载力。

由于加固时采用封闭式"U 形箍"，可以起到约束楼梯结构混凝土横向变形的作用，进而产生三向压应力，间接改善了结构混凝土的强度以及延展性，以达到提高楼梯抗震性能的最终目的。

2）粘钢加固法

（1）优缺点

优点：粘贴钢板加固的平台梁，抗裂性得到较大改善，同时提高了抗弯刚度。施工技术简单，粘贴钢板所使用胶粘剂硬化速度快且强度也远高于加固结构混凝土强度。在缩短施工周期的同时，使加固材料与原结构整体受力，避免产生"应力集中"现象。粘贴钢板加固法占用空间小且几乎不改变原有结构外形。可以使用明火，尤其适用对防火有特殊要求的结构，例如楼梯间加固施工。

缺点：由于钢板加固的刚性材料特点，胶粘工艺的施工效果对最终加固效果起到决定性作用，且粘贴钢板加固存在"应力滞后"现象。

（2）适用性

本方法适用于所处工作环境正常适宜且承受静荷载的受弯或受拉构件的加固，例如楼梯平台梁、平台板、梯段板等。被加固的楼梯构件的混凝土等级最低为 C15，且混凝土表面的正拉粘结强度必须大于等于 1.5MPa。加固后正常工作环境（杜绝化学腐蚀），应保证湿度低于 70%，温度低于 60℃，否则应增加防护措施。

3）体外预应力加固法

外加预应力加固法，被广泛应用于混凝土梁板柱的加固，是一种加固效果显著，且费用低廉的加固方法。因为加固后对结构外观有影响，所以比较适用于一些重型结构或者大跨度结构的加固，但不适用于混凝土收缩徐变较大的建筑结构。

3. 总结

楼梯作为地震中人员的逃生通道，其抗震设计的重要性显而易见，同时应该采用适当的加固方法提升既有建筑结构楼梯的抗震能力，保证楼梯的正常使用。

4.27　悬挑梁加固方法

卡本科技集团股份有限公司

悬挑结构是工程中常见的结构形式之一，如建筑工程中的雨篷、挑檐、外阳台、挑廊等，这种结构是从主体结构悬挑出梁或板，形成悬臂结构。考虑到悬挑梁在整个结构体系中的受力的特殊性，一旦因设计、施工质量和使用环境等原因，导致挑梁出现裂缝和变形等问题，将构成较大安全隐患。

1. 设计方面存在的问题

（1）荷载取值问题

按《建筑结构荷载规范》GB 50009—2012，活荷载标准值 $2.5 \sim 3.5 \mathrm{kN/m^2}$，若取 $1.5 \mathrm{kN/m^2}$，会造成设计安全隐患。

（2）设计计算失误

砌体结构中对钢筋混凝土挑梁的抗倾覆验算中，挑梁计算倾覆点与墙外边缘的距离应按照《砌体结构设计规范》GB 50003—2011 的要求：

当 $l_1 \geqslant 2.2 h_b$ 时，x_0 可近似取 $x_0 = 0.3 h_b$，且不大于 $0.13 l_1$

当 $l_1 \geqslant 2.2 h_b$ 时，直接取 $x_0 = 0.13 h_b$

其中，l_1——挑梁埋入砌体的长度（mm）；

$\qquad$ x_0——计算倾覆点到墙外边缘的距离（mm）；

$\qquad$ h_b——挑梁的截面高度（mm）。

因此，在计算外悬挑长度 l_0 时，应该是 $l_0 = l + 0.3 h_b$，但有些设计却直接采用 $l_0 = l$，这样设计控制弯矩将严重偏小。

（3）抗剪设计失误

规范规定，悬臂梁长度大于 1.5m 时，必须设置一排弯起钢筋用以抗剪，若梁端有集中荷载，必须设置两排弯起筋。现实中，挑梁端部常因用户的需要设有 240mm 厚砌筑围护墙，形成等效集中荷载，但设计时却可能忽视这个问题，从而造成质量事故。

工程上很多挑梁问题是由于剪力不够，箍筋和弯起钢筋的合理配置是能否符合要求的关键。

2. 施工方面存在的问题

施工问题主要有两方面：

（1）钢筋配置不当

因为现场工人操作时容易将悬挑梁的负筋踩踏下去，造成梁板计算控制截面的有效高度 h_0 减小；此外，还有钢筋位置配反的情况，此种情况更加危险，拆模时就可能坍塌。

（2）混凝土强度和尺寸不足

这种情况亦是工程中容易发生的问题。强度不足意味着受压区面积增大而受拉主筋

h_0 减小，主筋拉应力增大，拆模后会有较大变形及裂缝产生，从而形成隐患。

（3）其他原因

施工中钢筋少配或误配、材料使用不当或失误（如使用光圆代替螺纹钢）、劣质水泥、未经设计验算随意套用其他混凝土配合比，都会影响构件的质量。

3. 质量问题处理方法

存在质量问题的悬挑梁加固方法有很多，下面对工程中行之有效的几种方法进行探讨与分析。

（1）粘钢加固（图 4.27.1）

粘钢法即采用环氧树脂胶对原挑梁进行体外配筋，即外粘钢加固。此种方法是发展较为成熟的技术，特点是针对性较强，且现场施工简单，对原结构的损伤和扰动很小，几乎不增加原结构体积。

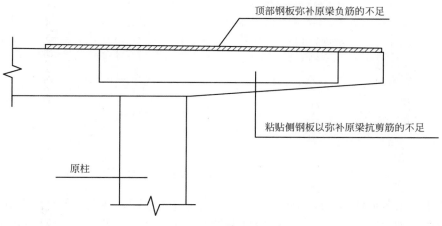

图 4.27.1　粘钢加固详图

缺点是粘贴钢板的应力滞后现象。由于悬臂梁加固一般是在不卸荷的情况下施工的，原梁中的钢筋已有一定的应力存在，而所粘贴的钢板在后加荷载作用下才会产生应力。

（2）粘贴碳纤维布加固（图 4.27.2）

碳纤维布在顺纤维方向上具有很高的拉伸强度和疲劳强度，适用于结构构件受拉区域的加固。具体做法是在悬挑梁受拉区域粘贴碳纤维布进行抗弯加固，并在悬挑梁支座处增加横向压条。在加固区域以外，两端留有足够的锚固长度。

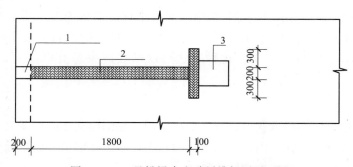

图 4.27.2　悬挑梁支座碳纤维加固平面图

粘贴碳纤维布加固也是比较成熟的一项技术，与外包型钢类似，但比外包型钢施工更简便，工期更短、耐腐蚀耐老化效果更突出，且不会破坏原结构。

（3）外包混凝土

当悬挑梁承载力相差较大，刚度也不满足要求时，采用外包混凝土加大截面法加固比较有效。加固设计时，可根据原构件的受力性质、构造特点和现场条件，选用三面加厚、两面加厚或单面加厚等构造形式。

如图 4.27.3 所示，补浇的混凝土处在受拉区，它对补加的钢筋起到粘结和保护作用；补浇的混凝土处在受压区时，增加了构件的有效高度，从而提高了构件的抗弯、抗剪承载力，增加了构件的刚度，加固效果很明显。

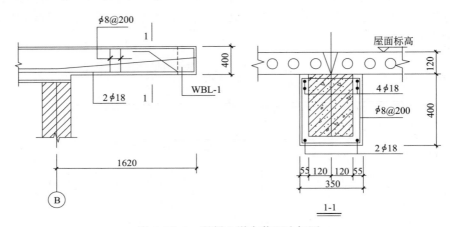

图 4.27.3　混凝土增大截面法加固

混凝土增大截面法与一般方法比较，施工质量易于保证，补浇混凝土前应对原有挑梁基层进行凿毛处理，并清理干净，然后再剔凿表面涂抹高分子界面剂，使新旧混凝土面结合良好，解决新旧界面剪力传递的问题。

注意：由于加固构件实际上为叠合构件，主要表现在混凝土应变滞后，钢筋应力超前。因此，设计上应对增补钢筋强度设计值强度乘以一定的折减系数。

（4）挖补加固法

若悬挑根部不满足要求但配筋充足，可采用挖补加固法增加悬缝根部厚度。加固这类构件时，先用脚手架或支撑将待加固悬挑梁的底部固定牢靠，并能承受结构自重与施工荷载而不下沉。

如图 4.27.4 所示，先用钢钻将悬板根部混凝土打掉，再挖去混凝土的底面重新倾斜支模，清洗混凝土接口处，刷上素水泥浆再用不小于 C25 的细石混凝土补充，使新浇混凝土悬挑根部加厚，并注意养护。这种方法可以彻底解决悬挑根部上表面裂缝和变形问题。

4. 总结

在工程检测中，原结构承载力达到一定程度后，加固结构才开始受力，同时，上述加固方法对悬挑构件进行补强加固，为二次受力状态，不是新旧结构简单地叠加受力，受力分布也不均匀，因此不可简单地做叠加计算。

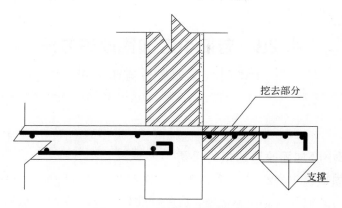

图 4.27.4　悬挑梁挖补加固法

　　为了使加固后的构件更加安全，应适当加大设计的安全系数，以达到最理想、最经济的加固效果，并且施工时严格按标准执行，确保达到设计要求。

4.28 老旧小区加固改造方法

卡本科技集团股份有限公司

1. 关于老旧小区加固改造的相关问题

老旧小区建筑服役年龄都在 20 年以上，存在相关设计标准偏低、材料强度不高、整体性不足、建造方式混乱、布局不合理、房屋密度高、资料不全的问题，其检测鉴定及加固处理相对困难，而结构安全关乎生命安全，结构加固应为改造重中之重。

调查表明，老旧小区结构问题主要为：

（1）地基的不均匀沉降、变形、基础开裂。

（2）墙体的倾斜变形、局部破坏、开裂错位、节点连接失效。

（3）混凝土构件的承载力不足、开裂、钢筋锈蚀、抗震性能不足等。

2. 不同的结构问题应采用不同的加固方式

1）基础加固

（1）裂损基础注浆加固

适用范围：机械损伤、地基不均匀沉降、冻胀或其他非荷载原因引起基础开裂或损坏。

方法：注浆法（灌浆法），可采用适用于潮湿环境的改性环氧树脂，注浆压力一般为 0.4～0.6MPa。

（2）基础承载力加固

适用范围：设计错误或功能改变致使荷载增大，导致基础结构承载力不足。

方法：条形基础肋梁加固、柱基肋梁加固、条形基础加腋加固。

（3）加大基础底面积法

适用范围：既有建筑的地基承载力或基础底面尺寸不满足规范要求。

方法：独立基础改条形基础、条形基础改十字正交条形基础、条形基础改筏形基础。

2）结构构件加固

在建筑结构中承载构件主要为梁、板、柱、墙体等。除建筑整体的结构安全性不足外，还主要表现为结构单个构件的承载力不足。针对构件的加固形式多种多样，需要根据建筑物构件的类型、截面形式、所处位置及受力情况等，合理选择加固方式。

结构构件的主要加固方式有：粘贴钢板加固法、外粘型钢加固法、粘贴碳纤维复合材加固法、增大截面加固法、绕丝加固法、外加预应力加固法、置换混凝土加固法、钢绞线网片-砂浆加固法等。

3）结构抗震加固

抗震加固主要是提高建筑结构的整体抗震强度和变形能力。

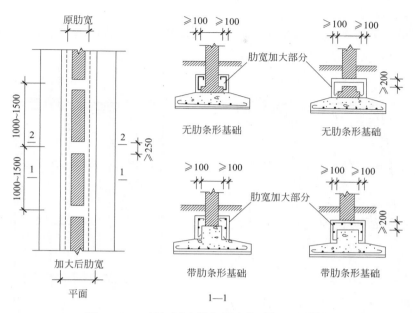

图 4.28.1 用加厚法提高基础的刚度和承载力

图 4.28.2 粘贴碳纤维复合材加固法

（1）增设构件加固法

增加剪力墙、柱、圈梁等混凝土构件改变建筑结构的受力体系或增加建筑结构的整体性。

（2）增强构件加固法

新增构件无法采用时，进行对原构件加固，提高承载力和抗震能力，可采用上面写到的构件加固方法：粘贴钢板加固法、外粘型钢加固法、粘贴碳纤维复合材加固法、增大截面加固法等。

（3）耗能减震加固法

通过在结构某些部位增加耗能阻尼减震装置，以减小地震反应。

（4）隔震加固法

通过对隔震层的设置，将地震变形集中到隔震层上，从而减小对原有结构的地震作用。

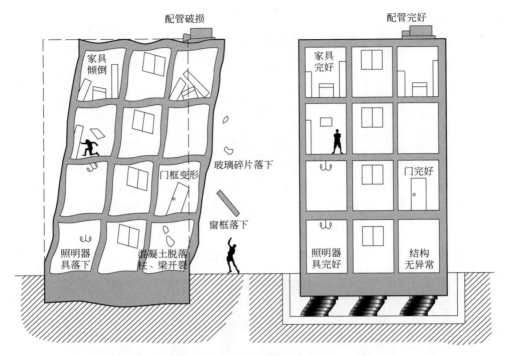

隔震结构与非隔震结构地震反应对比

图 4.28.3　隔震结构与非隔震结构地震反映对比

4）裂缝修复

房屋裂缝分为有害裂缝和无害裂缝。说到有害裂缝，是指其持续发展可能会影响到房屋结构性能、耐久性和使用功能的裂缝。无害裂缝则是肉眼看不到的，而且是混凝土内部固有的一种裂缝，一般宽度是 0.05mm 以下，这样的裂缝对房屋就不会造成危害。

裂缝修复方法如下：

（1）表面封闭法

多适用于裂缝宽度小于等于 0.2mm，利用低黏度且具有良好渗透性的修补胶液，封闭裂缝通道。

（2）注射法

多适用于裂缝宽度≥0.1mm 且≤1.5mm，静止的独立裂缝、贯穿性裂缝以及蜂窝状局部缺陷的补强和封闭，以一定的压力将低黏度、高强度的裂缝修补胶液注入裂缝腔内。

（3）填充密封法

适用于裂缝宽度大于 0.5mm 的裂缝，在构件表面凿出 U 形沟槽用结构胶充填。

（4）灌浆法

多适用于处理大型结构贯穿性裂缝、大体积混凝土的蜂窝状严重缺陷以及深而蜿蜒的裂缝。利用压力设备将某种胶结材料压入裂缝中，达到封堵加固效果。

图 4.28.4　灌浆法裂缝修补

3. 总结

老旧房改造中应针对不同的病害采用相对应的加固方式。因地制宜对于确保建筑施工的质量、结构的强度、建筑物的安全有着重要的意义。

第五章　结构设计其他常见问题解析

5.1　风荷载作用下是否要考虑位移比的验算？

位移比是楼层的最大弹性水平位移（或层间位移）与楼层两端弹性水平位移（或层间位移）平均值的比值，位移比是小震不坏、大震不倒的一个抗震措施，是考察结构扭转效应、限制结构实际扭转的量值，现行规范通过对扭转位移比的控制，达到限制结构扭转的目的。位移比含义如图 5.1.1 所示。那风荷载作用下需要满足现行规范关于位移比的限值要求吗？

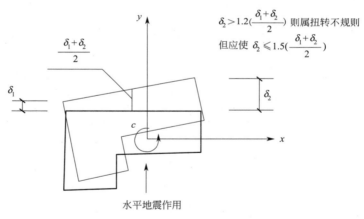

图 5.1.1　位移比含义

《高层建筑混凝土结构技术规程》JGJ 3—2010（以下简称《高规》）第 3.4.5 条条文说明对于楼层位移比的计算做了进一步的补充，要求扭转位移比计算时，楼层的位移可取"规定水平地震力"计算，由此得到的位移比与楼层扭转效应之间存在明确的相关性。"规定水平地震力"一般可采用振型组合后的楼层地震剪力换算的水平作用力，并考虑偶然偏心。水平作用力的换算原则：每一楼面处的水平作用力取该楼面上、下两个楼层的地震剪力差的绝对值；连体下一层各塔楼的水平作用力，可由总水平作用力按该层各塔楼的地震剪力大小进行分配计算。结构楼层位移和层间位移控制值验算时，仍采用 CQC 的效应组合。

　　从上面《高规》的内容可以看出,现行规范中给出的位移比计算方法采用的是"规定水平力",是针对地震作用的,并没有给出针对风荷载的位移比计算方法,所以目前不需要考虑风荷载作用下的位移比。

　　楼层位移比,主要是为了限制结构的扭转,是考虑地震作用的需要。

　　风荷载对结构的影响是通过结构的位移、舒适度和构件的抗风承载力来控制的。

5.2 如何判断人防荷载涉及的饱和土?

由于爆炸荷载在饱和土和非饱和土中传播、衰减的规律不同,《人民防空地下室设计规范》GB 50038—2005（以下简称《人防规范》）中爆炸动荷载的综合反射系数、土的波速比等均与是否为饱和土有关,爆炸等效静荷载取值也多与是否为饱和土有关,那饱和土的判别标准是什么?

天然状态的土一般由固体、液体和气体三部分组成,如图 5.2.1 所示,《建筑地基基础术语标准》GB/T 50941—2014 第 4.3.25 条指出,孔隙全部为水所填满的土是饱和土。严格讲饱和土应是指饱和度为 100% 的土,实际上很难达到,工程上的饱和土基本上是位于水下的高饱和度的土,可能存在气泡,所以在地下水位以下,饱和度较高,土中的空气以气泡形式存在于孔隙水中的土在工程中也称为饱和土。相对于饱和土,同时具有固体颗粒、水和气体三相的土是非饱和土,也就是说土体内有部分孔隙或全部孔隙被气体填充的土就是非饱和土。

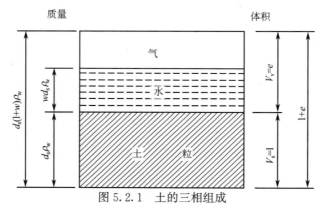

图 5.2.1 土的三相组成

那如何判断是否为饱和土呢?

工程上常以饱和度作为判别标准,饱和度大于 80% 时为饱和土,饱和度达到 100% 时为完全饱和土,饱和度的定义为土中孔隙水的体积与孔隙体积的比值。

但地勘报告一般不给出土的饱和度指标,我们如何计算饱和度呢?

某项目地勘报告土质数据如表 5.2.1 所示。

某项目地勘报告土质数据一般物理力学指标分层统计表　　　　表 5.2.1

地层编号	统计项目	$w(\%)$	$\rho(kN/m^3)$	e	$w_L(\%)$	I_P	I_L	$a_{1-2}(1/MPa)$	$E_{s1-2}(1/MPa)$
①₂ （素填土）	最大值	40.3	20.5	1.183	57.4	26.7	0.86	0.63	7.9
	最小值	24.8	17.0	0.726	26.6	11.0	0.30	0.22	3.2
	平均值	30.6	18.8	0.901	39.79	18.0	0.56	0.42	4.8
	标准差	4.24	0.70	0.13	7.99	4.29	0.16	0.13	1.27
	变异系数	0.139	0.037	0.142	0.201	0.238	0.280	0.298	0.265

续表

地层编号	统计项目	$w(\%)$	$\rho(kN/m^3)$	e	$w_L(\%)$	I_P	I_L	$a_{1-2}(1/MPa)$	$E_{s1-2}(1/MPa)$
①₂ (素填土)	子样数	64	64	64	64	64	64	64	64
	标准值	31.61	18.65	0.93	41.50	—	0.60	0.45	4.51
③₁ (黏土)	最大值	45.0	20.2	1.261	58.0	27.0	0.81	0.75	8.4
	最小值	21.6	17.3	0.684	26.7	11.1	0.26	0.21	2.9
	平均值	33.7	18.6	0.985	45.60	21.1	0.48	0.50	4.2
	标准差	4.98	0.58	0.13	7.16	3.54	0.13	0.12	1.01
	变异系数	0.148	0.031	0.133	0.157	0.168	0.279	0.236	0.240
	子样数	91	91	91	91	91	91	91	91
	标准值	34.61	18.50	1.01	46.88	—	0.51	0.52	4.01

设土粒体积 $V_s=1$，则根据孔隙比 e 定义得：

土中孔隙体积

$$V_v=V_s e=e$$

所以土的总体积

$$V=1+e$$

土的相对密度 d_s 是指土体颗粒的质量和与其同体积的纯水在 4℃时的质量之比，据此定义可得土体质量

$$m_s=d_s \rho_w V_s=d_s \rho_w$$

ρ_w 为水密度。

土壤含水率 w 是土壤中所含水分的数量，据此可得水的重量为

$$m_w=w m_s=w d_s \rho_w$$

水土总质量

$$m=m_s+m_w=(1+w)d_s \rho_w$$

$$e=\frac{V_v}{V_s}=\frac{V-V_s}{V_s}=\frac{m}{\rho}-1=\frac{(1+w)d_s \rho_w}{\rho}-1$$

可得

$$d_s=(1+e)\rho/[(1+w)\rho_w]$$

$$V_w=\frac{m_w}{\rho_w}=w d_s$$

$$S_r=\frac{V_w}{V_v}$$

土的饱和度

$$S_r=[\rho w(1+e)]/[e(1+w)\rho_w]$$

在工程实践中，对有些土层可以不进行饱和度计算，也能作出准确判断。例如：处于地下水位以下的砂层、含水量大于液限且孔隙比大于 1 的软黏土（孔隙比大于 1.5 时为淤泥，孔隙比小于 1.5 而大于 1 时为淤泥质土）均为饱和土。

5.3 高大出屋面架构层风荷载计算问题

为了造型需要，结构中经常遇到高出屋面十几米甚至几十米的屋顶造型墙，如图 5.3.1 所示，因为悬臂太高，这些墙体往往需要主体结构为其提供侧向支撑，主体结构梁柱应考虑造型墙传来的水平荷载。

图 5.3.1　某项目出屋面幕墙

关于高层建筑结构的风荷载作用，常规软件中设置如图 5.3.2 所示。

体型分段数　1　∨

第一段

最高层号	10	X挡风	1	Y挡风	1
X迎风面	0.8	X背风面	-0.5	X侧风面	0
Y迎风面	0.8	Y背风面	-0.5	Y侧风面	0

图 5.3.2　某软件风荷载设置界面

上述软件设置将会按照图 5.3.3 所示的体型系数考虑风荷载。

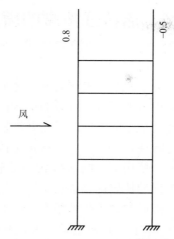

图 5.3.3 软件自动设置时，出屋面墙风荷载体型系数

但由于出屋面的构架层的墙为开敞式，所以应考虑风吸力、风压力同时作用。如果不考虑遮挡对风荷载的有利影响，可偏保守地按照图 5.3.4 所示的体型系数考虑风荷载。

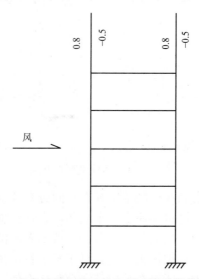

图 5.3.4 考虑风吸力影响的出屋面墙风荷载体型系数

此时应该注意在软件中手工指定风荷载作用。另外需要注意，常规软件风荷载计算是节点导荷，不能精确考虑屋顶支撑梁中部承担的平面外荷载，此时应在模型中增加支撑梁中间节点及对应的幕墙竖向龙骨，或提取支撑梁单独计算。

5.4 活荷载折减的原理

《建筑结构荷载规范》GB 50009—2012规定的民用建筑楼面均布活荷载的标准值是荷载的基本代表值,为设计基准期内最大荷载统计分布的特征值,实际建筑在使用时,这种最大荷载满布整个楼面的可能性是很小的,同时满布各层楼面的概率则更小。考虑到活荷载在楼面和楼层中分布的随机变异性,第5.1.2条规定了楼面活荷载标准值的折减系数。

对于楼面梁,考虑到来自同一使用空间的活荷载,在某楼层存在空间分布的随机性,在采用其活荷载标准值时可根据梁的从属面积进行折减。设置双向次梁的楼盖主梁,其活荷载折减系数,可按楼面主梁所围成的"等代楼板"计算(注意不适用于设置单向次梁的楼盖),如图5.4.1所示,主梁+十字次梁和主梁+大板两种布置方式,对主梁的活荷载折减系数是一样的。

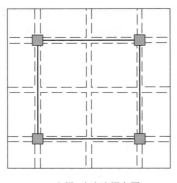 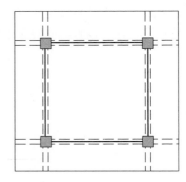

主梁+十字次梁布置　　　　　　　　　　主梁+大板布置

图 5.4.1　两种梁布置方式

对于墙、柱和基础,考虑到在不同楼层存在空间分布的随机性,在采用其活荷载标准值时可根据楼层数进行折减。这里要注意一个问题,在计算地基沉降时,荷载代表值采用了准永久值,不是设计基准期内最大荷载,所以一般不考虑活荷载的折减。

而对于楼板,活荷载直接作用在板面上,对于某一特定楼板来说,设计基准期内最大荷载可能直接对楼板产生作用,所以在采用其活荷载标准值时不能折减。

5.5 消防车荷载是否可按普通活荷载输入？

刘孝国　北京构力科技有限公司

规范对消防车荷载的相关要求如下：

1. 楼板板面均布活荷载的取值

在《建筑结构荷载规范》GB 50009—2012（以下简称《荷规》）表 5.1.1 中第 8 项专门列出了消防车荷载的标准值及对应的各组合系数、频遇值系数以及准永久组合系数，如表 5.5.1 所示。同时荷载规范对该表的注释中对消防车荷载做了补充说明，内容如下。

《荷规》表 5.1.1 中第 8 项消防车荷载　　　　　　　　　　　　　表 5.5.1

项次	类别		标准值 (kN/m²)	组合值系数 ψ_c	频遇值系数 ψ_f	准永久值系数 ψ_q
8	汽车通道及客车停车库	(1)单向板楼板(板跨不小于2m)和双向板楼盖(板跨不小于3m×3m) 客车	4.0	0.7	0.7	0.6
		消防车	35.0	0.7	0.5	0.0
		(2)双向板楼盖(板跨不小于6m×6m)和无梁楼盖(柱网不小于6m×6m) 客车	2.5	0.7	0.7	0.6
		消防车	20.0	0.7	0.5	0.0

注释对消防车荷载做的特殊补充说明：

（1）第 8 项中的客车活荷载仅适用于停放载人少于 9 人的客车；消防车活荷载适用于满载总重为 300kN 的大型车辆；当不符合本表的要求时，应将车轮的局部荷载按结构效应的等效原则，换算为等效均布荷载；

（2）第 8 项消防车活荷载，当双向板楼盖板跨介于 3m×3m～6m×6m 之间时，应按跨度线性插值确定。

消防车活荷载本身太大，目前常见的中型消防车总质量小于 15t，重型消防车总质量一般在 20～30t。对于住宅、宾馆等建筑物，灭火时以中型消防车为主，当建筑物总高在 30m 以上或建筑物面积较大时，应考虑重型消防车。

消防车楼面活荷载按等效均布活荷载确定，并且考虑了覆土厚度影响。计算中选用的消防车为重型消防车，全车总重 300kN，前轴重为 60kN，后轴重为 2×120kN，有 2 个前轮与 4 个后轮，轮压作用尺寸均为 0.2m×0.6m。规范的荷载取值按楼板跨度为 2～4m 的单向板和跨度为 3～6m 的双向板计。规范中该等效荷载的计算中综合考虑了消防车台数、楼板跨度、板长宽比以及覆土厚度等因素的影响，按照荷载最不利布置原则确定消防车位置，采用有限元软件分析了在消防车轮压作用下不同板跨单向板和双向板的等效均布活荷载值。

根据单向板和双向板的等效均布活荷载值计算结果，规范规定板跨在 3～6m 之间的双向板，活荷载可根据板跨按线性插值确定。单向板楼盖板跨介于 2～4m 之间时，活荷载可按跨度在 35～25kN/m² 范围内线性插值确定。

从以上规范条文可以得出以下结论，供设计师设计中使用：

（1）消防车荷载已经考虑了不利布置，虽然是活荷载，在设计中可以不用再类似普通活荷载那样考虑活荷载的不利布置。

（2）规范中等效活荷载计算是按照 300kN 级消防车，以简支板模型跨中弯矩等效相等的原则等效。

（3）规范等效荷载是对于 30m 以上的建筑按重级消防车的等效活荷载取值，如果是多层建筑，可以考虑采用中型消防车，按照后轴轮压的实际大小简单换算 300kN 重级后轮轮压（2×120kN），确定等效均布活荷载。

（4）规范为 300kN 级消防车计算的等效荷载，当采用更重消防车时，比如 550kN 级消防车时，按照后轮轮压简单换算，确定等效荷载应乘以放大系数 1.17。

（5）对于楼板有覆土情况可以考虑覆土的厚度，对于板面上的荷载进行相应的折减。

（6）规范中等效均布活荷载按照简支板跨中弯矩相等原则确定，对楼板的所有效应计算属于简化和估算，将楼板等效均布荷载应用于梁、柱及墙等各类支承构件的所有效应计算，是一种更大程度的近似。

（7）对于消防车不经常通行的车道，也即除消防站以外的车道，规范降低了其荷载的频遇值和准永久值系数。

消防车活荷载按照等效荷载输入时，需要考虑以上事项。

2. 消防车板面荷载按照覆土厚的折减

《荷规》第 5.1.3 条对于常用板跨的消防车活荷载按照覆土厚度进行了相应的折减，一般可在原消防车轮压作用范围的基础上，取扩散角为 35°，以扩散后的作用范围按等效均布方法确定活荷载标准值。在计算折算覆土厚度的公式中，假定覆土应力扩散角为 35°，常数 1.43 为 tan35° 的倒数。使用者可以根据具体情况采用实际的覆土应力扩散角 θ，按 B.0.2 中公式计算折算覆土厚度。再按照规范表 B.0.1 的折算厚度及楼板板跨确定考虑覆土厚影响的消防车荷载折减系数。

B.0.2 板顶折算覆土厚度 $\bar{s}$ 应按下式计算：

$$\bar{s} = 1.43s\tan\theta \qquad\qquad\qquad \text{B.0.2}$$

式中　　s——覆土厚度（m）；

θ——覆土应力扩散角，不大于 45°。

B.0.1 当考虑覆土对楼面消防车活荷载的影响时，可对楼面消防车活荷载标准值进行折减，折减系数可按表 B.0.1、表 B.0.2 采用。

单向板楼盖楼面消防车活荷载折减系数　　　　　　表 B.0.1

折算覆土厚度 $\bar{s}$(m)	楼板跨度(m)		
	2	3	4
0	1.00	1.00	1.00
0.5	0.94	0.94	0.94

折算覆土厚度 $\overline{s}$ (m)	楼板跨度(m)		
	2	3	4
1.0	0.88	0.88	0.88
1.5	0.82	0.80	0.81
2.0	0.70	0.70	0.71
2.5	0.56	0.60	0.62
3.0	0.46	0.51	0.54

通过第 1 条确定楼板面的等效消防车荷载，通过第 2 条确定考虑覆土厚的消防车荷载折减系数，乘积可以得楼板板面的等效消防车荷载。

3. 消防车荷载对于柱、墙的影响

《荷规》第 5.1.3 条中要求设计墙、柱时，规范表 B.0.1 中第 8 项的消防车活荷载可按实际情况考虑；对楼板的所有效应计算属于简化和估算，将楼板等效均布荷载应用于梁、柱及墙等各类支承构件的所有效应计算，是一种近似。目前程序均按照输入到楼板的等效荷载进行墙、柱的计算。

4. 消防车荷载对于基础的影响

《荷规》第 5.1.3 条中明确要求设计基础时可不考虑消防车荷载。注意：对于地基基础设计及结构和构件进行正常使用极限状态验算时，一般工程可不考虑消防车的影响，特殊工程应考虑消防车的影响。"一般工程"指消防车不经常出现的工程，大部分工程属于一般工程。"特殊工程"指消防车经常出现的工程，如消防中心、城市主要消防设施和消防通道等。需要注意的是：此时虽然不取消防车房间的消防车荷载，但是应该取该房间的活荷载作为基础计算的活荷载考虑。

5. 消防车荷载对于梁的折减

《荷规》第 5.1.2 条要求，设计楼面梁时，消防车荷载对单向板楼盖的次梁和槽形板的纵肋应取 0.8，对单向板楼盖的主梁应取 0.6，对双向板楼盖的梁应取 0.8。

6. 消防车荷载对于柱、墙的折减

《荷规》第 5.1.2 条对墙、柱设计时消防车荷载可按照实际情况考虑。也即不考虑对消防车荷载下柱、墙进行折减。

7. 消防车活荷载与其他荷载的组合

消防车属于规范的活荷载属性，从规范的均布活荷载的分项系数来看，取值与普通活荷载一致。部分资料有不同的认识，有些资料认为一般工程，消防车荷载出现的概率小，消防车荷载与普通活荷载有区别，属于偶然出现的荷载，其可变荷载的分项系数可取 1.0，即可采用消防车等效均布活荷载的标准值效应数值与其他荷载（作用）效应组合。消防车这种偶然荷载与地震作用效应、温度作用效应、人防荷载效应等同时出现的概率很小，在进行组合的时候可不考虑相互间的效应组合。消防车属于短期荷载，一般重力荷载代表值系数应取为 0。计算重力荷载代表值时，应取布置消防车荷载房间上布置的普通活荷载。

5.6　如何进行坡屋面荷载的换算？

对于坡屋面结构，在建模计算时，坡屋面的恒载、活载是否需要工程师手工对角度进行换算呢？

在常规软件，如 PKPM/YJK 等，在输入面荷载时，软件都是按照图 5.6.1 所示的水平投影加载的，但对于屋面面层自重，也就是恒荷载，实际上是按照图 5.6.2 所示沿坡屋面分布的。所以，在输入恒荷载时，应按照屋面角度对荷载进行换算，不然荷载就输小了。

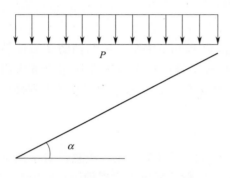

图 5.6.1　水平投影加载图

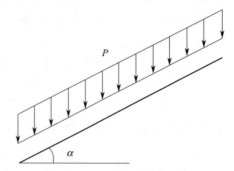

图 5.6.2　沿坡屋面加载图

那活荷载是否需按照屋面角度对荷载进行换算呢？我们先看看规范规定：

《建筑结构荷载规范》GB 50009—2012 中：

5.3.1　房屋建筑的屋面，其水平投影面上……

7.1.1　屋面水平投影面上的雪荷载标准值……

从规范的规定可以看出，活荷载本来就是基于水平投影面给出的数值，也就是图 5.6.1 的方式，所以不用再换算。

但是，风荷载比较特殊，它是垂直坡屋面加载的，也就是图 5.6.3 的方式加载。

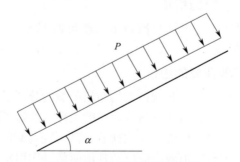

图 5.6.3　垂直坡屋面加载图

使用软件进行结构计算，在输入荷载时，要注意软件的荷载加载方式是否和实际相符，如果不相符，要手工换算后再输入软件。

5.7 高吨位消防车等效均布荷载取值

陈家丰　建研科技股份有限公司工程咨询设计院

消防车具有轮压荷载值大、作用位置不确定等特点，是地下室顶板及消防通道结构设计的主要活荷载，设计中通常采用等效均布荷载的方式来考虑其影响。《建筑结构荷载规范》GB 50009—2012 在确定消防车等效均布荷载时，采用的消防车重为 30t，而在设计高层建筑结构的地下室顶板时常常需要考虑更高吨位的消防车，其等效均布荷载的取值见仁见智。本节针对目前高层建筑灭火中使用较多的 63t 重型消防车，探讨在 3~9m 跨度时，正方形双向板的等效均布荷载标准值的合理取值。

1. 概念理解：等效均布荷载

在进行结构设计时，为了便于计算，一般采用均布荷载来代替楼面上不连续分布或空间位置随时间改变的实际荷载，但所得结构荷载效应仍需与实际的荷载效保持一致。

《建筑结构荷载规范》GB 50009—2012（以下简称《荷规》）中对等效方法的规定（表 5.7.1）：

规范中关于等效方法的规定　　　　　　　　　　　　　表 5.7.1

	《建筑结构荷载规范》附录C
C.0.1	在设计控制部位上，根据需要按内力、变形及裂缝的等值要求来确定。在一般情况下，可仅按内力的等值来确定
C.0.2	连续梁、板的等效均布活荷载，可按单跨简支计算。但计算内力时，仍应按连续考虑
C.0.6	双向板的等效均布活荷载按四边简支板的绝对最大弯矩等值来确定

对于楼板的等效均布荷载的计算，《荷规》中的具体做法：

局部荷载与等效均布荷载引起的四边简支板中心最大弯矩 M_{max} 相等

$$q_e = \frac{M_{max}}{M_o}$$

式中　q_e——等效均布面荷载；

　　　M_o——单位均布面荷载下的板跨中最大弯矩。

2. 消防车等效均布荷载取值

1）影响因素

《荷规》表 5.1.1 中给出的消防车作用下的楼板等效均布活荷载标准值取值，如表 5.7.2 所示，介于 3~6m 跨按线性插值取值。

		消防车作用下楼板等效均布活荷载标准值取值					表 5.7.2
8	汽车通道及客车停车库	(1)单向板楼盖(板跨不小于 2m)和双向板楼盖(板跨不小于 3m×3m)	客车	4.0	0.7	0.7	0.6
			消防车	35.0	0.7	0.5	0.0
		(2)双向板楼盖(板跨不小于 6m×6m)和无梁楼盖(柱网不小于 6m×6m)	客车	2.5	0.7	0.7	0.6
			消防车	20.0	0.7	0.5	0.0

资料表明，等效均布荷载的取值受下列因素影响（如图 5.7.1 所示）：

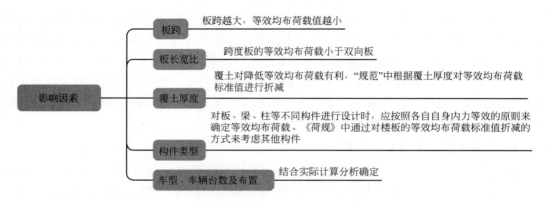

图 5.7.1　等效均布荷载取值影响因素

在上述考量的基础上，本文针对目前高层建筑中使用较多的 63t 重型消防车，探讨在 3~9m 跨度时，正方形双向板的等效均布荷载标准值的合理取值。

2）消防车规格对比（如图 5.7.2 所示）

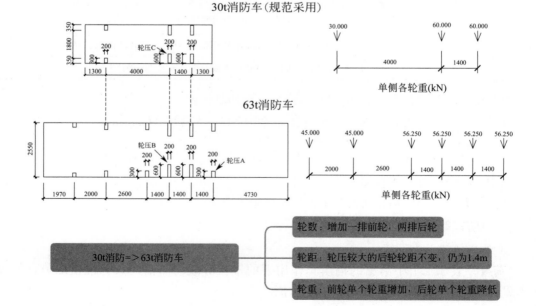

图 5.7.2　消防车规格对比图

3) 消防车最不利布置

《荷规》中计算等效均布荷载时，考虑了 2 台消防车的影响。结合实际情况，前后两车不会同时出现在同一板跨内，只考虑横向最多出现 2 车并排的情况（图 5.7.3）。

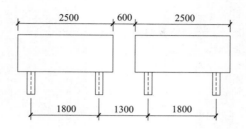

图 5.7.3 两台消防车并排最小间距示意图

根据影响线理论，确定 2 台消防车并排时的最不利布置，示例如图 5.7.4 所示。

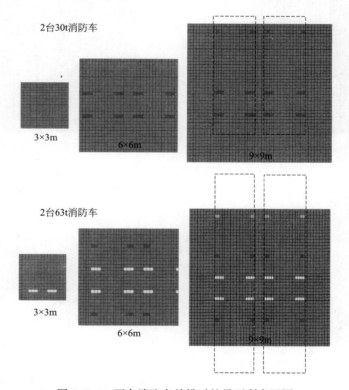

图 5.7.4 两台消防车并排时的最不利布置图

4) 计算结果

利用 SAP2000 中的薄壳单元进行有限元模拟，得到四边简支板的主弯矩云图，以 9m 跨度板的结果为例，如图 5.7.5 所示。

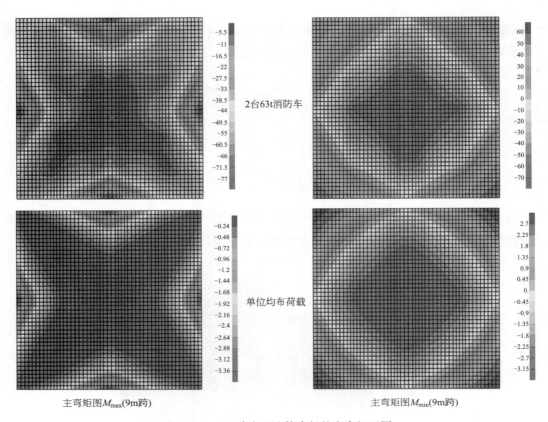

图 5.7.5　9m 跨度四边简支板的主弯矩云图

5）结果与讨论

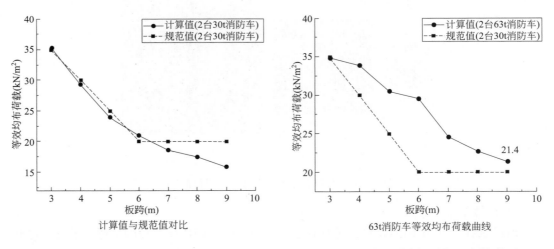

图 5.7.6　等效均布荷载计算值与规范值对比　　图 5.7.7　63t 消防车等效均布荷载曲线

（1）针对 30t 消防车的计算结果（图 5.7.6）表明，计算值与规范值吻合良好，证明模拟方法可靠；

（2）如图 5.7.7 和表 5.7.3 所示，63t 消防车的等效均布荷载随跨度增加逐渐降低，且通常比规范值大；但在板跨为 3m 时与规范值基本一致，甚至略小，原因是两种情况下处于板内的车轮均为后轮，轮数和轮布置基本相同，但 63t 消防车的单轮重更小。

等效均布荷载标准值对比   表 5.7.3

板跨（m）	3	4	5	6	7	8	9
规范值（kN/m²）	35	30	25	20	20	20	20
63t 消防车（kN/m²）	34.9	33.9	30.5	29.6	24.6	22.7	21.4
增大系数	1.0	1.13	1.22	1.48	1.23	1.14	1.07

3. 结论

（1）吨位越大的消防车尽管整车更重，但车轮数量增多，车前后轴距更长，总体荷载分布更均匀，其等效均布荷载的取值不易把握，应结合计算具体分析。

（2）63t 消防车的等效均布荷载通常比规范值大，其增加幅度与板跨度有关，在中等跨度时增加幅度较大，在小跨度和大跨度时增加幅度较小。

（3）63t 消防车的楼板等效均布荷载标准值保守可取规范值的 1.5 倍，在楼板跨度较大或较小时可适当降低。对于现在高定位的商业综合体，地下室顶板跨度一般为 9m×9m 左右，增大系数取 1.1。

（4）实际消防现场中，高吨位消防车出现两车并排的可能性很低，且大吨位消防车四周需要更多操作空间，因此本文按 2 台 63t 消防车并排计算得到的结果是偏于安全的。

（5）资料表明，板的长宽比不一致时，相同跨度下，等效均布荷载随长宽比增大而减小，因此按正方形双向板计算的结果用于其他板也是偏于安全的。

5.8　施工荷载是临时荷载还是活荷载?

建筑结构投入使用前和投入使用后,都会有施工荷载存在的情况,我们设计时不能遗漏施工工况,那施工荷载是临时荷载还是活荷载呢?

1. 施工荷载分为两类

一类是建筑物使用期间可能出现的检修施工荷载,这类荷载应按设计活荷载考虑。

例如《建筑结构荷载规范》GB 50009—2012 第 5.5.1 条规定的检修施工荷载就属于活荷载。

5.5.1　施工和检修荷载应按下列规定采用:

1　设计屋面板、檩条、钢筋混凝土挑檐、悬挑雨篷和预制小梁时,施工或检修集中荷载标准值不应小于 1.0kN,并应在最不利位置处进行验算;

2　对于轻型构件或较宽的构件,应按实际情况验算,或应加垫板、支撑等临时设施;

3　计算挑檐、悬挑雨篷的承载力时,应沿板宽每隔 1.0m 取一个集中荷载;在验算挑檐、悬挑雨篷的倾覆时,应沿板宽每隔 2.5m～3.0m 取一个集中荷载。

另一类是施工期间可能出现的施工荷载,如地下室顶板,楼板等处在施工阶段可能出现的堆载、脚手架荷载等施工荷载,这类荷载一般属于临时荷载,应在施工阶段解决。

也就是说使用期间,检修出现的施工荷载属于活荷载,施工期间出现的施工荷载属于临时荷载。

2. 设计时如何处理两类施工荷载?

检修施工荷载可以按普通活荷载考虑,设计时也可以将其视为一类互斥性荷载,如屋面检修荷载与雪荷载不用同时考虑。

施工临时荷载作为经常性的荷载来设计不合理,但将其完全推给施工单位解决也有困难,设计方和施工方应有明确的说明和责任界限,施工期间要做必要的复核和采取必要的措施。

与其他可变荷载根据设计基准期通过统计确定荷载标准值的方法不同,偶然荷载在设计中所取的代表值是由有关的权威机构或主管人员主观认定的,因此不考虑荷载分项系数,荷载设计值与标准值取值相同。

5.9　平面导荷和有限元导荷的区别

弹性板在计算时，其导荷方式有两种，分别为平面导荷和有限元导荷，这两种导荷有哪些区别呢？

1. 导荷时间不同

平面导荷是在计算之前，就将荷载导给板周边的梁、墙，在结构整体计算的时候，板上是没有竖向荷载的，只有弹性板的面内和面外实际刚度，因此也得不出弹性楼板本身的配筋计算结果。

而有限元方式是在上部结构计算时，恒、活荷载直接作用在弹性楼板上，不被导算到周边的梁、墙上，板上的荷载是通过板的有限元计算才能导算到周边杆件。

2. 对梁、墙荷载的影响不同

平面导荷是将面荷载按照三角形、梯形、矩形等方式全部导到周边梁、墙上，然后由梁、墙传给柱。而有限元计导荷时，面荷载不仅传到周边梁、墙上，部分荷载会直接通过板传给柱，也就是说，梁、墙承受的荷载会减少。

3. 对边支座的影响不同

平面导荷在计算前已经将荷载导给板周边的梁、墙，所以传给周边梁墙的荷载只有竖向荷载，没有弯矩。而有限元计算方式传给梁墙的不仅有竖向荷载，还有墙的面外弯矩和梁的扭矩。对于边梁或边墙，这种弯矩和扭矩常是不应忽略的。

4. 是否可以算出配筋不同

因为平面导荷方式算不出板的弯矩，所以在整体计算后也就得不出板的配筋，相反有限元方式在整体计算后，可以得出相应的弯矩，也就能够算出配筋。而且这里弹性板的配筋不仅考虑了竖向荷载，还考虑了风、地震等水平荷载以及结构的整体变形，包括各层的累积变形、墙柱竖向构件的变形等。

5. 适用范围不同

有限元方式仅适用于定义为弹性板 3 或者弹性板 6 的楼板，不适合弹性膜（没有面外刚度，无法传导）或者刚性板的计算，而平面导荷适用于任何情况。

5.10 屋顶运动场地的活载更迭

屋顶运动场地的活荷载怎么取值？在《建筑结构荷载规范》GB 50009—2012（以下简称《荷规》）的表 5.3.1 规定的屋顶运动场地均布活荷载的标准值为 3.0kN/m²，但《荷规》原本打算取 4.0kN/m²，《荷规》的报审稿就是 4.0kN/m²，这从《荷规》的条文说明也可以得到印证，《荷规》第 5.3.1 条条文说明："本次修订增加了屋顶运动场地的活荷载标准值。随着城市建设的发展，人民的物质文化生活水平不断提高，受到土地资源的限制，出现了屋面作为运动场地的情况，故在本次修订中新增屋顶运动场活荷载的内容。参照体育馆的运动场，屋顶运动场地的活荷载值为 4.0kN/m²。"显然是正式稿的《荷规》只修改了正文，忘记修改条文说明了。

在《工程结构通用规范》GB 55001—2021（以下简称《结通规》）正式出版前的征求意见稿中，屋顶运动场地的活荷载值仍然取 3.0kN/m²，如表 5.10.1。

《结通规》征求意见稿的屋面荷载表 表 5.10.1

项次	类别	标准值 (kN/m²)	组合值系数 ψ_c	频遇值系数 ψ_f	准永久值系数 ψ_q
1	不上人的屋面	0.5	0.7	0.5	0.0
2	上人的屋面	2.0	0.7	0.5	0.4
3	屋顶花园	3.0	0.7	0.6	0.5
4	屋顶运动场地	3.0	0.7	0.6	0.4
5	农业大棚	0.5	0.7	0.6	0.4

但在《结通规》正式版中（如表 5.10.2），我们发现屋顶运动场地的活荷载值改成了 4.5kN/m²。这也反映了专家们对此数值大小的纠结之情。

《结通规》正式版的屋面荷载表 表 5.10.2

项次	类别	标准值 (kN/m²)	组合值系数 ψ_c	频遇值系数 ψ_f	准永久值系数 ψ_q
1	不上人的屋面	0.5	0.7	0.5	0.0
2	上人的屋面	2.0	0.7	0.5	0.4
3	屋顶花园	3.0	0.7	0.6	0.5
4	屋顶运动场地	4.5	0.7	0.6	0.4

5.11　人防楼板是否可用塑性算法？

庆彦营　河南省朝阳建筑设计有限公司

1. 问题的提出

人防荷载一般比平时荷载大得多，楼板计算时如果按弹性计算，配筋较大，基于经济性及合理性考虑，结合平时楼板设计原理，在防水及密闭性要求不高的情况下，人防楼板是否可按塑性计算？

2. 相关规范及参考文献规定

（1）根据《人民防空地下室设计规范》GB 50038—2005（以下简称《人防规范》），人防结构楼板是允许塑性变形的，常规武器作用下允许延性比是 4.0，核武器作用下是3.0；且《人防规范》第 1.10.3 条给出了弹塑性设计时配筋量及延性比等要求。

（2）根据中国建筑设计院有限公司编著的《结构设计统一技术措施》第 2.4.2 条：人防荷载按《人民防空地下室设计规范》GB 50038 取值，当为人防设计状况时人防楼板可按塑性设计方法计算，但仍应符合非人防设计要求。该院为《人防规范》的主编单位，其编著的技术措施应具有很高的说服力。

（3）《人防工程结构设计手册》RFJ 06—2009 第 1.4.4 条、第 1.5.2 条等给出了可以按塑性计算的描述，及按塑性内力重分布计算时的计算跨度。

（4）《防空地下室结构设计手册》RFJ 04—2015（国家人防办发布）第一册第十四章第 1 节给出了单向板塑性内力重分布系数，并指出双向板可以按塑性内力重分布计算内力。

（5）《地下防护结构》（清华大学土木系主编）第 8 章第 4.1.2、4.1.3 节均指出，对密闭要求不高的构件可以采用塑性内力重分布方法计算。

3. 有关争议的分析

结合近几年审图情况，有些技术人员认为：人防等效静荷载本身就是考虑了塑性变形等效计算出来的，比弹性状况下要小，如果再按塑性计算是不合理的，换言之，如果要按塑性计算，应选用弹性工作状况下（允许延性比 $[\beta]=1$）计算出的等效静荷载。

实际的人防荷载属于偶然性荷载，具有作用大、作用时间短同时不断衰减的特点，而静荷载是稳定的，没有衰减的。根据人防规范第 4.6.5 条，允许延性比 $[\beta]$ 是构件动力系数计算的重要参数，直接决定着等效静荷载的大小。参考相关资料，等效静荷载法的思想是考虑动载对结构的动力效应，将动载峰值乘以动力系数从而将作用在结构上的动荷载等效为静载，并使该静载作用下的位移和内力与动载作用下的最大动位移与最大动内力相等。对于弹塑性阶段工作的体系来讲，等效静荷载等于动载作用下位移达到规定延性比值时所需要的最大抗力，此时的抗力并不是等于 $[\beta]=1$ 时的等效静荷载。

因此，从设计角度来看，只要知道等效静荷载，并按等效静荷载确定体系内力，就能满足动载作用下最大抗力的要求。所以，采用塑性内力重分布计算时应采用考虑延性比的等效静荷载，如果用 $[\beta]=1$ 时的等效静荷载进行楼板的塑性计算是不合理的。

4. 结论

综上，笔者认为人防混凝土楼板计算时可以采用塑性内力重分布计算方式设计，负弯矩调幅系数不大于 0.2，也可采用塑性铰线法（中国建筑设计院《结构设计统一技术统一措施》提出的方法），人防荷载按等效静荷载即可。

5.12 门框墙设计中注意事项

人防地下室结构设计中防护密闭门门框墙设计是很关键也比较繁琐的内容，常见的门框墙有下面几种，如图 5.12.1、图 5.12.2 和图 5.12.3 所示。

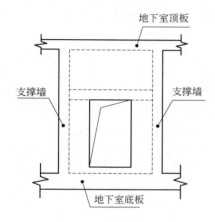

图 5.12.1 两侧悬臂式

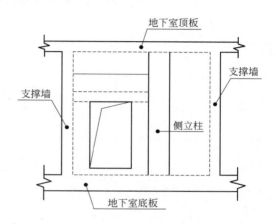

图 5.12.2 一侧悬臂一侧柱式

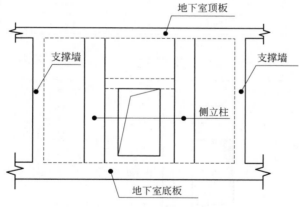

图 5.12.3 两侧柱式

1. 门框墙上挡墙荷载取值问题

目前对于上挡墙及加柱一侧墙体的等效荷载取值有两种思路：一是按临空墙荷载，二是按门框墙荷载。

《人民防空地下室设计规范》GB 50038—2005（以下简称《人防规范》）第 4.5.8 条规定：作用在防空地下室出入口通道内临空墙、门框墙上的核武器爆炸空气冲击波最大压力 P_c 值，可按表 4.5.8 确定。可见临空墙和门框墙的冲击波最大压力是一样的，但规范对临空墙和门框墙对延性要求不一样，密闭要求越高，延性比越低，等效静荷载越大。人防门框墙因为要安装人防门，为了保证在承受爆炸作用时门框墙能和人防门门扇共同作用，就需要更严格地控制门框墙的变形，因此要按照弹性工作阶段确定其等效荷载。当密闭门顶部增设上挡梁后，门框的支点变成了上挡梁而非上挡墙，后者的延性比可以比没有上挡梁时大。因此，上挡墙的取值应按照有无上挡梁区分：增设上挡梁后，上挡墙的等效静荷载可以按照临空墙取值；没有上挡梁时，按照门框墙取值。

2. 门框墙最小尺寸不满足安装要求

人防门的上、下、左、右和门前尺寸要求在标准图集（如《防空地下室防控设备选用》07FJ03）中明确给出，如图 5.12.4、图 5.12.5 所示，这是安装尺寸的下限要求，是不能突破的。

人防门尺寸表　　　　　　　　　　　表 5.12.1

型号	门洞宽×高 $B \times H$ (mm)	门扇开启最小长度 L (mm)	闭锁侧门框墙最小宽度 b_1 (mm)	铰页侧门框墙最小宽度 b_2 (mm)	门槛高度 h_1 (mm)	门扇上挡墙最小高度 h_2 (mm)
BFM1020-10	1000×2000	1400	150	350	150	250
BFM1020-15	1000×2000	1400	150	350	150	250
BFM1020-30	1000×2000	1400	150	350	150	250
BFM1220-05	1200×2000	1600	200	400	150	250
BFM1220-10	1200×2000	1600	200	400	150	250
BFM1220-15	1200×2000	1600	200	400	150	250
BFM1220-30	1200×2000	1600	200	400	150	250
BFM1320-05	1300×2000	1700	200	400	150	250

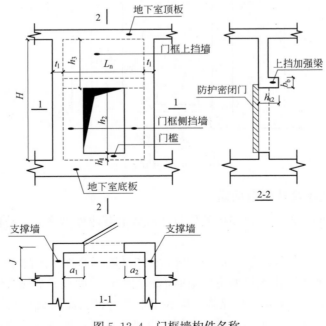

图 5.12.4　门框墙构件名称

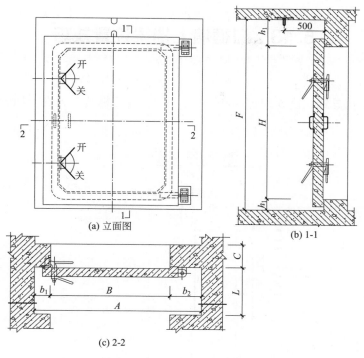

(a) 立面图

(b) 1-1

(c) 2-2

图5.12.5 人防门立剖面图

3. 门框墙构造要求不满足规范要求

《人防规范》对门框墙最小厚度和最小配筋率提出了要求，比如防护密闭门门框墙厚度不应小于300mm厚，密闭门门框墙截面厚度不应小于250mm厚，防护单元隔墙上的防护密闭门门框墙截面厚度不应小于500mm厚，同时对于防护密闭门门框墙配筋率均不应小于0.25%，并且防护密闭门门框墙受力钢筋直径不应小于12mm。

4. 门框墙计算模型不合理

平板门的上挡墙一般分两种情况，上挡墙高度和宽度比小于1/2时，可按上端嵌固的悬臂构件计算；当上挡墙高度和宽度比大于等于1/2时，平板门的上挡墙可在紧挨门洞的上方设置一个横向的加强梁，将其看作四边支撑的板进行计算。当遇到墙面较宽的侧墙不能按悬臂构件计算时，可在洞口边采用增设附加端柱的方法将侧墙转化为四边支撑的板计算。

5.13　门框墙上挡梁设置技巧

当门框墙上端悬臂长度 b 超过 600mm 时，一般在门框墙上方设上挡梁，如图 5.13.1 所示。

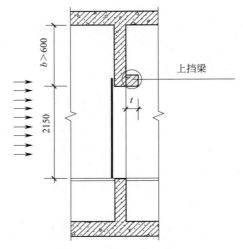

图 5.13.1　上挡梁位置图

此时，应注意上挡梁影响密闭门扇的开启，如图 5.13.2 所示。

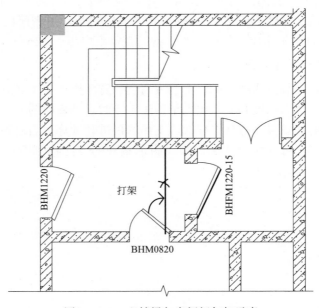

图 5.13.2　上挡梁与密闭门打架示意

　　一般的解决方案是加大通道宽度，也就是加大第二道密闭门与第一道防护密闭门之间的距离，保证门扇能打开，但这种做法会浪费地库面积，增加无效成本。所以，建议将上挡梁上移到门扇上方，同样可以保证门扇打开，而且不增加地库面积，如图5.13.3所示。

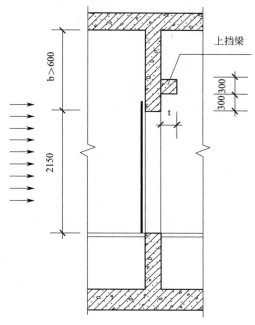

图5.13.3　上挡梁上移示意

　　这种方法在很多地方可以灵活应用，比如图5.13.4所示，在防护密闭门对侧设上挡梁的话，梁无墙体支撑。

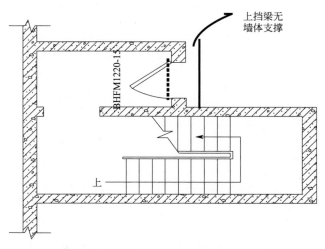

图5.13.4　上挡梁无墙体支撑示意图

　　如图5.13.5所示，可以将上挡梁设置在防护密闭门同侧，但要将上挡梁上移，高于门扇高度。

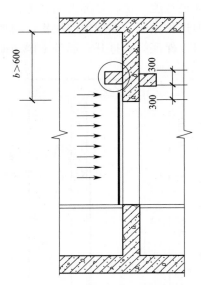

图 5.13.5　上挡梁与密闭门同侧示意图

5.14 常爆动何时会比核爆动大？

我们通常认为人防构件的承载力是由核爆动起控制的，但有些情况下，有可能是常规武器控制的，在此罗列几条：

（1）顶板底面高出室外地面的常5、常6级防空地下室，其外墙在弹塑性工作阶段设计时，其等效静载标准值 q'_{ce2} 分别为 400kN/m²、180kN/m²，比核爆动荷载大（表5.14.1）。

核6级、常6级等效静荷载对比表　　　　　　　表5.14.1

动荷载类别	抗力级别	
	核6B级 常6级	核6级 常6级
核武器爆炸产生的等效静荷载 q'_{e2}	80	130
常规武器爆炸产生的等效静荷载 q'_{ce2}	180	180

（2）出入口临空墙的等效静荷载标准值在室外直通式及室外单向式，且其 L（L 为室外出入口至防密门的距离）≤5m 时，常规武器等效静荷载标准值比核武器等效静载标准值大（表5.14.2、表5.14.3）。

出入口临空墙的等效静荷载标准值（kN/m²）　　　表5.14.2

出入口部位及形式	距离 L(m)	防常规武器抗力级别	
		6	5
室外直通出入口	5	200	390
	10	160	320
	≥15	140	280
室外单向出入口	5	180	360
	10	150	300
	≥15	130	260
室外竖井、楼梯、穿廊出入口	5	110	210
	10	90	170
	≥15	70	150

临空墙的等效静荷载标准值（kN/m²）　　　　　表5.14.3

出入口部位及形式	防核武器抗力级别				
	6B	6	5	4B	4
顶板荷载考虑上部建筑影响的室内出入口	65	110	210	—	—
顶板荷载不考虑上部建筑影响的室内出入口，室外竖井、楼梯、穿廊出入口	80	130	270	530	800

续表

出入口部位及形式		防核武器抗力级别				
		6B	6	5	4B	4
室外直通、单向出入口	$\zeta<30°$	90	160	370	800	1200
	$\zeta\geqslant30°$	80	130	320		

（3）当抗力级别为核六、常五（如一等人员掩蔽所）时，部分部位的（覆土小于 1m 的顶板和覆土小于 1.5m 的外墙）常规武器等效静载标准值较核武器等效静载标准值大。

5.15　为何门框墙上的等效静荷载比临空墙大?

《人民防空地下室设计规范》GB 50038—2005 第 4.5.8 条:作用在防空地下室出入口通道内临空墙、门框墙上的核武器爆炸空气冲击波最大压力 P_c 值,可按表 4.5.8 确定。如表 5.15.1 所示。

出入口通道内临空墙、门框墙最大压力 P_c 值　　　　　　　　表 5.15.1

出入口部位及形式		防核武器抗力级别				
		6B	6	5	4B	4
顶板荷载考虑上部建筑影响的室内出入口		$2.0\Delta P_m$	$2.0\Delta P_m$	$1.9\Delta P_m$	—	—
顶板荷载不考虑上部建筑影响的室内出入口,室外竖井、楼梯、穿廊出入口		$2.0\Delta P_m$	$2.0\Delta P_m$	$2.0\Delta P_m$	$2.0\Delta P_m$	$2.0\Delta P_m$
室外直通、单向出入口	$\zeta < 30°$	$2.3\Delta P_m$	$2.4\Delta P_m$	$2.8\Delta P_m$	$3.0\Delta P_m$	$3.0\Delta P_m$
	$\zeta \geqslant 30°$	$2.0\Delta P_m$	$2.0\Delta P_m$	$2.4\Delta P_m$		

从表 5.15.1 可以看出,规范规定的出入口通道内门框墙与临空墙设计压力值是一样的,但《人民防空地下室设计规范》GB 50038—2005 表 4.7.5 (表 5.15.2) 规定的直接作用在门框墙上的等效静荷载标准值却比表 4.7.6 (表 5.15.3) 规定的出入口临空墙的等效静荷载标准值大。

直接作用在门框墙上的等效静荷载标准值 (kN/m²)　　　　　表 5.15.2

出入口部位及形式	距离 L (m)	防常规武器抗力级别	
		6	5
室外直通出入口	5	290	580
	10	240	470
	≥15	210	400
室外单向出入口	5	270	530
	10	220	430
	≥15	190	370
室外竖井、楼梯、穿廊出入口	5	160	320
	10	130	260
	≥15	115	220

出入口临空墙的等效静荷载标准值 (kN/m²)　　　　　　　表 5.15.3

出入口部位及形式	距离 L (m)	防常规武器抗力级别	
		6	5
室外直通出入口	5	200	390
	10	160	320
	≥15	140	280

续表

出入口部位及形式	距离 L(m)	防常规武器抗力级别	
		6	5
室外单向出入口	5	180	360
	10	150	300
	≥15	130	260
室外竖井、楼梯、穿廊出入口	5	110	210
	10	90	170
	≥15	70	150

　　为啥会出现上述情况呢？因为临空墙是按照弹塑性工作阶段确定，对于动力荷载，在一定条件下，只要其延性够高，等效荷载就可以相应降低。而人防门框墙因为要安装人防门，为了保证在承受爆炸作用时门框墙能和人防门门扇共同作用，就需要更严格地控制门框墙的变形，因此要按照弹性工作阶段确定其等效荷载，所以，虽然出入口通道内门框墙与临空墙处在相邻的位置，但作用在门框墙上的等效静荷载要比作用在临空墙上的等效静荷载值大。

5.16　如何确定支撑与柱的夹角关系？

支撑是我们经常遇到的结构构件，那支撑与柱的夹角控制为多少合适呢？在回答这个问题之前，我们回顾一下几本常用规范对支撑夹角的相关规定内容：

《建筑抗震设计规范》GB 50011—2010 第 8.1.6 条规定采用屈曲约束支撑时，宜采用人字支撑、成对布置的单斜杆支撑等形式，不应采用 K 形或 X 形，支撑与柱的夹角宜在 35°～55°之间。

《建筑抗震设计规范》GB 50011—2010 第 9.1.23 条规定单层钢筋混凝土柱厂房柱间支撑应采用型钢，支撑形式宜采用交叉式，其斜杆与水平面的交角不宜大于 55°。

《高层民用建筑钢结构技术规程》JGJ 99—2015 第 E.1.2 条规定屈曲约束支撑的布置应形成竖向桁架以抵抗水平荷载，宜选用单斜杆形、人字形和 V 字形等布置形式，不应采用 K 形与 X 形布置形式；支撑与柱的夹角宜为 30°～60°；

《建筑抗震设计规范》GB 50011—2010 第 8.4.2 条规定若支撑和框架采用节点板连接，应符合现行国家标准《钢结构设计规范》GB 50017 关于节点板在连接杆件每侧有不小于 30°夹角的规定；

《高层民用建筑钢结构技术规程》JGJ 99—2015 第 8.7.3 条规定中心支撑与梁柱通过节点板连接时，节点板边缘与支撑轴线的夹角不应小于 30°。

《建筑抗震鉴定标准》GB 50023—2009 第 8.3.5 条：现有的柱间支撑应为型钢，其斜杆与水平面的夹角不宜大于 55°。

《有色金属工业厂房结构设计规范》GB 51055—2014 第 9.2.6 条规定屈曲约束支撑框架的支撑宜采用人字形支撑、成对布置的单斜杆支撑等形式，不应采用 K 形或 X 形。支撑与柱的夹角宜为 35°～55°。

支撑夹角过小，不方便施工，也对受力不利，所以上述规范条文对支撑夹角做了规定，其中不小于 30°要求为"应"，其他规定均为"宜"。所以一般支撑角度都控制在 30°～60°之间。

这其中还应该注意一个问题，为充分发挥支撑的作用，对主要用作承受竖向荷载的承压型支撑，支撑与柱的夹角宜小于 45°，一般控制在 30°～45°之间，因为这时斜撑承载力的竖向分量比水平分量高些，对承受竖向荷载有利；对主要承受水平荷载（如地震或风荷载）的支撑，支撑与柱的夹角宜大于 45°，一般控制在 45°～60°之间，因为这时斜撑承载力的水平分量比竖向分量高些，支撑利用效率更高。

5.17 承台侧面土层的液化强制要求

《建筑抗震设计规范》GB 50011—2010 第 4.3.6 条条文说明："液化等级属于轻微者，除甲、乙类建筑由于其重要性需确保安全外，一般不作特殊处理。因为这类场地可能不发生喷水冒砂，即使发生也不致造成建筑的严重震害"。

但是，对于桩基承台侧面的液化土层，则必须全部消除液化，否则桩基水平承载力为0。其逻辑是这样的，根据《建筑桩基技术规范》JGJ 94—2008（以下简称《桩基规范》）

1. 计算桩基的水平承载力就要用到桩的水平变形系数 α

当桩的水平承载力由水平位移控制，且缺少单桩水平静载试验资料时，可按下式估算预制桩、钢桩、桩身配筋率不小于 0.65％的灌注桩单桩水平承载力特征值：

$$R_{ha} = 0.75 \frac{a^3 EI}{v_x} \chi_{0a} \tag{5.17.1}$$

式中 EI——桩身抗弯刚度，对于钢筋混凝土桩，$EI = 0.85 E_c I_0$；其中 E_c 为混凝土弹性模量，I_0 为桩身换算截面惯性矩，圆形截面 $I_0 = W_0 d_0/2$，矩形截面 $I_0 = W_0 b_0/2$；

χ_{0a}——桩顶允许水平位移；

v_x——桩顶水平位移系数，按《桩基规范》表 5.7.2 取值，取值方法同 v_M。

2. 计算水平变形系数 α，就要用到桩周土水平抗力系数的比例系数 m

桩的水平变形系数和地基土水平抗力系数的比例系数 m 可按下列规定确定：

桩的水平变形系数 α（1/m）

$$\alpha = \sqrt[5]{\frac{mb_0}{EI}} \tag{5.17.2}$$

式中 m——桩侧土水平抗力系数的比例系数。

3. 比例系数 m 由表 5.17.1 查得

地基土水平抗力系数的比例系数 m 值　　　　　　　　　表 5.17.1

序号	地基土类别	预制桩、钢桩		灌注桩	
		m(MN/m⁴)	相应单桩在地面处水平位移(mm)	m(MN/m⁴)	相应单桩在地面处水平位移(mm)
1	淤泥；淤泥质土；饱和湿陷性黄土	2～4.5	10	2.5～6	6～12
2	流塑($I_L>1$)、软塑($0.75<I_L\leqslant1$)状黏性土；$e>0.9$ 粉土；松散粉细砂；松散、稍密填土	4.5～6.0	10	6～14	4～8

序号	地基土类别	预制桩、钢桩		灌注桩	
		m(MN/m^4)	相应单桩在地面处水平位移(mm)	m(MN/m^4)	相应单桩在地面处水平位移(mm)
3	可塑$(0.25<I_L≤0.75)$状黏性土、湿陷性黄土;$e=0.75\sim0.9$粉土;中密填土;稍密细砂	$6.0\sim10$	10	$14\sim35$	$3\sim6$
4	硬塑$(0<I_L≤0.25)$、坚硬$(I_L≤0)$状黏性土、湿陷性黄土;$e<0.75$粉土;中密的中粗砂;密实老填土	$10\sim22$	10	$35\sim100$	$2\sim5$
5	中密、密实的砾砂、碎石类土	—	—	$100\sim300$	$1.5\sim3$

注:1. 当桩顶水平位移大于表列数值或灌注桩配筋率较高（≥0.65%）时,m值应适当降低;当预制桩的水平向位移小于10mm时,m值可适当提高;

2. 当水平荷载为长期或经常出现的荷载时,应将表列数值乘以0.4降低采用;

3. 当地基为可液化土层时,应将表列数值乘以《桩基规范》表5.3.12中相应系数ψ_1。

4. 承台底面上下分别有不小于1.5m和1.0m厚的液化土时,折减系数$\psi_1=0$。

对于桩身周围有液化土层的低承台桩基,在承台地面上下分别有厚度不小于1.5m、1.0m的非液化土或非软弱土层时,可将液化土层极限侧阻力乘以土层液化影响折减系数计算单桩极限承载力标准值。土层液化影响折减系数ψ_1可按表5.17.2确定。

土层液化影响折减系数 ψ_1 表5.17.2

$\lambda_N=\dfrac{N}{N_{cr}}$	自地面算起的液化土层深度 d_L(m)	ψ_1
$\lambda_N≤0.6$	$d_L≤10$	0
	$10<d_L≤20$	1/3
$0.6<\lambda_N≤0.8$	$d_L≤10$	1/3
	$10<d_L≤20$	2/3
$0.8<\lambda_N≤1.0$	$d_L≤10$	2/3
	$10<d_L≤20$	1.0

注:1. N为饱和土标贯击数实测值;N_{cr}为液化判别标贯击数临界值;

2. 对于挤土桩当桩距不大于$4d$,且桩的排数不少于5排、总桩数不少于25根时,土层液化影响折减系数可按表列值提高一档取值;桩间土标贯击数达到N_{cr}时,取$\psi_1=1$。

当承台底面上下非液化土层厚度小于以上规定时,土层液化影响折减系数ψ_1取0。

5. 承台侧有液化土,则$\psi_1=0$;则$m=0$;则$\alpha=0$;从而桩基水平承载力$R_{ha}=0$。

6. 结论

综合上述,若承台上下一定范围内存在液化土层的话,即使液化等级是轻微的,也要全部消除,否则桩基没有水平承载能力。

全部消除液化的措施有换土、强夯和挤土桩。挤土桩消除液化从而达到不折减的标准是：打入式预制桩及其他挤土桩，当平均桩距为 2.5～4 倍桩径且桩数不少于 5×5 时，可计入打桩对土的加密作用及桩身对液化土变形限制的有利影响。当打桩后桩间土的标准贯入锤击数值达到不液化的要求时，单桩承载力可不折减，但对桩尖持力层做强度校核时，桩群外侧的应力扩散角应取为零。打桩后桩间土的标准贯入锤击数宜由试验确定，也可按式（5.17.3）计算：

$$N_1 = N_p + 100\rho(1 - e^{-0.3N_p}) \qquad (5.17.3)$$

式中　N_1——打桩后的标准贯入锤击数；

　　　　ρ——打入式预制桩的面积置换率；

　　　　N_p——打桩前的标准贯入锤击数。

5.18　人防楼梯设计时，如何考虑荷载组合？

张占胜　天津大学建筑设计规划研究总院有限公司

在人防设计中，经常会出现非标准尺寸楼梯，不能选用人防结构图集，需要手算复核。在人防楼梯设计时，除需考虑永久荷载和活载外，尚应考虑人防荷载，人防荷载以等效静荷载形式参与荷载组合。

对楼梯荷载进行组合时，需要清楚荷载作用方向。在同一组合中，需要统一计算方向，可按竖向作用方向计算，也可按垂直斜板方向计算，二者不可混用。永久荷载及活载作用（图 5.18.1）方向均为垂直向下，而人防荷载作用方向则是与构件表面垂直。常规武器作用下（图 5.18.2）楼梯上仅有正向等效静荷载，而核武器作用下（图 5.18.3），需要考虑正向及反向等效静荷载。

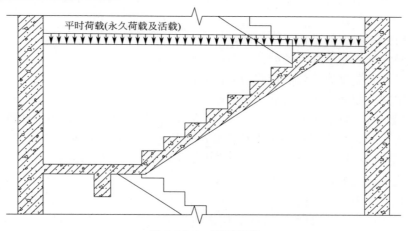

图 5.18.1　平时荷载

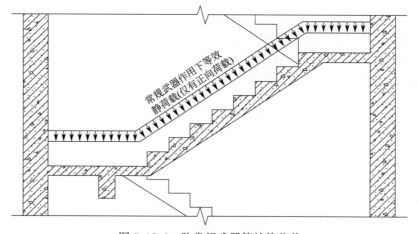

图 5.18.2　防常规武器等效静荷载

449

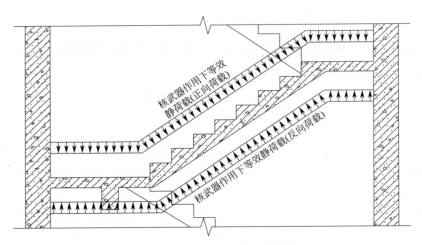

图 5.18.3　防核武器等效静荷载

在进行楼梯内力分析时，甲类防空地下室结构应考虑下列 1、2、3 款规定的荷载组合，乙类防空地下室应考虑下列 1、2 款荷载组合，并应取各自的最不利效应组合作为设计依据。

（1）平时使用状态的结构设计荷载；

（2）战时常规武器爆炸等效静荷载与静荷载同时作用；

（3）战时核武器爆炸等效静荷载与静荷载同时作用。

可以假定同一截面处永久荷载产生的弯矩标准值为 M_G，活荷载产生的弯矩标准值为 M_Q，常规武器正向等效静荷载产生的弯矩标准值为 M_{E1}，核武器正向等效静荷载产生的弯矩标准值为 M_{E2}，核武器反向等效静荷载产生的弯矩标准值为 M_{E3}，则有：

1）在乙类防空设计中，计算板底配筋用弯矩为 $M_{max} = \{M_1, M_2\}$

（1）恒载及活载组合下弯矩 $M_1 = 1.3M_G + 1.5M_Q$

（2）恒载及常规武器正向等效静荷载组合下弯矩 $M_2 = 1.3M_G + 1.0M_{E1}$

2）甲类防空设计中，计算板底配筋用弯矩为 $M_{max} = \{M_1, M_2, M_3\}$

（1）恒载及活载组合下弯矩 $M_1 = 1.3M_G + 1.5M_Q$

（2）恒载及常规武器正向等效静荷载组合下弯矩 $M_2 = 1.3M_G + 1.0M_{E1}$

（3）恒载及核武器正向等效静荷载组合下弯矩 $M_3 = 1.3M_G + 1.0M_{E2}$

3）甲类防空设计中，计算板顶配筋用弯矩为 $M_{顶}$

恒载及核武器反向等效静荷载组合下弯矩 $M_{顶} = -1.0M_G + 1.0M_{E3}$

5.19 不能自动授权施工人员选择图集做法

我们要注意，在结构总说明中一定要注明"在图集构造详图有多种可选择的构造做法时，节点的选用一定要经设计师同意。"

如果没加这句说明，按图集要求，我们将自动授权施工人员任选一种构造做法进行施工，在要求"当天出图"的今天，我们的图纸不可能将所有做法都考虑周到并进行说明，自动授权施工单位任意选择，可能会将我们置于万劫不复的境地。

《混凝土结构施工图平面整体表示方法制图规则和构造详图（现浇混凝土框架、剪力墙、梁、板）》16G101-1（以下简称16G101-1）第7页：当标准构造详图有多种可选择的构造做法时写明在何部位选用何种构造做法。当未写明时，则为设计人员自动授权施工人员可以任选一种构造做法进行施工。

下面举几个"自动授权"产生问题的案例：举例说明

比如在16G101-1第82页中，当墙较厚，而板较薄时，我们可能会选择墙作为板的弹性支座，这样我们应按图5.19.1中3节点施工，但显然2节点施工更简单，是施工单位的首选，如果自动授权，很明显，他们会选择2节点。这样会带来安全隐患。

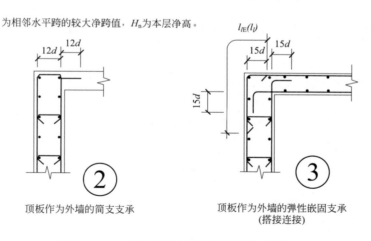

图 5.19.1 两种外墙和顶板的连接节点做法

再举一个，在16G101-1第65页中，对于剪力墙上柱，图集提供了"柱纵筋锚固在墙顶部"、"柱与墙重叠一层"，两种做法如图5.19.2所示。

如果设计未指定，从节省成本、施工方便考虑，施工单位可能选择"柱纵筋锚固在墙顶部"的做法，但按构造要求，此节点在剪力墙平面外应设梁，当未设梁，而按此节点施工时，责任很难分清楚。

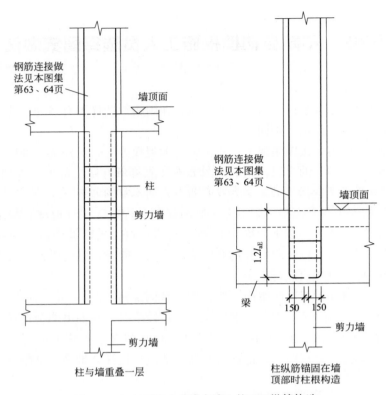

图 5.19.2 16G101-1 剪力墙上柱 QZ 纵筋构造

5.20 人防地下室底板如何执行最小配筋率?

张占胜   天津大学建筑设计规划研究总院有限公司

在人防图审中,经常会出现底板纵向钢筋最小配筋率不满足规范要求的意见,下面就这条图审意见,探讨如何取用底板纵向钢筋最小配筋率的问题。

人防地下室底板为受弯构件,其最小配筋率与混凝土强度相关。在常规项目中一般控制混凝土强度等级不超过 C40,避免因水化热过多而产生大量裂缝的情况。《人民防空地下室设计规范》GB 50038—2005 中明确规定,当混凝土强度为 C25~C35 时,纵向钢筋最小配筋率为 0.25%,当混凝土强度为 C40~C55 时,纵向钢筋最小配筋率为 0.30%。

对于卧置于地基上的核 5 级、核 6 级和核 6B 级甲类防空地下室结构底板,当其内力由平时设计荷载控制时,板中受拉钢筋最小配筋率可适当降低,但不应小于 0.15%。卧置于地基上的防空地下室底板不仅要满足战时作为防空地下室底板的防护要求,更要满足平时作为整个建筑物基础的功能要求。当上部建筑层数较多、荷载较大时,防护等级为核 5 级及以下的防空地下室底板设计往往出现平时荷载起控制作用的情况。考虑到防空地下室底板在核武器爆炸动荷载作用下升压时间较长,动力系数可取 1.0。与防空地下室顶板相比,基础底板的工作状态相对有利,因此对由平时荷载起控制作用的底板截面,受拉主筋配筋率可以适当降低。具体可按如下原则执行:

(1)乙类地下室底板设计时,可不考虑常规武器地面爆炸作用,底板配筋率可执行 0.15% 的配筋率,不设置拉结筋,但底板厚度、材料强度等尚应执行人防构造要求。

(2)甲类地下室底板设计采用桩基础时,因平时的竖向荷载主要由桩承担,底板自身承担有限,底板截面内力一般由人防荷载起控制作用,底板应执行人防构造要求。

(3)甲类地下室底板设计采用筏板基础时,若楼层较低,截面内力由人防荷载起控制作用,底板应执行人防构造要求;若楼层较高,截面内力由平时荷载控制,底板中受拉钢筋可以执行 0.15% 的最小配筋率,不设置拉结筋,但在受压区也应配置与受拉钢筋等量的受压钢筋,且底板厚度、材料强度等尚应执行人防构造要求。